绿色共识与高质量发展

中国环境与发展国际合作委员会年度政策报告

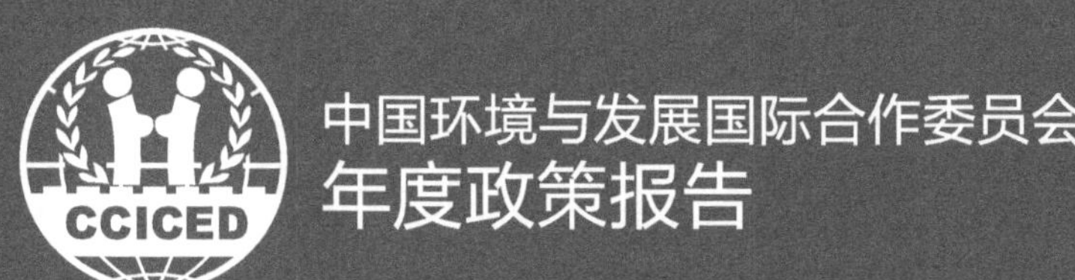

绿色共识与高质量发展

中国环境与发展国际合作委员会秘书处 / 编著

2020

图书在版编目（CIP）数据

中国环境与发展国际合作委员会年度政策报告．2020：绿色共识与高质量发展 / 中国环境与发展国际合作委员会秘书处编著．-- 北京 ：中国环境出版集团，2021.9
ISBN 978-7-5111-4838-4

Ⅰ．①中… Ⅱ．①中… Ⅲ．①环境保护－研究报告－中国－2020 Ⅳ．①X-12

中国版本图书馆 CIP 数据核字（2021）第 168370 号

出 版 人 武德凯
责任编辑 黄 颖
责任校对 任 丽
装帧设计 宋 瑞

出版发行 中国环境出版集团
（100062 北京市东城区广渠门内大街 16 号）
网 址：http://www.cesp.com.cn
电子邮箱：bjgl@cesp.com.cn
联系电话：010-67112765（编辑管理部）
010-67147349（第四分社）
发行热线：010-67125803，010-67113405（传真）
印 刷 北京中科印刷有限公司
经 销 各地新华书店
版 次 2021 年 9 月第 1 版
印 次 2021 年 9 月第 1 次印刷
开 本 787×1092 1/16
印 张 28
字 数 520 千字
定 价 168.00 元

出版说明

2020年是极不平凡的一年。新型冠状病毒肺炎疫情突如其来，世界经济陷入严重衰退。在本该大展拳脚的“环保超级年”，雄心勃勃地应对气候变化和自然保护计划及其他行动不得不被推迟。2020年，中国做出应对气候变化重大宣示，二氧化碳排放力争于2030年前达到峰值，努力争取于2060年前实现碳中和，为全球气候治理注入新的动力。

2020年，中国环境与发展国际合作委员会（简称国合会）创新工作方式方法，克服新型冠状病毒肺炎疫情带来的不利影响，以构建全球包容、开放合作、互惠发展的新型环境与发展国际合作平台为目标，按照主席团会议批准的工作计划，紧扣“绿色共识与高质量发展”的年度主题，为中国绿色复苏、生态文明建设和“十四五”规划制定等建言献策。

为更好地凝聚绿色发展的共识，催生绿色转型和变革的行动，国合会秘书处每年将中外团队研究成果、关注问题报告、中国环境与发展重要政策进展与国合会政策影响以及国合会给中国政府的政策建议等汇编成册，形成旗舰出版物——“中国环境与发展国际合作委员会年度政策报告”，与国内外各级决策者、专家学者、公众，分享国合会中外委员、特邀顾问及研究人员对环发热点问题的观察和思考，建睿智之言，献务实之策。

2020年“中国环境与发展国际合作委员会年度政策报告”涵盖了国合会2020年给中国政府的政策建议《从复苏走向绿色繁荣：“十四五”期间加速推进绿色高质量发展》，中外首席顾问编写的2020年关注问题报告《在复苏中前行》，以及“全球气候治理与中国贡献”“2020后全球生物多样性保护”“全球海洋治理与生态文明”“区域协同发展与绿色城镇化战略路径”“长江经济带生态补偿与绿色发展体制改革”“绿色转型与可持续社会治理”“重大绿色创新技术及实现机制”“绿色‘一带一路’与2030年可持续发展议程”“全球绿色价值链”“绿色金融”10个专题政策研究报告内容。

目　录

综　述　在复苏中前行*

习近平主席多次引用恩格斯关于人与自然相互关系的重要论断，如果说人靠科学和创造性天才征服了自然力，那么自然力也对人进行报复，并指出了自然是生命之母，人与自然是生命共同体这一重要论述。2020 年，新型冠状病毒肺炎（新冠肺炎 COVID-19）的肆虐正是自然对人类社会和经济发展的警示。在本该大展拳脚的“环保超级年”，雄心勃勃地应对气候变化和自然保护计划及其他行动不得不被推迟。新冠肺炎带来的影响和经济恢复的时间可能比 2008 年经济大衰退及其余波持续的时间更长，当时经济危机给生产力和创新造成的消极影响持续了将近 10 年，而全球供应链占国内生产总值百分比至今未能恢复到 2008 年的水平。可以预见，新冠肺炎造成的结构性影响很可能持续整个“十四五”时期。

经济复苏要把握方向，不应回到以前不可持续、不平等和不公正的僵化经济模式，而应该朝着绿色、高质量及可持续发展目标迈进，继续推动脱碳转型和生态文明建设。“十四五”规划将为促进国内可持续发展和绿色创新、推动绿色技术发展，以及探索促进全新的国际合作形势提供关键路线图。

一、公共卫生

新型冠状病毒肺炎的肆虐凸显了强化风险评估、准备、预防以及监测和监控的重要性。应建立早期预警系统，准确识别公共健康威胁，积极制订流行病防控计划，做好流行病调查的技术和人力保障。建立高效的传染病和环境灾害应对机制，建设关键健康状况数据监测系统，这对评估和降低健康风险、加强应急响应（包括支持公共卫生决策的应急法规和执行）至关重要。

新型冠状病毒肺炎凸显了统筹管理及国际合作的重要性。必须采取综合措施，统筹管理公共卫生、动物健康、土地利用变化、畜牧业、人畜共患病风险、生态系统变化（包

* 本章为国合会首席顾问魏仲加、刘世锦撰写的《中国环境与发展国际合作委员会 2020 年关注问题报告》的摘编。

括气候变化）等各个领域。公共卫生教育、科学知识的普及运用以及信息的公开透明不仅有助于控制传染病的蔓延，还能减少公共卫生领域和环保领域所面临的长期挑战，如空气污染、水污染和食品安全问题等。应创新并加强公共卫生措施和环境监测方法，让公共监测和污染报告在提高环境质量和生态保护方面发挥更大的作用。

在疫情最严重的头三个月，医药、个人防护用品、呼吸机和粮食交易领域的贸易保护主义纷纷抬头，加大了发展中国家受感染的概率，给物资供应和疫苗研发带来了更多不确定性。鉴于此，中国致力参与建设一个基于多边规则的合作体系将至关重要。

二、绿色经济复苏

经验表明，在经济增长放缓的同时，支持环保的势头也会减弱。经济衰退期间的政策往往聚焦于提振国内生产总值、减少失业、促进收支平衡和提高出口竞争力，这时开展的环保行动要么被视作沉没成本，要么被看作经济复苏的阻碍。过去，在经济低迷时期，公众对环保行动的支持也会有所下降，因为民众的关注重点转向了工资、工作保障和储蓄等方面。

今天，我们仍有重蹈覆辙的可能。例如，一些政府已暂停环境监查；推迟新法规出台；并暂停对雨林和其他生态系统的监控。虽然短期内空气污染和温室气体排放比例有所降低，人类对大自然干扰相对减少，但其他方面的压力却在上升。比如，有报道称对野生动物的偷猎行为在增加，医疗废物和一次性塑料污染在加剧，而一些可能对环境产生重大影响的项目可能会在监管有所放松的情况下加快实施进度。

同时，我们必须认识到这也是一个机会。因为新的经济复苏方式强调通过促进公共卫生、减少污染、气候行动、自然保护、社会公平与经济繁荣之间的联系来实现“共赢”。以下 4 点简要说明了绿色经济复苏可避免重蹈覆辙的理由。

1. 科学。不断有科学研究证实，生态退化的速度在加快。除了更精准的建模作为支撑，生态变化及其影响的经验证据也越来越多。2019 年，全球平均气温比工业化之前升高了 1.1℃，仅比《巴黎协定》下限目标低 0.4℃。热浪和干旱发生的频率有所增加，澳大利亚、西伯利亚和其他北极地区发生了前所未有的野火。此外，由于海洋表面平均温度升高，格陵兰岛的冰雪融化和冰川后退，海平面持续上升，海洋酸化的速度快于预期。所有这些环境问题最终都将增加经济成本，所以必须加强环境治理，以确保经济复苏的可持续性。

2. 公众。疫情发生之前，公众对有雄心的气候行动的支持呈增长趋势。新型冠状病毒肺炎疫情期间，气候相关游行活动虽然暂停，但公众的支持还在。新型冠状病毒肺炎疫情期间民调结果显示，公众对气候行动的支持仍有所增加，其中，年轻人是雄心勃勃的、具有变革性行动的倡导者。此外，新型冠状病毒肺炎疫情期间的行为改变将引发未来的行为变革。尽管迫于新型冠状病毒肺炎疫情的压力，政府不得不采取强制性防控措施，但真正有效的是人们的自发行动。这种新的社区意识和团结精神将创造一个崭新的、更加公平的世界。一个世纪前，英国作家劳伦斯（D.H. Lawrence）撰写了《看！我们成功了》，描述了在经历疏离、个人损失和不确定性后的个人新启蒙。新型冠状病毒肺炎疫情期间的“大封锁”催生了新的做法，包括更多人选择在家工作，减少面对面会议，减少飞机出行，增加储蓄，减少通过借贷支撑过度消费等。危机过后人们可能会对公共卫生、普通劳工获取公平报酬的重要性，特别是女性获得公平报酬，有一个全新的道德认识。

3. 经济学。经济大衰退三年后，联合国环境规划署（UNEP）前执行主任施泰纳（Achim Steiner）于 2011 年指出，绿色经济可以催生的经济活动规模与传统发展模式规模相当或更大，但却能降低传统模式中固有的危机风险和冲击。过去十年里，绿色发展不仅印证了这种观点，而且证明了绿色发展可以超越常规的经济实践。牛津大学于 2020 年 5 月发布的报告《重建得更好：净零排放的复苏》，凸显了绿色发展的“双赢”优势。该报告由诺贝尔经济学奖获得者约瑟夫 • 斯蒂格利茨（Joseph Stiglitz）、气候经济学家尼古拉斯 • 斯特恩（Nicholas Stern）等撰写。在研究了 700 份经济复苏计划并采访了 231 位各国财政部、中央银行、政策性银行的资深官员和专家之后，作者得出结论：与常规投资相比，绿色、低碳和气候友好型经济项目在经济和环境方面会产生更好的结果。研究还得出了一个至关重要的结论：与“棕色”或“中性”项目相比，绿色、低碳项目可以创造更多就业机会。模型计算表明，在早期阶段，清洁能源基础设施建设上（如可再生能源或绿色建筑的建造和更新）每支出 100 万美元，平均可创造出 7.49 个工作岗位，而在以化石燃料为基础的能源系统（如煤炭）上每支出 100 万美元，仅创造 2.65 个工作岗位。与其他研究类似，该报告还强调了通过绿色建筑更新带来的直接就业收益，以及在节能减排和改善淡水使用方面的重要性。

2019 年年底发布的《欧洲绿色新政》将战略重点放在绿色就业和绿色再就业培训上，以缓解因关闭 230 家燃煤电厂，扩大对可再生能源的投资以及发展净零循环经济给就业带来的影响[1]。欧盟委员会的循环经济战略同样强调了全面实施循环经济模式所

1 欧盟 2020 年年初批准《欧洲绿色新政》，安排了确保绿色转型的专项资金。该资金作为欧盟疫后经济复苏措施提案中的重要部分得到进一步加强。其中，旨在促进气候中性转型的“公正过渡基金”已从 75 亿欧元增加到 400 亿欧元，同时，“投资欧盟项目”致力于可持续基础设施的投资担保也近乎翻了一番，预计达到 200 亿欧元。

带来的净收益。

短期内，最大的绿色就业机会可能与政府和企业界对自然资本投资等绿色复苏投资有关。如聘请非技术和半技术工人进行大规模植树造林、湿地修复、清理河道和海岸，并开辟社区收集场所，对塑料和其他废弃物进行回收利用。其他带来直接绿色就业机会的例子还包括污染场地修复，这还能有效减轻公共部门的债务[1]。2020年4月，加拿大出台了一项就业计划，通过修复废弃油气井场地，直接创造了数千个工作岗位。

绿色复苏已成为经济政策的核心内容。2020年4月，国际货币基金组织（IMF）建议各国实施绿色经济复苏，并聚焦以下五个战略重点：开发和应用气候智能技术，例如可再生能源、绿色技术和绿色基础设施，以及电池/氢能/碳捕获等；强化气候适应，例如防洪、有韧性的道路和建筑物；避免碳密集型投资，例如化石燃料发电和大排量机动车；支持稳收入的公共工程计划；优先向绿色产业/活动提供债务担保和其他支持[2]。

这些战略重点背后有坚实的经济学原理基础。由于包括建筑在内的基础设施公共支出将成为大多数国家复苏计划的支柱，建设绿色、低碳和韧性基础设施有望创造更多就业机会、吸引大规模投资，同时降低能源利用、交通运输、建筑和水利基础设施建设的碳足迹，而这些领域占全球温室气体排放量的60%。在创新绿色融资手段的支持下，取得成功的可持续基础设施项目越来越多，比如韩国部署了智能交通管理系统，以减少交通拥堵；英国东南水务局提供免费的节水技术，以改善淡水管理；美国也已成功为自然基础设施——淡水和海岸缓冲带提供了支持。

能源系统在经济复苏期间做出的投资选择至关重要。国际能源署（EIA）报告显示，新型冠状病毒肺炎疫情之前，可再生能源的绝对成本持续下降，而且对比可再生能源和煤炭的成本，清洁能源优势更加明显。2019年，美国75%左右的煤炭生产成本高于可再生能源，预计到2025年将达到100%。新型冠状病毒肺炎疫情期间，可再生能源的需求出现了5%的显著增长，而化石能源的使用率却直线下降，全球能源总需求下降了6%。新型冠状病毒肺炎疫情之后，能源格局经历更迅速、更深入的结构性变化，可再生能源优于化石能源的格局将变得“更加明显”。除了大规模的能源系统转型，所有国家都应支持新一代的高效空调和制冷系统，若不使用对气候有明显影响的氢氟碳化物（HFCs）和其他短寿命气候污染物，仅减少短寿命气候污染物这一项就能避免高达0.6℃的全球温升。

---

1 美国能源信息署估计，目前受污染的土壤和危险废物负债为4 940亿美元，因此支持工人的经济利益将带来“双赢”。
2 国际货币基金组织还指出，在政府确实为恢复煤炭或航空公司等碳密集型活动提供支持的情况下，应要求工业和企业承诺约束性减排目标。

4. 绿色金融和绿色投资。在此次危机发生之前，大投资者和蓝筹投资控股有限公司已经加大了对低碳和净碳项目的投资力度。2020 年 1 月，欧洲投资银行宣布，到 2021 年停止对所有化石燃料的融资，并在未来十年内向清洁能源项目投资 1 万亿欧元。高盛集团承诺向低碳和可持续发展企业提供 7 500 亿美元贷款。2019 年，亚马逊、沃尔玛、苹果和脸书（Facebook）实施了美国市场规模最大的可再生能源采购。2020 年年初，微软在净零排放承诺基础上提出了更进一步的措施，宣布负碳经营，还表示要开展弥补过去"未付碳债务"的行动。2020 年 1 月，贝莱德集团（Blackrock）负责人将气候视为"金融根本性重塑"的驱动力。同样在 2020 年年初，国际清算银行（BIS）警告称，气候变化可能会影响经济中每个个体以及单项资产的价格，或将触发化石燃料资产（尤其是动力煤）搁浅。2019 年年底，澳大利亚储备银行警告称，气候变化给澳大利亚金融稳定带来了风险，银行和企业监管机构已积极主动开展碳风险管理。

三、贸易和债务

在新型冠状病毒肺炎疫情暴发之前，国际贸易已经出现动荡。结构性变化体现在全球供应链向中国、美国和德国等部分国家和地区集中。世界贸易组织（WTO，以下简称世贸组织）上诉机构的机构性冲突削弱了多边体系，贸易保护主义加剧，关税、贸易救济、反倾销措施、非关税壁垒和进口禁令愈加频繁。

新型冠状病毒肺炎疫情期间，各国争相采购医疗设备、个人防护设备和相关用品，贸易保护主义明显"抬头"。随着对粮食安全问题担忧的加剧，贸易保护主义也波及了粮食贸易。这两股势力的最大受害者都是发展中国家。疫苗一旦问世，这两股势力还会引发更严重的问题。世贸组织和国际货币基金组织负责人最近均呼吁各国政府停止贸易保护主义并支持更多的国际合作。

危机过后，贸易应成为国际合作的重点。重返大萧条时代的贸易保护主义和重商主义做法将导致总体增长停滞不前，其中发展中国家受到的影响最为严重。然而，无论是在能源、金融，还是经济发展领域，这场危机为重塑基于多边规则的贸易新秩序（以支持绿色复苏和可持续发展目标）提供了机遇。目前短期的方案有：在中国洋垃圾进口禁令基础上，禁止一次性塑料制品贸易；支持加强贸易与减缓气候变化之间的联系，如新西兰和其他国家在 2019 年 9 月发布的《气候变化、贸易和可持续性协定》呼吁加快与气候相关的商品和服务贸易关税自由化，并根据二十国集团承诺以及世贸组织规定取消化石能源补贴；在遵守世贸组织非歧视原则的前提下，通过贸易措施加快脱碳转变，如欧盟正在考虑采用碳边境调节机制；制定新的补充政策，如执法、公共教育、监督和发展援助等，打击野生动植物非法贸易。

在复苏面临的所有问题中，债务管理可能是最具挑战性、最复杂、最紧迫，并且最需要魄力去解决的问题。自2008年全球经济衰退以来，全球高风险债务市场迅速扩张，规模达到9万亿美元。尽管廉价私人信贷有所增加，但借款人的信贷质量、保险和承保规则，以及其他保障措施却被削弱。这种急剧的变化被戏称为“凯恩斯主义经济学的私有化”。在这种变化中，全球增长的动力来自日益不稳定的私人贷款、创纪录的杠杆率；与此同时，监管被削弱，出现新的权利类型以保护债权人利益。

2018年，巴黎俱乐部警告称，公共债务的格局正在发生深刻变化，其特点是脆弱性不断增加，债权人日益多样化和金融投资更加复杂化。2019年，全球债务占GDP的比率创有史以来新高，第三季度超过322%，债务总额近253万亿美元（地球上每个人负债超过3.2万美元）。过去十年中，发展中国家的债务增加了一倍多，达72万亿美元，其中非金融机构债务现已超过31万亿美元。尽管仅有少数国家在2019年被列为不良债务国，但其他国家仍然面临高风险债务管理的挑战。因此，中国人民银行行长易纲在2019年指出，中国需要综合考虑一个国家的偿债能力。

2020年的经济危机表明，大多数发展中国家都面临或将面临债务困扰。例如，2020年3月，超过80个发展中国家要求国际货币基金组织提供紧急资金。一个月后，国际货币基金组织发布的《全球金融稳定报告》警告称，新兴市场经历了有史以来最严重的证券投资组合逆转，破产风险接连不断，信贷市场被冻结，银行业存在倒闭的风险。

二十国集团商定的关于债务偿还问题的解决办法之一，就是留出足够的财政空间来推进可持续发展目标，并强调将绿色条款纳入可持续债务管理战略的重要性。

至少有三个选择可供中国考量。一是研究如何利用当前和新型的绿色金融工具（包括扩大绿色、气候和自然保护债券的规模），减轻相关债务。二是考虑加入新一代创新合作融资协议。在协议框架下，牵头的政府、环保组织和企业将在世界范围内推动建立具有代表性、可持续融资支持和持久的保护区体系，为《生物多样性公约》第十五次缔约方大会提供核心支撑。三是鉴于未来几个月主权债务不可避免的折价，中国可与其他国家、主要投资者和保护组织合作，建立“债务换气候变化适应”“债务换保护”的机制安排。中国可与法国和其他国家在《生物多样性公约》第十五次缔约方大会之前召开会议，在国际金融机构的支持下，研究新的、大胆的债务保护安排，帮助减轻不良债务和发展中国家存在风险的债务。

四、综合手段

国合会2020年的一项工作重点是改变单一视角的政策路径，支持政策协同和综合性的政策规划及实施，牢筑生态文明建设之基。进一步加强“里约三公约”（即《生物多样性公约》《联合国气候变化框架公约》《联合国防治荒漠化公约》）的协同增效，在荒野、城市和农场及共有土地几个重点区域促进综合性手段的应用。国合会专题政策研究项目强调了工具和平台对支撑综合性手段的重要性。其中著名的例子包括应用跨行政区域的大尺度空间规划、与生态红线相关的基于自然的解决方案、区域可持续商品采购和第三方认证体系等，将生态系统管理理念纳入农业、海洋和渔业、林业及资源开采等部门工作体系。长江经济带正在推行大尺度空间规划和生态红线制度，建议考虑将这些做法在“一带一路”建设上进行推广。

用GDP以外的综合财富指数作为重要工具，帮助平衡投资与自然资本、人力资本和生产资本投资的真实回报。考虑增强人类健康和福祉、积极促进性别平等的重要性，综合指标对进展评估和责任追究至关重要。

新型冠状病毒肺炎凸显了综合性、跨学科方法的重要性。“整体健康”就是一个很好的例子，它强调了包括气候变化和其他风险在内的综合风险预警及应急响应机制的重要性，强调采用灵活、综合和具有前瞻性的方法来检测、预防、监测、控制和减少传染性疾病和非传染性疾病的发生，从而更广泛地改善健康状况。综合性方法首先要评估物种、环境和人类社会之间的复杂联系，包括气候影响。中国不妨创建一个新的论坛机制，支持综合性风险管理，协调并促进多边体系。

未来还将出现未知的、非线性和连续性的风险。新型冠状病毒肺炎的流行和气候变化方面风险就具有这些共同点。2020年1月，国际清算银行警告称，气候变化的影响猝不及防，当前的风险评估定量经济模型难以对此进行预测。因此，国际清算银行建议通过情景分析和预测，对标准的定量经济模型进行补充。此类工具结合系统动力学工具将有助于决策者更好地应对不确定性，有助于将潜在风险和影响降至最低，并最大限度地提高投资回报。

第一章 全球气候治理与中国贡献*

一、引言

“全球气候治理与中国贡献”专题政策研究项目为国合会支持的“全球治理与生态文明”课题下设的专题之一，于 2018 年 7 月启动，为期三年半，共涉及四个方面的研究内容：①中国政府机构改革对应对气候变化政策与管理工作的影响与建议；②中国在全球气候治理体系中的贡献与领导力，以及中国应对气候变化中长期总体战略和路线图；③基础设施的绿色投资与“一带一路”背景下的气候投融资；④提高碳定价政策有效性的经验教训总结。

2019 年，课题组在继续开展中国应对气候变化中长期战略研究的同时，结合国际上备受关注的东南亚地区电力基础设施低碳发展问题开展相关研究。

“一带一路”倡议的提出为中国和沿线国家及全球合作促进可持续发展提供了广阔前景，然而多数沿线国家生态环境脆弱、基础设施建设不足、气候应对能力薄弱、对气候变化影响十分敏感。由于投资规模和长期锁定效应，基础设施投资一直是应对气候变化的一个重要议题，而且国际社会也高度关注中国“一带一路”倡议，期望中国在全球气候治理中发挥领导作用，通过“一带一路”倡议带动沿线国家的低碳经济转型，同时也期待与中国共同发展广泛的绿色低碳市场。

东南亚地区是“一带一路”建设重点区域。近些年东南亚经济发展迅速，成为全球经济发展最活跃区域之一，能源电力消费和煤炭消费也迅速增长。未来随着工业化水平提升，人均收入提高，预计该地区电力需求将会持续快速增长。在全球应对气候变化以及当地环境污染压力增大的背景下，东南亚快速增长的煤电消费量受到全球关注，而中国在支持东南亚提升电力供给率和实现能源可及目标的同时，也因为参与了一些燃煤电厂项目而受到争议，国际社会认为这可能会增加气候变化风险，与绿色“一

---

* 本章根据“全球气候治理与中国贡献”专题政策研究项目 2020 年 9 月提交的报告整理摘编。

带一路”建设背道而驰。面对众多机遇和挑战，东南亚国家如何顺利实现电力基础设施的低碳发展，是国际社会共同关注的问题。

二、中国推动“一带一路”地区电力设施发展与应对气候变化——以东南亚地区为例

本部分回顾了“一带一路”倡议以及中国支持海外基础设施发展的相关政策，梳理了东南亚地区的社会经济与电力基础设施发展现状以及电力发展相关规划和政策，分析了中国在东南亚电力基础设施投资中发挥的作用，并以印度尼西亚为例，深入剖析了其电力基础设施低碳转型中存在的问题。在此基础上，从资源禀赋、技术、资金、成本、基础设施、制度和政策等多个角度分析了东南亚电力低碳清洁化的机会和挑战，并提出中国与东南亚国家合作促进电力基础设施低碳转型的建议。

（一）“一带一路”倡议与中国支持海外基础设施发展的政策支持

1. 绿色发展与实现可持续发展目标是“一带一路”倡议的重要组成部分

2013 年 9 月和 10 月，习近平主席在哈萨克斯坦和印度尼西亚访问时分别提出了“丝绸之路经济带”和“海上丝绸之路”的概念，形成了“一带一路”倡议。“一带一路”倡议依靠中国与相关国家既有的双边和多边机制，积极发展与沿线国家的经济合作伙伴关系，打造“政治互信、经济融合、文化包容的利益共同体、命运共同体和责任共同体”[1]。截至 2020 年 1 月底，中国政府已与 138 个国家和 30 个国际组织签署了 200 份政府间合作协议[2]，范围由亚欧地区延伸至非洲、拉美、南太平洋、西欧等相关国家。

绿色发展是共建“一带一路”国家的共识，习近平主席在多个场合多次强调要共建绿色“一带一路”。2015 年 3 月发布的《推动共建丝绸之路经济带和 21 世纪海上丝绸之路的愿景与行动》中提出要努力将绿色环保理念和可持续发展原则渗透或融入“一带一路”的“五通”中，促进沿线国家发展方式的绿色化，从而走出一条互利共赢、和谐包容、绿色低碳的可持续发展之路。2017 年 5 月，习近平主席在首届“一带一路”国际合作高峰论坛开幕式演讲中指出，要将“一带一路”建成创新之路，同时要践行

1 胡健，王命宇，张维群，等．“一带一路”国家经济社会发展评价研究 [M]. 北京：中国统计出版社，2017.
2 中国一带一路网．已同中国签订共建“一带一路”合作文件的国家一览 [EB/OL]. [2019-04-12]. https://www.yidaiyilu.gov.cn/xwzx/roll/77298.htm.

绿色发展的新理念，倡导绿色、低碳、循环、可持续的生产生活方式，加强生态环保合作，建设生态文明，共同实现2030年可持续发展目标。在2019年4月的第二届“一带一路”国际合作高峰论坛上，习近平主席再次强调，要坚持开放、绿色、廉洁理念，坚持以人民为中心的发展思想，走经济、社会、环境协调发展之路。

目前，“一带一路”沿线国家人口占全球的67%，经济体量约占34%，大多数是发展中国家和经济转型国家，约2/3国家人均GDP低于世界平均水平[1,2]，绿色发展面临诸多挑战，但也是必然选择。由于基础设施建设水平偏低、生态环境脆弱，这些国家对气候变化的影响十分敏感，“一带一路”国家的气候灾害损失是全球平均值的2倍以上，1995—2005年全球气候灾害受灾排名前10的国家有7个都在“一带一路”地区[3]。同时，由于经济发展和能源强度增长潜力大，这些地区是未来全球能源消费和温室气体排放量增长的潜力地区。因此，在全球低碳发展和气候适应转型的大背景下，“一带一路”地区的绿色发展需求尤其迫切。

总之，促进“一带一路”绿色、可持续发展不仅是“一带一路”倡议的内在要求，也是沿线国家的必然选择。打造“一带一路”的绿色低碳共同体，对于构建人类命运共同体、推动实现2030年可持续发展目标和清洁美丽世界愿景均具有重要意义。

2. 中国境外投资政策发生转变，近年增长快速，管理机制正逐步完善

改革开放以来，我国的对外直接投资政策经历了由限制到鼓励的巨大转变。2000年以前，我国对外直接投资政策以限制对外直接投资为主；2000年以后，国家开始提出和实施“走出去”战略，逐步取消对外直接投资的审批限制，积极鼓励对外直接投资[3]。“一带一路”倡议为“走出去”提供了更强有力的战略支撑，为对外直接投资开辟了更为广阔的天地。

我国对外直接投资流量和存量居全球前三，东盟是对外直接投资流量增长最快的地区。2018年中国对外直接投资1 430.4亿美元，相比2017年下降约9.6%（图1-1）。在全球对外直接投资流出总额同比减少29%、连续3年下滑的大环境下，略低于日本（1 431.6亿美元），成为第二大对外投资国。2018年年末，中国对外直接投资存量达1.98万亿美元，是2002年年末存量的66.3倍，仅次于美国和荷兰。从中国对外直接投资流量地区分布看（表1-1），亚洲是中国对外直接投资最主要的流向目的地，而东盟是对外直接投资流量增长最快的地区。

---

1 柴麒敏，傅莎，祁悦，等．“一带一路”投融资中的气候变化因素考量 [EB/OL]. [2019-04-30]. http://www.thepaper.cn/newsdetail.forward_3375218.

2 国家信息中心．“一带一路”贸易合作大数据报告 [R]. 2018.

3 李锋．我国对外直接投资政策研究 [J]. 全球化，2016(10): 88-98.

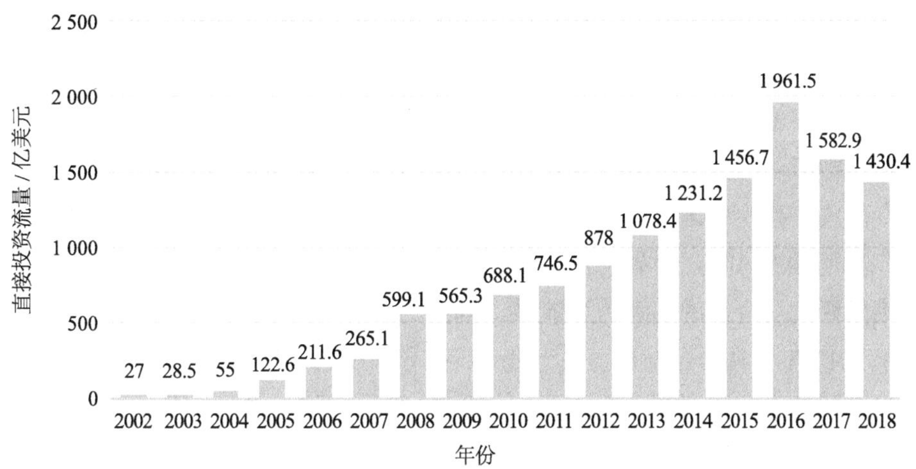

图 1-1　2002—2017 年中国对外直接投资流量

资料来源：中国商务部，国家统计局，国家外汇管理局 .2017 年中国对外直接投资统计公报 [R]. 2017.

表 1-1　2017 年中国对主要经济体投资流量分布

经济体名称	投资额 / 亿美元	同比 /%	比重 /%
中国香港	911.5	−20.2	57.6
东盟	141.2	37.4	8.9
欧盟	102.7	2.7	6.5
美国	64.3	−62.2	4.0
澳大利亚	42.4	1.3	2.7
俄罗斯联邦	15.5	19.7	1.0
合计	1 277.6	−18.6	80.7

资料来源：中国商务部，国家统计局，国家外汇管理局 . 2017 年中国对外直接投资统计公报 [R]. 2017.

3. 中国境外投资政策的环境约束有待提高

中国海外投资政策和管理由多个政府机构参与和组成。超过 20 亿美元的大型海外投资项目必须获得国务院批准。参与管理的其他重要政府机构包括中国人民银行、国家发展和改革委员会（简称国家发展改革委）、商务部、财政部、国家国际发展合作署、中国银行保险监督管理委员会等。商务部负责核准中国企业对外直接投资项目，除特殊境外投资项目外，大多数项目核准权下放至省级商务主管部门。国家发展改革委则主要针对境外资源开发类项目、大额用汇项目、境外收购及竞标项目，以及部分特殊项目进行审核。国家外汇管理局监督管理境内企业境外直接投资的外汇收支和外汇登记。中国人民银行和国家外汇管理局对境外直接投资人民币结算试点实施管理。新组建的国家国际发展合作署负责拟订对外援助战略方针、规划、政策，统筹协调援外重大问题并提出建议，推进援外方式改革，编制对外援助方案和计划，确定对外援助项目并监督评估实施情况等。中国境外投资政策中少有专门针对环境保护的规定，商务部和环境保护部（现生态环境部）2013 年印发的《对外投资合作环境保护指南》是目前唯一专门关注减少中国企业境外经营对环境影响的政策文件，旨在引导中国企业及时识别和防范环境风险，引导企业积极履行环境保护社会责任，但该指南采用自愿性原则，难以评估对企业的实际约束效果。国家发展改革委、商务部、中国人民银行、外交部于 2017 年 8 月联合发布《关于进一步引导和规范境外投资方向的指导意见》，明确将境外投资分为“鼓励类”“限制类”和“禁止类”。2017 年 11 月，国家发展改革委发布《企业境外投资管理办法》，规定对参与敏感类项目的企业实行核准管理。随后 2018 年 1 月，国家发展改革委发布《境外投资敏感行业目录（2018 年版）》，将跨境水资源开发利用列为敏感行业。同期，商务部、中国人民银行、国务院国有资产监督管理委员会（简称国资委）等 7 部委印发《对外投资备案（核准）报告暂行办法》，明确对外投资备案（核准）按照“鼓励发展＋负面清单”进行管理，并研究制定对外投资“黑名单”制度。与国内投资政策（见附表 1-1）相比，境外投资没有明确限制高污染、高排放、高资源消耗以及落后的工艺技术，更多的是从保障国家经济和安全利益出发，唯一的环保考虑是，中国明确限制无法达到目标国家的技术、环境保护或能源消费标准的投资。然而，“东道国标准”参差不齐，欧盟等发达经济体以及部分发展中国家会要求执行更严格的排放控制，或达到比目前中国国内要求更高的环境绩效标准。但不可否认的是，许多共建“一带一路”国家的环境治理水平低于中国，造成中国企业在这些国家中的投资项目获得的环境监管较少。

4. 中国金融机构仍然在为海外煤电及其相关产业提供融资服务

为落实《巴黎协定》减排目标，多边发展机构以及多个国家的金融机构已经明确表示停止对煤电项目提供金融支持，而中国金融机构仍然在支持国内外煤电项目发展中扮演重要角色。中国四大商业银行（中国农业银行、中国银行、中国建设银行和中国工商银行）在煤炭方面的投入远多于其国际竞争对手。*Banking on Climate Change 2019* 报告显示，2018 年全球煤炭开采部门 71% 的融资和 55% 的燃煤发电融资都来自中国四大商业银行。在全球支持煤电银行排行榜中，2016—2018 年位居前 4 的均为中国的商业银行（表 1-2）。通过分析各商业银行的融资政策发现，中国的商业银行到目前为止还没有出台有关煤电融资的限制性或禁止性政策，这与全球主流金融机构的政策有一定差距。这在加大项目环境风险的同时，也会给未来气候政策、环保政策收紧带来比较严重的金融风险。

表 1-2　中国商业银行煤电融资排名及金额

单位：亿美元

排名	银行	2016 年	2017 年	2018 年
1	中国银行	47.44	49.88	63.69
2	中国工商银行	51.96	55.79	53.21
3	中国建设银行	56.36	31.88	28.72
4	中国农业银行	43.40	26.15	26.33

资料来源：Bank Track, et al. Banking on Climate Change 2019[R]. 2019.

波士顿大学全球发展政策中心的数据表明，中国的两大政策性银行（国家开发银行和中国进出口银行）2019 年在境外能源领域的投资规模达到 32 亿美元。2000—2019 年的总投资超过 2 500 亿美元；2007—2014 年，中国进出口银行和国家开发银行在境外能源领域的投资已经超过世界银行、亚洲开发银行、非洲开发银行和美洲开发银行的总和；2013—2017 年的电力行业贷款中，41% 为煤电，57% 为大型水电，2% 为非水电的可再生能源项目。

5. 中国正在努力使对外投资政策更加绿色化

中国通过顶层设计构筑对外投资的绿色化进程。2015 年 9 月，中共中央、国务院印发《生态文明体制改革总体方案》，提出加快推进生态文明建设，推动形成资源利用效率、人与自然和谐发展的现代化建设新格局。2017 年，环境保护部、外交部、国家发展改革委、商务部联合发布《关于推进绿色“一带一路”建设的指导意见》，提出在“一带一路”建设中突出生态文明理念，推动绿色发展，加强生态环境保护，共同建设绿色丝绸之路。2018 年，二十国集团（G20）可持续金融研究小组将发展以绿色金融为核心内容的可持续金融的相关建议写入《G20 布宜诺斯艾利斯峰会宣言》，继续在全球范围内推广绿色金融共识。由中国等 8 个国家共同发起成立的央行与监管机构绿色金融网络（The Network of Central Banks and Supervisors for Greening the Financial System，NGFS）成员进一步增加，影响力逐步提升。

通过建设绿色“一带一路”，践行绿色发展理念，建设生态文明，共同实现 2030 年可持续发展目标。在两届“一带一路”国际合作高峰论坛上，中国同各方推进共建“一带一路”可持续城市联盟、绿色发展国际联盟，制定《“一带一路”绿色投资原则》，启动共建“一带一路”生态环保大数据服务平台，实施“一带一路”应对气候变化南南合作计划等。2019 年 4 月 25 日，《“一带一路”绿色投资原则》被列入第二届“一带一路”国际合作高峰论坛成果清单，27 家国际大型金融机构参与发布，标志着绿色投资在“一带一路”框架下逐渐得到共识。

中国的金融机构和企业逐渐意识到煤炭相关产业的投资风险，并开始采取行动。2019 年 3 月，国家开发投资集团有限公司（国投）董事长王会生表示，目前国投已经完全退出煤炭业务，未来将主要投资新能源，成为第一家从煤炭业务整体退出的中央企业。

建设绿色“一带一路”，中国尚不完全具备全面综合能力，但已经积累了大量绿色低碳转型的实践经验，可为其他发展中国家提供绿色转型经验，提升中国在全球绿色治理中的影响力，并以此来撬动其他领域的全球影响力。

（二）东南亚地区的社会经济发展与电力基础设施

1. 东南亚经济增长态势整体良好，但是发展不平衡

东南亚是全球经济发展最为活跃的区域之一。过去 10 年，东南亚地区 GDP 年均增长率为 5.4%，远高于世界平均增长水平（3.3%）。2018 年东南亚 11 国的 GDP 总量已占世界总量的 3.65%，成为全球经济发展重要组成部分之一（图 1-2）。谷歌与淡马锡联合出品的《东南亚数字经济研究报告》显示，东南亚经济整体态势良好，其发展规模早已突破千亿美元。

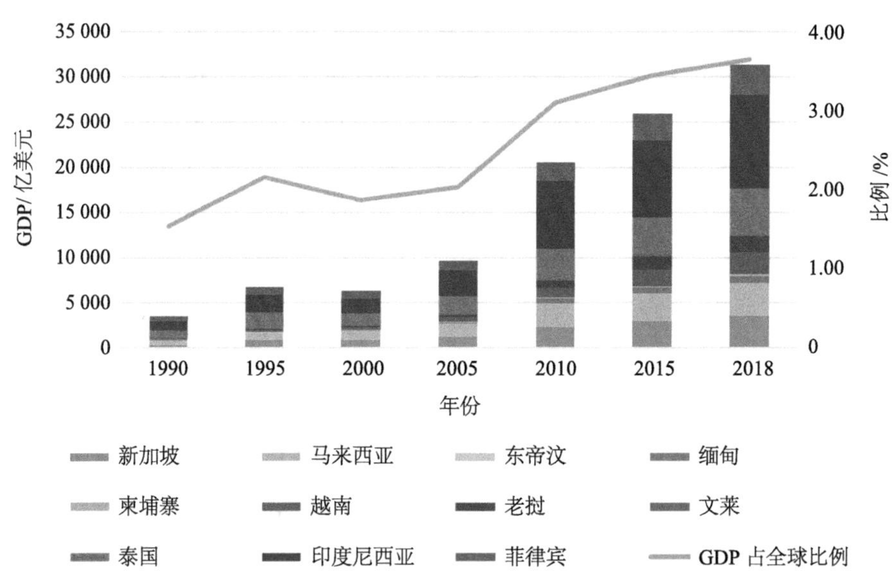

图 1-2 1990—2018 年东南亚各国 GDP 及其占世界比例

资料来源：The World Bank. 2020. https://data.worldbank.org/indicator.

2018 年，东南亚国家人均 GDP 约为 4 783.8 美元。根据世界银行分类标准，除新

加坡、文莱和马来西亚外，大部分国家还处于中低收入水平。其中新加坡人均 GDP 超过 6 万美元，高居榜首；文莱其次，人均 GDP 也接近发达国家；但是东南亚其他国家人均 GDP 大多在 4 000 美元以下，缅甸最低，仅为 1 330 美元，区域内发展不平衡现象明显。各国人均 GDP 如图 1-3 所示。

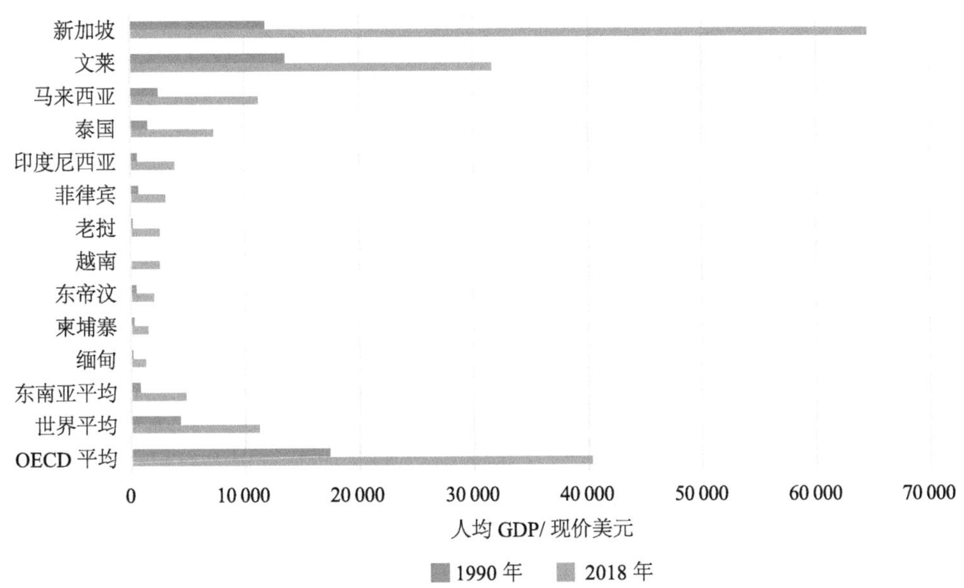

图 1-3　**东南亚各国人均 GDP（东帝汶、缅甸、柬埔寨 1990 年数据缺失，用 2000 年代替）**

资料来源：The World Bank. 2020. https://data.worldbank.org/indicator.

2. 东南亚国家能源资源品种众多，但分布不均衡

化石能源是现阶段东盟最主要的能源资源，但分布不均衡。东南亚天然气、原油、硬煤、褐煤资源经济可开采量分别为 6.46 万亿 m^3、18.2 亿 t、375.3 亿 t、102.3 亿 t，分别占其总储量的 39%、29%、38%、3%。主要集中在印度尼西亚、马来西亚、越南和泰国四个国家。其中，印度尼西亚是世界第五大产煤国和第二大煤炭出口国[1]。

可再生能源资源种类丰富，有较大开发潜力。东南亚区域内可再生能源包括地热能、水能、生物质能、太阳能、风能、海洋能等，但各国资源禀赋及开发条件差异较大。其中水能资源是最主要的可再生能源，除新加坡没有大型河流外，其他国家都拥有丰富的水能资源；风能资源主要集中在越南、老挝、泰国、菲律宾北部及各国部分

1 东盟能源中心 . 东盟能源电力合作报告 [R]. 2017.

沿海地区；东南亚地区日照时间长，辐射强度大，太阳能资源十分丰富，太阳能平均日辐射量约 5 kW·h/m^2，属于资源最丰富地区；印度尼西亚和菲律宾地热能资源丰富，其中印度尼西亚是全世界地热能蕴藏量最丰富的国家，约占全球资源的 40%；菲律宾和印度尼西亚岛屿众多，潮汐能资源最为丰富；生物质能方面，印度尼西亚资源最为丰富。东南亚国家可再生能源分布如表 1-3 所示。

表 1-3 东南亚国家可再生能源分布

国家	生物质能 /GW	地热能 /GW	水能 /GW	风能 /GW	潮汐能 /GW	太阳能 /［kW·h/（m^2·d）］
文莱	—	—	0.07	十分匮乏	—	9.6 ～ 12
柬埔寨	—	—	10	较匮乏	—	5
印度尼西亚	32.6	28.9	75	较匮乏	49	4.8
老挝	1.2	0.05	26	较丰富	—	3.6 ～ 5.3
马来西亚	0.6	—	29	较匮乏	—	4.5
缅甸	—	—	40.4	较匮乏	—	5
菲律宾	0.24	4	10.5	较丰富	170	5
新加坡	—	—	—	十分匮乏	0.03 ～ 0.07	3.15
泰国	2.5		15	较丰富	—	5 ～ 5.6
越南	0.56	0.34	35	丰富	0.1 ～ 0.2	4.5

资料来源：①东盟能源中心 . 东盟能源电力合作报告 [R]. 2017. ② Natural Resources Defense Council. 东盟国家可再生能源发展规划及重点案例国研究 [R]. 2019.

3. 东南亚地区一次能源和电力消费增速较快，且以化石能源为主

能源消费增长迅速，已成为化石燃料净进口区域。东南亚由于基础设施和工业基地的发展，以及人均收入增加和新兴消费阶层的出现，推高了能源尤其是发电需求，因此一次能源消费增速较快。自 2000 年以来，东南亚一次能源需求增长超过 80%，年均增长率 3.4%，远超同期全球平均年增长率（2%）（图 1-4）。燃料需求上升，尤其是对石油需求的增长，已远远超过该地区的自身产量，东南亚即将成为化石燃料的净进口区域。

从能源消费结构来看，东南亚国家长期以化石能源为主，2018 年占该地区一次能源消费的 3/4，且煤炭是 2000 年以来增长最快和最多的能源；可再生能源消费占比较低，目前仅满足该地区约 15% 的能源需求（不包括用于烹饪的传统生物质的使用）[1]。自 2000 年以来，水力发电量翻了两番，现代生物质能源在供暖和运输中的使用量迅速增加，太阳能光伏（PV）和风能贡献仍很小。

1 IEA. Southeast Asia Energy Outlook[R]. 2019.

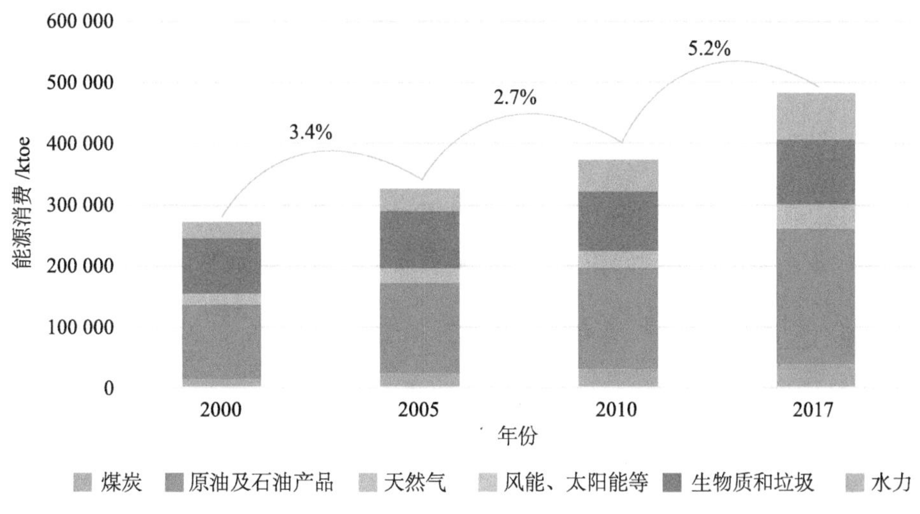

图 1-4 **东南亚国家一次能源消费（东帝汶和老挝数据缺失）**

资料来源：IEA. Southeast Asia Energy Outlook 2019[R]. 2019.

东南亚人均用电量仍保持较低水平，未来增长需求较大。东南亚的电力需求以年均 6% 的速度增长，远高于世界平均水平，是世界上增长最快的地区之一。但是人均用电量仅为 1 445 kW·h/a（2017 年），约为世界平均水平的一半（约 3 200 kW·h/a），而且各国之间人均用电量差异较大（图 1-5）。

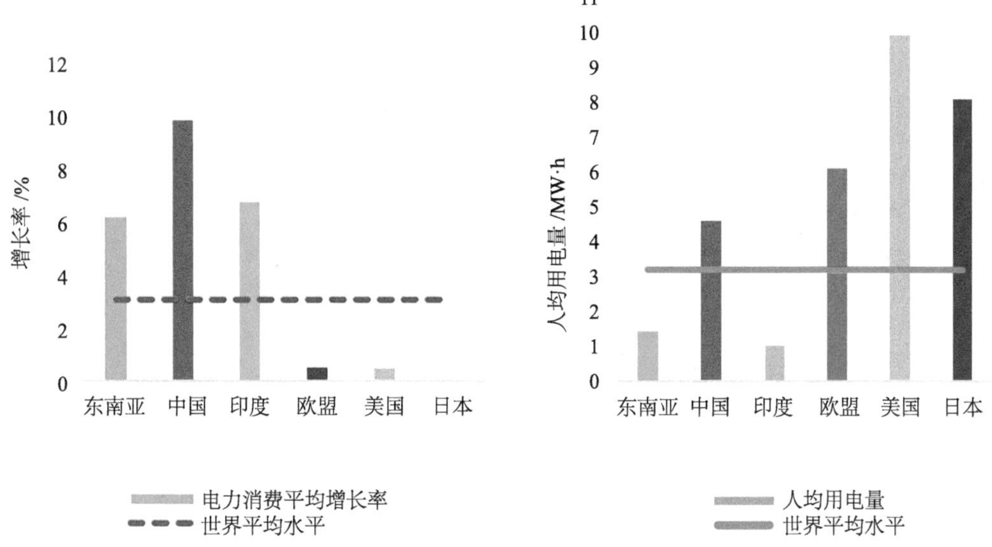

图 1-5 **2000—2017 年电力消费的年平均增长率和 2017 年人均用电量（东帝汶和老挝数据缺失）**

资料来源：IEA. 2020. https://wwwiea.org/statistics/.

电气化潜力大，未来建筑部门将超过工业部门成为最主要的电力消费部门。根据《东南亚能源展望 2019》的预测，东南亚地区电力消费量到 2040 年将翻番，近 4% 的年增长率是世界其他地区的两倍。目前，电力在终端能源消费中占比 18%，到 2040 年将达到全球平均水平 26%。其中建筑行业（住宅和服务业）的用电量增长最快，到 2040 年将增长 2.5 倍，超过工业用电量，达到 1.2 万亿 kW·h 以上，成为最大的电力终端消费部门。

4. 电力现有基础设施缺口较大，电力装机以火电和水电为主

近年来，东南亚国家电力装机容量持续上升，较大的结构变化是燃油发电向燃煤发电转变，同时可再生能源装机容量稳步上升。2018 年煤电、天然气、燃油装机容量分别为 0.75 亿 kW、0.95 亿 kW 和 0.25 亿 kW。可再生能源发电装机容量为 0.64 亿 kW，其中水电（包括小水电）占可再生能源总装机容量的 72.49%，生物质能占 11.78%，地热占 6.05%，太阳能占 6.95%，风电占 2.73%（图 1-6）[1]。

从发电量来看，2017 年东南亚总发电量为 10 012.13 亿 kW·h（注：东帝汶数据缺失，老挝为 2015 年数据），化石能源发电量占 76.6%，其中燃气和燃煤分别占 37.76% 和 36.19%，燃油占比仅为 2.65%。可再生能源发电量为 2 342.47 亿 kW·h，占比为 23.40%。其中，水电（包括小水电）发电量占比为 18.25%；地热能和生物质发电量占比分别为 2.30% 和 1.78%；风电和太阳能占比仅为 0.63% 和 0.25%。东南亚各国 1990—2017 年总发电量如图 1-7 所示，2017 年各国发电量及发电结构见图 1-8，2000—2018 年发电量结构变化见图 1-9。

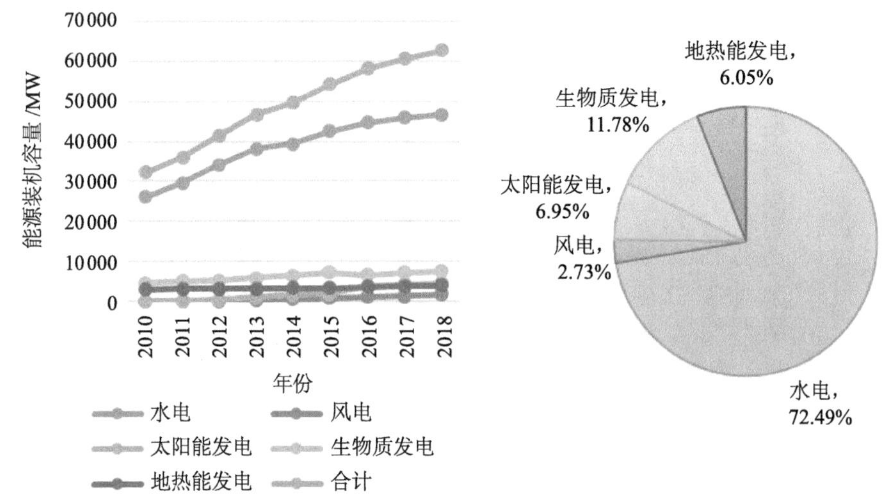

图 1-6 东南亚可再生能源装机容量发展状况

资料来源：International Renewable Energy Agency. Renewable Energy Statistics 2019.

---

1 IRENA.Report on Renewable Power Generation Costs[R]. 2017.

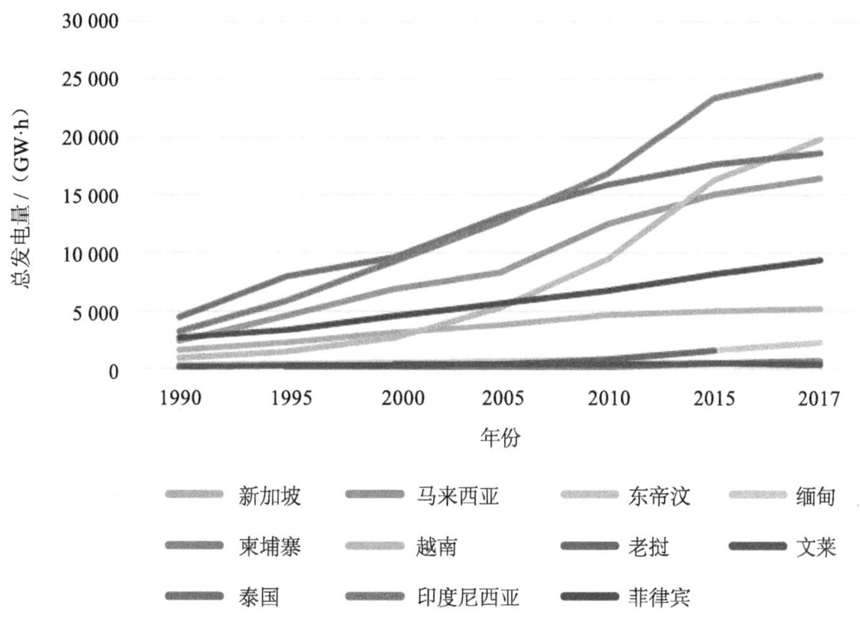

图 1-7　**东南亚各国 1990—2017 年总发电量**

资料来源：IEA. https:/www.iea.org/statistics/. 2020.

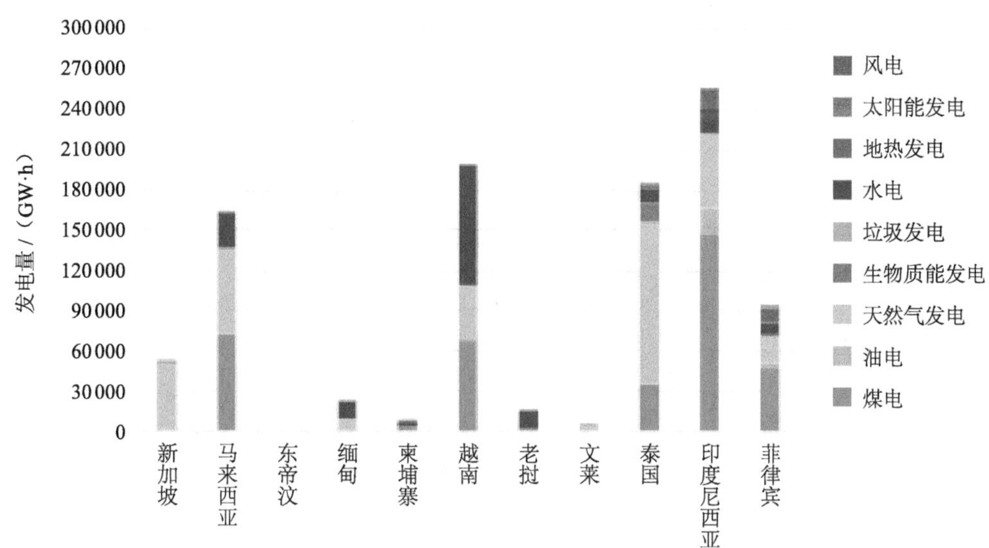

图 1-8　**2017 年东南亚各国发电量和发电结构**

资料来源：IEA. https:/www.iea.org/statistics/. 2020.

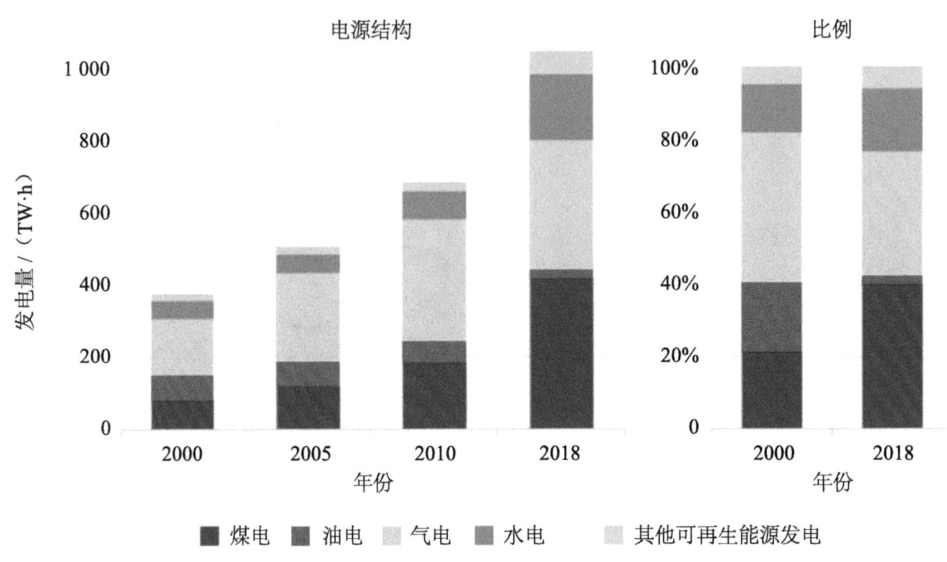

图 1-9 2000—2018 年东南亚发电量结构变化

资料来源：IEA. Southeast Asia Energy Outlook 2019[R]. 2019.

（三）东南亚国家电力管理政策与清洁低碳发展目标

1. 东南亚多数国家电力市场化程度较低，缺乏竞争机制

东南亚国家中，垂直一体化 / 单一买方模式是最为常见的电力管理模式，缺乏市场竞争。除菲律宾、新加坡市场化程度较高外，其他国家未完全实现厂网分离，主要是垂直一体化的管理模式（表 1-4），这种方式较易导致市场垄断，缺乏竞争，而且部分主体存在权力过大问题。例如，泰国国家电力局（Electricity Generating Authority of Thailand，EGAT）是泰国唯一的电力系统运营商，同时也是泰国最大的发电企业，通过国家控制中心和五个地区性的控制中心管理、控制电力调度。EGAT 拥有覆盖全泰国包括输电线、不同电压等级的高压变电站等在内的电力传输网络，类似我国“厂网分离”前的国家电力公司。新加坡和菲律宾电力市场为自由化的零售竞争模式，独立发电商在电力市场中扮演了重要角色，其装机容量占国家总装机容量的一半以上。新加坡在 2018 年已经实现所有电力消费者可选择供应商的模式，其电价受市场影响的程度在全世界范围内都是较高的。从 2016 年开始，越南允许发电商以合理的价格售电给国家电力公司。

表 1-4　东南亚各国电力管理体制

国家	市场结构	发电	输配电	用电
柬埔寨	垂直一体化 / 单一买方	独立发电商（Independent Power Producer,IPP） 国家电力公司 农村电力企业	国家电力公司 农村电力企业	金边省会城市 农村电力企业
文莱	垂直一体化 / 单一买方	文莱电力局 Berakas 电力管理公司	文莱电力局（运营） Berakas 电力管理公司（维护、发展）	终端用户
印度尼西亚	垂直一体化 / 单一买方	爪哇 - 巴厘电力公司 印度尼西亚电力公司 IPP 租赁发电商	印度尼西亚国家电力公司	住宅 工业 商业 其他
老挝	垂直一体化 / 单一买方	国家电力公司 IPP	国家电力公司	大客户 终端用户
马来西亚	垂直一体化 / 单一买方	国家电力公司 IPP	国家电力公司（不同地区） 沙巴电力有限公司 砂拉越电力供应公司	终端用户
缅甸	垂直一体化 / 单一买方	缅甸电力公司 水力发电企业 IPP（水电）	缅甸电力公司	终端用户
泰国	垂直一体化 / 单一买方	国家电力局 IPP 小型发电商 微型发电商	国家电力局	直供用户 终端用户 工业区
越南	成本库	越南电力公司 IPP	越南电力公司	终端用户
新加坡	价格库	IPP	新加坡电力有限公司	终端用户
菲律宾	价格库	国家电力公司 - 小型电力事业集团 IPP	国家输电公司	供电垄断市场 供电非垄断市场

资料来源：东盟能源中心 . 东盟能源电力合作报告 [R]. 2017。
注：成本库指根据发电可变成本决定上网顺序以及电量与电价；价格库指电力市场为自由化的零售竞争模式；单一买方指买方垄断，在既定用电负荷的前提下，购电费用最小。

东南亚国家目前电价水平普遍较高。东南亚国家中除了越南，其他主要国家的平均销售电价均高于中国（图 1-10）。电价成本过高部分导致东南亚制造业发展受限，如缅甸的工商业实行阶梯电价，电量为 1 万～ 5 万 kW·h 的价格为 0.748 元 /（kW·h），5 万～ 20 万 kW·h 的价格为 0.898 元 /（kW·h），20 万～ 30 万 kW·h 为 0.748 元 /（kW·h），用电超过 30 万 kW·h，价格为 0.599 元 /（kW·h）。老挝的工商业电价分为三类，最高的娱乐业为 1.040 元 /（kW·h），最低的工业为 0.538 元 /（kW·h），其他服务业为 0.704 元 /（kW·h）。

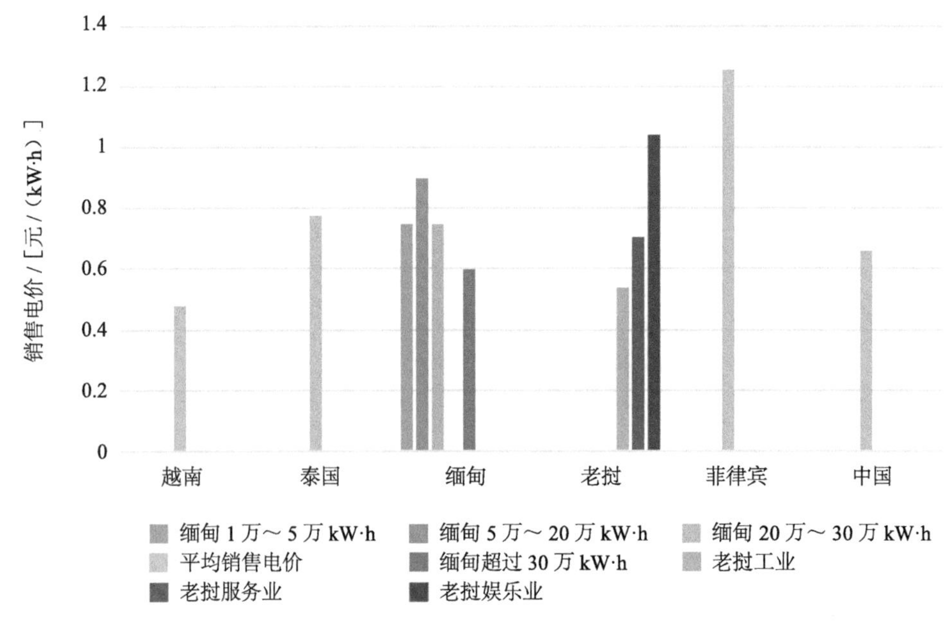

图 1-10　**东南亚国家与中国销售电价**

资料来源：文华维 . 关于中国电价的 6 个真相 [J]. 南方能源观察 , 2016.

在东南亚国家中，菲律宾的电价最高。菲律宾缺电现象严重，电力成本高昂，居民用电和工业用电价格居世界前列。菲律宾电费采取分段计费制，住宅用电价格约为 0.206 7 美元 /（kW·h），工业用电价格约为 0.114 4 美元 /（kW·h）。泰国以天然气发电为主，燃气发电占比为 60% ～ 70%，导致其电价水平较高，2016 年平均销售电价为 0.111 1 美元 /（kWh）。电价最低的为越南，2016 年越南电价为 0.068 5 美元 /（kWh）。值得关注的是，尽管越南电价较低，但其供电可靠性较低，停电事件时有发生。

2. 提高能源供给和电气化率是多数东南亚国家电力发展战略的首要工作重点

东南亚是全球能源体系中最具活力的地区之一，各国处于不同的经济发展阶段，能源资源禀赋和消费模式各不相同。为了以安全、负担得起和可持续的方式满足日益增长的需求，近年来该地区各国在升级政策框架、改革化石燃料消费补贴、加强区域合作以及鼓励加大可再生能源投资等方面做出了重大努力。

东南亚国家一直致力于提高通电率、实现农村电气化。2015 年 10 月第 33 届东盟能源部长会议及其相关会议在吉隆坡举行，会议提出《东盟能源合作行动计划 2016—2025》，将提高电力和现代能源可及性作为一项重要目标。值得一提的是，东盟各国一直致力于利用可再生能源技术提高国内的通电率，并尝试应用分布式光伏、微电网实现农村电气化。但受技术限制、融资约束、财政安排缺失、政治互信不足等因素影响，东南亚地区的可再生能源开发面临着诸多障碍，这也导致东南亚国家的实际行动往往比预期目标滞后得多。

推动区域电网互联、能源一体化。结合东南亚各国经济社会发展优势和自身能源优势，进一步实现资源的优化配置，构建互联互通的清洁能源电力输送格局是东南亚区域能源电力发展的重点。目前，东南亚电网的电力交易主要局限于双边。虽然大部分东南亚国家都有跨境电网项目，但电力交易多为非导向性形式（如购电协议）。东南亚计划推动多边电力交易，通过跨境互联与多边电力贸易促进资产利用和资源共享，加强东盟电力部门灵活性，提高可再生能源尤其是太阳能和风能的消纳能力。中国已经与东南亚国家展开电网互联互通的尝试，例如中国积极开展大湄公河次区域电力项目合作与开发，包括区域内大规模长距离稳定送受电、较大规模的多国之间电力交换以及相邻国家边境地区小规模电力交换（电力交换规模预计将达 5 000 万 kW）。此外，欧盟颁布的 90/377/EEC 要求对有关工业用户的电力和天然气价格透明化的指令和有关输电的 90/547/EEC 指令标志着电力市场化改革的开始，欧盟推进电力市场化旨在消除各成员国之间的壁垒，建立欧盟统一的电力市场。欧盟关于电力市场一体化的经验，值得东南亚地区借鉴学习。

3. 可再生能源发展受到重视，多重举措提高可再生电力

东南亚国家近年来已经开始重视可再生能源的发展，并在国家计划和政策中建立了明确的可再生能源发展目标。根据东盟计划，至 2025 年，可再生能源在一次能源结构中占比将达 23%。东南亚部分国家可再生能源发展目标如表 1-5 所示。

表 1-5　东南亚部分国家可再生能源发展目标

国家	目 标
文莱	2035 年可再生能源发电占比达到 10%
柬埔寨	2020 年水电装机容量增加到 2 241 MW
印度尼西亚	新能源与可再生能源在一次能源供应中占比至 2025 年增加到 23%，在 2050 年达到 31%
老挝	2025 年一次能源供应中可再生能源占比达到 30%
马来西亚	可再生能源装机容量到 2020 年达到 2 080 MW，到 2030 年达到 4 000 MW
菲律宾	2030 年能源消费每年相比基准预测减少 16%

国家	目标
新加坡	太阳能光伏装机容量于 2020 年达到 350 MW，2020 年后达到 1 GW
泰国	可再生能源在终端消费总量中占比增加，至 2036 年达到 30%；2037 年可再生能源发电装机容量占比增加至 36%，发电占比增加至 20%
越南	非水可再生能源发电装机容量到 2025 年比例增加至 12.5%，2030 年增加至 21%

资料来源：IEA. Southeast Asia Energy Outlook 2019[R]. 2019.

尽管各国国家自主贡献（Nationally Determined Contributions, NDC）中提出的减排目标以及采用的指标各不相同，但是可再生能源都是重要内容之一（表 1-6）。新加坡和马来西亚使用排放强度减排指标；缅甸和老挝则只有政策行动，没有设立定量化的减缓目标；文莱、菲律宾、柬埔寨相对基准情景的绝对量减排目前高达 60% ～ 70%，其原因在于这三个国家均极易受气候变化影响，减排积极性较高。

为推动可再生能源发展，各国推出了支持型政策和激励措施。表 1-7 汇总了东盟各国的支持政策，包括制定可再生能源目标、出台上网电价政策（Feed-In Tariff, FiT）、自消费方案、竞争性招标（竞拍），激励措施包括税收优惠、优惠贷款、资本补贴和可交易的可再生能源证书等。在众多激励机制中，上网电价政策逐渐成为推动可再生电力发展的核心政策。如印度尼西亚、马来西亚、菲律宾、泰国和越南等可再生能源装机容量显著增长的国家已经开始普遍使用上网电价，印度尼西亚以地区和国家发电成本的最高限价为标准，而其他几个国家则以平准化电力成本加上不同技术投资回报的额外补贴为标准（表 1-8）。总的来说，目前东南亚各国上网电价政策更改频繁且具体机制设计还不成熟，需要根据现有政策反馈进行改善。

表 1-6　各国 NDC 承诺的减缓气候变化目标

国家	减缓气候变化目标类型	目标年	描述（条件指将在提供国家援助和技术支持下）
文莱	相对基准情景的绝对量减排	2035	到 2035 年，能源部门：能源消耗减少较基准情景减少 63%，可再生能源的份额占总能源的 10%；陆地运输部门：二氧化碳减排 40%；森林部门：森林覆盖率达到 55%
菲律宾	相对基准情景的绝对量减排	2030	到 2030 年相较于基准情景温室气体排放量减少约 70%
马来西亚	碳强度减排	2030	到 2030 年碳排放强度相较于 2005 年减少 45%（无条件：35%，有条件：10%）
柬埔寨	相对基准情景的绝对量减排	2030	无条件：除土地利用、土地利用变化和林业（Land use, land-use change and forestry, LULUCF）部门外，相较于基准情景，总排放减少 27% 有条件：森林覆盖率达到 60%，LULUCF 减排 57%

国家	减缓气候变化目标类型	目标年	描述（条件指将在提供国家援助和技术支持下）
新加坡	碳强度减排	2030	2030年碳排放强度从2005年的水平降低36%
泰国	相对基准情景的绝对量减排	2030	无条件：相较于基准情景，到2030年减排20% 有条件：提高至25%
越南	相对基准情景的绝对量减排	2030	无条件：相较于基准情景，到2030年减排8% 有条件：提高至25%
印度尼西亚	相对基准情景的绝对量减排	2030	无条件：相较于基准情景，到2030年减排29% 有条件：提高至41%
缅甸	政策行动，无量化指标	—	—
老挝	政策行动，无量化指标	—	—

资料来源：UNFCCC. NDC Registry[R]. 2020.

表1-7　东盟国家可再生能源发展激励措施

国家	可再生能源目标	上网电价	自消费方案	竞争性招标（或竞拍）	税收优惠	优惠贷款	资本补贴	可交易的可再生能源证书
文莱	√							
柬埔寨	√			√	√			
印度尼西亚	√	√	√	√	√			
老挝	√				√			
马来西亚	√	√	√	√	√			
缅甸	√				√			
菲律宾	√	√	√		√			√
新加坡	√			√	√			
泰国	√	√	√	√	√	√	√	
越南	√	√	√		√			

资料来源：东盟能源中心，水电水利规划设计总院 . 东盟可再生能源上网电价（FIT）机制报告 [R]. 2018.

表1-8　各国具体上网电价机制

国家	上网电价机制
印度尼西亚	上网电价以电力生产成本而非技术成本为基础，需将当地电力生产成本（Local Production Costs of Electricity, LPCE）与国家电力生产成本（National Production Costs of Electricity, NPCE）相比较。对于太阳能、风能、生物质能、沼气和潮汐能，如LPCE高于NPCE，则上网电价最高为LPCE的85%。而对于水电、固废发电和地热能，如LPCE高于NPCE，则上网电价与LPCE相等。对于所有能源类型，如LPCE小于或等于NPCE，则上网电价取决于各方协定
马来西亚	可再生能源电力公司实施的上网电价基于政府年度配额设定

国家	上网电价机制
菲律宾	上网电价被设定为固定费率，而非不同可再生能源品种或特定地区以及容量范围
泰国	可再生能源技术分为两类：自然能源（水电、风能、太阳能光伏）和生物能源（城市固体废物、生物质、沼气）。 自然能源上网电价有两种类型：固定上网电价和额外补贴（南部三个省份的补贴溢价）。 用于生物能源的上网电价由两部分组成：固定上网电价和可变上网电价（可变部分取决于通货膨胀率）
越南	各类型可再生能源上网电价采用全国统一的固定上网电价，并不是根据特定区域或装机容量来设定的

资料来源：东盟能源中心，水电水利规划设计总院．东盟可再生能源上网电价（FIT）机制报告 [R]. 2018.

4. 环境标准体系和相关制度已初步形成，居民环保意识逐渐提升

东南亚国家已经逐步建立起严格的环境标准制度。例如，除缅甸外，其他国家都颁布了本国空气环境质量标准，并定期对该标准进行审查和更新。虽然与发达国家仍有一定差距，但部分国家通过对标准更新，率先在二氧化硫（SO_2）、二氧化氮（NO_2）等传统污染物浓度上缩小了与美国、欧盟的差距。如马来西亚 SO_2 浓度日平均限值控制在 105 μg/m^3 以内、NO_2 浓度日平均限值控制在 75 μg/m^3 以内，其中 SO_2 浓度标准与欧盟相比更为宽松[1]。

东南亚各国现行法中环境收费制度主要采取排污费方式，即按照环保部门依法核定的污染物排放种类和数量直接向排污者收取费用。除此之外，部分国家还对企业征收环境保护费。如越南对汽油、柴油、润滑油、煤炭、氢氯氟烃（HCFC）溶剂、尼龙袋（属被征税类）、除草剂、杀蚁剂、林产保管剂、固体消毒剂等生产企业征收环境保护费；原油开采应缴纳环保费 4.306 美元 /t，天然气开采缴纳环保费 8.611 美元 /t，尼龙袋应缴纳环保费 1.292 ～ 2.153 美元 /kg[2]。

但东南亚国家环境法的实施与执行效率并不高，主要原因在于：①东南亚各国法律存在结构性缺欠，法律的授权体制、多层结构、存在形式等较为混乱，存在权限重复和发生冲突的情形，影响环境法的实施；②在制度安排上采用纵向分割主义，导致环境问题在各个部委之间无法横向协调；③东南亚许多国家，存在着法律不被社会信赖，对审判制度的信赖非常淡漠等现象[3]。近些年，东南亚国家提高了环境行政处罚力度、整合环境与资源保护监管机构，提高环境行政效率并严格落实法律规定使得环

1 刘燚．中国对东南亚投资中的环境保护法律风险研究 [D]. 北京：首都经济贸易大学，2018.

2 柴麒敏，傅莎，祁悦，等．“一带一路”投融资中的气候变化因素考量 [EB/OL]. [2019-04-30]. http://www.thepaper.cn/newsdetail.forward_3375218.

3 范纯．东南亚环境问题及法律对策 [J]. 亚非纵横，2008(2): 32-38, 62.

境法律与政策落实难、执行差的现象有所好转。

居民及环保组织对环保的呼声大却未受到重视。煤电投资项目通常会带来较大的社会、环境影响，且可能违背国家做出的碳减排承诺，东南亚当地居民对于某些投资项目反对呼声较大。以印度尼西亚为例，苏门答腊岛明古鲁省反对明古鲁2×100 MW蒸汽燃煤电站项目，因为在项目开建之前进行环境影响评价分析时缺乏当地社区的参与，并且该项目给海洋生物区系和红树林带来了负面影响。另外，民间批评中国承建的燃煤发电站，认为爪哇—巴厘地区的燃煤发电项目可能污染空气和水，威胁巴厘岛的旅游业潜力。虽然居民及环保组织的呼声巨大却未受到重视和采纳，往往只有少数居民的意见得到征询。项目对于环保和社会影响的信息透明度不高，也没有真正意义上的征询当地社区的意见，或是让当地居民参与项目决策的尝试。

（四）东南亚国家电力基础设施投资需求巨大

1. 东南亚电力基础设施投资规模预计可达万亿级，可再生电力有望成为投资重点

东南亚是全球经济发展最为活跃的区域之一，也是我国部分产业外移的重要承接区域。目前区域内人均用电量水平约为世界平均水平的1/2，在人口增长、产业发展的支撑下，未来十年该区域电力装机容量有望保持较高增速，预测到2040年煤电装机容量将净增加90 GW，可再生能源装机容量将增加180 GW以上。考虑运输、人力、施工经验等因素，东南亚区域的投资成本较中国来说更高，按平均单位造价5 000元估算，东南亚区域的电源（发电项目）投资规模在未来20年就将达到万亿元人民币。

解决电力设施不足问题之时，东南亚国家也面临着严峻的空气污染治理的挑战。目前多数东南亚国家都已制定了可再生能源发展目标，并制定了相关政策以促进目标的实现。无论是从技术成本、能源安全、环境约束问题，还是国际趋势来看，进一步在东南亚地区发展可再生能源都不可或缺。

2. 中国参与东南亚地区电力基础设施建设的现状

（1）中国在参与东南亚煤电建设的同时，也积极参与可再生能源建设

南亚和东南亚是中国煤电投资的主要流向区域。绿色和平组织根据公开资料统计，截至2018年年末，过去10年中国企业在海外通过股权投资参与建成了10.8 GW燃煤电厂，近94%在南亚和东南亚，还有23.1 GW在规划中或建设中。按中国近期燃煤电厂造价估算（2016—2017年投产火电项目决算单位造价为3 593元/kW），未建成的项目投资额将近830亿元。

在投资煤电的同时，中国也积极参与南亚和东南亚可再生能源项目的建设。根据

绿色和平组织的统计和分析，2014—2018 年，中国以股权投资参与建成的风电、光伏项目主要位于南亚和东南亚地区。2014—2018 年，在巴基斯坦、印度、马来西亚和泰国等国，中国企业以股权投资形式参与建成的光伏项目装机总量达到 1 185 MW，占同期在“一带一路”沿线国家投资总量的 93%。在建或规划中的项目装机容量为 996 MW，总计会为该区域贡献 2 181 MW 的光伏装机容量。中国在孟加拉国、阿富汗、越南和巴基斯坦的投资及计划投资的光伏项目装机容量更是超过了这些国家截至 2018 年年底光伏装机总量的 30%。除股权投资外，2014—2018 年，中国企业在“一带一路”沿线国家通过设备出口的方式参与建成的光伏电站装机总量约为 8 440 MW。2014—2018 年，中国出口光伏设备规模前五的国家中有 3 个位于南亚和东南亚地区，分别为印度（5 800 MW）、泰国（1 060 MW）和菲律宾（250 MW）。同一时期，中国在“一带一路”沿线国家通过股权投资建成的风电项目中约 80% 位于南亚和东南亚国家，装机容量为 397.5 MW，在建或规划中项目装机容量为 1 362 MW，总计会为该区域贡献 1 759.5 MW 的风电装机容量。

此外，我国光伏企业也将东南亚作为重要的海外光伏基地群。在以越南、泰国等为代表的东南亚光伏基地群，共有 12 家国内光伏企业参与建设光伏组件工厂，公告装机容量超过 7 GW。

（2）工程总承包是中国参与海外电力基础设施建设的最主要方式，但中国的海外电力投资正经历从工程总承包向股权投资转变

中国参与海外电力基础设施建设的主要形式包括股权投资、金融支持、工程总承包和设备出口等。每个煤电项目可能涉及一种或多种参与方式，而主导参与方式将决定中国企业和金融机构对该煤电项目是否具有决策权和长期经济收益。中国海外煤电投资经历了从项目援助到工程总承包，再到现在的项目“一体化”建设的发展进程，中国的设备、技术和资本由此也逐步深入拓展到海外煤电市场。总体来看，在 2009—2018 年的近十年里，中国企业以工程总承包形式参与建成的海外煤电项目装机容量为 74.3 GW，以股权投资形式参与建成的海外煤电项目装机容量为 10.8 GW。可以看出，工程总承包形式仍为中国参与海外煤电项目的主要方式，这意味着中方企业对项目没有主导决策权，仅为施工方或设备提供方，对项目仅具有中短期的经济收益，中国企业的参与更多的是市场作用的结果，东道国自身的电力发展需求和中国企业的利润追求是其主要推动因素，中国同东道国的关系、中国政府的政策并非主要原因，但这种情况已经逐步发生改变。从 2012 年开始，中国首批以股权投资形式参与的海外煤电项目投入运营。根据绿色和平组织统计，2013 年之前，中国企业以股权投资形式建

成的海外煤电项目装机容量仅为 0.4 GW。而 2014—2018 年，中国企业以股权投资形式建成的海外煤电项目累计装机容量达到 10.4 GW，是之前的 26 倍。2018 年中国企业以股权投资形式建成的项目装机容量首次超过工程总承包项目，达到 3.5 GW。中国海外煤电投资的角色正逐步由工程总承包方向股权投资方转变。而在 2019—2023 年，中国企业以股权投资形式参与建成、在建和规划的海外煤电项目装机容量预计将达到 39.8 GW，工程总承包项目将达到 24.1 GW。未来股权投资的煤电项目装机容量将超过工程总承包项目，成为中国海外煤电投资的主要形式[1]。

（3）中国的国有银行和大型国有企业是海外煤电投资的有力支持者，而私营企业投资更多流向可再生能源领域

中国主要是国有企业承担海外煤电投资者和开发商的角色，私营企业很少参与其中。最大的金融机构是中国政策性银行。首先是国家开发银行和中国进出口银行，其次是中国商业性银行，如中国银行（BOC）和中国工商银行（ICBC）。涉及最多的公司是大型国有企业，包括公用事业型企业国家电网有限公司、基础设施集团中国能源工程集团有限公司、电力巨头国家电力投资集团有限公司和中国华电集团有限公司。中国私营企业的对外能源投资中，近 2/3（64%）用于可再生能源[2]。

3. 东南亚国家对中国参与电力基础设施建设的评价

中国对于东道国电厂的竞标价格较低，可以满足东道国对于低成本项目的需求。我们曾采访了一位当地专家，根据他的介绍，东道国不同的相关方对于中国参与当地电力基础设施建设持不同观点，一部分人认为中国公司为当地增加了发电装机容量，支持了当地经济发展，对此持支持态度。但是，中国参与建设的电厂项目有时会出现质量问题，对效率和成本有效性造成影响。

与此同时，本地居民对于空气质量、水资源利用、环境污染等问题及其对健康的影响日益重视。据所采访的当地专家介绍，来自交通部门和新建燃煤电厂的空气污染问题越来越受到公众的关注。对于许多国家来说，由于与中国的污染源（工业增长、燃煤发电等造成的污染）类似，空气污染将可能会达到中国当前的水平。在工业和道路交通密集的区域，新建电厂的空气污染已经成为公众关心的问题。由于现金流有限，这些投资短期内不太可能改变，因而极有可能在之后的几十年对健康产生持续影响。

另外，中国公司在当地投资的项目通常会自带劳动力，因此对于当地的能力建设和独立发展方面并不会产生太多帮助。中国参与建设的电厂项目在征询当地民众，尤

1 绿色和平，山西财经大学 . 中国海外煤电股权投资趋势与风险分析 [R]. 2019.
2 ZHOU L, GILBERT S, WANG Y, et al. Moving the Green Belt and Road Initiative: From Words to Actions[R]. 2018.

其是本地社区、非政府组织（Non-Government Organization, NGO）和公民的意见征询方面有所不足。相比之下，据当地专家介绍，英国石油公司（BP）在开展基础设施建设项目时采用了每周与当地 NGO 交换信息和意见的方式。同时，外国主导的项目更加注重推行环境、社会、公司治理和安全以及环境问题等方面的国际最佳实践，并致力于实现当地经济的可持续发展。

2019 年发生的一起涉及印度尼西亚国家电力公司（Perusahaan Listrik Negara，PLN）、印度尼西亚的煤矿公司（Blackgold）和中国华电集团有限公司的电力采购合约行贿案件[1]导致了包括 PLN 首席执行官和一位前社会事务部长在内的 9 名官员被捕。当地电力投资方面的专家认为高增长的基础设施项目滋生腐败的风险更高。类似的腐败案件会损害公众对于煤炭部门的信任。2016 年，反腐败委员会发现印度尼西亚四省煤炭部门 10 992 份经认证的经营执照中，有 40% 不符合法律合规要求，包括税务缴纳、土地租赁等，最终导致 2 000 份许可执照被吊销或过期。

（五）东南亚地区电力基础设施低碳转型案例分析：印度尼西亚[2]

1. 印度尼西亚电力供应量持续快速增长，但是人均用电量仍然较低

印度尼西亚是一个地域辽阔的群岛国家，由 17 000 多个岛屿组成，其中 5 个主要岛屿分别为巴布亚岛、加里曼丹岛、苏门答腊岛、苏拉威西岛和爪哇岛。印度尼西亚国土面积为 190 万 km^2，相当于中国或美国的 1/5 左右。印度尼西亚从最西端的亚齐省到东部的巴布亚省，在行政区划上共分为 34 个省。印度尼西亚 2018 年的人口为 2.64 亿人，位列世界第四，是东南亚地区人口最多的国家。在印度尼西亚 6 000 多个有人类栖息的岛屿上，人口分布不均匀，有 57% 的人口居住在爪哇岛，剩下 43% 的人口分散在印度尼西亚其他岛屿。

近年来，印度尼西亚的电力可及性得到大幅改善，电力总装机容量已由 2013 年的 46 613 MW 增加到 2018 年的 56 510 MW，年平均增长率为 4.2% 左右；同时，发电量由 2013 年的 216 189 GW·h 增长到 2018 年的 267 085 GW·h，年平均增长率为 4.71% 左右。随着电力供应的增长，印度尼西亚的电气化率得以不断攀升，由 2013 年的 78% 稳步提升到 2018 年的 97%，平均每年连接 1 280 万人，无法获得电力供应的人口由 2013 年的 5 400 万人减少到 2018 年的 800 万人。但值得注意的是，印度尼西亚各地区的电网可及性参差不齐，西部地区的电气化率将近 100%，而东南部地区仅

1 中外对话 . Corruption and coal dug up in Indonesia[EB/OL]. [2019-07-12]. https://www.chinadialogue.netarticle/show/single/en/11375-Corruption-and-coal-dug-up-in-Indonesia.

2 本节内容由 IPEN 咨询公司主任 Maria Retnanestri 博士提供。

有 59.85%[1]。2013—2018 年，总体用电量从 2013 年的 1 875 亿 kW·h，增长为 2018 年的 2 346 亿 kW·h，年平均增长率约为 5%。分部门来看，家庭用电量占总用电量中的比例最大，为 42.4%，工业、商业及公共服务业紧随其后，分别占 32.6%、18.5% 和 6%（附表 1-2）。但是人均用电量较低，2018 年仅为 888 kW·h/ 人，这一水平不仅远低于世界平均水平，甚至与东南亚平均水平（2015 年为 1 507 kW·h/ 人）相比也相差甚远。

2. 可再生能源有潜力，但是化石燃料在发电结构中占据绝对主导地位

2010—2017 年，化石燃料发电量占比高达 85% ～ 90%，其中石油发电量占比稳步下降，由 2010 年的 22% 下降至 2017 年的 5.81%；天然气发电量占比较为稳定；煤炭发电量占比由 2010 年的 38% 快速增长至 2017 年的 57.22%[2]（图 1-11）。可见，化石燃料，尤其是煤炭在印度尼西亚电力行业中扮演着极为重要的角色，究其原因，在于印度尼西亚拥有丰富的煤炭资源，煤炭资源的储产比高达 61 年。从燃煤发电的技术上来看（附表 1-3），尽管现在仍在使用亚临界技术，但大型且较新的发电厂（主要在爪哇岛）主要使用效率更高的超临界或超超临界技术。

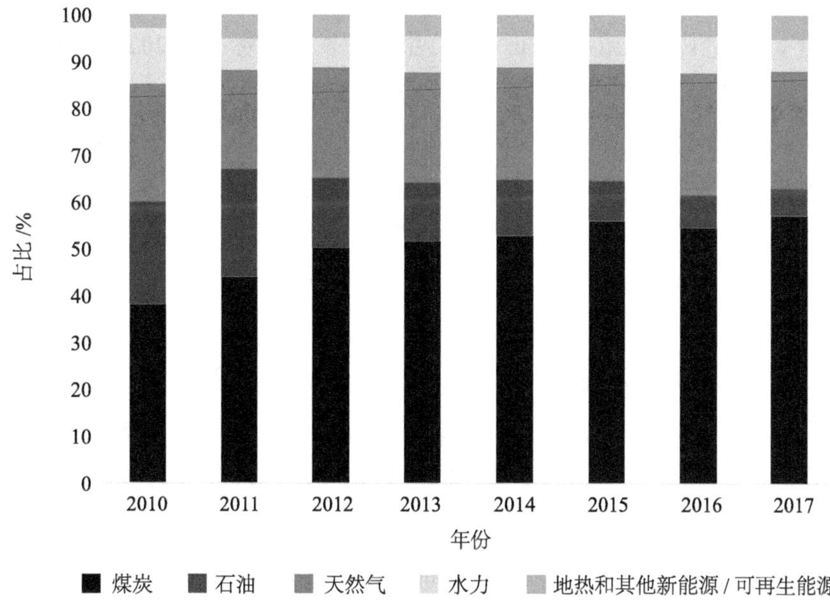

图 1-11 不同方式发电量的占比

资料来源：PWC. Power in Indonesia: Investment and Taxation Guide[R]. 2018.

1 IISD. Geting to 23 Percent: Strategies to scaleup renewables in Indonesia[R]. 2019.
2 PWC. Power in Indonesia: Investment and Taxation Guide[R]. 2018.

2010—2017 年，水力的发电量占比从 12% 下降到 7.06%，除水力外的其他可再生能源的发电量占比则由 3% 增长到 5.09%，总体来看，水力、地热等可再生能源的发电量占比由 15% 下降至 12.5%。可见，可再生能源在发电结构中所占的比例仍较低。

从 2020—2028 年新增发电容量计划来看（附表 1-4），化石燃料占新增发电容量的比例将会降至约 70%，但煤炭的新增发电容量占比仍高达 48%，说明短期内煤炭的重要地位仍无法逆转，可再生能源的新增发电容量占比将提高至约 30%。

由于印度尼西亚是一个群岛国家，本国电力供应系统本身并没有集成到一个相互连接的系统中，要实现印度尼西亚 100% 供电率的目标，发展分布式可再生能源电力系统是可实现的有效措施之一。

3. 印度尼西亚制定了可再生能源发展规划目标，但是煤电仍被视为其实现 100% 电气化率目标不可或缺的手段

（1）电力发展目标

印度尼西亚《关于国家能源政策的政府条例》（2014 年第 79 号）规定了以下电力目标：到 2020 年电气化率接近 100%；人均用电量在 2025 年达到 2 500 kW·h，到 2050 年达到 7 000 kW·h，装机容量到 2025 年达到 115 GW，到 2050 年达到 430 GW。

2019 年，印度尼西亚政府公布了可再生能源发展目标：到 2025 年，可再生能源总发电量将占印度尼西亚国内总发电量的 23%。预计为实现 2025 年的可再生能源发电目标，所需投资额将达 369.5 亿美元。根据规划的 2025 年可再生能源投资细目，预计光伏发电将投资 174.5 亿美元，水电及微型水电将投资 145.8 亿美元，风力发电将投资 16.9 亿美元，垃圾处理发电将投资 16 亿美元，生物质发电将投资 13.7 亿美元，混合动力发电将投资 2.6 亿美元[1]。

（2）促进可再生能源发展的政策

为加快可再生能源的发展，印度尼西亚政府推出了一系列政策。

2014 年推出第 79 号《关于国家能源政策的政府条例》取代 2006 年第 5 号《总统条例》，设定了到 2025 年可再生能源比例达到 23%、到 2050 年达到 31% 的目标。

2017 年推出第 50 号《部长条例》取代 2017 年第 12 号《部长条例》，主要关于印度尼西亚国家电力公司（PLN）可再生能源电力采购的机制和定价：在机制方面，涉及建造、拥有、运营和转让；定价方面，规定了光伏发电、风能发电、生物质能发电、沼气发电、海洋能发电的收购价格不得超过当地平均发电成本的 85%，水力发电、废

1 中国能源报 . 印尼：2025 年可再生能源发电占比 23%[EB/OL]. [2020-01-02]. https://huanbao.bjx.com.cn/news/20200102/1033169.shtml.

物发电和地热发电的收购价格不得超过当地平均发电成本的 100%。

2018 年推出第 35 号《总统条例》取代 2016 年第 18 号《总统条例》，主要关于加速垃圾焚烧发电在印度尼西亚 12 个主要城市的发展。

2018 年推出第 41 号《部长条例》取代 2016 年第 26 号《部长条例》，主要关于棕榈油业务的生物柴油融资。

2018 年推出第 49 号《关于屋顶光伏的部长条例》，2018 年，印度尼西亚国会呼吁加快可再生能源发电立法进程，并积极邀请利益相关方和学术机构代表参与立法讨论。

4. 印度尼西亚电力低碳转型面临的问题

（1）可再生能源的制度和政策不健全、不完善

一是政策稳定性和充分性不足。频繁变动的政策会削弱投资者的信心，增加项目开发的风险，并且政策不充分无法促进可再生能源占比的提升。例如，2019 年第 13 号《关于屋顶光伏的部长条例》。虽然政府认为这项政策可为光伏所有者节省 30% 的能源费用，但有反驳的观点认为，65% 的能源外流到电网会降低公众投资光伏的意愿。二是土地利用获得许可的过程复杂。以地热发电开发为例，地热资源往往位于受保护的森林或森林保护地中，使获得开发许可的过程变得复杂。三是部分制度和政策缺位。目前印度尼西亚仍无激励可再生能源发电的措施和吸引投资的法规。

（2）可再生能源发电的投资吸引力不足

一是化石能源补贴和电力定价机制降低投资者对可再生能源的投资预期。作为投资者关注的定价机制，并未体现可再生能源的环境友好优势，而是通过补贴推动煤电的发展，此举人为降低了煤电的成本。2017 年推出第 50 号《部长条例》对 PLN 可再生能源电力采购的定价做出规定：光伏发电、风能发电、生物质能发电、沼气发电、潮汐发电的收购价格不得超过当地平均发电成本的 85%，水力发电、垃圾发电和地热发电的收购价格不得超过当地平均发电成本的 100%，这被认为不具有吸引力，因为开发者可能无法收回投资并获得合理的利润。这样的定价将可再生能源置于无补贴的不利地位，无法与受到补贴的煤电进行竞争[1]。二是可再生能源补贴不明确。适度的补贴能够有效促进可再生能源发电的投资吸引力，但目前印度尼西亚针对买方的可再生能源缺乏明确的扶持机制和透明的政策框架，投资者难以确定投资回报。

（3）化石燃料可利用性高

化石燃料的丰富储量以及低廉的价格，使得印度尼西亚短期内难以摆脱对化石能

1 IISD. Getting to 23 Percent: Strategies to scale up renewables in Indonesia[R]. 2019.

源发电的依赖。印度尼西亚可获取煤炭资源的储产比为 61 年，每年新增燃煤电厂的装机容量计划在 2020—2023 年达到峰值，然后放缓至 2028 年，但 2019—2028 年新建的燃煤电厂装机容量仍将占到最大比例，即 48%。印度尼西亚可获取天然气资源的储产比为 49 年，新增天然气装机容量计划在 2022 年达到峰值，2019—2028 年预期新增装机总容量将达到 12 416 MW，占比 22%。自 2003 年成为石油净进口国之一以来，印度尼西亚减少了石油在发电中的使用。柴油发电仅在没有其他选择余地的区域有所保留，或处于备用状态，以待在紧急情况下使用。

（4）可再生能源发电潜力大但成本高

可再生能源存在巨大潜力（表 1-9），然而利用可再生能源发电的比例仍然较低，不足其潜力的 1%。除了地热、水力等装机容量相对较高的可再生资源对项目地点要求较高，只能在某些特定省份发展外，可再生能源成本较化石能源高是利用其发电比例低的最主要原因。可再生能源发电厂的建设 / 投资成本普遍高于化石燃料发电厂（附表 1-5、附表 1-6）。水能、地热能、太阳能光伏发电厂的建设 / 投资成本分别为 1 500 美元 /kW、1 750 美元 /kW、1 200 美元 /kW，煤炭、柴油、热电联产、天然气的建设 / 投资成本仅分别为 1 250 美元 /kW、900 美元 /kW、680 美元 /kW、400 美元 /kW。即使从运营成本来看，可再生能源发电优势也并不明显。水能、地热能、太阳能光伏发电厂的单位运营成本分别为 18 美元 /（MW·h）、106 美元 /（MW·h）、411 美元 /（MW·h），煤炭、柴油、热电联产、天然气的运营成本分别为 51 美元 /（MW·h）、179 美元 /（MW·h）、86 美元 /（MW·h）、344 美元 /（MW·h）。

表 1-9 印度尼西亚《国家能源总体规划》

可再生能源	发电潜力 /GW
地热能	29.5
水力	75.1
小型和微型水电	19.4
生物质能	32.7
太阳能	207.9
风能	60.6
海洋潮汐能	18.0
总计	443.2

（5）可再生能源发展触动现有利益格局

电力市场里生产者是发电厂，其数量相对有限，行业准入壁垒较高，不同生产者所生产的产品之间是同质的。煤炭等传统化石燃料发电厂的运行年限较长，如果大力推行可再生能源发电，则势必影响化石燃料发电厂的既得利益。在印度尼西亚，PLN被认为具有垄断地位，因为该公司电力业务中的煤电比例很高，所以会尽力维持现状以避免其煤炭资产搁浅，而且会优先考虑电网稳定性，并控制可再生能源的入网率。

5. 印度尼西亚煤电发展中的国际合作

（1）电力合作的概况

为填补电力投资的资金缺口，印度尼西亚大力提倡开展煤电的国际合作。2015—2019 年，政府仅能满足基础设施建设总资金需求的 41%，其余资金预计将由私营部门参与出资，同时分享基础设施服务开发、运营和管理方面的知识和经验。合作模式包括独立电力生产商（IPP）和私人政府合作（Kerjasama Pemerintah Swasta，KPS），即公私合营关系（Public-Private Partnership, PPP）。

投资印度尼西亚煤电的国家主要包括中国、日本、印度尼西亚、马来西亚。根据不完全数据统计，中国以不同形式参与了印度尼西亚 32 个煤电项目建设，涉及装机容量 20 169 MW。其中在役机组 12 197 MW，规划中和已签约的 7 972 MW。附表 1-7 列出了部分通过国际合作建设的燃煤电厂概况。

中国与印度尼西亚在可再生能源领域，尤其是水电与地热能等方面也有广泛合作，水电以大中型水电项目为主，主要项目包括阿萨汉一级水电站、卡扬河梯级水电站、佳蒂格德水电站等；地热能领域主要项目包括 Sorik Marapi 地热能有限公司地热发电项目。

关于合作项目采购的决策过程，分为直接分配项目、在竞争方案之间直接选择、公开招标、公私合营伙伴关系四种方式。

关于外国投资份额限制。对于小于 1 MW 发电量的项目，仅允许国内投资；对于发电容量为 1 ～ 10 MW 的项目，外国投资最大份额为 49%；对于 10 MW 以上的发电项目，外国投资份额的最大限度为 95%，但在某些条件下可能份额更大。

（2）国际合作对印度尼西亚煤电发展的有利因素

一是引进先进技术。坐落于西爪哇省 Serang Regency 的 Jawa 7（2×1 000 MW）蒸汽燃煤电厂（PLTU）和位于中爪哇省 Batang Regency 的 Jawa Tengah 2×1 000 MW 蒸汽燃煤电厂采用了超超临界技术，推动了技术转让并在项目建设期间创造了数以千计的本地就业机会。二是引进先进的管理技能。在德里沙登（西苏门答腊省）2×15 MW 蒸汽燃煤电厂和（苏拉威西岛）哥伦打洛 2×50 MW 蒸汽燃煤电厂项目（均由上海电力建设有限责任公司承建）中，上海电力大学为当地员工提供了培训机会。三是弥补发展资金的不足。国内资金来源不足，无法为未来 10 年的燃煤电厂的发展提供资金，而国际合作有效地弥补了这一短板。四是深化煤电技术研发合作。神华集团北京国华电力有限责任公司已与中国高校合作，探索与印度尼西亚高校的研发合作。

（3）国际合作与本地投资在项目选择方面的差异

未来十年的发电项目（2019—2028 年）发展趋势表明，不管是煤炭发电还是可再生能源发电，更大的电站装机容量、更大的资本密集度以及更先进的技术会带来私营投资者（当地 / 外国）更大程度的参与。附表 1-8 总结了 2019—2028 年发电项目中 PLN 和私营投资者之间的份额。一是联合项目的份额超过一半。在已分配的项目（49.9 GW）中，16.2 GW（32.5%）划拨给 PLN 并由其完全拥有，33.67 GW（67.5%）分配给各种联合项目。二是分配给联合项目和 PLN 的项目各有特色。其中，联合项目更多分配给煤炭、坑口煤、地热、小水电、水电和其他可再生能源发电项目；分配给 PLN 的项目大多涉及联合循环 / 热电联产和燃气发电，而柴油发电和抽水蓄能发电仅分配给 PLN。

（六）东南亚国家电力低碳清洁化的机会与挑战

1. 机会 1：东南亚对电力有迫切的现实需求且市场潜力巨大

2010—2018 年，东南亚的电力需求年均增长率超过 5%，是世界平均水平的两倍。预计到 2040 年其电力需求将翻番并达到 2 万亿 kW·h，年增长率接近 4%[1]。电力在终端能源消费中所占比例预计将从目前的 18% 上升到 26%，达到全球平均水平。可见，东南亚对电力有迫切的现实需求，而目前迫于全球气候变化、碳排放、空气污染等压力，煤电吸引力在急剧下降，相反，可再生能源越来越受到政府和民众的青睐。

中国也逐渐在扩大新能源领域的对外投资合作，在 2016 年 9 月举行的中国－东盟环境合作论坛上，中方表示将与东盟共建绿色“一带一路”，承诺帮助缅甸、老挝等国家发展太阳能电池板和清洁能源炉灶等民生项目。2017 年新能源领域的对外投资达 440 亿美元。

2. 机会 2：东南亚可再生能源资源种类丰富，开发潜力巨大

东南亚地区可利用的可再生能源相对多元化，水电、光伏、风电、潮汐能、地热能等资源条件良好。

印度尼西亚、泰国可再生能源起步较早，属于发展相对较快国家。印度尼西亚是世界上最大的群岛国家，拥有丰富的地热能、风能、太阳能及水力资源等，且拥有全

1 柴麒敏，傅莎，祁悦，等．“一带一路”投融资中的气候变化因素考量 [EB/OL]. [2019-04-30]. http://www.thepaper.cn/newsdetail.forward_3375218.

球第二大地热发电装机容量[1]，土地也相对宽裕，具备良好的建设电站的资源条件。

马来西亚、菲律宾、越南的可再生能源发展以水电开发为主，且已高度市场化，属于积极发展国家。此外，越南全年风力资源丰富，平均风速可达 7.3 m/s，尤其是南部沿海地区，平均风速可达 9 ～ 10 m/s，风力发展潜力巨大。菲律宾拥有全球第三大地热发电装机容量和许多尚未开发的储量[2]。

新加坡、文莱、柬埔寨、老挝、缅甸五国由于历史和地理条件、经济发展、自然资源等原因限制，可再生能源发展较为落后。缅甸水能、太阳能、风能资源丰富，开发空间较大，可针对可再生能源入网，建立电力市场，进行电力体制改革。新加坡、文莱两国人口较少，国土面积小，但太阳能资源丰富，可借鉴日本经验，重点发展太阳能。

3. 机会 3：东南亚各国制定积极的可再生电力发展目标，并支持清洁电力

东盟在通过的《2016—2025 年东盟能源合作行动计划》中定下目标，设定 2025 年，可再生能源需占总体能源供应的 23%。东南亚主要国家均制定了可再生能源发展目标。各成员国也据东盟制定的目标设定了国家目标，其中老挝（59%）、菲律宾（41%）、印度尼西亚（26%）、柬埔寨（35%）、缅甸（29%）和泰国（24%）的发展目标均高于东盟总体目标。国际可再生能源机构提供的资料显示，为了实现将可再生能源在东盟一次能源结构中的比重提高至 23% 的目标，东盟需要在未来 8 年（本课题从 2018 年开始）每年投入 270 亿美元资金，相当于该地区 GDP 的 1%。战略先行、目标引导，将成为推动东南亚国家可再生能源发展的重要因素。

同时，迫于环境污染和公众激烈反对的压力，各国政府转变态度，逐步出台政策以支持清洁电力发展。新建煤炭发电产能已从 2016 年的 1 292 万 kW 急剧下降到 2019 年上半年的 150 万 kW。各国通过上网电价、税收优惠等多种政策协同支持可再生能源发展。马来西亚已实施绿色投资免税优惠，对于绿色资本投入的最高免税额度可达 100%。

4. 机会 4：可再生能源电力成本大幅下降，而且有望持续下降

从经济性的角度来看，短期内东南亚各国仍会首选经济性更好的化石能源。不过，未来随着煤炭资源进一步开发及碳排放纳入成本，煤电成本可能有增长趋势。根据国际可再生能源机构（IRENA）最新研究报告，从全球来看，除光热发电外，大部分可再生能源全球平均平准化度电成本（LCOE）都已落入化石能源成本的区间范围。全球范围内投运的生物质发电、陆上风电、海上风电、光热发电、大型地面光伏的 LCOE 2010—2017 年有明显下降，尤其是光伏 LCOE 下降超过 70%[3]（见图 1-12）。

---

1 中外对话 . 面对飞涨的电力需求 东南亚必须当机立断 [EB/OL]. [2019-01-14]. https://chinadialogue.net/zh/4/44106/.

2 PWC. Power in Indonesia: Investment and Taxation Guide[R]. 2018.

3 国家信息中心 . “一带一路”贸易合作大数据报告 [R]. 2018.

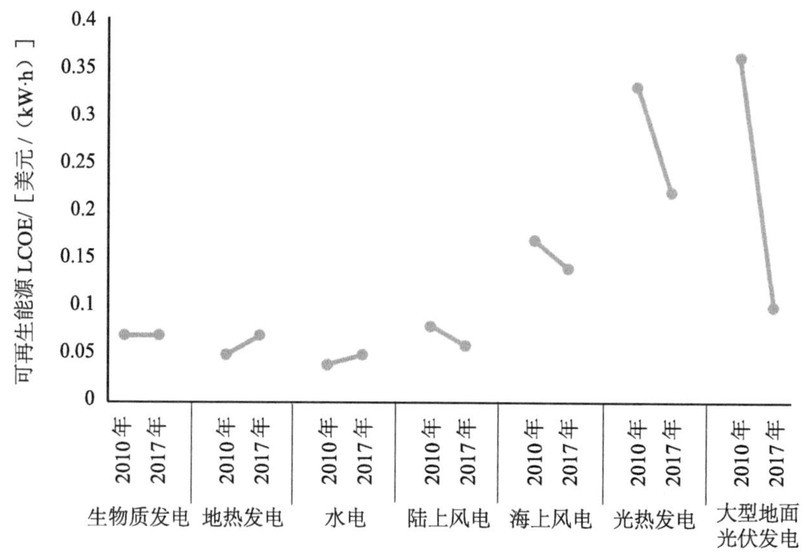

图 1-12 全球可再生能源的 LCOE 变化趋势

资料来源：IRENA. Renewable Power Generation Costs in 2017[R]. 2018.

在过去五年，东南亚可再生能源的 LOCE 都有不同程度的降低，尤其是光伏发电 LCOE 大幅下降，印度尼西亚、泰国和越南的光伏发电 LCOE 下降 42% ～ 52%，同时陆上风电 LCOE 下降 16% ～ 43%[1]（图 1-13 和图 1-14）。可再生能源成本下降使低成本实现电力可及出现了可能，特别是对于那些高度依赖昂贵的柴油发电或依靠高成本电网延伸的地区，这必将推动可再生能源的发展。

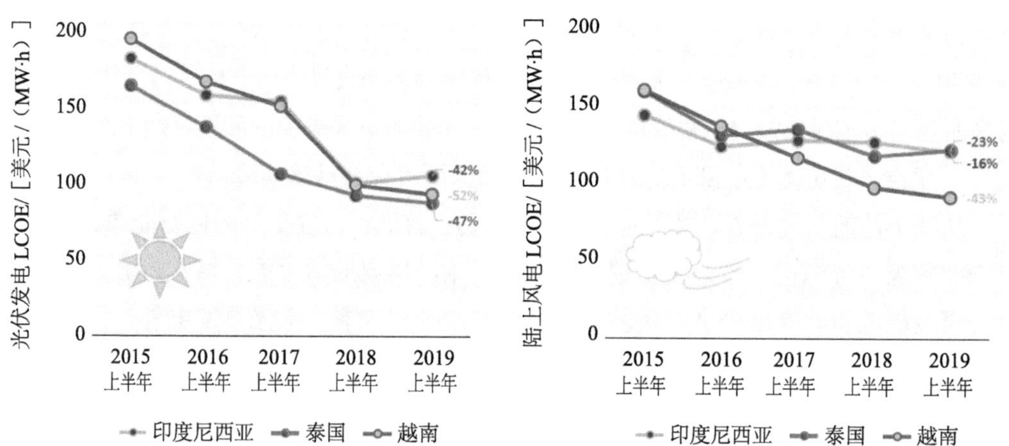

图 1-13 印度尼西亚、泰国、越南光伏发 LCOE 变化趋势（2015 年上半年—2019 年上半年）

图 1-14 印度尼西亚、泰国、越南陆上风 LCOE 变化趋势（2015 年上半年—2019 年上半年）

资料来源：Romain Zissler. Renewable Energy to Replace Coal Power in Southeast Asia[R]. 2019.

1 Romain Zissler. Renewable Energy to Replace Coal Power in Southeast Asia[R]. 2019.

5. 挑战 1：传统煤电利益集团强势，而且多数国家电力体制缺乏市场竞争

除了新加坡、菲律宾的市场化程度较高外，其他东南亚国家还未完全实现厂网分离，仍旧以垂直一体化的电力市场模式为主，且电力企业多以煤电为主要业务，不仅垄断市场，也缺乏转变为可再生能源电力的动力。垂直一体化的模式容易导致市场垄断，带来经济上的低效性，部分国家缺乏市场定价机制，政府在电力定价方面仍发挥主导作用。另外，由于市场化程度低也无法更好地吸引投资，导致全球其他地方可再生能源价格创历史新低的现象并没有出现在东南亚市场。

6. 挑战 2：缺乏人力资源，自主创新能力较弱

尽管东南亚劳动力丰富，但可再生能源利用技术的研发对资金投入和人才素质要求很高，东南亚一直存在研发投入不足且高端人才短缺的困扰，而发达国家对关键技术采取严密控制，即使以高昂的代价也难以获取国外核心技术，导致东南亚的资源优势无法转化为能源优势。当前，东南亚仍需加强可再生能源领域的国际合作，如技术标准规范的制定、建立先进技术应用示范项目、建立科技合作基地及人才联合培养等，其不仅是获得可再生能源技术的有效途径，也是解决部分可再生能源发展项目资金需求的重要渠道。

7. 挑战 3：政府财政压力大，且缺乏有效的市场融资机制

东盟成员国为了实现制定的可再生能源发展目标，促进经济和环境可持续发展，2016—2040 年能源行业投资预计达到 2.36 万亿美元，而东盟成员国中大多数为发展中国家，除新加坡、文莱、马来西亚、泰国外，其他国家人均 GDP 不足 5 000 美元。柬埔寨、越南、老挝、缅甸等国由于经济发展水平较低，财政收入较少，难以筹集足量的资金以满足能源行业的发展需要。

东南亚各国的金融机构管理机制和运作能力不完善，许多金融机构不了解可再生能源的商业模式，银行往往会高估可再生能源项目的风险，导致可再生能源项目融资困难。金融机构更偏向自身了解且感兴趣的新能源项目，比如马来西亚银行普遍对光伏发电项目更感兴趣，对生物燃气、生物质能项目却止步不前，给非光伏发电项目融资增加了压力。

此外，部分东南亚国家面临着债务可持续性的问题。目前，东南亚发展可再生能源的资金主要来自世界银行和亚洲开发银行等多边银行的贷款投资，但不少国家的外债已经处于较高水平，对承担更多外债用于发展清洁能源持谨慎保守态度。

8. 挑战 4：电网基础设施欠发达，可再生能源消纳能力有限

东南亚除了经济发达的新加坡、文莱和比较发达的马来西亚外，其他国家的电网基础设施都较为落后，尤其是最后加入东盟的四个新成员国（柬埔寨、老挝、缅甸和越南），电网基础设施存在比较严重的问题，柬埔寨和缅甸的通电率分别仅有 61% 和 56%。

由于风电、光电具有间歇性、随机性、波动性，其不稳定性将会导致大规模风电、光伏电站并网之后，造成电网电压、电流和频率的波动，影响电网的电能质量。电网公司为消除不利影响，需要增加额外的旋转备用容量，从而增加了电网运行成本，也会间接影响新能源的发展。目前，东南亚整体网架结构较弱，高电压等级的线路较少，各国电力互联互通有限，此外东盟国家抽水蓄能电站、调节性能强的水电规模较小，电网调峰能力有限，这在一定程度上制约了可再生能源的发展[1]。

9. 挑战 5：可再生能源发电成本仍然偏高，短期内与化石能源发电相比竞争力不足

虽然可再生能源发电成本降低，但与煤电相比，仍然偏高。经济性是阻碍东南亚可再生能源发展的重要因素[2]，从国家层面，选取印度尼西亚、马来西亚、菲律宾、泰国和越南五个国家的煤电和可再生能源发电的 LCOE 进行分析，可以看出，太阳能光伏、陆上风电、地热、生物质能、小水电和联合循环燃气轮机（CCGT）普遍高于煤电（图 1-15）；从项目层面，选取部分东南亚国家（印度尼西亚、马来西亚、菲律宾、泰国、越南）的五种可再生能源发电（太阳能光伏、陆上风电、地热、生物质能、小水电）中最具竞争力的项目，与煤电中最具竞争力的项目对比，结果表明，仅有小水电项目（泰国、越南）的 LCOE 明显低于煤电项目的 LCOE［25 ～ 35 美元 /（MW·h）］，部分地热发电项目（泰国、印度尼西亚）的 LCOE 稍低于煤电项目的 LCOE，体现出可再生能源发电的优势；而生物质发电、陆上风电和太阳能光伏发电的 LCOE 则仍普遍高于煤电的 LCOE（图 1-16）。

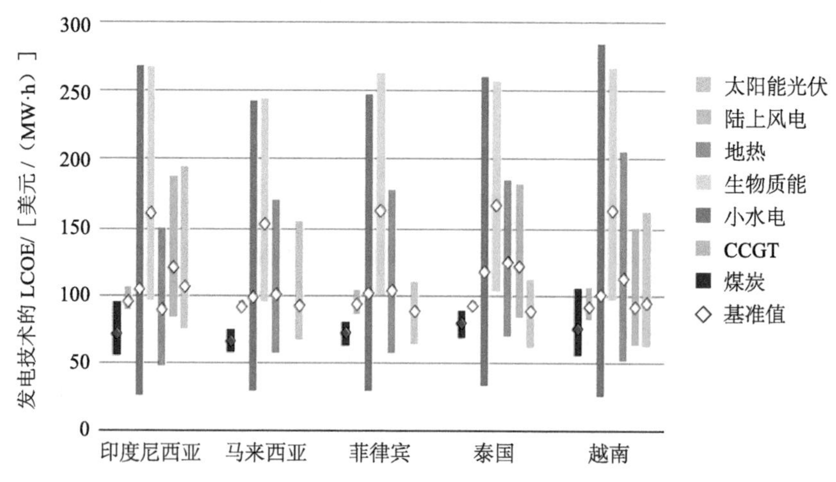

图 1-15　部分东南亚国家发电技术的 LCOE（2019 年上半年）

资料来源：Romain Zissler. Renewable Energy to Replace Coal Power in Southeast Asian[R]. 2019.

1 Natural Resources Defense Council. 东盟国家可再生能源发展规划及重点案例国研究 [R]. 2019.
2 中外对话 . 面对飞涨的电力需求东南亚必须当机立断 [EB/OL]. [2019-01-14]. https://chinadialogue.net/zh/4/44106/.

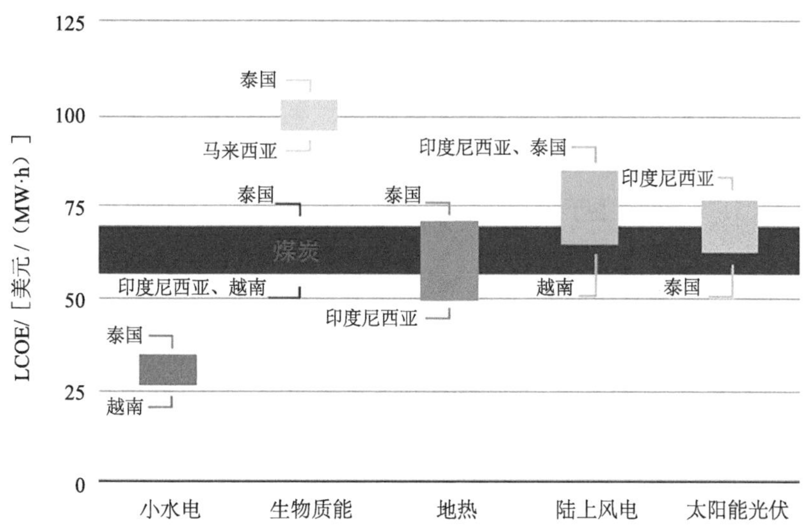

图 1-16 东南亚地区最具竞争力的可再生能源项目和煤电项目的 LCOE（2019 年上半年）

资料来源：Romain Zissler. Renewable Energy to Replace Coal Power in Southeast Asia[R]. 2019.

10. 挑战 6：可再生能源发电并网会推高电价水平，消费者难以承受

可再生能源电力成本高，可再生电力并网势必会直接或间接推高电价水平。而当前东南亚地区仍有不少人口生活在贫困线以下，电价要考虑末端用户的承受能力，不能因发展可再生能源而增加用户端的负担。从附表 1-9 可以看出，东南亚多国每月用电 100 kW·h 的花费占一个最低工资标准工人月收入的比例超过 5%，菲律宾和柬埔寨甚至分别高达 8.5% 和 7.8%。可再生能源发电并网增加意味着消费者承担的价格也会增加，一定程度上给可再生能源发展带来了阻碍[1]。鉴于东南亚的地理特性，布局智能微电网能够增强和扩展可再生能源的功能，为偏远地区和岛屿地区提供电力解决方案。

（七）中国参与东南亚电力基础设施低碳转型的建议

1. 中国政府应将环境和气候影响作为境外投资政策修订的重要考量因素

中国在境外投资的环境管理方面，更多采用目标国的环境标准，而多数发展中国家并没有建立完善的环境管理体系，环保标准普遍偏低，这使大量高碳项目在发展中国家兴建，造成大量温室气体排放和环境污染。中国政府应在对外援助政策和金融机构的境外投资政策中将环保和气候因素纳为强制性要求，建立境外投资负面清单制度，限制高碳锁定项目（如煤电等），鼓励低碳投资项目，落实绿色“一带一路”和推进互利共赢的开放战略。

1 Esther Lew Swee Yoong. Renewable energy in Malaysia[R]. 2019.

2. 中国应加强与东南亚国家的低碳战略顶层设计合作，为当地可再生能源发展规划及路线图提供技术和资金援助

东南亚大多数国家目前处于工业化起步阶段，对电力供应快速增长有较高需求，因此更倾向于部署资源容易获取、经济成本较低的煤电项目。虽然部分国家已经认识到清洁电力的优越性，但受限于规划、资金和技术能力，无法系统高效地推动本国的能源系统转型。中国是世界上最大的可再生能源生产国，对能源系统的低碳转型有丰富经验，中国应在战略规划层面与目标国开展深度合作。结合多层次政府间能源电力宏观规划沟通交流机制，推动中国与东南亚的清洁能源、电力的政策交流和合作。加强合作研究，共同推动技术进步，降低清洁能源开发成本。充分利用各平台资源，分享中国清洁能源发展经验，推广适用技术，引导东南亚国家向清洁电力发展转型。

3. 中国企业要注重对境外投资项目的影响评估，以确保促进当地经济社会环境的可持续发展

中国企业目前在东南亚的电力基础设施建设仍以工程总承包为主，难以为当地带来劳动力、产业链等一系列能力的增量。中国企业的境外投资在关注投资收益的基础上，要更多关注项目为当地经济社会环境可持续发展带来的影响。坚持经济效益和社会效益并重，坚持属地化经营，尽量提高境外项目当地员工的雇用比例，积极参与公益事业。对项目事前—事中—事后全过程的影响进行系统评估，包括对宏观经济、促进当地就业、生态环境等方面的正面和负面影响，并最大限度地采取措施减少负面影响，发挥积极作用。

4. 中国政府和企业都应重视和提高与当地的交流和沟通

借助东亚峰会清洁能源论坛、大湄公河次区域能源合作等多种双边和多边平台，加强与东南亚各国中央和地方政府的沟通与交流。充分发挥中国在清洁电力技术、产业绿色转型、专家资源等方面的优势，加强对东南亚国家的技术援助、专业人员培训、项目示范等。企业要加强与当地社会的跨文化沟通交流，注重做好宣传工作。要与所在国政府、工会组织等有关社会团体及当地媒体沟通交流，多宣传企业为促进当地社会经济发展所做的贡献，争取当地各界对企业的理解和支持。注意防控舆论风险，对涉及企业的不实负面报道，要及时通过媒体澄清、说明。

（八）性别议题

实现联合国可持续发展目标五（SDG5），即实现性别平等，增强所有妇女和女童的权能，将对实现其他可持续发展目标，特别是能源普及和气候行动产生积极的连带效应。以下是关于联合国可持续发展目标五、目标七和目标十三之间的一些关键协同作用以及相应的政策建议的介绍。

1. 系统地采集当地社区的信息、进行意见征询，并通过提高妇女的参与度，赋予更多改善生活质量的清洁能源选项

妇女往往更多地参与家庭决策，更加了解从所有人，特别是从儿童和老年人的角度，如何现实地适应多变的环境状况。但她们在很大程度上仍然是一种尚未开发的资源，在地方或政治层面上参与决策的机会有限。

在准备面向东道国投资时，投资者应对当地社区，包括民间社会和民众进行系统的意见征询，并在此过程中有意识地实现性别平等。在妇女是家庭主力的地区，作为关键决策者，她们也是家庭的污染和健康状况等方面行为的推动者。她们对更全面地考虑污染的负外部性的关切，应传递至区域和国家层面。

近年来，亚洲的主要女性经常作为变革的推动者出现。作为第一家在泰国开发商用太阳能发电的公司 Solar Power Company Group 的创始人兼首席执行官，Wandee Khunchornyakon 女士[1]就是这样一位引领者。尽管在获取传统信贷方面遇到了很大的困难，她的公司目前在泰国经营的太阳能发电站达到了 19 个，总发电装机容量达 96.98 MW，相当于减少了 20 万 t 的二氧化碳排放量，并为当地创造了 2 万个新的长期就业机会。

2. 建立创新的融资计划，让当地社区——尤其是妇女参与到分布式可再生能源和储能的评估、规划、收入效益和管理方面，并由此创造收入

虽然分布式可再生能源对自然更有利，但由于当地居民缺乏操作和维护设备的培训而造成部署具有一定难度，目前，在偏远岛屿上污染程度较高的集中式化石燃料能源更易部署。然而，分布式可再生能源可以帮助当地弱势社区实现能源和经济独立。

提高妇女参加发展清洁能源和增加能源可及性行动的积极性，可以通过当地社区基层来实施，并促进其经济独立。在中小型光伏和储能装置等分布式可再生能源的规划、经济评估、财政收入分享、维护和管理中应将当地社区充分纳入，并采用性别平等视角。

通过外国援助和小额信贷支持的融资机制，相关地方规划和管理的项目将为社区带来额外收入，创造实际的财政激励措施，深化项目的实施，确保可再生能源的可持续部署。同时，让妇女和当地社区参与项目，通过电力普及、改善教育机会，保护当地居民免受室内污染（通过燃烧生物质）的危害，同时使他们成为减缓气候变化的积

1 Roots for the future: The Landscape and Way Forward on Gender and Climate Change[R], UICN, GGCA. 2015.

极倡导者，从而提供更好的生计前景。

类似项目的成功案例有孟加拉国的格莱珉[1]技术中心的行动、印度拉贾斯坦邦的赤脚学院和非洲的太阳能姐妹组织为妇女提供技术员和工程师培训，教她们建造、安装和维护太阳能设施等。这些案例对妇女的健康、在社区中的角色、教育和整体福祉产生了多重影响。

3. 提高对妇女受气候变化影响的认识

我们已经看到气候变化的一些破坏性影响，如洪水、飓风和其他自然灾害频发。在这些情况下，妇女由于其社会经济地位面临巨大的风险，是最脆弱的群体之一。70% 的妇女生活在贫困之中，她们更容易受到气候危机造成的极端天气事件、农业生产力损失、生命和财产破坏等影响。中国在支持东南亚国家发展行动中，应提高对气候变化造成的影响，特别是对弱势群体和妇女的影响的认识。

三、政策建议

在对抗新型冠状病毒肺炎疫情、经济下行、应对全球气候安全、国内生态环境脆弱等多重压力下，中国迫切需要新的经济增长动能以及经济转型模式创新，在 2030 年前实现发展模式的绿色低碳转型。“十四五”是中国高质量发展的关键时期，应该体现并支持美丽中国 2035 美好愿景和《巴黎协定》中应对气候变化的全球长期战略，把应对气候变化作为经济发展方式转变的新动能，坚持清洁低碳发展方向，保持战略定力、增强战略自信，加快经济能源转型升级的步伐。课题组建议：

1. 创新发展路径，将绿色低碳转型作为实现中国现代化宏伟目标的必然要求、经济增长方式转变和经济结构转型升级的重要议题、长期经济增长的新动能，作为供给侧结构性改革的助推器，对冲经济增速下行压力

（1）进一步将绿色低碳转型纳入社会经济发展总体战略规划和各个部门、专门领域的专项战略规划，作为提高全要素生产率的重要举措，助力长期保持经济中高速增长。

（2）要充分认识到中国正在进入老龄和高收入社会，将在社会经济需求、能源需求及空气质量需求上带来数量和结构上的巨大变化，对高质量发展提出更高的要求。要长期保持战略定力，以供给侧结构性改革不断适应需求侧的变化，促进产业结构、产品结构的升级和技术进步，持续提高能源资源使用效率，降低单位产值能源资源消

1 GenderInSite. Applying a gender lens to science-based development[R]. 2017.

耗量，并使人均 GDP、收入的提高与污染物和温室气体排放量逐步脱钩。

（3）将通过以不断减少煤炭使用量为主线的能源结构长期低碳化，降低单位能源使用的温室气体和常规污染物排放量，并将此作为能源革命的重要组成部分。为此，中国深化经济改革的战略和体制目标应当加强与解决能源、环境和应对气候变化问题的关联性和针对性，提出明确的减控煤、发展非化石能源和提高能效的目标与实现路径。

（4）在新的社会经济发展形势下和发展阶段中，从价格、税收、财政、金融、产业、市场、投资、就业、社会保障、环境、能源等多个政策和管理维度，综合决策、精准施力，分别选择标准和准入制度等行政规制政策、排放权交易或费税及传播教育等政策工具，促进如上战略、规划和政策目标的实现。一是借助国家加快实施创新发展战略的东风，加大投资能够带动新型产业发展的减排技术（如储能、绿色制冷、碳捕捉和封存与区块链等），实现驱动经济增长和减排的双重红利；二是积极推动和完善绿色投融资体系，联手金融机构征信体系，设立低碳技术或低碳项目库。

2. 紧抓 2020 年关键时间窗口，在“十四五”期间避免因为经济下行压力而放松应对环境保护和气候变化工作，应制定更有力度的碳减排约束性目标、强化中国国家自主减排承诺、制定中长期低排放战略，落实中国经济绿色转型以及高质量发展

（1）制定并实施二氧化碳排放总量控制制度，采用碳排放总量、碳排放强度、能源结构调整三类目标相结合的方式，力争“十四五”碳减排力度不降低，并确保实现国家自主贡献目标。

（2）建议以国务院意见等形式对“率先达峰行动”进行战略部署，以推动重点地区重点行业率先碳达峰为着力点（如东部相对发达地区、高耗能原材料工业部门），促进产业转型升级和经济高质量发展。

（3）加速推动碳排放权交易制度完善和市场建设，不仅将碳定价作为推动绿色低碳循环发展和能源革命的核心市场手段，而且要将可再生能源纳入全国碳市场（电力行业）的系统设计中，通过碳市场促进电源结构低碳化，有效避免高碳基础设施的建设，降低搁浅成本。在立法资源有限的情况下，将与碳市场相关的立法需求纳入《环境保护法》的修订议程。

3. 加快能源转型升级步伐，特别在煤炭经济转型等领域，加速研究和建立支持高比例可再生能源的新一代政策体系，推动技术创新和工业产业升级，确保煤炭消费总量尽早达峰，煤电装机零增长

（1）推动开展煤炭消费减量替代行动，扩大天然气等清洁能源和可再生能源替代试点范围，因地制宜发展地热能、太阳能等可再生能源。通过鼓励地方体制机制创新，引导企业和社会资金加大投入“煤改电”或“煤改气”，综合采取完善的峰谷价格机制、居民阶梯价格政策，扩大市场化交易，降低取暖用气、用电的成本，调动市场积极性，支持清洁取暖。

（2）构建新一代的可再生能源政策和管理体系，包括进一步降低可再生能源企业融资成本和鼓励新型可再生能源技术发展的政策，创造有利的市场条件，尤其在土地划拨、首次公开募股（IPO）提前排队、定向贷款和降准等方面加大对分布式新能源发展的支持。加快电力体制改革，落实可再生能源配额制，进而克服现有政策壁垒，提升可再生能源并网灵活性。

（3）从经济增长角度制定煤炭经济转型国家战略，以产业转型促动能转换。在以煤炭为核心的资源依赖型城市，加快培育经济多元化，推动适合当地区位优势的非煤产业，优先发展以新材料、“互联网＋”（电子商务和数据中心）、旅游等为代表的战略性新兴产业。优化营商环境，为新产业和新技术提供有利的财税政策，助推市场发挥决定性作用。政府财政应联合社会资本共同组建转型基金，通过投资文化旅游等新兴绿色产业和绿色债券等标的，将部分收益二次分配用于支持煤炭依赖型地区的经济转型，主要关注安置补偿、就业转型等社会问题，发展新兴产业等相关职业教育。

（4）加强与欧洲等成功实现煤炭经济转型经济体（如英国、德国、西班牙、美国等）的交流，总结可借鉴经验。

4. 全面深化经济转型、能源革命、环境治理、气候变化和公众健康的协同管理

（1）“十四五”期间，要打破部门界限，实现经济发展目标和气候、环境目标的协同，加强对能源结构、产业结构等协同实现多目标的举措。

（2）吸取 2020 年年初新型冠状病毒肺炎疫情的经验教训，高度重视气候变化这一全球性公共环境风险可能带来的巨大社会经济风险。常年不懈地开展环境质量和气候变化风险评价与管理研究和体系的能力建设，积累数据和案例。一是应对气候变化相关制度需要常态化和长期的制度安排；二是气候变化相关信息需要准确披露并做好碳排放的量化与数据质量保证的过程，包括监测（Monitoring）、报告（Reporting）、核查（Verfication）（MRV）；三是要进一步加强气候变化科学研究及其成果传播，明确确定和不确定的地方。

（3）从“十四五”规划入手，重视环境、气候、长期经济发展与公众健康的关联，标本兼治，从健康与经济风险评价、环境质量标准和治理目标、环境和气候治理措施近中远期规划等方面，系统梳理和谋划全面防控环境、气候和健康风险的战略、规划。

（4）通过把温室气体纳入现有的环境监测和管控体系，探讨将碳市场和碳交易与排污许可证制度相衔接，加快建立和完善重点行业温室气体排放标准体系。逐步更新电力和冶金行业的超低排放战略，将温室气体和常规污染物控制统一纳入全面综合的减排目标。完善碳定价机制，加强碳价对有效减排和低碳技术研发创新的刺激，促进碳市场对低碳投资的引导作用。推进中国的碳税政策研究，并将碳税纳入环境税体系。

（5）建立政策的社会环境影响评估体系，向决策者提供长期的社会环境影响方面的建议。

（6）鼓励和支持智库、专业协会和非政府组织的跨界交流、联合研究和数据共享，为跨部门协同合作提供技术支持。

5. 全球气候治理面临新的地缘政治形势，主要参与方对中国在全球气候治理中领导力作用的预期将长期走高，在中美关系复杂和美国退约的困难背景下，中国政府应积极主动与欧洲和主要发展中国家政府以多边主义为基础，携手形成新的全球气候政治领导力，推动落实《巴黎协定》，并联合其他支持应对气候变化的非缔约方主体（如美国一些州政府、企业和 NGO 组织等），通过 1.5 轨或 2 轨对话，在全球治理更加广泛的领域（如绿色“一带一路”倡议）中探索拓展领导力的机会

（1）中国政府应积极响应欧盟的“欧洲绿色新政”（European Green Deal），加强关于《生物多样性公约》第十五次缔约方大会的合作动议，与欧盟在 2020 年中欧峰会上达成合作共识；同时推动中欧在“一带一路”国家的“第三方市场合作”，将中国的优良实践和发达国家的支持（如资金、技术、能力建设）与发展中国家的减缓、适应需求有效对接，共同推动全球低碳转型，提高应对气候变化的行动，与支持的力度。“欧洲绿色新政”率先在全球提出雄心勃勃的“碳中和”长期目标和更具力度的 2030 年国家自主贡献中期目标，以低碳发展促进经济绿色转型，期望在 2050 年实现温室气体净零排放，同时实现经济增长和资源消耗“脱钩”。欧盟对与中国结盟、深入开展气候合作充满期望，期待其“欧洲绿色新政”的目标与中国推进经济高质量发展、美丽中国建设和低碳发展的战略部署达成共识。气候变化合作有可能成为深化中欧战略合作关系的亮点，在美国政府对全球气候治理环境产生不利影响的局势下，加速形成中欧在全球气候治理中的联合领导力，有利于保持《巴黎协定》签署以来中国在全球气候治理中的有利战略地位，也有利于对冲潜在的来自美国民主党政府的减排压力。

（2）未来中美关系在较长时期内将呈战略竞争状态，中国政府应当认识到，中美关系中气候变化无论过去还是未来都肯定是一个重要话题。美国政界、企业界和智库依然存在着积极主张应对气候变化的政治、经济和科技力量，如果美国积极应对气候变化的力量在不同场合以不同形式占据上风，曾作为中美关系合作亮点的气候变化领域将有可能转变为中美关系新的摩擦点和竞争点，使中国从当下全球气候治理的战略主动地位转为被动地位。中国政府应积极主动推进低碳转型战略，与美方相关主体（州政府、企业等非缔约方主体）展开对话交流。

（3）积极发挥国合会的平台作用，组织中国、欧洲以及其他地区优秀智库与专家，就“欧洲绿色新政”及其国际合作、气候目标力度提升、新经济增长逻辑、低碳经济转型路径、能源系统快速低碳转型、煤炭经济转型、交通电气化、应对气候变化和生物多样性保护协调治理等务实议题，设计和开展多层次的中欧 2 轨对话，加深各方的相互理解，推进《巴黎协定》全面有效落实。

（4）中国应加强“一带一路”气候合作顶层设计，积极支持“一带一路”共建国家制定低碳发展规划和行动路线图，从单一的商业项目合作模式转变为战略合作，从发展的视角与“一带一路”共建国家开展应对气候变化合作，支持“一带一路”共建国家更新其国家自主贡献目标和制定落实 21 世纪中叶长期温室气体低排放发展战略，争取国际社会的广泛支持。一是支持“一带一路”发展中国家特别是不发达国家、内陆发展中国家、小岛屿发展中国家制定低碳发展规划、路线图和行动方案；二是因地制宜地在“一带一路”国家分享中国应对气候变化的最佳实践，重点关注可再生能源与电力、空气质量与温室气体协同管理，气候投融资，农业，以及基于自然的解决方案等领域；三是国内银行金融机构应完善风险评估体系、制定相关政策，尽快与国际金融机构的相关要求接轨，逐步停止向海外煤电等高碳项目提供资金。

附　录

附表 1-1　中国在国内和境外投资的政策对比

国内限制类产业目录	限制类主要是工艺技术落后，不符合行业准入条件和有关规定，禁止新建扩建和需要督促改造的生产能力、工艺技术、装备及产品。 例如，低于 30 万 t/a 煤矿，发电煤耗高于 300 g 标准煤 /（kW·h）湿冷发电机组，80 万 t/a 以下石脑油裂解制乙烯、纯碱、烧碱，黄磷，以石油、天然气为原料的氮肥，钢铁联合企业未同步配套建设干熄焦、装煤、推焦除尘装置的炼焦项目，180 m^2 以下烧结机，电解铝项目，2 000 t/d（不含）以下新型干法水泥熟料生产线，普通照明白炽灯等[1]
限制开展的境外投资	（1）赴与我国未建交、发生战乱或者与我国缔结的双（多）边条约或协议规定需要限制的敏感国家和地区开展境外投资； （2）房地产、酒店、影城、娱乐业、体育俱乐部等境外投资； （3）在境外设立无具体实业项目的股权投资基金或投资平台； （4）使用不符合投资目的国技术标准要求的落后生产设备开展境外投资； （5）不符合投资目的国环保、能耗、安全标准的境外投资； 其中，前三类须经境外投资主管部门核准[2]
国内淘汰类产业目录	淘汰类主要是不符合有关法律法规规定，不具备安全生产条件，严重浪费资源、污染环境，需要淘汰的落后工艺、技术、装备及产品。 例如，与大型煤矿井田平面投影重叠的小煤矿，山西、内蒙古、陕西、宁夏 30 万 t/a 以下煤矿，不达标的单机容量 30 万 kW 级及以下的常规燃煤火电机组，200 万 t/a 及以下常减压装置，隔膜法烧碱生产装置，含氢氯氟烃，土法炼焦，未配套干熄焦装置的钢铁企业焦炉，铝自焙电解槽及 160 kA 以下预焙槽，干法中空窑、水泥机立窑、立波尔窑、湿法窑等[3]
禁止开展的境外投资	禁止境内企业参与危害或可能危害国家利益和国家安全等境外投资，包括： （1）涉及未经国家批准的军事工业核心技术和产品输出的境外投资； （2）运用我国禁止出口的技术、工艺、产品的境外投资； （3）赌博业、色情业等境外投资； （4）我国缔结或参加的国际条约规定禁止的境外投资； （5）其他危害或可能危害国家利益和国家安全的境外投资
战略性新兴产业（国内鼓励）	（1）新一代信息技术产业； （2）高端装备和新材料产业； （3）生物产业； （4）新能源汽车、新能源、节能环保产业； （5）数字创意产业； （6）前沿技术研发和产业化：重点在空天海洋、信息网络、生命科学、核技术等核心领域[4]
鼓励开展的境外投资	（1）重点推进有利于“一带一路”建设和周边基础设施互联互通的基础设施境外投资； （2）带动优势产能、优质装备和技术标准输出的境外投资； （3）加强与境外高新技术和先进制造业企业的投资合作，鼓励在境外设立研发中心； （4）在审慎评估经济效益的基础上稳妥参与境外油气、矿产等能源资源勘探和开发； （5）扩大农业对外合作，开展农林牧副渔等领域互利共赢的投资合作； （6）有序推进商贸、文化、物流等服务领域境外投资，支持符合条件的金融机构在境外建立分支机构和服务网络，依法合规开展业务

1《产业结构调整指导目录》（2019 年本）。

2《国务院办公厅转发国家发展改革委商务部人民银行外交部关于进一步引导和规范境外投资方向指导意见的通知》（国办发〔2017〕74 号）。

3《产业结构调整指导目录》（2019 年本）。

4《国务院关于印发“十三五”国家战略性新兴产业发展规划的通知》（国发〔2016〕67 号）。

附表 1-2　2013—2018 年，各部门各年份用电量（GW·h）及其所占份额

部门与平均份额	2013 年	2014 年	2015 年	2016 年	2017 年	2018 年	平均增 /%
家庭平均为 42.4%	77 211	84 086	88 682	93 635	94 457	97 823	5.24
工业平均为 32.6%	64 381	65 909	64 079	68 145	72 238	76 947	4.24
商业平均为 18.5%	34 498	36 282	36 978	40 074	41 695	44 027	6.07
公共平均为 6%	11 451	12 325	13 106	14 150	14 743	15 812	6.74
总计	187 541	198 602	202 846	216 004	223 133	234 609	5.13

资料来源：Retnanestri. 印度尼西亚电力基础设施国际投资国家诊断 [R]. 2020.

附表 1-3　现有煤电站的发电技术

煤电站	省份	装机容量	商业运营日期
亚临界技术			
1. PLTU* Paiton 蒸汽燃煤电厂机组 1	东爪哇	815 MW	2012
2. PLTU Tanjung Kasam 燃煤电厂机组 1-2	廖内群岛	2×55 MW	2012
3. PLTU Sumsel 5 燃煤电厂机组 1-2	南苏门答腊	2×150 MW	2015
4. PLTU Kalteng 1 燃煤电厂机组 1-2	中加里曼丹	2×100 MW	2019
5. PLTU Tanjung Power, Tabalong 燃煤电厂	南加里曼丹	2×100 MW	2019
超临界技术			
1. PLTU Cirebon 燃煤电厂机组 1	西爪哇	660 MW	2012
2. PLTU Banten Serang 燃煤电厂机组 1	万丹	660 MW	2017
3. PLTU Cilacap Sumber 燃煤电厂机组 3	中爪哇	660 MW	2019
4. PLTU Bangko Tengah/Sumsel 8 燃煤电厂机组 1-2	南苏门答腊	2×620 MW	2021
5. PLTU Indramayu 燃煤电厂机组 4-5，PLN	西爪哇	2×1 000 MW	2021
超超临界技术			
1. PLTU Celukan Bawang 燃煤电厂机组 1、2、3	巴厘	3×142 MW	2015
2. PLTU Lontar 燃煤电厂机组 4	万丹	315 MW	2019
3. PLTU Jawa 7 燃煤电厂机组 1-2	万丹	2×1 000 MW	2019
4. PLTU Batang Jawa Tengah 燃煤电厂机组 1-2	中爪哇	2×1 000 MW	2020
5. PLTU Tanjung Jati B2 燃煤电厂机组 5-6	中爪哇	2×1 000 MW	2021

资料来源：Retnanestri. 印度尼西亚电力基础设施国际投资国家诊断 [R]. 2020.

注：* PLTU= Pusat Listrik Tenaga Uap（蒸汽燃煤电厂）。

附表 1-4　2020—2028 年新增发电容量计划

项目	发电量											
	2019 年	2020 年	2021 年	2022 年	2023 年	2024 年	2025 年	2026 年	2027 年	2028 年	总计	占比 / %
煤炭 /（MW/a）	1 569	6 047	3 641	2 780	4 590	3 090	1 184	1 695	1 375	1 093	27 064	48
天然气 /（MW/a）	1 592	3 073	1 011	3 155	1 535	845	40	280	400	485	12 416	22
柴油 /（MW/a）	138	8	2	3	47	3	—	—	—	—	201	0.36
化石燃料 /（MW/a）	3 299	9 128	4 654	5 938	6 172	3 938	1 224	1 975	1 775	1 578	39 681	70.36
可再生能源 /（MW/a）	559	932	1 697	1 501	1 065	2 287	6 252	199	648	1 574	16 714	29.64
总计	3 858	10 060	6 351	7 439	7 237	6 225	7 476	2 174	2 423	3 152	56 395	100

资料来源：Retnanestri. 印度尼西亚电力基础设施国际投资国家诊断 [R]. 2020.

附表 1-5　各类发电站的建设成本

发电	建设 / 投资成本
可再生能源	美元 /kW
水能	1 500
地热能	1 750
太阳能光伏	1 200
热力发电厂	美元 /kW
煤炭	1 250
柴油	900
热电联产	680
天然气	400

资料来源：Retnanestri. 印度尼西亚电力基础设施国际投资国家诊断 [R]. 2020.

附表 1-6　各类发电站的运营成本

发电	运营成本
可再生能源	美元 /（MW·h）
水能	18
地热能	106
太阳能光伏	411

发电	运营成本
热电厂	美元 /（MW·h）
煤炭	51
柴油	179
热电联产	86
天然气	344

资料来源：Retnanestri. 印度尼西亚电力基础设施国际投资国家诊断 [R]. 2020.

附表 1-7　燃煤电厂的现有投资

燃煤电厂，装机容量，厂址，财务结算年度	投资国	投资 / 百万美元	银行
亚临界技术			
1. PLTU Paiton 蒸汽燃煤电厂 1 号机组，815 MW，东爪哇，2010 年	日本	1 215	日本国际协力银行、三菱东京日联银行、三井住友银行、日本瑞穗金融集团、法国农业信贷银行、荷兰国际集团、法国巴黎银行、三井住友信托控股
2. PLTU 丹戎卡萨姆蒸汽燃煤电厂 1 号、2 号机组，2×55 MW，廖内群岛，2011 年	中国	150	中国进出口银行
3. PLTU Sumsel-5 蒸汽燃煤电厂 1 号、2 号机组，2×150 MW，南苏门答腊，2012 年	中国	318	中国国家开发银行
4. PLTU 卡尔滕蒸汽燃煤电厂 1 号、2 号机组，2×100 MW，中加里曼丹，2016 年	印度尼西亚	316	曼迪利银行（印度尼西亚）
5. PLTU 丹绒电力蒸汽燃煤电厂，太巴塱，2×100 MW，南加里曼丹，2017 年	日本	430	三菱东京日联银行、星展银行、汇丰银行、瑞穗金融集团、三井住友商事株式会社、韩国产业银行
超临界技术			
1. PLTU 井里汶蒸汽燃煤电厂 1 号机组，660 MW，西爪哇，2010 年	日本	595	日本国际协力银行、中国进出口银行、三菱东京日联银行、荷兰国际集团、瑞穗金融集团、三井住友商事株式会社
2. PLTU Banten Serang 蒸汽燃煤电厂 1 号机组，660 MW，万丹，2013 年	马来西亚	730	马来西亚银行、马来西亚进出口银行、联昌国际银行集团、拉昔胡申集团、花旗集团
3. PLTU Cilacap Sumber 蒸汽燃煤电厂 3 号机组，660 MW，中爪哇，2013 年	中国	700	中国国家开发银行

燃煤电厂，装机容量，厂址，财务结算年度	投资国	投资 / 百万美元	银行
超临界技术			
4. PLTU Bangko Tengah/Sumsel 8 蒸汽燃煤电厂 12 号机组，2×620 MW，南苏门答腊，2015 年	中国	1 200	中国进出口银行
5. PLTU Indramayu PLN 英德拉玛尤蒸汽燃煤电厂 4 号、5 号机组，2×1 000 MW，西爪哇，2017 年	日本	2 000	日本国际协力机构
超超临界技术			
1. PLTU Batang Jawa Tengah 蒸汽燃煤电厂 1 号、2 号机组，2×1 000 MW，中爪哇，2012 年	日本	3 421	三井住友信托控股，三菱东京日联银行，星展银行，瑞穗金融集团，越南东方商业股份银行，三井住友银行株式会社
2. PLTU Celukan Bawang 蒸汽燃煤电厂 1 号、2 号、3 号机组，3×142 MW（426 MW），巴厘，2013 年	中国	571	中国国家开发银行
3. PLTU Lontar 蒸汽燃煤电厂 4 号机组，314 MW，万丹，2016 年	日本	323	日本国际协力银行，三井住友银行株式会社
4. PLTU Jawa 7 蒸汽燃煤电厂 1 号、2 号机组，2×1 000 MW，万丹，2016 年	中国	1 839	中国国家开发银行，中国银行，中国工商银行，中国建设银行
5. PLTU Tanjung Jati B2 蒸汽燃煤电厂 5 号、6 号机组，2×1 000 MW，中爪哇，2017 年	日本	3 355	三菱东京日联银行，瑞穗金融集团，新加坡华侨银行，三井住友银行株式会社，三井住友信托控股，农林中央金库，日本国际协力银行

资料来源：Retnanestri. 印度尼西亚电力基础设施国际投资国家诊断 [R]. 2020.

附表 1-8　2019—2028 年计划新增电力项目安装

单位：MW

电力项目	PLN	独立电力生产商（IPP）	伙伴关系	未分配的	总计
1. PLTU 蒸汽燃煤电站（煤炭）	4 704	14 929		1 740	21 373
2. PLTU 坑口燃煤电站（坑口煤）		5 660	300		5 690
3. PLTP 地热发电站（地热）	617	3 060		930	4 607
4. PLT 联合循环电站（联合循环）	4 603	4 220		310	9 133
5. PLTG 天然气发电站（燃气发电）	3 260	20		3	3 283
6. PLTD 柴油发电站（柴油发电）	201				201
7. PLTM 小型水力发电站（小水电）	69	1 422		43	1 534

电力项目	PLN	独立电力生产商（IPP）	伙伴关系	未分配的	总计
8. PLTA 极限运营水力发电站（大水电）	1 200	3 139		187	4 526
9. PS 抽水蓄能水电站	1 540			1 943	3 483
10. 其他可再生能源发电	49	1 186		1 330	2 565
合计	16 243	33 366	300	6 486	56 395

资料来源：Retnanestri. 印度尼西亚电力基础设施国际投资国家诊断 [R]. 2020.

附表 1-9 每月用电 100 kW·h 的花费占一个最低工资标准工人月收入的比例（东盟十国）

国家	每月用电 100 kW·h 的花费占一个最低工资标准工人月收入的比例 /%	标准
越南	6.2	按越南工资最低的第四类地区最低月薪 276 万越南盾计
泰国	3.2	以 2018 年泰国全国最低日工资标准 308 泰铢计
老挝	3.7	以 2018 年老挝最低工资 110 万基普计
印度尼西亚	4.4	以雅加达周边工业区工人 2017 年的最低工资标准每月 335 万印度尼西亚盾计
缅甸	6.2	按缅甸全国统一的最低日薪 4 800 缅元计
马来西亚	2.1	按马来西亚 2017 年的最低工资标准 1 000 令吉特计
柬埔寨	7.8	按 2017 年柬埔寨制衣、制鞋等行业最低月工资标准 69 万瑞尔计
菲律宾	8.5	按 2017 年菲律宾普通劳动者平均日薪 408 比索计
新加坡	2	按 2017 年新加坡最低工资标准 1 100 新元计
文莱	0.16	按低层级劳工每月 600 文元工资水平计

资料来源：龙云露 . 建议关注东南亚电力投资 提升跨境服务水平 [R]. 2019.

附表 1-10 印度尼西亚电力行业管理部门及其作用和职责

编号	机构	作用和职责
1	众议院	众议院第七委员会负责批准能源相关立法（包括电力）并监督与能源相关的政府政策。http://www.dpr.go.id/akd/index/id/Tentang-Komisi-VII
2	能源与矿物资源部	电力事务总署（Ditjen Gatrik）http://gatrik.esdm.go.id
3	国家电力公司（PLN，国有电力企业）	国家电力公司负责印度尼西亚的大部分发电，独家负责向民众输送、配送及供应电力。 国家电力公司制定《国家电力供应总体规划》（一项有关发电、输电和配电的十年规划）。当前的《国家电力供应总体规划》主要针对 2019—2028 年这一时期。www.pln.co.id

编号	机构	作用和职责
4	国家发展规划部	公私合作与设计开发署（公私合作署）负责促进政府与私营投资者之间关于基础设施项目的合作。www.bappenas.go.id
5	投资协调委员会	投资协调委员会为现有或潜在投资者提供关于企业成立、许可程序和信息的一站式综合服务。https://www9.bkpm.go.id
6	印度尼西亚共和国财政部（财政部 / MoF）	财政部向印度尼西亚国家电力公司提供关于电力补贴的建议，并批准电力项目的税收优惠。https://www.kemenkeu.go.id

资料来源：Retnanestri. 印度尼西亚电力基础设施国际投资国家诊断 [R]. 2020.

附表 1-11　印度尼西亚吸引国际合作的政策

年份	政策
2007	第 25 号《投资法》陈述了国内投资和外国投资对支持国家发展的重要性。它规定了对外国投资开放的企业类型、就业、权力和责任、配套设施（税收和财政激励、进口许可证、移民）等方面的内容
2014	第 35 号关于能源与矿物资源部授予投资协调委员会电力生产经营许可的《部长条例》，在投资协调委员会一体化一站式服务框架下简化了获得电力业务许可的流程
2015	第 38 号《总统条例》（《政府与企业在基础设施发展方面的合作》）取代了以前的条例，将外国控股公司纳入基础设施发展项目中来
2019	5 号《总统条例》或 2018 年第 24 号《关于投资指南和设施的政府条例》

资料来源：Retnanestri. 印度尼西亚电力基础设施国际投资国家诊断 [R]. 2020.

附表 1-12　印度尼西亚电力事务总署

职能 [1]	《国家电力总体规划 2018—2037》
制定电力政策（规划、监管、投资、设施联通、能源供应与安全、电价等）	与供应、发电能源结构、投资、许可、电价、补贴、跨境电力、农村电气化、消费者保护、法律、安全和环境保护有关的国家电力政策
实施电力政策	与电气化率提升、发电、输电与配电、售电以及农村电气化有关的电力发展计划
制定电力事业的规范、标准、程序和准则	当前各省与供应、消费、装机容量、发电、输电、配电以及农村电气化有关的电力情况
提供电力技术援助 / 指导和评估	各省电力需求预测
	电力投资

资料来源：Retnanestri. 印度尼西亚电力基础设施国际投资国家诊断 [R]. 2020.
注：电力事务总署制定了当前的《国家电力总体规划 2018—2037》。

1 Dirjen Gatrik ESDM. Tugas dan Fungsi[EB/OL]. http:/gatrik.esdm.go.id/frontend/tugas fungsi,accessed 19 January 2020.

第二章　2020 后全球生物多样性保护*

一、引言

（一）中国的角色和作用：领导力和决心

仅仅几个月，新型冠状病毒肺炎疫情即在全球超过 200 个国家和地区大暴发。历史上人类一直在和致命病毒导致的生物灾害做艰苦卓绝的斗争，各国目前所面临的生命流逝及经济崩溃，显示出人类在自然灾难面前是如此脆弱。回顾历史，近百年来暴发的主要疫情，包括 1918 年的大流感、2002—2004 年的重症急性呼吸综合征（SARS）、2009 年的甲型 H1N1 流感，以及 2014—2016 年的埃博拉病毒感染，无一不是病毒从动物跨界传染给人类，这些大流行病中都有人类的因素。人类使维持这个星球的生态系统压力激增，这主要体现在大规模的毁林、无序扩张的农业、采矿、基础设施建设活动，以及对野生动物的过度利用。

人类和自然的关系是扭曲的，我们正在经历着前所未有的全球生态危机，新型冠状病毒肺炎疫情只是自然向人类发出的信号之一，我们身边还有无数其他的迹象：由人类活动引起的亚马孙森林大火、由干旱和高温引起的澳大利亚大火造成森林和生物的巨大损失、南极及北极因全球变暖达到前所未有的高温、肆虐亚非的蝗群、大堡礁极大规模的白化，以及新型冠状病毒肺炎疫情暴发，这一切都是大自然对人类振聋发聩的提醒。

虽然这些极具破坏性的事件可能是一次性或偶发性事件，但还有许多像全球变暖、生态功能丧失、人类生产和消费活动（如塑料垃圾）等对地球造成的结构性和系统性的改变，它们却具有直接的、长期的严重影响，如果不及时采取行动，人类的生存会受到严重威胁。自 1900 年以来，主要陆生物种平均丰度至少下降了 20%，40% 的两栖类物种、33% 的珊瑚、1/3 的海洋哺乳动物都受到了威胁。人类活动改变了地球 3/4

* 本章根据“2020 后全球生物多样性保护”专题政策研究项目 2020 年 9 月提交的报告整理摘编。

以上的陆地表面，破坏了超过 85% 的湿地，超过 1/3 的土地和将近 75% 的淡水都用于农作物和牲畜生产。未受管制的野生动物贸易结合全球航空旅行的爆炸性增长，导致致命性疾病的快速传播，给人类健康和生命带来了空前灾难，并使世界各地的经济和社会发展陷入停滞。大自然向人类发出了信号，是时候重新思考和调整人类的经济、社会行为与大自然的关系了。结合当前面临的紧急健康挑战，强调人们的健康、食物、气候与自然之间的联系，正当其时。

即便正在应对眼前的疫情大流行危机，我们也必须同时密切关注所有生态系统的变化，我们现在需要采取快速果断的行动，减少环境风险，并在未来几十年内关注和保护全国和全球的生态系统完整性，提高经济和社会适应能力，并采取有效行动以预防可能发生的更大规模的生态灾难。新型冠状病毒肺炎疫情的暴发提醒我们，在未来十年内实现 2030 年可持续发展目标、未来三个五年计划中实现生态文明、到 2050 年全面恢复生物多样性、实现人与自然和谐生存、将全球温度上升控制到 1.5℃或 2.0℃并实现净零排放，这一切对人类消除贫困实现可持续发展至关重要。在此背景下，中国承办的将于昆明召开的《生物多样性公约》第十五次缔约方大会（CBD COP15）对生物多样性保护的全球努力至关重要，并会影响到直至 21 世纪中叶的全球生物多样性的保护、可持续利用及惠益分享。

新型冠状病毒肺炎疫情大暴发之后的世界很可能面目全非，几乎会超出我们目前的认知。尽管开局触目惊心，2020 年仍是史上关键的一年，而且疫情的影响很可能会在今后 5 年内持续发酵。大自然已经给我们发出警示，我们需要重新思考、审视、并着手调整人类的社会和经济行为与自然的关系。2020 年是个向逝者表达哀思的时刻，也是认知自然、健康、食物和气候变化息息相关的时刻，是采取行动、思考和实施系统性的解决方案、重新界定人与自然关系的时刻。

我们必须有坚定的政治意愿、决心和行动。中国在抗击新型冠状病毒肺炎疫情和主张生态文明过程中表现出的领导力，为中国在疫情之后的世界新秩序中发挥重要的领导作用打下坚实基础。共同应对前所未有的挑战，在关于多边主义（第 75 届联合国大会）、自然（《生物多样性公约》《联合国防治荒漠化公约》）和气候变化（《联合国气候变化框架公约》）等一些关键决策方面，需要全球领导人协力应对，为当代及后代打造一个自然兴盛、碳中和的未来，中国在 2020 年及 2021 年这些关键时段的全球领导力不可或缺。

（二）强烈的政治信号和政治意愿

生物多样性和生态系统服务政府间科学政策平台（IPBES）报告表明，我们正面临着生态危机，但同时也指出，强有力的政治领导力，结合基于科学的解决方案，联合全球社会各界的共同力量，我们应该也能够在下个十年内逆转生物多样性丧失的趋势。

联合国秘书长在2020年2月的致辞中呼吁各国领导人展现雄心壮志和紧迫感，努力逆转生物多样性的丧失，保护和可持续利用自然资源，并公平分享惠益，一起为所有人建设一个可持续的繁荣未来。国家或政府首脑亟须在这个过程中，认识到健康的自然生态系统对稳定的气候、人类福祉和可持续发展的基本贡献；将自然生态议题作为最高政治议题，融入各个政府关键部门的工作议程；加强本国承诺和行动，并在双边和多边的交流中呼吁并承诺共同行动；在拟于2020年联合国大会期间召开的生物多样性国家首脑峰会上，针对自然生态面临的危机状态，呼吁并承诺全政府、全民行动；同时要求并授权本国谈判代表在昆明《生物多样性公约》第十五次缔约方大会上达成具有雄心的2020后全球生物多样性框架；明确2020后全球生物多样性框架的实施责任，强化实施力度，以实现到2030年生物多样性丧失的趋势得以逆转。

1. 生物多样性政府首脑峰会

在目前全球面临多重紧急状态的情况下，亟须各国最高领导人在全球以及各国国内给出强烈的政治信号，并展示强烈的政治意愿，勠力同心，砥砺前行。

2020年是全球关于生物多样性决策以及实现可持续发展目标的关键年。生物多样性为许多全球挑战提供了解决方案，将在昆明达成的2020后全球生物多样性框架，可以把自然放在可持续发展的中心位置，这对全球今后十年以至更长时间内自然生态系统是否健康、完整以支撑人类可持续发展，起着举足轻重的作用。达成一个含有“自然向好（Nature Positive）”这个全球目标的、兼具雄心和可操作性的2020后全球生物多样性框架，需要各个缔约方共同的政治意愿。

2020年9月于联合国大会期间举行的生物多样性国家首脑峰会是一个关键节点，各国政府首脑应当利用此契机做出承诺和行动，向世界释放出明确的政治信号，引导全政府、全社会采取强有力的行动以在2030年扭转气候变化和生物多样性的丧失。中国最高领导人可以在这个关键的历史节点上发挥国际瞩目的领导力，积极参与并领导重新界定人与自然关系的国际进程。

除此之外，首脑还可以利用一些机会在国际上展示领导力，如二十国集团（G20）

峰会、世界自然保护联盟（IUCN）世界自然保护大会期间的“一个地球”峰会等全球舞台，还有东盟生物多样性大会、中欧峰会等区域性平台。

各国首脑可以通过紧急宣言、号召行动等方式，号召全球一起承诺采取行动，到 2030 年逆转生物多样性丧失的趋势，维护生态和人类健康。各国首脑可以从如下几个角度做出承诺以及展现他们的决心和行动。

（1）通过全政府和全社会的共同行动，建立一个气候稳定、自然多样化的未来，将此作为实现可持续发展的基石。

（2）将自然的修复、气候的稳定和实现联合国 2030 年可持续发展目标作为全政府的优先行动和全社会系列行动的目标。

（3）在 CBD COP15 达成兼具雄心和变革的 2020 后全球生物多样性框架，并保证一旦通过立即实施。

（4）积极应对陆地上和海洋中自然 / 生物多样性丧失和气候变化的直接和间接驱动因子。

（5）自然（保护）主流化拓展到所有相关部门，显著降低生产和消费的生态足迹。

（6）确保公平分享、保护和可持续利用自然的惠益。

（7）通过经济和金融改革，增加以及重新引导资金资源以应对我们面对的双重挑战：自然 / 生物多样性丧失和气候变化。

（8）确保抗击新型冠状病毒肺炎疫情影响的经济刺激计划：1）推动实现可持续发展目标（确保健康生活、促进福祉、增加就业机会、扶贫脱贫）；2）对生态和气候变化不造成负面影响；3）促进绿色转型以实现碳中和、自然修复和人民健康。

（9）采取扭转自然丧失的行动，整合气候、自然和可持续发展的国家战略和行动计划以适应我们面对的挑战。

（10）协力产学研机构、金融机构、公民社会、妇女、青年、原住民和地方社区、城市以及其他国家层面以下和非政府行为主体等一起参与行动，逆转自然和生物多样性的丧失。

（11）加强各项政策和履约工作的连贯性和协同增效。

中国领导人可以与其他国家领导人、CBD 秘书处及其他机构领导人、意见领袖一起，利用第 75 届联合国大会期间召开的生物多样性国家首脑峰会，以多边协同的方式展示决心、采取行动。

（1）将生态自然议题置顶国家政治议程，并认可丰富的自然、稳定的气候环境、人类福祉与可持续发展的基本关系。可采取的具体行动包括：新型冠状病毒肺炎疫情后施行公平、绿色的经济复苏计划，公开表明承诺与行动；在国家层面讨论生物多样性目标；在国际舞台上倡导生物多样性目标。

（2）国家和政府首脑宣示2030年前逆转生物多样性丧失的决心、承诺和行动的紧迫性，以此在高政治级别上形成紧迫感，提升短、长期行动和影响：支持并参加第75届联合国大会期间召开的生物多样性国家首脑峰会，并在《生物多样性公约》第十五次缔约方大会之前，积极牵头、组织举办生物多样性国家首脑峰会；形成扭转自然生态功能丧失的紧急宣言，实施“自然和人类的新政”（New Deal for Nature and People）[1]，设定全球自然扭转的目标并承诺实施。

（3）推动达成2030年逆转生物多样性丧失的目标以保证人类健康和可持续发展，并确保地球生态的健康以支撑人类的生态文明，具体包括：采取行动并带头承诺目标；在CBD COP15上推动这些目标的达成，使其成为2020后全球生物多样性框架的一部分；通过社会媒体或其他渠道在国际、国内宣传交流这些承诺。

（4）倡导并强化生物多样性目标的有效实施和责任机制，特别是：包括在新型冠状病毒肺炎疫情后经济刺激计划中，增加自然保护投资以强化保护全球和其他重要生物多样性地区，保障生态安全；引入一个棘轮实施机制，包括定期盘点、周期性提升雄心目标和跟踪行动进展；开始形成关于自然和生物多样性的国家自愿承诺，并更新《国家生物多样性战略和行动计划》（NBSAPs）；提供保障机制，调动企业、投资者、学术界、公民社会、妇女、青年、原住民、城市及全社会各界的力量，共同采取行动。

2. 崛起的领军力量

一些国家和机构已经在不同的场合和平台上表达了他们对人类共同面对的生态危机的关注、关切并开始展现他们的领导力。

中国国家主席习近平和法国总统马克龙在2019年11月共同签署的《中法生物多样性保护和气候变化北京倡议》中，将应对自然丧失和气候变化作为双方的关注点，承诺共同协调应对，并承诺在国际舞台上共同积极推动最高政治层面参与CBD COP15。

两国首脑呼吁和鼓励所有国家以及地方政府相关部门、公司、非政府组织和公民、各行各业从业者和利益相关者，对生物多样性保护做出具体和可确定的承诺和贡献，以促进和支持政府在生物多样性保护方面的行动。在《从沙姆沙伊赫到昆明——自然与人类行动议程》框架内，自愿采取行动，促进达成一个强有力的2020后全球生物多样性框架。

他们决心促进最高级别的政治领导人积极参与主题为“生态文明：共建地球生命

1 https://medium.com/@WWF/the-world-needs-an-ambitious-new-deal-for-nature-people-9a290d0e244a.

共同体”的 CBD COP15。

他们致力于共同努力，利用由中国领导的基于自然的解决方案联盟，并利用基于自然的解决方案解决生物多样性的丧失、缓解和适应气候变化以及土地和生态系统退化的问题。

他们呼吁在国内和国际层面从公共和私人所有来源调集更多资源，以适应和缓解气候变化；使资金流与减少温室气体排放和适应气候变化的发展途径相一致，并与生物多样性的保护和可持续利用、海洋的保护、抗击土地退化等保持一致；确保国际融资，特别是在基础设施领域的融资与可持续发展目标和《巴黎协定》保持一致。

迄今为止，据不完全统计，已经有欧盟和 50 多个国家的政府首脑或环境部长在不同场合及倡议中表达了他们的政治意愿及领导力。这些场合和倡议包括 2018 年 12 月由中国、埃及和《生物多样性公约》秘书处共同发起的《从沙姆沙伊赫到昆明——自然与人类行动议程》、2019 年 4 月的蒙特利尔自然领军者峰会、2019 年 5 月七国集团（G7）的梅茨（Metz）生物多样性篇章及其后的国际领军者倡议、2019 年 7 月的挪威特隆赫姆生物多样性大会、第 74 届联合国大会议期间发起的高雄心自然保护联盟、由世界自然基金会（WWF）及合作伙伴组织的领军者自然保护集会，以及《中法生物多样性保护和气候变化北京倡议》等。这些国家包括 9 个非洲国家（布基纳法索、喀麦隆、中非共和国、埃及、加蓬、肯尼亚、尼日尔、卢旺达、塞内加尔）、12 个亚太国家（澳大利亚、不丹、中国、斐济、印度、印度尼西亚、日本、新西兰、帕劳、阿拉伯联合酋长国、瓦努阿图、越南）、13 个欧洲国家（奥地利、比利时、芬兰、法国、德国、意大利、摩纳哥、荷兰、挪威、葡萄牙、塞尔维亚、西班牙、英国）、北美的加拿大和美国（美国只加入了 Metz 生物多样性篇章）、南美洲的 11 个国家（伯利兹、玻利维亚、巴西、智利、哥伦比亚、哥斯达黎加、厄瓜多尔、格林纳达、圭亚那、墨西哥、秘鲁）。另有一些个人也展现出了他们的领导力，如联合国秘书长、副秘书长，一些跨国公司的 CEO，学术界及艺术界的意见领袖和知名人士。这样的来自国家及非国家主体的倡议和行动还在继续酝酿、发酵和发起。

尽管各个国家是根据自身发展阶段和关注的议题加入各种联盟，这仍为中国提供了一个契机。中国作为 CBD COP15 的东道国，可以积极借势而为，携手这些国家，成为人与自然新政的领军力量，同时实现中法两国元首在 2019 年 11 月《中法生物多样性保护和气候变化北京倡议》中做出的承诺。

面临新型冠状病毒肺炎疫情的近期和中远期影响，这些国家的战略重点也会有所调整，本课题组会持续追踪并适时提供进展及分析。

（三）进展势头

越来越多的国家及非国家主体在号召关注生态议题，并采取行动形成全社会的力量共同推动。下面对其中的一些行动倡议做一些介绍。

（1）《从沙姆沙伊赫到昆明——自然与人类行动议程》（简称行动议程）：由中国政府、埃及政府和《生物多样性公约》秘书处发起。迄今为止，行动议程下仅有少数承诺，且其中许多在第十四次缔约方大会（COP14）之前就已经存在。中国的政治支持和实践能够发挥重要作用。将行动议程纳入2020后全球生物多样性框架（GBF）将为非国家主体更积极地参与CBD提供清晰的长远目标。中国释放明确信号并鼓励非国家行为者参与和做出贡献。

（2）蒙特利尔自然领军者峰会：2019年4月，来自政府的部长、来自世界的企业和非政府组织的首席执行官聚集在蒙特利尔，开始了一项全球动员行动，共同致力于走一条不同的、更好的发展道路，把自然置于首位，认识到自然是支持所有生命的基础，需要我们充分尊重和关心。通过合作，这些“自然领军者”致力于将自然需求置于所有全球议程的核心。

（3）特隆赫姆生物多样性会议：第九届特隆赫姆生物多样性会议于2019年7月在挪威特隆赫姆举行，为增进利益相关者对生物多样性议程问题的理解提供了机会。

（4）高雄心自然保护联盟：是一个由不同的政府自发组织的团体，倡导一项全球性的自然与人的协议，以制止物种加速流失，保护能够维护经济安全的重要生态系统（如30×30倡议，即到2030年保护30%的地球）。法国和哥斯达黎加是共同主席，他们计划在IUCN世界自然保护大会上正式启动该计划[1]。

（5）欧盟委员会“生物多样性全球联盟”：由欧盟委员会在2020年世界野生动植物日发起，由动物园、水族馆、植物园、国家公园以及来自世界各地的自然历史和科学博物馆组成。

（四）支持决策的依据

除了IPBES在2019年发布的报告外，一批致力于揭示自然生态系统价值与经济体系的研究成果已经或即将在2020年及2021年陆续出版，这一切都为世界和中国在2020年余下的时间内采取关键行动提供了不可多得的科学依据。

1 随着IUCN世界自然保护大会的择期举行，有一种说法，该计划会在第75届联合国大会期间举办。

IPBES 于 2019 年 5 月发布的《生物多样性和生态系统服务全球评估报告》中提出，最新评估估计生物物种灭绝率是背景率的 1 000 倍，并且地球 75% 的陆地表面发生了重大变化，66% 的海洋区域正在遭受越来越多的累积影响，而超过 85% 的湿地已经丧失。

此外，越来越多的研究侧重于增强自然资本，从新的视角提出采取协同行动的证据，并提出可行的变革改进机制。

这些研究的内容简介如下。

（1）《更好的增长：粮食和土地利用的十大关键转型》由土地和粮食利用联盟（FOLU）于 2019 年 9 月发布。该报告指出改变粮食和土地利用的 10 个关键转型，全面评估了全球粮食和土地利用系统转型带来的收益以及不进行变革的成本，揭示出收益远远超过成本，并提出了可行的解决方案。目前，我们每年生产、消费和使用土地的隐性成本估计为 12 万亿美元，到 2030 年，这些收益每年可释放 4.5 万亿美元的新商机。与此同时，到 2030 年，每年可为人类和地球避免 5.7 万亿美元的损失，是每年 3 500 亿美元投资成本的 15 倍。

（2）《2020 年全球风险报告》由世界经济论坛（WEF）于 2020 年 1 月发布，该报告显示，未来十年，与环境风险相关的全球风险均排在前五名。报告指出，决策者需要将保护地球的目标与促进经济发展的目标相匹配，并且公司必须通过对标基于科学的目标，避免未来可能造成灾难性损失的风险。

（3）新自然经济系列报告首篇报告《自然风险上升：为何席卷自然的危机对企业和经济至关重要》于 2021 年 1 月推出，着重强调“占全球 GDP 的一半以上的 44 万亿美元的经济价值创造，高度依赖于自然及其服务，因此容易遭受自然损失的影响”。

（4）世界自然基金会的《风险的性质：帮助企业了解与自然相关的风险框架》于 2019 年 9 月发布，帮助人们清楚了解与自然和气候变化有关的风险。

（5）《保护大自然，不容有失——生物多样性：金融风险管理中的下一个前沿领域》由普华永道（瑞士）和世界自然基金会（瑞士）于 2021 年 1 月共同发布，其指出金融风险管理的下一个前沿领域，提出每年至少需要花费 5 000 亿美元来弥补生物多样性保护的资金缺口。

（6）《发展生物多样性保护的经济和金融系统及工具》由世界自然基金会（法国）和法国安盛公司（AXA）于 2019 年 5 月联合出版，确定了最佳做法以及最有前景的技术和政治观点，并提出了发展与当前生物多样性危机相称的生物多样性融资路线图。

（7）《生物多样性——对金融行业的机遇与风险》由荷兰可持续金融平台上的几家银行于 2020 年 6 月合作出版。报告揭示了金融行业与生物多样性相关的风险及机遇，基于 2008 年的数据估算出与气候变化相关的损失每年达 1.7 万亿美元，而与生物多样性相关的损失每年达 2 万亿～ 4.5 万亿美元。基于这个比较，提出对气候变化和生物多样性丧失都要采取紧急有力的行动，号召金融机构积极介入，并利用这些机遇实现生物多样性丧失趋势的逆转[1]。

还有许多从经济和商业的角度看待人与自然的关系的研究在陆续发布，其中值得关注的是在 Partha Dasgupta 爵士领导下的英国政府对生物多样性的经济学评估报告，已于 2021 年 2 月出版。

（五）采取行动的契机

自国合会 2019 年年会以来，本研究团队积极参与了以下几个里程碑活动。

（1）2019 年 7 月的挪威特隆赫姆第九届生物多样性大会：组织了一些发达国家的部长级对话，同时也组织了与发展中国家代表的对话，进一步了解有共识的话题和有不同意见的议题，作为为中国政府提供建议的依据。

（2）2020 达沃斯世界经济论坛：观察到对自然议题关注的进一步升温，同时注意到各方发布了一些高质量的论述自然风险与商业行为、金融风险及经济改革关系的研究。

自此至 2020 年年末及 2021 年年初，还有如下几个里程碑式的时间节点需要中国政府采取相应的行动：

（1）东盟和一些大国在吉隆坡召开的东盟 2020 生物多样性大会[2]。

（2）在法国马赛举行的 IUCN 世界自然保护大会[3]。

（3）2020 年 9 月在纽约联合国大会期间举行的生物多样性国家首脑峰会[4]。

（4）在德国莱比锡举行的中国—欧盟峰会[5]。

（5）在中国昆明举行的 CBD COP15[6]。

（6）在英国格拉斯哥举行的气候变化 COP26[7]。

---

1 https://www.dnb.nl/en/news/news-and-archive/dnbulletin-2020/dnb389169.jsp.
2 因疫情影响，由 2020 年 3 月推后至 2021 年 7 月线上举行。
3 因疫情影响，由 2020 年 6 月推后至 2021 年 9 月 3—11 日。
4 大会于 2020 年 9 月 30 日举行。
5 因疫情影响，于 2020 年 6 月线上举行。
6 因疫情影响，由 2020 年 10 月推后至 2021 年 10 月。
7 因疫情影响，由 2020 年 11 月推后至 2021 年 11 月。

（7）2020 年 11 月的 20 国集团利雅得峰会。

（8）2021 年 2 月的第五届联合国环境大会。

在这些场合上，全世界的目光都会聚焦在中国的承诺和行动上，并期待着中国的领导力，这也是中国与世界主要国家就自然保护、应对气候变化、抗击新型冠状病毒肺炎疫情，以及建立自然友好型经济复苏等问题进行接触和讨论的时刻，中国政府应当积极进行高级别绿色外交，和世界各国共同探讨在后疫情时代经济复苏的过程中，进行自然保护、应对气候变化及实现可持续发展（健康、就业、减灾等）的承诺和行动。绿色“一带一路”、零毁林供应链、海洋生态系统的可持续利用和治理（包括海洋塑料垃圾），以及生物多样性的保护和健康等，都是多方关注的话题。

基于自然的解决方案（NbS）可以提供超过 1/3 的气候解决方案，可以为食品和饮用水安全、国民和生态健康、减灾扶贫等提供解决方案。将 GBF、《巴黎协定》以及《联合国防治荒漠化公约》的净零土地退化计划整合到国家自主贡献和国家战略及行动计划中，可以帮助中国和世界实现联合国“生态系统恢复十年”行动计划，并在 2030 年之前扭转自然损失的趋势。这是实现联合国可持续发展目标、帮助中国实现 2035 年生态文明目标的机会，体现了“人类命运共同体”的理念。中国应该就在这些领域中采取的行动、达成的效果及未来的计划做好准备，积极与各方交流，互相学习和促进，践行共建人类命运共同体。

新型冠状病毒肺炎疫情暴发使许多与生物多样性相关的国际会议延后，中国可以利用这个契机，在 2020 年 9 月联合国大会的生物多样性国家首脑级峰会的基础上，在 CBD COP15 之前，发起一个国家首脑级的高级别会议，邀请意见相近、想法一致、皆具雄心的国家首脑一道，强化 2020 年 9 月的联合国大会的生物多样性国家首脑级峰会的成果，向世界展示中国天人合一、生态文明的愿景和实践，发出最高级别的强烈政治信号，表达愿意与国际社会一起努力的意愿，促进达成兼具雄心与可实施的 2020 后全球生物多样性框架，为实现自然恢复、碳中和及可持续发展提出展望并开展行动。

（六）新型冠状病毒肺炎疫情暴发的影响

新型冠状病毒肺炎疫情的暴发对中国的绿色外交有深刻影响，原定在昆明召开的第二次工作小组的谈判会议移址意大利罗马，因出席人员受限，中国代表团的许多成员未能参与，使中国失去了一次增强对话、实地练兵并向世界展示中国立场的机会。鉴于几乎所有的国际会议都延后举行，中国应该利用多出来的时间转危为机，显著增加（远程）生态环境外交，在中国国内实践生态文明的基础上，与各国紧密沟通，无论他们是支持者、摇摆者还是反对者，都需要通过交流与协商，了解他们的关切和愿望，分享中国的观点，展示中国在 CBD 谈判舞台上的雄心和领导力。同时加强与其他国家和机构的交流和宣传，使最终谈判结果更趋近 CBD COP15 的主题——生态文明：共建地球生命共同体。

二、关于 2020 后全球生物多样性框架及其实施的热点议题

（一）《生物多样性公约》2020 后全球生物多样性框架“预稿”的修改建议

对于 2020 后全球生物多样性框架的预稿（简称预稿）[1]，建议重点关注以下议题。

（1）全球高层目标和 2030 年任务应该更加宏伟，如在 2030 年实现扭转生物多样性丧失的趋势；

（2）将 COP15 的主题“生态文明：共建地球生命共同体”纳入该框架；

（3）需要推动自然生境的零丧失；

（4）需要变革性转变以达成可持续的生产和消费以及绿色供应链；

（5）紧密联系文化多样性和自然多样性。

对于这个预稿，我们列出以下具体修改建议（共 15 条，前 11 条是按照预稿结构梳理，第 12 条是对财务机制的建议，第 13 ～ 15 条是另外的建议）。

1. 预稿的背景部分（共同主席的说明的背景部分）：

在以往的讨论中，各方包括缔约方、非缔约方以及其他利益相关者均同意在 2020 后全球生物多样性框架中设立明确的、可衡量的、可达成的、相关的和有时限（SMART）的目标[2]，而这一点在预稿文件中的反映不够。我们建议强调 SMART 目标，因为 SMART 目标，尤其是可衡量的和可实现的目标不仅有利于保护行动，也有利于保护进展的监测与评价，特别是有利于设立保护地等指标。

2. 附件一 / 一、导言 /A. 背景

为了在 2020 后全球生物多样性框架中反映 COP15 的主题，我们建议在该自然段最后一句话中增加“实现生态文明：共建地球生命共同体”的表述。“生命共同体”

1 CBD (Convention on Biological Diversity). Zero draft of the post-2020 global biodiversity framework (CBD/WG2020/2/3)[R]. 2020.

2 CBD (Convention on Biological Diversity). Synthesis of the views of the parties and observers on the scope and content of the post-2020 global biodiversity framework (CBD/POST2020/PREP/1/INF/1)[R]. 2019.

这个概念与2050愿景“与自然和谐共处”是一致的，且兼具治理层面的社会和政治含义，有助于确保落实。整句话可修改为：

“2020后全球生物多样性框架是在《2011—2020年生物多样性战略计划》的基础上制订的一个宏伟的计划，以期采取广泛行动，改变人类社会与生物多样性的关系，实现生态文明：共建地球生命共同体，以确保到2050年实现与自然和谐相处的共同愿景。”

3. 附件一 / 一、导言 /C. 变革理论

我们支持以2020后全球生物多样性框架为中心，强调变革性转变。在明确保护对策和行动计划以实施全球生物多样性框架方面，“生态文明”的应用将可能是一个很好的范例。“生态文明”这个名词整合了政治、社会和经济元素，并将其融入相关的生物多样性保护法律、条例、对策以及行动计划中。虽然这个术语由中国倡导，但其表达了全球的关注，强调了变革性转变在全球生物多样性框架中的作用，并号召生物多样性保护领域的跨国界合作。

另外，在变革性转变中，我们应该深化变革，降低或根除生物多样性丧失的直接和间接驱动因素，例如减少生产和消费对生物多样性的威胁。

4. 附件一 / 二、框架 /A. 2050 愿景

为了实现生态文明：共建地球生命共同体、助力地球生命支持系统的稳定性以及为阻止和扭转气候变化和生物多样性丧失，我们建议为自然保护行动日程制定一个激励性的、可实现的、基于科学的、可衡量的全球高层目标。

建议增加一段全球高层目标及其三个元素的表述。

“制定一个与2050愿景（与自然和谐共处）一致的全球高层目标：1）推荐把2020年基准作为自然和生物多样性零丧失的评估参考；2）至2030年，生物多样性和自然生境丧失曲线实现反转；3）至2050年，自然环境和生物多样性将全面恢复和还原。在此基础上我们才能为后代提供足够的功能化的生态系统，并避免危险的气候变化。”

5. 附件一 / 二、框架 /B. 2030年和2050年长期目标 /10（a）

关于生态系统零净损失的目标，我们应该注意约束和限制在一个地方以低价值的生态系统弥补另一个地方的生态系统的净损失，从而达到零损失的做法。我们建议采用新的实施手段，保证高质量生态系统得到保护，并恢复退化的或受损的生态系统。开发活动应利用多样性程度低的生态系统，以达到保护地的零丧失而不至于牺牲高质量的生态系统。这个目标的达成需要实施新的手段，比如应用新的生境分类

标准[1]，即设置不同的目标以适合不同的生境条件：农田和城市、共享的景观、大面积荒野。

6. 附件一 / 二、框架 /B. 2030 年和 2050 年长期目标 /10（d）

全球人口目前为 76 亿。预计 2030 年将达到 86 亿，2050 年将达到 98 亿[2]。而且人口多存在于发展中国家，如巴西、中国和印度等，因此在以提升人口生活质量为目标的表述中，应该将以 100 万人为单位的目标变为以（十）亿为单元的目标，这样将使目标变得简单易懂。

7. 附件一 / 二、框架 /C. 2030 年使命

我们支持为十年后建立宏伟的目标，建议描述为“阻止生物多样性的丧失，并逆转丧失的曲线”。

8. 附件一 / 二、框架 /D. 2030 年行动目标 /12.（a）2.

保护地的目标应该区分全球性的和各国国内的，而后者依赖各国的自然国情。我们可以设立一个全球的保护地目标，而国家水平上的目标，需要按照各国不同情况分类。这部分需要科学研究的支持。我们建议缔约方承担共同但有区别的责任，并制定相关的实施机制，例如在强调土地利用驱动和人口压力不均匀分布的三种情况（Three global conditions）下，应采取不同的保护策略。这需要依赖科学研究的支持。

9. 附件一 / 二、框架 /D. 2030 年行动目标 /12（b）7.

考虑最近新型冠状病毒肺炎疫情的暴发，我们需要在野生动物利用、捕获养殖、贸易和食用中考虑其对人类健康的影响，因此我们建议在 D. 12（b）7 段后增加一句话：

“在利用和食用野生动物中降低或避免动物病原体传染人类的风险，维护生态系统健康，制定保障体系，以保证可持续的野生生物贸易和食用，并对其进行全面的监测。”

10. 附件一 / 二、框架 /D. 2030 年行动目标 /12（c）17.

需要在本段文字中强调可持续生产与消费的变革性转变。

11. 附件一 / 二、框架 /E. 执行支持机制

目前的行动目标和措施不足以完成全面的变革性转变以阻止和逆转生物多样性丧

1 “生物多样性保护和可持续利用的三种情况理论 (3Cs) 是适合在 2020 后‘生物多样性保护战略计划’中使用的实施框架”。该框架建立了三种陆地环境的基线状态 :(C1) 城市和农田 (占全球土地的 18%)、(C2) 共享土地 (56%) 和 (C3) 大面积荒野地区 (26%)。南极洲不包括在内。Locke H, Ellis E C, Venter O, et al. Three global conditions for biodiversity conservation and sustainable use: an implementation framework[J]. National Science Review, 2019, 6(6): 1080-1082.

2 OECD (Organisation for Economic Co-operation and Development). Biodiversity: Finance and the Economic and Business Case for Action, report prepared for the G7 Environment Ministers'Meeting[R]. 2019.

失。因此我们需要建立一个机制，促使缔约方立即采取行动，确保在全球生物多样性框架下的变革性转变。另外，考虑任何可能的生物多样性基金机制，以支持全球生物多样性框架实施，我们建议增加一条内容：

“建立机制，包括一种财务机制，以确保缔约方在全球、地区和国家水平上立即采取政策行动，变革经济、社会和财务模式，以实现保护目标和阻止生物多样性的丧失。”

12. 财务机制的建议另见本章第五部分第（三）小节内容。

为了反映 2020 年 2 月 24—29 日在意大利罗马召开的不限名额工作组第二次会议的讨论焦点[1]，我们还提出以下建议。

13. 评估基准。任何的生物多样性目标都需要一个基准，以衡量变化和目标达成情况。然而，确定衡量生物多样性变化的适当基准仍有争议。在罗马不限名额工作组第二次会议上，建议的基准范围从工业化前的时间调整到 COP15 召开的日期。这些拟议的日期都不能满足全球生物多样性框架的既实际又宏伟的中心目标的需求。制定切实可行的目标需要细致入微的理解，结合发展中国家的发展需求保护生物多样性。因此基准应当涵盖所有自然生境，包括具有恢复潜力的退化区域和边际土地。

14. 生态系统服务付费。在许多情况下，河源或流域的管理人员负责持续提供生态系统服务，那些从生态系统服务中受益的人与服务的源头相距甚远。因此受益人和提供者之间的这种分离通常需要一种机制，使那些维护服务的人得到回馈，让他们能够继续维持该过程，例如河流集水区的保护，能够为下游定居的人们提供干净的水。尽管这是最常见的生态系统服务付费案例，但还有许多其他范例，例如保护区的生态旅游、授粉、文化服务或在全球范围上的氧气提供。在全球范围内，气候基金和 REDD 可以看作是生态系统服务（生产氧气）的一种支付形式。在第二次工作组会议上，很多人都提到这种付费形式和原则，应该受到重视。

15. 关联文化多样性和自然环境多样性。一个生物多样性保护全面的方法，应包括自然、人与文化之间不可分割的联系。承认并加强如原住民、地方社区以及妇女等广泛利益攸关方在保护自然、文化、个性中的关键作用，并将传统知识和良好实践纳入决策中。

1 CBD (Convention on Biological Diversity). Report of the open-ended working group on the post-2020 global biodiversity framework on its second meeting (CBD/WG2020/2/4)[R]. Rome, 2020.

（二）2021—2030《生物多样性公约》缔约方自然保护地拓展潜力分析

《生物多样性公约》的“爱知目标”11 包含了几个相关条件，以保护对于生物多样性和生态系统服务特别重要的区域。然而，“爱知目标”11 的实施并未有效缓解生物多样性和生态系统服务下降的趋势。由于不同国家自然和社会环境的不同，用保护地开展保护的潜力也应该是不同的。因此，全球生物多样性保护的责任、保护地拓展的需求和适合面积，以及在不同的发展现状或在其他威胁下开展生物多样性保护的能力具有很大差异。如果保护地面积覆盖的目标比例仍然设置为一模一样，将不能达成一个统一的保护地比率。因而亟须为每个缔约方设置明确的保护地覆盖目标比例。

“爱知目标”11 要求的 17% 的自然保护地目标不足以保护全球的生物多样性[1]。为有效阻止全球生物多样性丧失，以往的研究将 2020 后保护地目标设定为 20% ～ 50%。IUCN 最近发布的研究表明，保护地保护比例范围需调整为 30% ～ 70% 或更高。一项面向全球的科学调研表明，很多科学家支持将保护地的比例提高到 50%[2]。

到底保护多少陆地生态系统才是既雄心勃勃又可实现呢？经过大数据分析，不同的情景下可以得到不同结论：从保护受威胁物种的角度，保护地比例建议为 20.2%；从保护全部陆生物种、生态区、重要鸟类和生物多样性地区以及零灭绝联盟保护点的角度，保护地比例需达到 27.9%；从保护全球生物多样性重要地区和具有重要生态系统服务（如固碳功能）区域的角度，2020 后保护目标的底线比例是 31%；从荒野保护或“半个地球”计划的角度，保护地比例需要更大。因此，在制定 2020 后全球生物多样性框架时，迫切需要考虑可行性和有效保护的问题。

成本效益高的保护区被识别出来，并用于在全球和国家层面设定保护区覆盖比例目标。研究显示，生物多样性保护与保护区设计之间存在明显的差距。该研究将目标设置分为三种情景，包括宏伟目标、中等目标和保守目标，未来十年全球陆地自然保护地的宏伟目标、中等目标和保守目标建议分别设置为 43%、26%、19%[3]。不同国家间自然保护地的拓展潜力差异明显，预示着不同国家应该考虑设置差异化目标。《生

1 WOODLEY S, LOCKE H, LAFFOLEY D, et al. A review of evidence for area-based conservation targets for the post-2020 global biodiversity framework[J]. Parks, 2019(25): 31-46.

2 WILSON EDWARD O. Half-Earth: Our Planet’s Fight for Life[M]. Liveright Publishing Corporation.

3 YANG R, et al. Cost-effective priorities for the expansion of global terrestrial protected areas: Setting post-2020 global and national targets[M]. Science Advances (in Press). 2020.

物多样性公约》195 个缔约国（欧盟除外）的保护地数量和比率按照保护比例分为 6 个等级[1]。

三种情况理论（Three Global Conditions）为全球不同的情景设定了差异化的目标：对于城市和农田，10% ～ 20% 的保护比例便可称为宏伟的目标，需要推动实质性恢复；对于全球的共用土地，依具体情况不同，比例定在 25% ～ 75% 较为适宜；对于大面积无人开发的荒野地区，目标应至少定在 80%。如此，2030 年全球保护目标可设置为 30% 及以上。这一目标需要努力推动所有土地类型的保护行动，以确保覆盖所有区域。

三、2020 后生物安保（生物安全）、生物多样性和新型冠状病毒肺炎工作文件

2020 年的新型冠状病毒肺炎危机再次提醒我们，即使是最小形式的生物多样性也会给人类、全球化经济和社会带来毁灭性的影响。截至 2020 年 5 月底，各国都面临控制疾病的巨额支出和史无前例的全球经济衰退。我们所认识的世界正发生着超出我们想象的变化，即使在应对新型冠状病毒肺炎持续蔓延造成的损害时，也不能对全球性的环境危机掉以轻心，必须加强行动，在生态和生物多样性问题上，积极解决各种关切，包括可能与疾病暴发有关的环境因素。各国政府、企业和国际组织高度关注社会和经济复苏问题，这需要即刻行动和巨大财政投入，需要建立中长期变革机制，以满足将生态环境、健康卫生、经济和全球化问题联系起来的复苏方案。在这个复杂的议程中，生态和生物多样性将变成关注的焦点，尤其是在加速绿色经济和发展以及联合国 2030 年可持续发展目标变革转型的关键十年的起始之年。新型冠状病毒肺炎疫情的紧急形势可能会持续很长时间，因此，需要将其作为全球环境和发展行动的主要因素加以考虑。

生物多样性政策研究专题撰写了一篇围绕新型冠状病毒肺炎疫情影响的工作文件，作为该课题的附加产出。它着眼于全球，但特别关注中国的形势和需要。文件介绍了一些主流看法和科学观点，回顾了过去 10 年至 20 年来一些主要的、有价值的概念和知识，同时还包括目前正在进行的一些紧急努力，涉及科学、社会经济和政策。该文件提出了几项建议草案，这些建议将会被加以完善。

---

1 DUDLEY, NIGEL. Guidelines for Applying Protected Area Management Categories, Gland[R], Switzerland: IUCN. 2008.

此外，由 Alice C. Hughes 撰写的附件 2-3 阐述了关于生物多样性和降低流行病风险的内容。它提供了一些与动物健康和人类疾病相关的重要考虑因素、需要改进的指导方针，以及一些建议。

四、中国生态保护实践

改革开放初期，中国在经济快速发展的同时，生态系统也遭到了严重破坏和污染。为此，从 20 世纪 90 年代开始，中国政府在全力发展经济的同时，也关注经济、社会与环境协调发展问题。在 1996 年“九五”计划中，率先提出了转变经济增长方式、实施可持续发展战略的主张。进入 21 世纪，随着中国经济持续增长、规模不断扩大，对资源的利用、能源的消耗和废弃物的排放都在同步增长，节约资源、保护环境更为迫切。为此，党的十七大正式提出建设生态文明，保护环境；党的十八大进一步提出，坚定走生态文明发展之路，绝不以牺牲环境为代价发展经济。为此，坚持生态环保优先成为中国制定各项重大发展战略的重要原则。习近平总书记高度重视生态文明建设，提出了一系列关于生态文明建设的新理念、新思想、新战略，并将生态文明建设作为中国共产党的执政行动纲领[1]。

在生态文明制度下，中国通过制定主体功能区制度、划定生态保护红线等举措，从优化国土空间，管控重要生态空间方面保护生态，取得了显著成效，也为全球生态保护树立了榜样，主要做法概括如下。

（一）建立生态文明制度，开展国家生态保护顶层设计

2007 年，党的十七大报告提出生态文明建设，把生态建设上升到文明的高度[2]。2012 年，党的十八大进一步明确提出，“大力推进生态文明建设”战略，把生态文明建设纳入国家“五位一体”总体布局[3]。2015 年 5 月，中共中央、国务院先后印发《关于加快推进生态文明建设的意见》《生态文明体制改革总体方案》，从总体目标、基本理念、主要原则、重点任务、制度保障等方面对生态文明建设进行全面系统的部署安排，成为生态文明制度体系的顶层设计。在《生态文明体制改革总体方案》中，明确提出构建自然资源资产产权制度、国土空间开发保护制度、空间规划体系、资源总

1 UNEP. Green Is Gold: The Strategy and Actions of China's Ecological Civilization[R]. 2016.
2 WANG X Y. A Study on Problems and Countermeasures of China's Ecological Civilization Construction[J]. Ecological Economy. 2014.
3 HANSEN M H, LI H T, Svarverud R. Ecological civilization: Interpreting the Chinese past, projecting the global future[J]. Global Environmental Change. 2018.

量管理和全面节约制度、资源有偿使用和生态补偿制度、环境治理体系、环境治理和生态保护的市场体系、生态文明绩效评价考核和责任追究制度 8 个方面的制度体系。其核心要点是，通过生态文明建设节约资源、改善环境、保护生态[1]。

在生态保护方面，通过优化国土空间格局，保护重要生态系统，主要做法有三个方面（图 2-1）。

（1）从保护与开发强度视角，提出了主体功能区战略。2011 年 6 月，《全国主体功能区规划》正式发布，这是我国第一个国土空间开发总体规划。核心要点是，基于不同区域的资源环境承载能力、现有开发密度和发展潜力，将国土空间按开发方式分为优化开发区域、重点开发区域、限制开发区域和禁止开发区域 4 大类型。2017 年 11 月，中共中央、国务院印发《关于完善主体功能区战略和制度的若干意见》，提出要在严格执行主体功能区规划基础上，将国家和省级层面主体功能区战略格局在市县层面精准落地，充分发挥主体功能区在推动生态文明建设中的基础性作用和构建国家空间治理体系中的关键性作用，完善中国特色国土空间开发保护制度。

（2）从用途视角，提出了三区三线战略。党的十八大以来，一系列中央会议、文件多次提出要构建空间规划体系，推进“多规合一”工作，科学划定“三区三线”，即城镇、农业、生态空间和生态保护红线、永久基本农田保护红线、城镇开发边界。2015 年《生态文明体制改革总体方案》提出，要构建以空间治理和空间结构优化为主要内容，全国统一、相互衔接、分级管理的空间规划体系。随后，党的十九大明确要完成生态保护红线、永久基本农田、城镇开发边界三条控制线划定工作。2019 年 11 月，中共中央办公厅、国务院办公厅联合印发了《关于在国土空间规划中统筹划定落实三条控制线的指导意见》，对如何在国土空间规划中统筹划定落实三条控制线做出了详细规定。可见，随着国土空间规划体系的逐步建立，三条控制线将作为国土空间规划的核心要素和强制性内容，作为统一实施国土空间用途管制和生态保护修复的重要基础。

（3）从保护重要生态系统视角，提出了生态保护红线制度。作为“三区三线”的重要组成部分，中国提出了生态保护红线制度。2011 年 11 月，国务院印发《国务院关于加强环境保护重点工作的意见》，提出在重要生态功能区、陆地和海洋生态环境敏感区、脆弱区等区域划定生态红线，对各类主体功能区分别制定相应的环境标准和环境政策。2015 年，《中共中央　国务院关于加快推进生态文明建设的意见》

1 CHANG I S, WANG W Q, WU J. To strength the practice of ecological civilization in China[J]. Sustainability. 2019.

明确要求在重点生态功能区、生态环境敏感区和脆弱区等区域划定生态红线，确保生态功能不降低、面积不减少、性质不改变。随后，划定生态保护红线上升为立法高度，在《中华人民共和国国家安全法》第三十条中规定了国家完善生态环境保护制度体系，加大生态建设和环境保护力度，划定生态保护红线，强化生态风险的预警和防控。

与此同时，中国在生物多样性保护与利用方面，也提出了一系列有效的政策，以强化国土空间优化与生态系统保护的有效落实。其中，在生物多样性与扶贫、生态补偿制度等方面做了大量创新性工作，并在很多地方开展了实践和示范（图 2-1、图 2-2）。

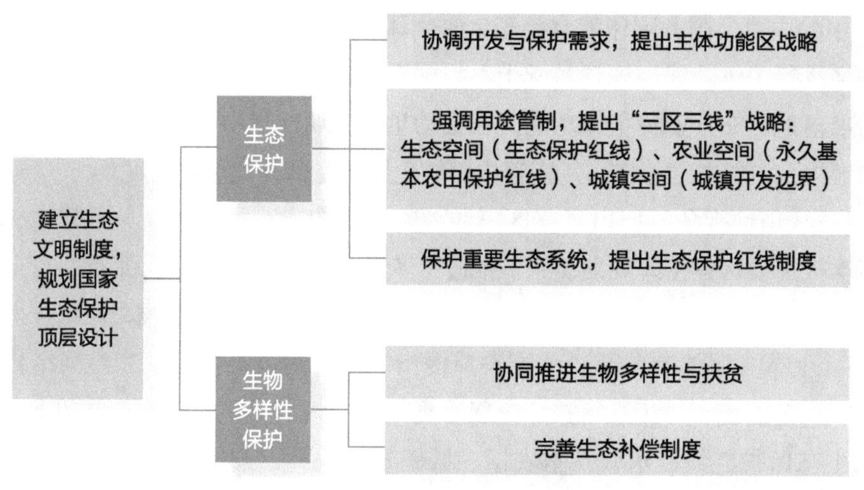

图 2-1　**中国生态保护国家顶层设计**

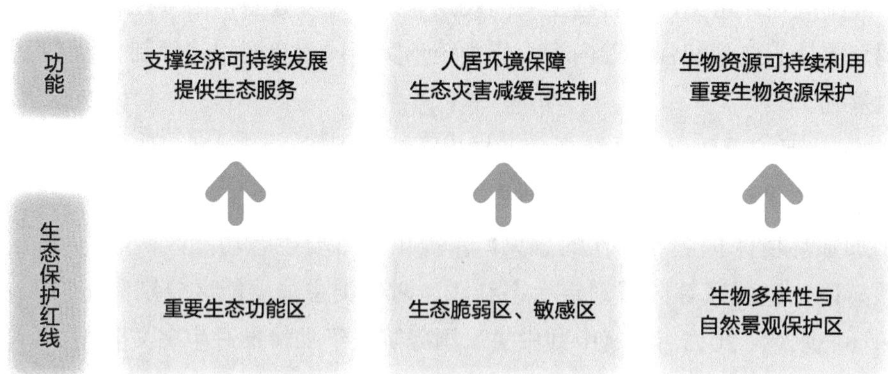

图 2-2　**生态保护红线概念框架**

（二）划定生态保护红线，管控重要生态空间

划定生态保护红线是中国政府的一项重大生态保护决策[1]。与国内外已有保护地相比，生态保护红线体系以生态服务供给、灾害减缓控制、生物多样性保护为主线，整合了现有各类保护地的概念，补充纳入了生态空间内生态服务功能极为重要的区域和生态环境极为敏感脆弱的区域，构成更加全面，分布格局更加科学，区域功能更加凸显，管控约束更加刚性的生态保护体系，是保护地体系构建的一项重大改进创新[2]。2018 年 6 月，中共中央、国务院印发《关于加强生态环境保护 坚决打好污染防治攻坚战的意见》，进一步提出了生态保护红线面积占比达到国土面积 25% 左右的目标。为了更好地开展生态保护红线划定工作，由生态环境部牵头成立了生态保护红线部际协调领导小组，建立协调工作机制。2017 年 2 月，中共中央办公厅、国务院办公厅印发《关于划定并严守生态保护红线的若干意见》，明确了生态保护红线工作总体要求和具体任务。随后，生态环境部印发出台了《生态保护红线划定指南》《各省（区、市）生态保护红线分布意见建议》《生态保护红线划定方案技术审核规程》等文件，指导各地有序推进划定工作。

目前，中国生态保护红线划定工作主要取得了如下进展：2018 年 2 月，国务院批准了京津冀、长江经济带省（市）和宁夏等 15 个省份的生态保护红线划定方案；2018 年年底，其余省份也形成了初步划定方案。由此，全国生态保护红线面积约占国土面积的 25%。经测算，初步划定的生态保护红线可保护 95% 以上的珍稀濒危物种及其栖息地，保护全国近 40% 的水源涵养、洪水调蓄功能，保护约 32% 的防风固沙功能。此外，为了加强对生态保护红线的监管，中国启动建设国家生态保护红线监管平台并组织开展试运行，完善天地空一体化监测网络。中国启动编制生态保护红线管理办法，在红线法治、财税政策、标准制定、监管执法等方面建立生态保护红线管理制度，加强对生态保护红线的管理。

（三）实施生态扶贫措施，提升生物多样性保护双重功效

在中国的生态文明思想中，生态扶贫本质上是一种以人民为中心的绿色发展理念。

1 GAO J X. How China will protect one-quarter of its land[J]. Nature. 2019.

2 HE P, GAO J X, ZHANG W G, et al. China integrating conservation areas into red lines for stricter and unified management [J]. Land Use Policy. 2018.

JIANG B, BAI Y, WONG C P, et al. China's ecological civilization program–Implementing ecological redline policy[J]. Land Use Policy. 2019.

中国政府始终坚持从贫困地区的生态环境实际出发，以实现好、维护好、发展好贫困地区人民群众的生态权益为宗旨，将生态与贫困、生态与文明、生态与永续发展等问题紧密联系起来，切实有序地推进贫困地区的可持续发展。中国政府认识到，一方面，生物多样性保护必须与利用相结合，才能促进生物多样性的长效保护；另一方面，很多物种资源丰富的地区，都是贫困的地区，如果当地居民的生活条件得不到有效改善，单纯靠政府投入的生物多样性保护也难以长久维持[1]。

生物多样性保护与扶贫是全球最关注的两个问题。但是，生物多样性保护与扶贫开发之间有时又是对立统一的关系。生物多样性和贫困一直是全球关注的热点议题之一[2]。中国生物多样性丰富的地区主要集中在中西部贫困地区[3]。在过去，贫困地区的居民生活对自然资源的依赖程度较高，过度利用野生生物资源，对生物多样性破坏较大[4]。为此，近年来中国也在探索推进生物多样性保护与减贫协同发展[5]。生态环境部印发的《生物多样性保护战略与行动计划》（2011—2030 年）划定了 35 个优先区域，其中部分区域与贫困地区有重叠，目前在一些试点地区的生态扶贫工作已取得很好的成绩，例如当地社区尽量减少对野生动植物资源的依赖，通过生计替代及生态旅游等方式减少对当地资源依赖的同时又促进脱贫，取得了很好的效果。

贵州省是中国脱贫任务最重的省份之一，贫困人口量多面广，全省 88 个县级行政单元中有 50 个是国家扶贫开发重点县。同时，贵州省也是我国生物多样性极其丰富的省份之一，有 27 个县级行政单元位于国家生物多样性保护优先区，有 25 个县级行政单元位于国家重点生态功能区，贫困的重点区域与生物多样性保护的重要区域存在高度耦合。由于过度开发利用、生存环境破坏等，生物多样性受到严重威胁，面临着资源环境保护与区域社会经济发展矛盾突出的问题。贵州省从生物多样性保护与脱贫的视角，探索了破解制约贫困人口发展“瓶颈”、守住发展与生态两条底线、确保实现脱贫目标的途径，包括做好扶贫顶层设计；发展生态产业；推进生态移民工程；建立生态扶贫长效机制等。尤其是针对贵州大量存在的喀斯特贫困地区土壤退化、石漠化严重的问题，研发喀斯特系统退化植被生态修复与经济优化重建技术，构建高效生态系统产业技术体

---

1 LIU Y S, LIU J L, ZHOU Y. Spatio-temporal patterns of rural poverty in China and targeted poverty alleviation strategies[J]. Journal of Rural Studies, 2017.

2 KOCH J M, HOBBS R J. Synthesis: is Alcoa successfully restoring a jarrah forest ecosystem after bauxite mining in Western Australia? [J]. Restoration Ecology, 2007.

3 BANKS-LEITE C, PARDINI R, TAMBOSI L R, et al. Using ecological thresholds to evaluate the costs and benefits of set-asides in a biodiversity hotspot[J]. Science, 2014.

4 WHISENANT S G. Repairing damaged wildlands: a process-oriented[J]. landscape-scale approach, 1999.

5 CLEMENTS W H, VIEIRA N K M, CHURCH S E. Quantifying restoration success and recovery in a metal-polluted stream: a 17-year assessment of physicochemical and biological responses[J]. Journal of Applied Ecology, 2010.

系；开展石漠化地区特色林产业、草地生态畜牧业、土水肥耦合生态农业、农村清洁能源化与低碳经济发展等技术体系与示范；系统开发喀斯特地区特殊地形地貌岩溶特色乡村生态旅游精品线；通过实施生态补偿，提升生态服务功能与改善民生。

贵州省内的赤水桫椤国家级自然保护区，地跨 7 个自然村，当地居民主要从事传统农业生产，经济结构和来源单一。保护区管委会引导当地居民立足生物资源特色，以土特产品开发为突破口，利用有机栽培技术提高原有杨梅园的产量和质量；利用原住民的传统养蜂文化，建设科学养蜂示范基地。特色生物资源的标准化种植养殖及规模化生产，起到了打造特色品牌、科学标准经营、稳定价格、保证收入减轻贫困的显著效果，减少了对其他资源的破坏性开采，对当地的生物多样性资源起到了保护作用。

（四）建立和完善生态补偿机制，实现区域生态公平

实施生态补偿是调动各方积极性和保护生态环境的重要手段，更是实现区域生态公平的具体体现。十年来，中央政府和地方政府积极推动生态补偿，有序推进生态保护补偿机制的建设。但是，从总体上看，生态补偿的范围仍然太小，标准太低，保护者和受益者之间的惠益分享机制还不完善，影响了生态环境保护措施的效果。为了进一步完善生态补偿机制，中国政府在 2016 年提出“实现森林、草原、湿地、荒漠、海洋、水流、耕地等重点领域和禁止开发区域、重点生态功能区等重要区域生态保护补偿全覆盖，补偿水平与经济社会发展状况相适应，跨地区、跨流域补偿试点示范取得明显进展”。

与生物多样性保护有关的补偿制度包括：公益林补偿；停止商业开采天然林的奖励；退还草地的奖励；禁牧补贴和草畜平衡奖励；免费发放农作物种子或资助引进农作物的种植；重要的湿地生态补偿；封地保护和荒漠化补偿试点项目；补贴水产养殖和生态环境修复；水生种质资源储备补偿；国家海洋自然保护区和海洋特别保护区的生态保护补偿。不同地区有序地促进了各类补偿措施，并在保护生物多样性方面发挥了重要作用[1]。

建立上下游生态补偿机制，不仅保证了下游地区的水环境质量，而且促进了上游地区植被和生境的保护。2012 年，财政部和环境保护部协调安徽和浙江两省共同实施新安江流域跨省生态补偿机制。在第一个三年试点项目取得成功的基础上，第二个试点项目于 2015 年启动，总投资 7 亿元人民币，用于新安江流域的生态和环境保护。

---

1 BUCKLEY M C, CRONE E E.Negative Off-Site Impacts of Ecological Restoration: Understanding and Addressing the Conflict[J]. Conservation Biology, 2008.

2018年，浙江省财政厅、环境保护厅、发展改革委和水利厅联合发布了关于建立上游和下游横向（同级）生态保护补偿机制的实施意见。浙江省成为国内第一个对河流流域实行横向生态保护补偿机制的省份。

生态补偿还可以按照“保护第一，可持续利用”的原则，加强野生资源的育种研究，创新生物资源的开发利用技术，减少野生资源的利用。通过生物资源的可持续利用，生物多样性资源的开发利用将成为经济发展的新增长点，成为居民摆脱贫困的新手段。

表2-1 中国生态补偿的研究和实践探索

补偿类型	补偿内容	补偿方式
生态系统补偿（纵向补偿）	森林、草地、湿地、海洋、农田等生态系统提供的服务	国家重点生态功能区转移支付；生态补偿基金；市场交易
流域补偿（横向补偿）	跨省界流域的补偿；地方行政辖区的流域补偿等	财政转移支付；地方政府协调；市场交易
区域补偿（横向补偿）	东部地区对西部的补偿	财政转移支付；地方政府协调；市场交易
资源开发补偿	矿业开发、土地复垦；植被修复等	受益者付费；破坏者负担；开发者负担

（五）建立示范区，推进生态文明建设

党的十八届五中全会和《“十三五”规划纲要》明确提出，设立统一规范的国家生态文明试验区。设立国家生态文明试验区，就是要把中央关于生态文明体制改革的决策部署落地，选择部分地区先行先试、大胆探索，开展重大改革举措的创新试验，探索可复制、可推广的制度成果和有效模式，引领带动全国生态文明建设和体制改革。2016年，中共中央办公厅、国务院办公厅印发了《关于设立统一规范的国家生态文明试验区的意见》，提出首批在福建省、江西省、贵州省设立试验区。截至2017年10月，三个省均已出台具体的实施方案，在生态文明制度创新方面先行先试，大胆创新。福建在生态环保目标责任制、全流域生态补偿、小流域综合整治、生态司法保护、多规合一、党政领导干部自然资源离任审计、环境权益交易、绿色金融等一批改革举措上取得了明显成效；江西省建立健全生态保护、水资源和土地资源红线，完善自然资源产权制度和空间管控制度，全面推行河长制和全流域的生态补偿，完善生态文明

建设目标考核，生态环境损害责任追究等考核评价制度；贵州省在健全自然资源资产产权制度、国土空间开发保护制度、资源有偿使用和生态补偿制度、环境治理和生态保护市场体系、生态文明绩效评价考核和制度责任追究方面开展大量探索。我国正在积极总结凝练试验区的好经验、好做法，形成可复制、可推广的制度成果，在全国加以推广。

此外，为更好发挥市县层面的生态文明平台载体和典型引领作用，生态环境部开展了国家生态文明建设示范市（县）和“绿水青山就是金山银山”实践创新基地创建活动。2017 年起，环境保护部开展了第一批国家生态文明建设示范市（县）评选工作。截至 2019 年年底，生态环境部已开展三批创建工作，共命名 175 个国家生态文明建设示范市（县）和 52 个“绿水青山就是金山银山”实践创新基地，生态文明示范创建点面结合、多层次推进、东中西部有序布局的建设体系进一步得到完善。第一，东中西部建设格局体系得到进一步优化，示范建设地区东、中、西部占比分别为 43%、28%、29%。第二，多层次示范体系得到进一步丰富。三批示范市县中有 17 个地级市、158 个县（区），“绿水青山就是金山银山”基地中有 9 个地级市、35 个县（区）、2 个乡镇、2 个村以及林场等其他主体 4 个。第三，从类型来看，已命名地区涵盖了山区、平原、林区、牧区、沿海、海岛、少数民族地区等不同资源禀赋、区位条件、发展定位的地区，为全国生态文明建设提供了更加形式多样、更为鲜活生动、更有针对价值的参考和借鉴。

五、政策建议

在早期（2018 年和 2019 年）报告中提出的建议和此次报告分析的基础之上，本课题组提出了 5 条建议，旨在确保 2021 年召开的 COP15 能够将多边和国内措施结合起来。这些初步建议仍需在接下来快速变化的背景下，考虑新型冠状病毒肺炎以及未来纾困复苏带来的机遇与挑战，进一步追踪和完善。

（一）领导力和政治决心

扭转全球生物多样性损失需要全球的努力，更需要强有力的政治领导力。2020 年和 2021 年，为各国领导人提供了一个不容错过的机遇。

中国作为 CBD COP15 的承办国，需要：

（1）发挥强有力的领导作用，与世界各国领导人互动，发出强烈的政治信号，表明世界以及政府需要重新调整人类与自然的关系，在国内和全球范围内采取行动，逆转生物多样性丧失以及 COVID-19 发展的趋势。为体现这种领导力，中国最高领导人可以将这些信心和承诺带到联合国大会以及 G20 峰会，在生物多样性峰会上宣示并签署加入领导人自愿宣言（Voluntary Leaders Declaration）。

（2）考虑提议在 COP15 之前增加国家首脑级对话，以确保可以将强烈的政治意愿和信号渗透到《生物多样性公约》关于 2020 后全球生物多样性框架的谈判中。

（3）积极进行绿色外交，主动与 CBD 主要缔约方加强交流、了解核心关切、探索可操作的协议、弥合分歧，为达成雄心勃勃的 2020 后全球生物多样性框架提供建议路径。

新型冠状病毒肺炎疫情的影响给世界带来的变化超出想象。在对抗新型冠状病毒肺炎疫情的过程中，中国正在崛起成为新的、不同以往的世界领导者。达成 2020 后全球生物多样性框架的过程和平台，对于中国来说极为重要，这是中国在五千多年文明基础上提出生态文明概念后，实践和展示绿色领导力、实现美丽中国梦不容错过的机会。通过“视频会议”开展国际交流正在成为信息交互和谈判的新常态，这对于 COP15 的筹备而言是一个巨大的机会。

（二）对 2020 后全球生物多样性框架的建议

关注 2020 后生物多样性框架的关键内容，下面 7 点建议值得认真考虑，同时也应注意到，有些议题可能会相互冲突。

（1）全球顶层目标：为全球自然和生物多样性行动日程制定一个有激励性的、可沟通的、基于科学的并可衡量的全球顶层目标有助于阻止自然环境和生物多样性的丧失并启动其恢复模式。其目标是：至 2030 年，自然环境和生物多样性将开始在全球范围内恢复；至 2050 年，自然环境和生物多样性将完全恢复和还原。

（2）转型变革：充分发挥生态文明的作用，将保护政策和行动计划置于 2020 后全球生物多样性框架的中心。

（3）共同但有区别的责任：每个缔约方可按照其国情优先安排保护目标，特别是要区别发展中国家和发达国家的责任。

（4）国家自愿生物多样性承诺（NVC）和《国家生物多样性战略以及行动计划》（NBSAPs）：所有缔约方应当酌情制定并公开其自愿生物多样性承诺，将其整合到 NBSAPs 中或作为 NBSAPs 的补充，以支持和提升生物多样性保护所需的雄心，达成 2030 任务和 2050 愿景；并且保证缔约方将 2020 后全球生物多样性框架的目标和指标纳入 NBSAPs 中。

（5）保护地和进展评估基准：考虑不同生境类别，即农田和城市、共享景观、大面积荒野地三种情况，在保护地设计和指标应用中满足差别化的需求。自然环境和生物多样性零丧失的评估基准应参考 2020 年的情况。

（6）创新的多边资金机制：中国发起建立一个独立于目前所有财务机制的、严格管理的多边生物多样性保护和基于自然的解决方案基金，与其他国家（如 UNFCCC COP26 承办国英国等以确保与气候议程协调并进）合作，可以邀请其他国家加入并寻求撬动私有资金。此基金可以强化生物多样性保护和修复的政策框架，包括国土空间规划，对（发展中）国家在 CBD 和 UNFCCC 框架内的承诺提供资金支持。

（7）国际合作和技术转让：为国际合作和技术转让制定全球策略，并提供培训，支持发展中国家在实施既定国家生物多样性战略以及 NBSAPs 中的能力建设。

（三）在 COP15 上提出中国主导的生物多样性保护基金的建议

在国际磋商和谈判中，所有缔约方都认识到并达成共识，认为财政资源是落实 2020 后全球生物多样性框架目标和指标的重要保证。本研究一直强调，2020 后生物多样性框架和《巴黎协定》密切相关，对基于自然的解决方案提供资金支持，是实现“里约三公约”（《生物多样性公约》、《联合国防治荒漠化公约》和《联合国气候变化框架公约》）的核心，因此必须调动和利用财政资源以满足所有这些公约的目标要求。

然而，目前生物多样性保护和恢复的资金缺口可能每年至少 5 000 亿美元。许多资金将来自私人投资者，但也需要公共部门的资金来源，取消对环境有害的补贴也可能是一个潜在的资金来源。作为《生物多样性公约》缔约方第十次和第十二次大会的主办国，日本和韩国曾分别建立了一个基金，用于全球，尤其是发展中国家的生物多样性保护活动。目前，绿色气候基金和全球环境基金是两个主要的多边环境资金机制。

为了促进 2020 后全球生物多样性框架的实施，我们建议中国政府发起一个基于自然解决方案的生物多样性保护多边基金，并邀请其他国家参加。建立这个基金的目的是加强对既定全球生物多样性保护和恢复目标的实施并推动其他基于自然的解决方案，支持三大环境公约，特别是要支持发展中国家基于自然的解决方案。

借鉴中国和其他许多国家的经验教训，这个基金应同时支持政策和项目行动。

（1）在政策层面上，该基金将支持各国强化其综合国家政策框架，致力于生物多样性保护和恢复以及其他基于自然的解决方案。除此之外，这将包括借鉴中国的生态红线以及其他国家的类似政策框架，为土地利用分区和管理框架提供支持。国际资源，如自然地图（Nature Map）可以支持这项工作。

（2）在项目层面上，该基金将共同资助大规模的生物多样性保护和恢复举措以及其他基于自然的解决方案。为了确保长期成功并与受援国的其他发展优先事项保持一致，该基金的项目支持将与政策支持紧密结合。

为了取得成功，该基金的构架应追求两个关键目标。

第一，从公共和私人资源中调动最大的资源。为此，将以最大的透明度和共享的治理模型来设计该基金，以确保其有效运营和广泛认可。重点将放在使私人捐助者能够在改进的国家政策框架的范围内支持项目活动。这个可以通过既有的透明的共同投资方式来实现，例如，抗击艾滋病、结核病和疟疾的全球基金。类似地，亚洲基础设施投资银行（AIIB）在中国的领导下，已成功吸引了众多合作伙伴的融资。需要在我们所建议的生物多样性保护基金中复制这些成功。

第二，解决有关国家在融资和实施方面的差距。除了提供更多的资金外，我们还需要清晰地阐明最能满足《生物多样性公约》和《联合国气候变化框架公约》目标的政策工具和项目机制，这将需要前所未有的创新和学习。经验表明，可以通过结合国家主导（即受援国牵头制定供资提案）和对提案进行严格、独立的技术审查，来促进这种创新和学习（避免任何政治条件并确保技术上合理的最佳提案得到资助）。全球基金率先提出了这些治理原则，这些原则在抗击三种主要传染病方面取得了巨大的成功。

建议该基金的额度至少为100亿美元，每年由缔约方、公共或私营部门以及全球金融公司增资。

中国可以与法国、德国、英国、瑞士、挪威、加拿大和其他可能愿意加入并捐款的国家以及其他企业和利益相关方合作，促进该基金治理原则的设计和实施。

鉴于世界需要从新型冠状病毒肺炎疫情的打击和经济崩溃中恢复，中国可以建议从各国的经济刺激计划中留出一部分资金来应对动物传播的疾病和野生生物的可持续性利用，这些随后能够助力生物多样性和自然资源的保护。

另外，考虑资源调动也能够助力资金筹措，我们建议将以下元素作为2020后全球生物多样性框架的全方位资源调动的组分。

（1）本着阻止生态系统退化和恢复自然环境和生物多样性的路径，重新引导和汇集所有公共和私人资金流。

（2）资助调动额外资金资源的需求和目标，以达成2020后全球生物多样性框架的目标和指标。

此外，作为长期策略的元素，我们建议缔约方在财政部门中主流化生物多样性。

（1）支持创建一个与自然影响相关的财务风险披露工作组（TNFD），以帮助金融机构和企业测定并披露其与自然相关的风险和影响。

（2）支持一个全球自然资源动议，鼓励所有国家对因进口和消费而在其他国家造成的环境影响承担责任。

（四）中国生态保护实践完善与推广建议

中国在保护、改善和恢复其自然区域及其生物多样性、尊重生态系统及其服务的完整性以及为农村人民带来经济效益等方面付出了巨大努力，这些将在“十四五”及未来的规划中得到进一步加强。当然，这种持续的努力得到了国内外的普遍关注。在 COP15 上，这些努力将会得到高度重视并被用于说明如何应对挑战以及如何为经济和社会福祉创造新的机会。中国生态保护红线的创新尤为重要。

1. 将生态保护红线与基于自然的解决方案结合起来，以适应和减缓气候变化影响

“基于自然的解决方案”是应对气候变化的有效途径之一。划定生态保护红线既有利于增强生态系统的稳定性、恢复力和对气候变化的适应能力，也有利于增强生态系统固碳功能，减缓气候变化[1]。在 2019 年 9 月召开的第七十四届联合国大会气候行动峰会期间，中国政府已向大会递交了《划定生态保护红线，减缓和适应气候变化——基于自然的解决方案行动倡议》。该倡议认为，现有实践案例已证明，以生态保护红线确定保护区域，可实现“以较小面积提供较大固碳服务”的目的。

建议中国政府进一步推动倡议的执行和落实，邀请《联合国气候变化框架公约》《生物多样性公约》《联合国防治荒漠化公约》缔约方以及生物多样性保护相关国际组织、非政府组织和私营部门等共同参与，号召各方积极采取行动，从红线划定实践中总结凝练经验，探讨基于自然的解决方案的提供和实施，将其作为适应气候变化的自然解决方案行动倡议。因此，可为切实实现《联合国气候变化框架公约》和《生物多样性公约》提供方案，并对全球气候变化和 2020 后《生物多样性公约》目标的实现做出积极贡献。

2. 引入重要碳汇生态功能区，完善生态保护红线划定方法与划定成果

中国提出的生态保护红线水源涵养、水土保持、防风固沙等重要生态功能区和水土流失、土地沙化、石漠化等生态敏感区，将具有重要生态功能的区域基本纳入了红线划定范围，但由于在划定方法中，未将碳汇生态功能区单独作为一部分，导致部分

1 XIAO L G , ZHAO R Q. China’s new era of ecological civilization[J]. Science, 2017.

重要碳汇区域未能纳入生态保护红线划定范围[1]。根据对目前划定结果的评估，约45%的重要碳汇生态功能区纳入了保护范围，划定比例偏低。此外，海洋和海岸碳汇也可以通过划定泥滩、红树林、离岸海洋保护区等海洋生态红线得到提高。

从国际和国内来看，碳汇是缓减气候变化的重要手段，也是实现以自然方式应对气候变化的重要途径[2]。为此，建议在今后生态保护红线划定中，研究建立固碳功能生态保护红线划定方法，将重要碳汇生态功能区纳入划定内容，并据此进一步完善划定结果，从而为中国有效应对气候变化、推进《联合国气候变化框架公约》做出贡献。

3. 将生态保护红线融入绿色“一带一路”建设，从源头上预防开发活动对生态的破坏

“一带一路”沿线国家大多为发展中国家，正处于发展的关键时期。为此，在一定程度上，也是发展与生态保护的博弈期。如果大量基础设施的建设能够走绿色化道路，则既可推进经济发展，又能保护良好环境。反之，则有可能导致环境破坏。为此，通过预先规划设计，保护重要生态系统是避免生态破坏的重要手段，而生态保护红线的划定正好可解决这方面的问题，从源头上减少“一带一路”项目的生态足迹。

生态保护红线实践是基于自然的解决方案的重要组成，得到了国际社会的高度认可，为完善世界自然保护联盟提出的保护区体系提供了中国经验，也为履行生物多样性和气候变化两大公约提供了中国方案。近年来，中国在全国范围划定并实施生态保护红线，对保护生物多样性、维护重要生态系统服务、保障人居环境安全、减缓气候变化影响、促进经济社会可持续发展等方面发挥了重要作用[3]。

因此，“一带一路”国家通过划定生态保护红线，在公路、铁路和其他运输走廊的实际布局中，可最大限度地避免占用重要的生物多样性区域，特别是自然保护区、原始森林以及其他具有高度多样性和特有性的区域。因此，建议向“一带一路”国家推广中国生态保护红线划定的标准、经验和做法，鼓励“一带一路”国家制定基于生态保护红线的空间管理政策并作为国家政策提交至CBD/UNFCCC，共同建立有效的“一带一路”生态保护网络。

具体做法可采取“三步走”战略，一是成立由中国和国际社会共同组成的专家组，

1 YANG B W. Research on Regulatory Framework of Agricultural and Forestry Carbon Sink Trading for Ecological Poverty Alleviation in China Under Policy Guidance[J]. Agricultural Economics and Management, 2019.
2 MARTON J M, FENNESSY M S, CRAFT C B. USDA Conservation Practices Increase Carbon Storage and Water Quality Improvement Functions: An Example from Ohio[J]. Restoration Ecology, 2014.
3 XU W H, XIAO Y, ZHANG J J, et al. Strengthening protected areas for biodiversity and ecosystem services in China[J]. PNAS, 2017.

对“一带一路”国家生态保护红线划定标准进行指导，并分享在中国国内的实施经验；二是开展培训，对“一带一路”国家自然保护人员和相关管理人员进行培训；三是支持“一带一路”国家及其他致力于更好开展生物多样性保护和气候变化应对工作的国家开展生态保护红线划定，并使之成为当地国家的生态空间规划和保护的政策，融入所在国基础设施建设投资的项目选址的运营过程中。

4. 推广中国生态修复理念与做法，提高生境完整性和连通性

生态修复是中国应对气候变化和生物多样性丧失、改善生态系统结构与功能、巩固国家生态安全的重要措施。过去几十年，中国规划并实施了一系列生态修复项目，如“退耕还林”工程、天然林资源保护工程等，取得了积极成效，对保障区域生态安全和可持续发展发挥了重要作用。但是，由于之前的生态修复项目以局部的特定生态问题为导向，生态修复的系统性、整体性不足，导致其对生态系统整体的优化与改善不足。

为此，自 2016 年起，中国启动了“山水林田湖草”生态修复实践。财政部、国土资源部、环境保护部三部委联合发布了《关于推进山水林田湖生态保护修复工作的通知》（以下简称《通知》），明确开展山水林田湖草生态保护修复工程试点工作。《通知》明确了各地要坚持尊重自然、顺应自然、保护自然，以“山水林田湖是一个生命共同体”的重要理念为指导开展工作，充分集成整合资金政策，对山上山下、地上地下、陆地海洋以及流域上下游进行整体保护、系统修复、综合治理。

实践表明，这一做法对提高生境完整性和连通性、科学应对气候变化、改善由于人类开发活动造成的栖息地破碎化具有重要作用。因此，中国政府可积极向国际社会尤其是“一带一路”国家推广中国的这种理念与做法，形成更为完善的区域性或全球生态保护网络。

5. 建立全球生态保护与生态风险预警机制，保护各国共同利益

近几十年来，全球化是世界发展的必然趋势。在全球化为各国带来发展机遇的同时，也加大了生态环境风险发生的概率。全球还发生了多起生态灾难，对地区乃至全球生态安全造成了严重威胁，如澳大利亚的森林大火、东南亚的珊瑚礁退化，以及最近发生的新型冠状病毒肺炎疫情。为此，有必要建立包括生态保护在内的全球风险预警机制。

随着全球化加剧，一国发生的生态破坏必然会殃及邻近国家甚至全球。为此，建议由中国和（或）欧美牵头建立全球生态保护与生态风险预警机制，定期通报各国生态保护状况，特别是重大生态破坏事件；组织全球生态保护专家，建立针对不同生态破坏的预警模型和预警方法，逐步形成覆盖各国的预警机制。

（五）在应对新型冠状病毒肺炎疫情危机和国家及全球经济复苏结构调整的同时，确保对应对影响生物多样性和气候变化的生态环境危机给予足够的关注和财政支持

我们在国家和全球范围内别无选择，只能确保今后几年在现有基础上保护和加强环境和发展方面的投入。因此，我们必须将思路转移到与“环境超级十年”相一致的战略上来。

新型冠状病毒肺炎疫情经济复苏期不可重回不可持续的状态。现在应该是多方面激发创新的时候。我们需要考虑如何在地球边界内生活，并以综合方式减少环境风险，包括对人类健康和生态系统健康的风险。如果我们要达到全球生物安全的新水平，并实现可持续发展目标，这一点至关重要。只有这样，我们才能实现“人与自然和谐共生”的愿景，正如《生物多样性公约》第十五次缔约方大会“生态文明：共建地球生命共同体”的主题所指出的那样。

我们关于新型冠状病毒肺炎疫情后生态与环境的建议涵盖了不同的时间框架：中国的第十四个五年计划（2021—2025）；中期计划（2020—2030/2035），包括联合国可持续发展目标和中国为实现基本生态文明所作的努力等目标时期；更长期到2050年，这与脱碳、全面实现生物多样性恢复以及中国实现繁荣社会和“美丽中国”的雄心壮志有关。

1. 在“十四五”期间，大大降低可能导致人类、植物或动物疾病暴发、流行病或大流行病的环境和生态风险水平

将生态系统健康、动植物健康和公共健康联系起来的“一个健康”方法应该在中国得到更有力的支持。需要采取综合办法防止疾病暴发。此外，作为环境评估、绿色发展倡议和刺激计划的一部分，对健康风险进行充分筛查，并筛查刺激计划的组成是否会严重增加污染、温室气体和破坏完整的生态系统。

科学研究和监测需要大大改进，特别是针对动物（包括驯养动物或野生动物）传染给人类的疾病（人畜共患病）。最近颁布的法律规定，永久禁止狩猎、可能关闭生鲜市场（wet market）和撤销野生动物饲养许可证。如果严格执行，将有助于减少未来跨物种疾病暴发的可能性，但仍然不够完善，无法充分降低风险。

涉及传统医药的新法律旨在减少野生动物贸易，以减少新的疾病暴发的威胁。因此，需要建立一个“自然友好”的21世纪传统医药途径。各种传统医药产品需要关注其来源的生态影响。此外，需要采取新战略，通过不同的方式满足不断增长的

需求，例如通过动物组织培养的先进生物技术应用，以替代受威胁和濒危物种（如穿山甲）。

2. 修改《野生动物保护法》提高生物安全风险防控能力

目前，肆虐世界的新型冠状病毒肺炎再次警告世界，保护野生动物意味着保护所有人类。中国《野生动物保护法》曾于 2016 年修订，确立了保护优先、规范使用、严格管理的原则。对野生动物的狩猎、交易、利用、运输、消费等各个环节进行了严格规范，特别是针对过度食用野生动物等突出问题，建立了一系列科学合理的制度。随着修订后的法律的实施，野生动物保护工作有所改善。但是，从各个方面来看，还存在一些问题。要进一步补充完善《野生动物保护法》，加大对多种形式伤害野生动物的打击和处罚力度。

特别是新型冠状病毒肺炎疫情暴发后，迫切需要将生物安全纳入国家安全体系，系统规划生物安全风险防控和相关治理体系建设，以提高国家生物安全治理能力。推动尽快出台生物安全法，启动《野生动物保护法》修订工作，加快建立生物安全法律法规体系和制度支撑体系。

3. 加强中国建设生态恢复力的承诺，将其作为实现国家生物安全的中长期变革方法

中国在森林、草原和湿地生态建设、改善公园和自然保护区管理、流域和沿海地区综合管理等方面的重大投资，应通过在全国各地制定具体的生态恢复目标来加强。这些需求可能与人类或动植物健康、生态服务或其他需求有关，如加强生态走廊作为迁徙路线。

将生态红线作为减少生态系统破坏的关键机制。它是确保受损栖息地全面生态恢复和维持高生物多样性的一种手段。制定与特定健康需求相关的标准，用于确定位置和管理红线区域。

4. 建立并锁定新的基准或污染参考水平，同时考虑在当前新型冠状病毒肺炎疫情期间所经历的空气、水或其他形式的污染减少

越来越多的证据表明，经济衰退和与新型冠状病毒肺炎疫情大流行有关的卫生措施显著改善了空气质量、噪声污染等方面，公众反映良好。应尽一切努力保护这些成果，在某些情况下，应使削减成为“新常态”，并在必要时在刺激计划中寻求变革性目标。这是加速环境质量改善的一次机会，会产生一种可以持续到中长期的连锁效应。为了获得充分的积极影响，可能有必要在刺激方案中纳入量身定制的绿色激励措施。

5. 确保经济刺激计划支持绿色发展和自然保护。此外，无论是在全国范围内还是在疾病暴发严重地区，都不要放松环境和生态标准。必要时，临时提供补贴或其他奖励。专门针对生物多样性或气候变化的绿色刺激方案一般应是长期的（5年至15年），并与经济复苏的短期努力相吻合

在国家一级的刺激方案中，有几点需要考虑，以便从新型冠状病毒肺炎疫情实现经济复苏。

（1）需要为所有复苏项目考虑筛选标准，避免对环境造成损害的投资。

（2）更加重视绿色基础设施、脱碳努力、向可再生能源转变的进一步刺激，以及涉及向电动公共汽车过渡的公共交通等。

（3）各部门的绿色就业和改进的生态补偿方案应注意社会中的弱势群体和性别平等问题。

（4）维持促进生态服务的绿色发展激励措施。

（六）对《国民经济和社会发展第十四个五年规划纲要》在生态保护与恢复方面的建议

中国国民经济和社会发展的第十四个五年规划期是生态文明建设的关键时期。为此，对“十四五”规划在生态保护与恢复方面，提出以下建议。

1. 在规划的指标部分增加生态指标

关键生态空间的保护率应作为规划的指标之一。根据全国生态保护红线，建议“十四五”规划中生态空间保护率目标设定为32%。

2. 对“加强生态保护与恢复”一章的建议

增加或进一步强调以下内容。

（1）加强生物多样性保护，将其作为生态保护的重要组成部分。对于保护目标，要注意不同类型的栖息地的保护，包括农田和城市、共享景观和大面积的荒野地区；在保护方式上，特别关注生物多样性与气候变化的协同效应，以及生物多样性与绿色发展的耦合效应。

（2）生态保护红线应成为生态保护和恢复的重要组成部分。具体建议包括：将生态保护红线的监测、评价和早期预警作为重点纳入规划；整合生态保护红线和基于自然的解决方案，实现气候变化和生物多样性之间的协同作用；建议中国政府与国际社会，特别是“一带一路”沿线国家分享生态文明建设理念和做法，完善全球生态保护网络。

（3）将生态廊道建设和国土生态安全优化纳入“十四五”规划。党的十九大报告明确提出建设生态廊道。因此，建议在“十四五”规划中增加建设以生态保护红线和保护区为基础的生态廊道等相关内容，构建高效稳定的生态安全网络，增强生态完整性和连通性。

（4）加强野生动物保护和风险控制。包括加强对野生动物非法贸易的监管，严禁食用野生动物，保障人类健康和生物安全；保护野生动物，从源头减少人类或动物疾病暴发的风险，控制发生流行病或大流行的环境和生态风险概率；重视公共健康理念，强化生态系统健康、动植物健康、公众健康的“同一个健康”理念。

（5）继续实施山水林田湖草沙等重大生态修复工程。生态恢复是中国应对气候变化和生物多样性丧失、改善生态系统结构和功能、巩固国家生态安全的重要举措。“十三五”期间和过去很长一段时间，中国实施了退耕还林、天然林保护等一系列生态修复工程。这些工作取得了积极效果，为保障区域生态安全和可持续发展发挥了重要作用。特别是 2016 年以来开展的“山水林田湖草”生态修复工作，对大规模生态环境的系统恢复发挥了重要作用。因此，我们建议在“十四五”期间继续实施这些项目。

3. 建议加强重大项目的生态保护建设

（1）生态保护红线调查、监测、评价和预警项目。

（2）生态廊道和生物多样性保护网络建设项目。

（3）山、水、林、田、湖、草、沙生态修复工程。

（4）野生动物保护与风险控制项目。

（5）生态保护、恢复和监测能力建设项目。

附件 2-1　为了人与自然而采取的行动

从沙姆沙伊赫到昆明——自然与人类行动议程

Marcel T. J. Kok，荷兰环境评估机构

中国、埃及和《生物多样性公约》秘书处发起了《从沙姆沙伊赫到昆明——自然与人类行动议程》，旨在提高公众对制止生物多样性丧失和恢复自然的必要性认识；鼓励和帮助实施基于自然的解决方案，以应对关键的全球挑战；促进跨部门和利益相关者的合作倡议，以支持全球生物多样性目标。《生物多样性公约》秘书处随后在其网站上建立了一个可以登记承诺的平台。迄今为止，该平台只登记了一些承诺，其中许多承诺在 COP14 之前就已经存在。

与此同时，许多新的联盟正在商业、城市和地方社区中出现，这表明，确实可能会出现一场行动浪潮。中国可以利用这些联盟、网络和非国家承诺在第十五次缔约方会议及其后的会议上发挥作用。此外，许多国家和机构在海洋、可持续发展目标和气候等其他政策领域制定的行动议程，皆显示出对生物多样性的关注日益增长。

在第十五次缔约方大会前，多个非国家和地方各级行动者支持采取更有力的行动支持自然与人行动议程，有助于使各国政要建立信心，在 COP15 上展示雄心壮志。目前的自然与人类行动议程需要中国和其他主要国家的领导，支持行动议程的进一步发展，展示行动的风起云涌，进一步推动这一势头。

中国的政治支持很重要。对此的一些建议是：制定叙述性的行动议程，明确承诺的内容；将《从沙姆沙伊赫到昆明——自然与人类行动议程》与其他行动议程联系起来，突出在其他政策领域做出的生物多样性承诺；尽可能多地制定和展示新的承诺；关注目前较少或未参与的参与者，如金融部门、农业企业、景观保护和全供应链行动等。

更长期的挑战是在 2020 年之后制定可行和雄心勃勃的承诺，这需要建立一个衡量和报告进展情况的系统，自然与人类行动议程可以作为《生物多样性公约》缔约方在 2020 后全球生物多样性框架中更广泛的问责框架的一部分。因为这将为非国家主体更有力地参与《生物多样性公约》提供一些明确的长期方向。中国对此发出明确信号，鼓励非国家主体参与并做出贡献。

自然领军者峰会，蒙特利尔

我们聚集在蒙特利尔的自然领军者正以这一呼吁行动开始全球动员，共同承诺走一条不同的、更好的道路，把自然放在首位，认识到自然是包括人类生命在内的所有生命，并据此保护自然。通过合作，我们这些自然领军者致力于将自然需求置于所有全球议程的核心，包括：

（1）认识到自然、稳定的气候、人类福祉和所有人的可持续发展之间的根本联系。

（2）将自然保护目标与应对气候变化结合起来，并制定对两者都有效的基于自然的解决方案。

（3）推动为《生物多样性公约》制定一套雄心勃勃的新目标，为2030年制定明确和可衡量的目标，并有效地使世界能够实现2050年与自然和谐相处的愿景。

（4）将对《生物多样性公约》战略计划的参与范围扩大到政府以外，包括各种行动者的承诺和行动。

（5）通过增加我们在全世界保护的陆地和海洋的比例，改进管理和修复的方式，满足自然的需要。

（6）通过加强以下方面的具体行动，解决全世界自然丧失的主要驱动因素：

①减少生境丧失和森林砍伐；

②遏制陆地和海洋污染；

③发展和加强可持续供应和价值链管理。

（7）在所有关键的政治、经济、文化和社会决策中纳入基于自然的决策。

（8）增加对自然保护的投资，利用现有承诺调动新资源。

（9）认识并加强国家以下各级政府、城市和其他地方当局以及原住民、地方社区、妇女和青年在保护自然方面的作用。

高雄心自然保护联盟

这是一个政府间组织，倡导达成一项保护自然和人类的全球协议，以阻止物种不断加速的消失，保护经济安全赖以支撑的重要生态系统。该联盟计划在联合国第74届大会（或IUCN2021年1月的世界自然保护大会）上启动，由法国和哥斯达黎加政府共同主导。高雄心自然保护联盟（HAC）将利用即将召开的《联合国气候变化框架公约》（UNFCCC）缔约方会议和2020年《生物多样性公约》缔约方大会第十五次会议，推动雄心勃勃、科学驱动的全球行动，保护自然和人类的未来。

随着高雄心自然联盟的发展壮大，它将致力于达成一项全球协议，其中包括以下关键要素。

（1）可持续管理。必须以可持续的方式管理整个地球，不造成自然栖息地的净损失，以循环经济为支撑，以可持续和公平的方式分享大自然的利益。

（2）新的生物多样性保护空间目标。必须增加空间目标，到 2030 年有效保护至少 30% 的陆地和海洋面积。应努力促进原住民主导的保护工作，并将重点放在对生物多样性最重要的领域。由此形成的保护区网络应具有生态代表性、良好的连通性、有效公平的管理，并有助于保持物种多样性。

（3）改善对现有保护区的管理。必须改善对全世界保护区和保护区整个系统的管理。应利用现有的最佳科学，提供足够的资源，以实现预期的保护效果。

（4）增加资金。必须调动来自公司和慈善家的额外公共资金和私人资金，以支持世界各地保护区和保护区的长期管理和地方治理。

（5）执行。一旦这些建议得到采纳，联盟就需要有一个明确的执行机制，该机制应逐步执行，并纳入国家发展战略和关键经济部门。

特隆赫姆会议

第九届特隆赫姆生物多样性大会（简称特隆赫姆会议）于 2019 年 7 月 2 日至 5 日在挪威特隆赫姆举行。自 1993 年以来，关于生物多样性的特隆赫姆会议，为增进利益攸关方对生物多样性议程上问题的理解创造了机会。他们允许参与制定议程的人学习并与其他人分享观点和经验。第九届特隆赫姆会议汇集了来自世界各地的决策者和专家，以了解和讨论 2020 后全球生物多样性框架。会议力求支持《生物多样性公约》为制定这一框架而设立的进程，并为主要参与者提供机会，在谈判进程之外非正式地讨论关键问题。

本次研讨会有两位“2020 后全球生物多样性保护”专题政策研究课题组（生多 SPS）组长（马克平教授和李琳博士）参加了会议。生多 SPS 从与参与者在各种相关活动的互动中获得观点和见解，如组织了两次与发展中国家代表和一些发达国家部长的对话。

我们既注意到共同的重要问题，也注意到在一些问题上的分歧。

共同关心的问题是：

（1）在与公众交流时，“自然”比“生物多样性”更好。

（2）单靠管理保护空间达不到保护目标。需要解决保护区的质量问题，更重要的是生物多样性丧失背后的驱动因素。

（3）基于生态系统的适应和恢复是必要的。

（4）气候变化与生物多样性保护密不可分。

（5）需要全政府、全社会的努力。

（6）CBD 的重要性有待提高。

（7）在政策讨论中应考虑当地社区和原住民的知识。

（8）强有力和有效地执行对于取得所需成果至关重要。

分歧或不一致的事项有：

（1）各国之间没有平等分担保护的负担。

（2）发达国家需提供资金和协调。

（3）各国的做法和责任各不相同。

（4）需要能力建设和知识共享。

我们的总体印象是：

（1）一些发展中国家积极主动地采取行动，而另一些国家则感到束手无策。

（2）发展中国家应该发挥领导作用。

（3）东盟生物多样性中心有意在生态保护红线方面与中国进行交流与合作。

（4）我们怎样才能把环境部和财政部召集起来讨论自然问题。

（5）请 CCICED 考虑如何在 2020 年后支持发展中国家发展和保护生物多样性框架。

（6）利用全球和国家层面对可持续发展目标的承诺，加强自然的作用，并在国内动员其他更强大的部委和参与者参与。

这些都是中国在与全球利益相关方接触时需要关注的问题。

附件 2-2 决策依据

（一）粮食和土地利用报告：转变粮食和土地利用的十大关键转变

粮食和土地利用联盟（FOLU）的报告于 2019 年 10 月发布，首次评估了全球粮食和土地利用系统转型的益处以及不作为的代价，揭示了远远超过成本的利益，并提出了可采取行动的解决方案，其中许多已经存在。报告呼吁全球领导人现在就行动起来，推动经济变革。

据估计，目前人们生产消费粮食和使用土地的方式每年占环境、人类健康和发展的隐性成本为 12 万亿美元，如果按照目前的趋势继续下去，到 2050 年，这些成本将上升到 16 万亿美元。

报告披露了远远大于成本的利益，提出了一个围绕十个关键转变的具体改革议程。到 2030 年，这些项目将带来每年 4.5 万亿美元的新商机，与此同时，到 2030 年，将每年为人类和地球避免 5.7 万亿美元的损失，是每年高达 3 500 亿美元的投资成本的 15 倍多。

报告的十个转变包括但不限于保护和恢复自然和气候、赋予原住民社区权力和保护原住民社区、资助基于自然的解决方案、促进多样化和健康的饮食、减少浪费和加强农村经济等措施。

报告呼吁采取共同行动，包括通过政策改革、国家主导行动和个人参与来支持关键性的过渡，释放改善粮食和土地利用系统的潜力。许多解决方案已经存在，需要支持和资金来扩大规模。

（二）2020 年全球风险报告

这是世界经济论坛的一份报告，发布于 2020 年 1 月，来自全球 750 多名专家和决策者对全球风险的可能性和影响进行了排名。在这项调查的 10 年展望中首次提出，全球前五大风险都是环境风险。该报告预测，一年内，国内和国际分歧加剧，经济放缓。地缘政治动荡正推动我们走向一个“不稳定”的单边大国竞争世界，而此时企业和政府领导人必须紧急集中精力共同应对风险。这将是灾难性的，尤其是在应对气候危机、生物多样性丧失和创纪录物种减少等紧迫挑战方面。报告指出，决策者需要将保护地球的目标与促进经济发展的目标相匹配，企业也需要通过调整以科学为基础的目标来避免未来可能出现灾难性损失的风险。

报告对以下方面发出警报。

（1）严重破坏财产、基础设施和导致人员生命损失的极端天气事件。

（2）政府和企业未能减缓和适应气候变化。

（3）人为的环境破坏和灾害，包括环境犯罪，如石油泄漏和放射性污染。

（4）重大的生物多样性丧失和生态系统崩溃（陆地或海洋），对环境造成不可逆转的后果，导致人类和工业资源严重枯竭。

（5）地震、海啸、火山爆发和地磁暴等重大自然灾害。

报告还指出，除非利益相关者适应“今天具有划时代意义的权力转移”和地缘政治动荡，同时为未来做好准备，否则将无法应对一些最紧迫的经济、环境和技术挑战。这是最需要企业和决策者采取行动的地方。

（三）新自然经济报告

世界经济论坛正在计划一个新的自然经济（NNE）系列报告，将阐明为什么自然危机对商业和经济至关重要；确定一套优先的社会经济转型体系；为基于自然的环境挑战解决方案确定市场和投资机会。

第一份报告讨论了自然灾害、自然灾害给企业带来的风险、如何管理这些风险以及如何采取行动。

自然风险上升：为何吞噬自然的危机对企业和经济至关重要

这是世界经济论坛与普华永道联合编写的报告。该报告于 2020 年 1 月发布，是新自然经济报告系列的第一份报告。它解释了与自然有关的风险对企业的重要性，为什么必须紧急将其纳入风险管理战略的主流，以及为什么在更广泛的全球经济增长议程中优先保护自然资产和服务至关重要。

该报告指出，“每个行业部门都一定程度地直接或间接依赖自然”，并将自然损失认定为“类似 2008 年资产价格泡沫的厚尾风险”。他们指出，追求“自然获益的经营方式”可以减轻对未来经济和社会的冲击。

该报告讨论了自然风险如何表现为所有行业的商业风险。报告强调，“44 万亿美元的经济价值创造（占全球 GDP 总额的一半以上）适度或高度依赖自然及其服务，因此面临自然损失和风险”。

风险的本质：理解企业与自然相关风险的框架

科学共识是围绕自然的损失和退化，或“与自然有关的风险”而建立的商业风险。

这些风险并没有被企业充分关注和解决，要解决这些风险，需要与气候相关风险一起考虑。这两者之间有着千丝万缕的联系，气候变化推动了自然的变化，而自然的变化又推动了气候的变化。

本报告中使用的术语利用了与自然和气候相关的风险，以促进统一的方法。本报告和框架的目的是促进将与自然有关的风险纳入私营部门的决策，以促进所有规模的可持续发展。

本报告由世界自然基金会于 2019 年 9 月发布。

- 基于对与该主题相关的现有工作文献的研究，概述了企业如何没有充分考虑与自然相关的风险。
- 在许多现有框架的基础上，形成了一个关于自然与风险关系的综合框架，它将对自然资本和气候相关风险的理解结合起来。
- 作为一种基于对现有文献分析的类型学，它可以被视为代表具有高度重要性的风险。
- 提供了一组案例，研究企业面临自然相关风险后果的例子。

保护自然，不容有失——生物多样性：金融风险管理的下一个前沿领域

这是普华永道瑞士公司和世界自然基金会瑞士办公室于 2021 年 1 月联合发布的一份报告。报告发现，与生物多样性丧失相关的金融风险在 2020 年变得越来越重要，尤其是在于昆明（中国）召开的联合国生物多样性会议之前。

由于气候变化和生物多样性丧失相互促进，决策者在应对这场双重危机时面临巨大挑战，金融市场不稳定的风险大大增加。

生物多样性的丧失是一种未被承认的环境风险。

气候变化是一种金融风险，越来越多的金融行为体和监管机构也认识到了这一点。全球生物多样性的迅速丧失是一个相关但未被承认的环境风险。气候变化进一步加速了物种的灭绝，并导致生态系统的迅速变化。这反过来又极大地限制了生态系统的自然固碳，加剧了气候变化。一个消极的螺旋循环，直到今天，决策者、金融部门及其监管机构几乎完全忽视了这一点。

“金融部门不考虑生物多样性损失尤其危险，因为它们投资、融资或保险的所有经济部门都依赖生物多样性。”普华永道瑞士首席执行官 Andreas Staubli 说：“为了避免金融不稳定，我们敦促各国央行和金融监管机构更彻底地评估环境恶化带来的金融风险，并采取相应的行动。”

世界自然基金会瑞士首席执行官托马斯·韦拉科特说：“生物多样性相关的金融风险不仅被金融部门完全忽视，全球决策者也完全忽视了。现在是时候迅速应对生物多样性丧失和气候变化带来的双重危机。因此，人类迫切需要一个新的人与自然的新共识。需要所有市场、政府和民间社会行动者参与。大自然大到不能倒。”

此报告定义了四种与生物多样性相关的金融风险，提出了金融与生物多样性相关的金融风险类型：物理风险、过渡风险、诉讼风险和系统性风险。报告进一步强调了从气候相关金融风险的讨论中可以学到什么，提供了一个如何将生物多样性损失纳入金融机构经典风险框架的框架，并向金融监管机构 / 中央银行，金融市场参与者和国家 / 国际组织提出了建议。

- 各国同意 2020 年在昆明（中国）建立一个雄心勃勃的全球生物多样性框架，使所有资金流动符合生物多样性保护和恢复（与《巴黎协定》类似的生物多样性框架）。
- 生物多样性保护和恢复每年至少有 0.5 万亿美元的资金缺口，需要所有行动者团结起来加以弥补。
- 由于与生物多样性有关的金融风险和气候变化的螺旋效应构成了一种系统性风险，所有中央银行和金融监管机构都必须强调，受管制实体必须定期披露其与生物多样性有关的金融风险。此外，应定期进行有关生物多样性金融风险的压力测试。
- 应在 2020 年成立一个自然相关财务披露工作组。它应推动与自然有关的风险标准化披露，同时考虑生物多样性丧失所带来的物质、过渡、诉讼和系统性金融风险。
- 所有金融行为体都应积极管理与生物多样性有关的金融风险，抓住并确保生态系统服务提供的机会（如防洪、授粉、清洁用水、肥沃的土壤和适应气候变化）。

发展生物多样性保护的经济和金融系统及工具

本报告由世界自然基金会（法国）和安盛集团（AXA）于 2019 年 5 月联合发布，涉及与生物多样性丧失相关的金融风险，包括物理风险（如与供应短缺相关）、转型风险（如与工业或商业发展相关）和声誉风险。本报告对评估公司对生物多样性的影响、金融机构和利益相关者的风险和机遇有关的现有举措进行了评估。它确定了关于这些问题的最佳做法和最有希望的技术和政治观点。它还提出了发展与当前生物多样性危机相称的生物多样性融资路线图。

正在进行的研究包括：

（1）由自然运动组织支持的保护 30% 地球的成本、差距和收益。

（2）由保尔森基金会、大自然保护协会和康奈尔大学支持的资助机制，有效满足世界保护需求。

（3）世界经济论坛支持的自然商业和经济案例。

（4）生物多样性经济学及其与经济增长关系的全球独立评论，由英国政府帕塔·达斯古普塔教授支持。

（5）生物多样性：金融及经济和商业行动案例，由经合组织支持。

（6）非洲保护区的自然资本评估和分析，由德国联邦经济合作与发展部（BMZ）和德国国际合作署（德国国际合作公司）支持。

（7）更新“小生物多样性融资书：资助全球自然交易的简单指南”，由全球冠层支持。

（8）《生物多样性公约》主要组成部分的资源调动和资金机制：遗传资源的养护、可持续利用和获取 / 惠益分享，由《生物多样性公约》支持。

（9）研究和量化生物多样性丧失对未来经济增长的影响，由世界银行支持。

（10）《地球生命力报告》2020，由世界自然基金会支持。

附件 2-3　生物多样性和降低流行病风险

Alice C. Hughes，中国科学院西双版纳热带植物园

当我们不可持续地使用自然资源时，流行病将持续发生，因此需要更好的管理模式来利用野生生物和维护生态系统的健康。将生态完整性与降低流行病风险联系起来，是中国生态文明建设的重要考量。此外，鉴于中国将举办联合国《生物多样性公约》第十五次缔约方大会，有机会推广创新的方法。《生物多样性公约》认识到有必要将人类健康与地球健康联系起来，必须根据联合国 2030 年可持续发展目标采取更有力的行动。除了严格遵守《保护迁徙野生动物物种公约》、《生物多样性公约》和《濒临绝种野生动植物国际贸易公约》等国家公约外，与自然和谐相处不仅是达成生态文明愿景和维护美丽中国的关键，也具有内在优势。

驯养的动物可以保持在良好的条件下，具有良好的饮食以及经常服用抗生素并进行感染筛查，但从野外捕获的动物却并非如此。劣质的栖息地和营养不良都会导致野生动植物的免疫抑制，因而可能经常存在于人类居住区周围的栖息地中。此外，尽管大多数牲畜都应该进行疫苗接种和筛查，从而减少对病原体的暴露，但对于野外捕获的动物却并非如此。尤其是在退化的栖息地中，它们也可能在更大的范围中和更高水平上接触病原体。

野生动物携带疾病的能力，也因不同类群而有巨大差异。近年来，由于直接食用野生动物或野生捕获动物与供食用家畜之间的密切接触，已经出现了许多流行疾病，尤其是当卫生条件不佳时。威胁最高的行为是生吃动物产品，因此，食用新鲜血液或组织极有可能传染疾病，不仅包括诸如冠状病毒类的病毒，甚至包括通过烹煮组织杀死的朊病毒和类病毒。

全球近年大多数的流行病暴发始于捕获和正常食用野生生物，蝙蝠和食肉动物带来了最大的风险来源或疾病，有可能跨界传给人类，因此在任何情况下都不应食用。源自这些类群或其作为中间媒介的传播流行病包括重症急性呼吸综合征（SARs）、中东呼吸综合征冠状病毒（MERs）、埃博拉、尼帕和现在的 COVID-19（以及其他）。其中，埃博拉可能通过直接食用蝙蝠而感染，其他一些哺乳动物也可能是病毒携带者。尼帕起源于蝙蝠的尿液（通常通过饮用托迪酒，当瓶口开着时，蝙蝠会去饮酒并排尿）。三种冠状病毒（SARs、MERs 和 COVID-19）可能起源于蝙蝠（尤其是菊头蝠）或麝猫，

并通过麝猫或其他中间宿主传给人类。蝙蝠和麝猫表现出相似的病毒基因表达和病毒基因组，尽管其向人类的传播途径很少，但它们都有可能成为病毒的来源。因此，最大限度地减少人与这些类群之间的接触，并确保高质量的栖息地以降低野生动物和人类之间的易感性、传播风险和任何感染风险，在提高生态服务和降低疾病风险方面具有多重好处。

我们建议开展协调一致的努力，切断人畜共患传染源与人类疾病暴发之间的联系。这一努力应该成为中国到 2035 年转变为生态文明的关键部分。这项工作需要立即启动，在第十四个五年规划期间全面实施，并继续与全球伙伴的合作。这些条例包括关于生物安全和贸易的多边协议，是“一带一路”倡议的一个完整组成部分。

柏林原则概述了十项核心原则，以确保保护和维持生物多样性。另外，国内（2018 年《中华人民共和国野生动物保护法》）和国际法规需要根据共同标准、定义以及已经规定和商定的报告结构，以提供必要的信息来监测和确保可持续和安全的贸易，细节如下。

关于“野生动物”或“野生生物”的建议适用于除圈养有蹄类动物或兔类外的任何哺乳动物，但有少数例外（细节如下），并不限于目前 342 ～ 408 种国家级保护动物和 981 种省级保护动物。

最终降低从动物到人类的疾病传播风险体现为三方面，包括降低野生动物感染和传播疾病的风险、降低任何疾病从野生生物传播到人类的风险，降低圈养种群存有或传播疾病的风险。

可以通过微信应用程序举报违反以下任何规定的行为，以减少举报成本。在这里通过让销售和消费野生动物不合法（70% 的人畜共患病来自野生动物）减少不明确性，可强化执法。在中国所有的省县标准化这些规定能够最大限度地提高安全性和可执行性。

（1）维持健康的原生种群、最小化传染病风险

1）应该对自然区域划红线保护，并在完整的栖息地中实现零净损失，以提供健康的栖息地。

2）防止破坏洞穴，减少已知有洞穴的喀斯特岩溶的开采。

3）根据许可证和配额，野生动物的捕猎应限于有蹄类，所有的举报都应由当地警察监管。食用有蹄类动物或兔子以外的哺乳动物的食物应视为非法。

4）由于疾病风险，除特殊情况外，还应限制家兔以外的啮齿动物的养殖，对于其他哺乳动物来说，仅有蹄类动物可以用于商业目的养殖。

5）野肉（如鹿、猪）如果要出售，应基于配额并仅来自许可销售商，不得是有可能传播疾病的物种，并且必须冷藏，并与其他肉类分开存放。

6）防止野生动物进入供应链，野外捕获的动物不应该公开出售或驯养（作为动物园或科研机构内部的保护项目除外）。

7）应该关闭野生动物市场，防止人类和野生动物的接触。由于在边境市场中这样做很具挑战性，特别是在勐腊难度很大，而在柬埔寨和老挝边境的 Botan 难度则较小，边境区应该完全禁止人类进入。

8）在国际过境点被截获的进口野生动物应遣送回原出口国或送往集中的收容设施，以便对其进行疾病筛查并转移到适当的长期设施中，所有进口的标本都需要在指定设施中隔离。

9）要进一步开发基于植物的传统药材。不可避免的动物成分应通过许可的销售商进行，需要定期检查，并经过巴氏灭菌或进行超热处理。

10）应该重新审查国家重点保护野生动物人工繁殖目录，以列出可以人工饲养的物种及饲养目的符合下面第（2）部分的措施。国际贸易还应反映《关于实施动植物检验检疫措施的协定》的内容，防止以野生动植物进行国际贸易用于消费，除非根据共同标准和清晰的通知，经热处理或化学处理进行了处理和治疗，以防止任何疾病风险。任何情况下，该目录以外的物种都禁止在国内外销售。

11）物种进口应使用一个类似 LEMIS 的系统，清楚表明任何来自野生动物进口产品的起源、来源、目的及接收者，必须完全遵守 CITES 的规定。

（2）防止圈养动物感染

动物园和有许可的科学机构（包括医疗机构）以外，只有牲畜（有蹄类、兔子和鸡等）可以养殖用于食用消费或其他消费品（皮革制品）。以下规定与这些动物的养殖有关，例外情况详见国家重点保护野生动物人工繁育目录的第 1 节。

1）动物健康与疾病的易感性和传播直接相关，因此，对饲养圈养动物应有最低福利标准。为牲畜提供的食物不应基于动物废料或肉类，应相应更新《安全生产动物饲料产品的管理办法》。

2）建立中心数据库，记录所有 3 kg 以上的圈养哺乳动物。数据库应记录每个个体，除现在所有者和以前的所有者外，还应注明健康检查和疫苗接种状况。

3）对于养殖的非家养动物，特别是食肉类（虎、熊），在线数据库的信息应当包括个体遗传条形码，以验证其身份，防止野外捕获的个体进入该系统。这种（养殖非家养动物）做法应尽可能地受到限制，并且应广泛用于动物园和科学研究机构而不是商业设施，因为疾病的风险较高，并且有在系统中洗白野生动物的动机。

4）有一些负责满足这些条件的实体，可对国家重点保护野生动物驯养和繁殖许可证信息更新，仅有蹄类物种和一些鸟类（一旦有了物种列表）能够获得许可证。出于商业或消费目的驯养和野生捕获其他物种是不被允许的。

5）为进口动物设置认证和检疫设施。野外捕获的动物应仅作为科学研究或保护计划的一部分进行饲养，不得用于食用或商业项目。

6）国内运输前活动物（个人宠物除外）需要进行医疗检查认证。

（3）防止传染给人类

1）肉类不得在露天条件下出售，而只能由有执照的销售商在具有冷藏和隔离设施的商店销售。刀片应在使用之前进行消毒，并焚烧废肉。在开放条件下不得出售肉类，应盘查所有肉源。

2）餐馆不应销售未煮熟或未固化腌制的肉类或血液。

3）在市场上出售的活体动物必须更换并焚烧其铺垫，市场必须每周清洗消毒三次。

4）必须投资（研发）当前重要食品的替代品（传统地方菜肴 / 食物品种）。

5）投资开发合成材料以替代基于动物的材料。

第三章　全球海洋治理与生态文明*

一、引言

海洋对人类至关重要。海洋参与提供人类所需的氧气，调节了气候，通过吸收人类活动产生的二氧化碳总量的40%减缓了全球变暖的速率。

海洋对世界经济发展也至关重要。目前，全球有30亿人直接依靠海洋为生，渔业、旅游和海洋运营等海洋产业创造了大量就业机会和经济收入。海洋也为未来新兴产业的发展提供了可能性，如离岸可再生能源和海洋生物技术。

但是，人类利用这些直接和间接的海洋福祉，必须以健康的海洋生态环境为前提。而海洋及其生态系统服务正在遭受比以往任何时候都严重的威胁。

本章内容主要着眼于海洋提供的机遇，以及海洋在持续地给予人类这些裨益方面所面临的挑战。

与其他许多沿海国家一样，中国面临着这样的现实：由于陆地和海洋的开发活动，例如陆源污染增加、围填海、过度捕捞、海水养殖排污等，导致沿海生态环境质量下降。

同时，大尺度的环境压力也严重影响着全球海洋状况，包括全球变暖、大气二氧化碳水平持续升高致使海洋酸化加剧、微塑料污染，以及自然资源过度开发等。

海洋生态系统具有脆弱性、高度动态性，以及全球范围内的连通性。因此，有必要经营和治理好海洋，确保健康和可持续的海洋足以支撑现在和将来的社会兴旺。我们迫切需要以基于生态系统的综合方法来经营和治理海洋，在保护和开发之间取得平衡。

“全球海洋治理与生态文明”专题政策研究的工作清楚地表明，当前，在中国和全世界共同努力建设生态文明以实现人类社会恒久发展的进程中，应该确保海洋生态环境发挥关键的积极作用。

我们应采取明确而直接的行动来最大限度地减少海洋受到的威胁和影响，为海洋

---

* 本章根据“全球海洋治理与生态文明”专题政策研究项目2020年9月提交的报告整理摘编。

继续作为人类生命的基础创造条件。为了确保现有产业和新兴产业的可持续发展，我们需要付出更多努力。要将基于生态系统的海洋综合管理（IOM）原则贯穿整个海洋管理，作为实现这些目标的生命线。

最近的新型冠状病毒肺炎疫情大流行表明了人类社会的脆弱性。本项目的研究工作在疫情暴发之前就几近完成，因此并没有反映出它的影响。但是，我们可以肯定，海洋在这种意外事件中也具有支撑社会的重要作用。

希望这份报告及其研究结论和建议，可以为国内外后续的讨论和行动做出贡献，将海洋生态环境真正纳入国际治理的有关讨论中。

（一）海洋管理的挑战与机遇概述

海洋是地球系统健康的基础，支撑着人类和其他地球生物的生存。不仅如此，海洋生态系统还为人类和社会带来诸多好处，包括食物、娱乐、航运路线、美的环境、稳定的清洁水源、减缓自然灾害（如风暴潮和洪水的影响），以及许多其他现存和尚待发现的裨益。

海洋和人类之间联系紧密。我们在管理用海和治理海洋方面所作的选择和采取的行动，会对人类福祉和社会发展产生深远而持久的影响。环境损害和海洋生态系统的恶化可能产生巨大的社会成本。海洋正面临着越来越多的威胁，特别是栖息地破坏、（沿海）污染、过度捕捞、气候变化、缺氧和海洋酸化。例如，由于不断吸收二氧化碳，海洋酸化越来越严重。而人类排放营养盐总量的不断增加已导致低氧区在沿海广泛分布，通常伴随着严重的酸化，因而称为沿海酸化。而气候变化导致全球海域发生了海平面上升等重大变化。

人类可以采取适当的行动来减缓这些正在发生的变化。不过，人类社会需要为此做出全方位的根本性转变，包括如何种植粮食、如何利用土地、如何运输货物，以及如何生产我们生活和经济发展所必需的能源。为了实现这一转变，政府、企业、公众、青年和学术界必须共同努力。需要采取明确而有针对性的行动，来控制和减少海洋面临的威胁和影响，为海洋持续服务人类生活创造条件。

随着沿海城市近年来的对外开放，中国经济和社会福利快速发展。但是，沿海经济的迅速发展和陆源污染物的大量排放，都对中国近海生态环境造成了严重影响。未来，海洋可再生能源和海洋生物技术等海洋产业的拓展，将在促进就业、能源供应、粮食安全，以及强化基础设施的同时，给中国近海造成更大压力。而中国持续和扩大开发利用其直接和间接海洋经济利益的前提，是健康的海洋环境。在探索和发展已有和未来的海洋产业时，需要考虑环境和可持续发展、新技术开发与应用、社会可持续和性别平等关键因素。

海洋为中国经济和社会发展提供了巨大的潜力。然而，我们也要看到许多全球性的挑战：到 2050 年，在保护生物多样性和生命赖以生存的自然系统的同时，我们要养活 90 亿以上的人口，这是当今世界最大的挑战之一。只有通过不懈努力，确保可持续地发展现有和新兴产业，方可永续利用海洋的巨大潜能。

无论现在还是将来，健康和可持续的海洋对于维持繁荣社会都至关重要。海洋生态系统同时受陆地和海上人类活动的影响。但是，通常在海洋管理中，人们往往会忽略生态系统之间的联系，导致条块分割式的管理。需要采取基于生态系统的综合海洋管理（IOM）原则，在保护和发展之间取得平衡。IOM 是一种“多方参与、齐抓共管”的治理措施，有效汇集了政府、企业、公众的智慧与能力，让所有行业的相关利益主体能够参与其中[1]。IOM 是确保可持续利用海岸和海洋的重要工具，是以科学认知为依据、以生态系统为基础的海洋管理框架。部门分割是国家和全球治理中的共同挑战。在国与国之间，以及在国家、地区和本地范围内实现 IOM，就必须要打破部门壁垒。

中国应继续努力管理其海洋利益，包括在中国和“一带一路”沿线国家，遵循 IOM 原则以在保护与发展之间取得平衡。

海洋面积辽阔，与之相关的治理和管理问题复杂而广泛。因此，即便本项目已经触及许多关键问题，我们依然强烈建议在中国环境与发展国际合作委员会（CCICED）框架内继续进行海洋研究，以充分体现海洋对社会发展的重要性。我们在此提出一些可供考虑的研究领域，以通过相关工作向中国政府提供政策建议。

（二）项目概况

海洋占地球表面积的 70% 以上，对人类和生物的生存至关重要。海洋提供了氧气生产、食物供给、医药等许多产品以及必不可少的生态服务。海洋决定了本地、区域和全球范围的气候。海洋不仅能为人类提供赏心悦目的环境，也是能源、贸易、运输以及许多其他传统和新兴产业的物质基础。

当前，人类社会对于海洋的全球性重要意义的认知和了解正在提高。人类越来越认识到海洋生态系统的绝对重要性，无论是作为生存空间，还是人类文明的重要基础；同时也认识到海洋的高度动态性和连通性，以及脆弱性。鉴于此，世界各国（无论是独立国家还是地区性国家联盟）都应以某种方式合理地保护、利用和治理海洋，以支

1 Winther J, Dai M, Rist T,et al. Integrated ocean management for a sustainable ocean economy[R/OL]. Nat Ecol Evol, 2020. https://doi.org/10.1038/s41559-020-1259-6.

持当今和未来的社会发展。

确保将海洋系统纳入社会总体发展战略，对于提升中国的治理能力，实现其宏大的生态文明目标至关重要。为抓住机遇并全方位地应对挑战，需要关注环境、产业和管理三个主题。这三个主题不应也不能被视为彼此独立的三大支柱，而应视为三个协同要素，彼此之间以多种方式和形式相互呼应、相互影响。

通过“全球海洋治理和生态文明”专题政策研究项目（海洋 SPS）的立项和实施，中国环境与发展国际合作委员会（CCICED）探索了海洋在这三个方面的机遇和挑战。本报告呈现的是项目组的总体研究成果。

海洋 SPS 围绕以生态系统为基础的海洋管理这一中心主题和概念开展了工作。这个概念针对的是海洋生态系统所承受的多方面影响。此外，海洋 SPS 将其工作重点放在了海洋综合治理上，这是管理海洋空间中所有人类活动的统领性和综合性工具，同时兼顾气候变化、生物多样性和污染等环境问题。

海洋 SPS 围绕基于生态系统的海洋综合管理和治理这一主题，以及五个相互关联的主题开展了工作，包括：基于生态系统的海洋综合管理；海洋生物资源与生物多样性；海洋污染（尤其是塑料污染）；海洋绿色运营；可再生能源；矿产资源开发。

而气候变化、技术、海洋经济和性别平等几个议题，是贯穿所有主题的研究内容。

海洋 SPS 已针对这六个主题分别撰写了研究报告，这些报告也是本章的辅助文档。下文引用了每个专题报告的摘要，以此作为引言的基础。此外，我们将六个工作组的政策建议作为本章的附录。

确保将海洋系统纳入总体社会战略中，对于提升中国的治理能力，实现其宏大的生态文明目标至关重要。为抓住机遇并应对挑战，需要关注环境、产业和管理三个主题。

专栏 3-1

基于生态系统的综合管理——基于生态系统的综合管理专题研究结果总结

海洋一直是人类赖以生存的基础，人类社会的发展很大程度上取决于海洋的质量。海洋生态系统是地球上最大的连续生态系统，拥有从高生产力的近岸地区到贫瘠的海底等丰富多样的栖息地。过去几个世纪以来，海洋日益成为渔业、航运和运输、军事、娱乐、保育、石油和天然气的开采等开发活动的战略要地。可以预见，海洋在人类应对未来全球挑战的重要地位将日益凸显，事关粮食、能源、运输和气候安全。

海洋事关人类社会和地球的未来，海洋健康的维系至关重要。目前，海洋生态平衡正日益受到威胁，已危及整个海洋系统的健康。包括噪声污染在内的各种海洋污染、生物多样性锐减、外来物种的入侵、气候变化以及资源过度开发等正给海洋的健康带来前所未有的压力，因此亟待对海洋利用进行有效管理。基于科学认知、生态系统的海洋综合管理是全球各界公认的保护与可持续利用海岸带和海洋的不二途径。

中国一半以上的人口居住在沿海地区。沿海省份和大城市的生产总值占比高达60%[1]。这些地区的战略地位十分突出，事关“蓝色经济”“一带一路”、互联互通等国家战略；也是“美丽中国”和“生态文明”的核心建设内容[2]。然而，在国家、省市和地方各级层面上实施基于生态系统的海洋综合管理仍然存在诸多挑战，还存在条块化管治，中央政府、省市和地方不尽融合，部门职能重叠，陆海统筹不足，公私伙伴关系不成熟，以及公众对整体管理系统重要性认识不足等短板。

中国已具备较为完善的实施综合管理的基础，政界的意愿强烈，公众和商界在保护海洋系统方面的共识也正在形成，因此，完全有机会全面建立和发展基于生态系统的海洋综合管理体系，并在这一领域发挥国际引领作用。

基于生态系统的海洋综合管理提出的具体建议见本报告附件。

专栏 3-2

海洋生物多样性和生物资源——海洋生物多样性和生物资源专题研究成果简介

到 2050 年，在养活 90 多亿人口的同时保有生物多样性和生命所依赖的自然系统，是当今世界面临的最大挑战之一。作为全球最大的水产品生产国，中国可为应对这一挑战发挥关键作用。

海洋为大量的物种提供栖息地，并养育着数十亿依海为生的人口。尽管海洋拥有巨大的食物生产能力，但这种能力不是无限的。全球约 1/3 的海洋渔业已经过度开发或面临崩溃。水产养殖在为粮食安全做出重要贡献的同时，也会产生负面影响：它需要大量投入野生鱼类作为饲料，这可能会取代原生的沿海和海洋生态系统，引入外来物种和疾病，并造成严重污染。可持续地

1 MA Z, MELVILLE D S, LIU J,et al. Rethinking China’s new great wall[J]. Science, 2014,346(6212): 912-914.
2 习近平 . 习近平谈治国理政 [M]. 北京 : 外文出版社 , 2014.

管理海洋生物资源，优化长期的食物生产，同时尽可能减少生态系统的破坏并非易事。不过，也有许多成功的管理经验，且新的解决方案正在不断被开发出来。气候变化可能会增加人类粮食安全的挑战。海洋变暖和酸化正在改变许多海洋物种的生产力，迫使某些物种的跨境迁徙，加剧国家之间的资源争夺。更加极端的风暴、天气形态的变化，以及水和营养物质循环的破坏，导致沿海食物生产系统的压力越来越大。

过去 40 年，中国沿海地区快速的经济增长给沿海和海洋环境造成了巨大压力。围填海、海水养殖和污染已经破坏了中国一半以上的沿海湿地、近 60% 的红树林、80% 的珊瑚礁[1]。曾经为许多不同种类的海洋生物提供了关键栖息地的海草床、盐沼和滩涂，也大多受到影响。中国生产大量的捕捞和养殖海产品，但捕捞和开发速度已经超过了海洋生态承载力，且海洋食物链的顶级捕食者几乎消失殆尽。此外，中国捕捞和水产养殖从业人数比其他任何国家都要多，使这些行业的管理在社会层面上更具挑战性。

为了恢复健康的沿海和海洋生态系统，确保其可持续地提供食物和创造经济效益，中国需要付出更多努力。中国必须加强对海洋生物资源的法律保护，扩大监视和监测范围，提升守法自觉性，恢复和保护更多的关键栖息地。此外，由于气候变化正影响着全球的海洋生物资源，其中不乏多国共享的资源，需要更强有力的区域和全球治理，才能保证海洋生物资源在更大时空尺度上的可持续管理。虽然应对这些挑战并非易事，却可为中国带来巨大的直接利益，确保中国海洋可持续地产出大量高价值的海产品，并为亿万渔业人口提供生计。与此同时，中国可以向缺乏能力维持其海洋生物资源价值的发展中国家分享经验，从而在区域和全球发挥表率作用。当前，恰逢全球多国正在积极应对 COVID-19 的影响，努力从危机中恢复并减少相关的经济影响，中国更要勇于担当，适时树立大国形象。

海洋生物多样性和生物资源专题研究的详细政策建议见本报告附件。

专栏 3-3　海洋污染——海洋污染专题研究摘要

海洋作为全球重要的生态系统，具有供给、调节和支持等生态系统服务功能，人类的生存及其经济、政治、文化和社会发展均与海洋息息相关。随着

1 MA Z, MELVILLE D S, LIU J,et al. Rethinking China’s new great wall[J]. Science, 2014, 346(6212): 912-914.

全球人口增长，全球工、农业取得了为世界提供衣食住行的巨大成就，其代价是包括海洋环境在内的部分生态系统严重退化，特别是沿海地区。

由于污水处理设施不足，工业、航运和农业活动产生的污染物排放，影响海洋生态健康，特别是对粮食安全、食品安全和生物多样性等产生威胁。每天不断排放入海的污水、垃圾、溢油和工业废弃物等，污染了海洋生态环境，不仅对海洋和近海生态系统、生物多样性产生威胁，也对生态系统服务功能产生影响。污染会直接导致海洋渔业、旅游业的经济损失，并威胁公众健康和安全。污染很大程度上来源于陆地，海洋只是接收终端，陆源营养盐入海导致的富营养化、全球不断增长的塑料污染等都是陆海相互作用的示例。产业的持续发展意味着重金属及其他有害物质的向海排放很可能会不断增长，使用最佳可行技术限制废弃物、废水的产生和排放可以有效控制海洋污染问题。

改革开放40年间，中国基本形成了经济高速发展的沿海经济带，成为中国城市化程度高、人口密集、经济发达的区域。海岸带及近岸海洋生态系统在支撑沿海及海洋经济发展的同时，承受着巨大的生态破坏和陆源污染压力，可持续发展能力明显下降，而其中大于70%的污染物为陆源输入。陆源及其他来源污染物进入海洋环境，直接导致海洋水体、沉积物和生物质量下降。尽管过去十几年，中国在与环境（特别是海洋环境）相关的法律和政策方面有了较大的改善，但仍存在一些差距，不利于中国充分履行其在国际公约中的义务，保护海洋生态环境和资源。具体包括：缺乏基于生态系统的综合观念；缺乏资源和生态保护的法律法规；缺乏相关法律的实施细则；缺乏跨部门实施机制等。

近年来，中国加大力度推进生态文明建设，污染防治攻坚战是必须打赢的三大攻坚战之一。中国在沿海地区加快创新驱动发展，推进清洁生产，促进绿色发展。在推进海洋污染治理的同时也给中国带来了新的机遇，生态文明建设是可持续发展的有益探索和实践，这为其他国家应对经济、环境和社会挑战提供了经验和参考。

海洋污染防治的具体建议见本报告附件。

专栏3-4 绿色海洋运营——绿色海洋运营专题研究摘要

作为一个海洋国家，海洋运营已经成为中国社会经济发展至关重要的基础。中国港口的吞吐量占世界首位，也拥有世界上最大规模的船队和最多数量的船员[1]。中国的海洋渔业和海上油气资源开发的规模处于全球领先的地位。为了海洋产业的可持续发展，由海洋运营带来的海洋环境污染问题成为一个必须面对和解决的挑战。同时，中国的海洋运营也面临着适应世界绿色发展趋势的机遇和挑战。

目前，人类已充分认识到海洋生态系统的动态性和脆弱性，因此无论国内还是国际上，都对绿色海洋运营有了更高标准的要求。陆源污染成为海洋生态环境退化的重要原因而已经引起关切，但海上运输、油气资源开发、海洋渔业，以及港口和船舶等基础设施对于海洋环境的影响仍未得到充分的应对。例如，包括油污水和生活污水在内的主要船舶污染物占据海洋污染的较大比例。国际上，航运业已经开始关注这些问题，并努力向较低生态足迹的业态转型。以环境保护为出发点的、新的国际规则不断得到修订和执行。这些规则预期将对人类健康和环境健康有显著的效益，也为航运业带来了全新的挑战。

中国的海洋经济在过去40年间日益繁荣，但加重了对海洋环境的整体压力。港口围填将大面积海洋变为陆地。港口、船舶和海上石油平台的环保设施不足而加重了污染物的排放，更严重地威胁到了海洋生态系统。船舶的温室气体排放依然显著。石油类制品等有毒有害化学品的大量海上运输和沿岸储存，极大地增加了海洋污染的风险。目前，中国政府在船舶和港口污染防治方面做出了大量的努力，实施了若干项海洋绿色运营相关的法律和政策，并取得了一定的效果。

中国的海洋运营应当在生态文明建设中承担相应的责任，做好行业的污染防治。在这样的背景下，绿色航运、绿色海洋渔业、绿色海上油气开发面对着更多细化的绿色目标和任务。政府的举措，例如补贴和更严格的监管，帮助行业提高行动能力。但是，缺少合适的技术、缺乏足够的环境意识是普遍存在的问题，阻碍了行业的绿色发展，需要更多的举措来解决。国际上，绿色海洋运营的发展已经有了显著的进步，例如划定排放控制区、绿色港口和船队建设、环境污染事故应急、渔船和渔港的污染防治等，都为中国提供了有价值的经验。中国需要采取更多的措施，以适应全球海洋业绿色化的进程。

绿色海洋运营的具体建议见本报告附件。

1 交通运输部 . 2018 中国航运发展报告 [M]. 北京：人民交通出版社 , 2019.

专栏 3-5 海洋可再生能源——海洋可再生能源专题研究摘要

作为海洋产业的新兴领域，海洋可再生能源（海洋能）近年来备受关注。作为全球最大的能源消费国，中国目前正不断加大对可再生能源的开发力度，并提出了更高的绿色能源占比目标，而海洋能也是其中的重要一环。实现可再生能源转型，不仅能够减缓气候变化，还可刺激经济、改善人类福祉和促进全球就业。

目前，各类海洋能技术（包括海上风能、波浪能、潮流能、潮差能和温差能）分别处于不同发展阶段，并面临不同的挑战。海洋能，特别是海上风能，近年来装机容量迅速增长，但在环境、社会经济和技术方面所面临的挑战也不可小觑。2019 年，海上风电的发电成本已经降至 0.8 元 /（kW·h）［0.12 美元 /（kW·h）］，并可在 2020 年进一步降至 0.75 元 /（kW·h）。达到这样的发电成本，对于海上风电行业而言具有一定挑战性，对于其他海洋能技术来说则是更大挑战。同时，由于受到基准数据、社会经济和开发技术等多种因素影响，认识和评估海洋能装备在安装、运行和退役过程中所带来的环境影响也将是巨大挑战。此外，海洋能的发展会受到众多相关人员和机构的影响，因而，为了促进海洋能技术的可靠发展，了解哪些人员和机构属于利益相关方以及他们如何参与这一过程是十分必要的。不同的海洋能项目及其选址拥有不同的利益相关方。一般而言，主要的利益相关方包括渔民、社区居民、监管者、开发商、科研人员和游客等。与大多数有意开发海洋能的国家不同，中国东部沿海的海床多为土质较软的淤泥，这将给海洋能装置的基础选型和安装带来困难。此外，由于极端天气条件（如台风）会对海上风力发电机的性能产生很大影响，因而中国海上风电所面临的技术挑战也会比其他国家大得多。在中国目前的法律体系中，对海洋能开发造成的环境影响相关考量很有限，未来需要进一步制定相关法规。

海上风电是全球未来能源的重要领域，中国目前正在大力发展海上风电技术，同时也在示范验证波浪能和潮汐能技术。中国政府承诺 2030 年国内非化石燃料能源占比达到 20%。截至 2019 年，中国海上风电总装机容量已达到 3.7 GW，在建容量为 13 GW，已核准容量超过 41 GW。中国海上风电的发展在 2018 年达到拐点，并逐渐向零补贴迈进。中国在 2019 年的首次海上风电项目招标成交价格为 0.75 元 /（kW·h），低于 0.8 元 /（kW·h）的指导价。此外，中国已成为世界上少数几个掌握大规模潮流能开发利用技术的国家之一。

海洋能是一种快速发展的海洋经济，正朝着低碳和循环经济的目标迈进。虽然海上风电在最近几年才达到政策转折点，且其他海洋能技术还处于早期发展阶段，但令人鼓舞的是，已有迹象表明，海洋能相关技术投资成本和发电价格将进一步下降，并正朝着商业运营可行的方向发展。进一步认识海洋能技术所带来的潜在影响，对制定海洋能未来发展规划和有效核准海洋能项目至关重要。当前，已经有研究工作正在分析发展海洋能及相关新兴技术所造成的环境影响，这可以确保决策者、研发人员和利益相关方能够获取最全面和最新的相关信息。此外，将新兴海洋能技术应用于军事防御、偏远区域供电、海水淡化和水产养殖等领域，也将是促进海洋能未来发展的重要契机。海洋能技术不仅可以帮助中国发展新产业并促进就业，还可以凭借技术竞争力创造进入全球市场的机会。

针对中国海洋可再生能源发展所提出的具体建议见本报告附件。

专栏 3-6　海洋矿产开发——海洋矿产开发专题研究摘要

深海底蕴藏着巨大的矿产资源（多金属硫化物、多金属结核、富钴结壳和稀土），它们对世界经济发展和矿产资源战略储备具有重要意义[1]。迄今为止，国际海底管理局（以下简称管理局）已为国家管辖范围以外的深海矿产资源签发了 30 份勘探合同。天然气水合物广泛分布于世界大部分（约 99%）海洋深水区和永久冻土沉积环境（约 1%）中[2]。全世界水合物中的天然气储量是巨大的，但估算值是非常不准确的。

深海采矿需要切割、收集或挖掘技术以及升降和回水系统。目前正在开发和测试技术。今后须在不造成重大环境损害的情况下开采海洋矿物资源。然而，深海环境通常很少被探索和了解，这是一个挑战。新兴的深海采矿业已经到了从勘探向开发过渡的关键时期，然而监管框架仍不完善。建立这样一个新行业需要共同努力和协作，以便成功地建立一个可持续发展的产业，并保持海底作为“人类共同继承财产”的地位[3]。除了技术风险外，天然气水合物的开采还伴随着强烈的环境风险，如海底滑坡的风险增加、大量的甲烷释放到水体和大气中。

1 SHARMA R. Deep Sea Mining: Resource Potential, Technical and Environmental Considerations[M]. Springer International Publishing, 2017.

2 KLAUDA J B, SANDLER S I. Global Distribution of Methane Hydrate in Ocean Sediment[J]. Energy and Fuels, 2005,19(2): 459-470.

3 Gerber L J, Grogan R L. Challenges of Operationalising Good Industry Practice and Best Environmental Practice in Deep Seabed Mining Regulation[J/OL]. Marine Policy, 2018, 114. doi:10.1016/j.marpol. 2018. 09. 002.

2016年2月26日，《中华人民共和国深海海底区域资源勘探开发法》正式通过，并于2016年5月1日起施行。这是中国第一部专门规范中国公民、法人和其他组织在"区域"活动的法律。该法充分体现了环境保护的原则，反映和采取了严格的环境保护规则、标准和有效措施。中国国有企业持有了5份与多金属硫化物、多金属结核和富钴结壳相关的勘探合同。2020年，中国在南海成功进行了天然气水合物试采。

中国工业有充分的机会参与深海采矿价值链的各个层面，包括研究、勘探、开发、设备制造、技术设计和矿物加工，可推动深海采矿成为循环经济的一部分。在经营者和有关各方之间，应注重协作，进行研究以减少环境风险，并分享数据和经验，以确保业界能反映最佳的环境做法并不断改善。为了遵循管理局所制定的开发监管框架新要求，中国可在国内法律体系下审查和更新"区域"法律，特别是为了应对未来的开发活动，寻求制定补充管理局要求的其他法规。由于在深海采矿领域的高参与度，中国处于有利地位，可以继续采取措施加强管理局作为一个管理机构的地位，并积极参与管理局事务。

对海洋矿产开发提出的具体建议见本报告附件。

二、主要研究内容

（一）环境：海洋是生命的基础

海洋和人类之间有着千丝万缕的联系。因此，我们在管理和治理海洋方面所作的选择和采取的行动对人类福祉和社会发展将产生深远而持久的影响。

海洋是地球上最大的生态系统，占地球表面的70%。它容纳了世界上97%以上的水量，也是地球上最丰富的生命家园。海洋的生物多样性在物种、遗传和分子水平上都非常显著。生活在海洋中的所有生物在生态系统的食物链中都发挥着至关重要的作用。

海洋空间通常分为浮游（上层水域）和底栖（底层水体）环境，但它们在许多方面是紧密相连的。例如，浮游生物是软底或基岩底动物的重要食物来源，因为水柱的上部是进行光合作用的地方。海洋中的食物链通常受养分供应量的调节。这些决定了浮游植物的丰度，而浮游植物又为原生动物和浮游动物等主要消费者提供了食物，而高级消费者（鱼类、鱿鱼和海洋哺乳动物）则以它们为食。

海洋生物的分布模式随时受到物理和生物过程的影响，这些过程包括温度、盐度、密度和海流模式。由于光和温度的季节性差异，全球浮游生物的生产周期各不相同。海洋生产力的变化取决于季节、淡水的输入、上升流的时间和地点、海流和繁殖方式等因素。最新估算表明，现存海洋生物种类的数量在 30 万～220 万种，这表明我们对全球海洋生物多样性的认识存在高度不确定性。中国沿海和海洋生境孕育了 20 000 种以上生物，其中仅鱼类就有 3 000 多种。

海洋作为人类生命支持系统的重要性在于其提供了我们呼吸的空气、摄入的食物，以及身处其中的气候。

全球海洋产生的氧气供给了大气含氧的 50% 以上。浮游植物的光合作用是这些氧气的来源，通过光合作用，海洋中的这些微型植物吸收碳并释放出氧气。

海洋是全球气候的主要调节者。海洋吸收太阳的热量，将高温海水从赤道输送到两极，将低温海水从两极输送到热带。通过这样连续不断的热量输送，塑造了世界各地的区域性气候。海洋通过浮游植物的光合作用吸收碳，因而成为全球最大的碳储存库。这意味着海洋在维持整个碳循环的平衡，以及保持气候稳定或变化方面起着重要作用。

海洋为人类提供了 1/6 以上的食用动物蛋白，并且是十多亿人口蛋白质的最主要来源。鱼、甲壳动物、软体动物、藻类和海洋植物是世界各地居民的部分食物来源。随着全球人口的增长，海洋作为食物来源将会发挥更加重要的作用。

由此可见，海洋生态系统为人类和社会提供了诸多福祉，包括食物、天然纤维、稳定供应的清洁水源、病虫害的防治、药用物质、娱乐活动，以及防控自然灾害（如洪水）。因此，环境破坏和海洋生态系统的退化可能会带来巨大的社会成本。这不仅表现为经济成本，例如与清理作业、渔获量下降、减少的沿海旅游相关的经济成本，而且还表现为人类总体福祉的受损，例如对海洋环境的娱乐和审美价值产生负面影响。审美价值或美感也是海洋的一种基本社会经济属性，它对人类与自然环境之间的关系很重要，因而需要与其他生态系统服务同样进行保护。

虽然海洋生态系统对于人类生存发挥着基础性作用，但令人担忧的是，海洋面临的威胁正在不断增加，尤其是栖息地破坏、（近海）污染、过度捕捞、气候变化、低氧和海洋酸化等。

多年来，中国的海洋环境持续恶化。中国海岸和海洋环境面临的主要问题包括黄海和东海的围填海和海堤建设；黄河和长江流域的泥沙入海量大幅度减少；航道和深水港口的建设；河口和近海环境中营养盐和污染物的增加。与化肥使用有关的富营养化是一个突出的并且基本上“无形”的污染源，它导致了有害藻华、季节性海水酸化和近海缺氧等一系列生态效应[1]。来自海水养殖、农业和其他陆源工业的污染侵蚀了重要栖息地，包括那些离岸较远而不太受沿海环境变化直接影响的栖息地。

一些海洋生态系统，特别是渤海中部、长江口和珠江口的外侧，已经严重退化并形成了季节性缺氧区；而辽东湾、渤海湾、莱州湾、杭州湾、珠江口等大型海湾或河口则出现了严重的富营养化，危害了鱼类和其他海洋生物资源的生存。

许多正在进行的和新出现的人类活动，有可能甚或事实上正在破坏海洋植物和动物赖以生存的海区和生态系统。清除红树林建造养虾池塘就是其中之一。在过去 40 多年里，中国东南沿海地区已建造了约 24 万 hm^2 的虾塘，主要是通过围垦红树林和海草床来建造的。导致滨海湿地退化的原因还包括湿地的围垦和底拖网捕捞破坏了海床。此外，围填海以及陆源和海水养殖污染造成的富营养化，可能是导致海草床、珊瑚礁、红树林、盐沼和滩涂退化的主要原因。

当鱼类捕获量超过其繁殖和补充群体数量时，就会导致过度捕捞。通常，捕捞渔业的目标生物都是食物链中的高级和顶级捕食者，它们以食物链中较低营养级的小型生物为食。当重要的食肉动物因过度捕捞而数量锐减或者灭绝时，就会影响到食物链中其他生物种群，常常导致这些种群数量增加。从捕食饵料生物一直到自身腐解的全过程，顶级食肉动物都在为海洋生态系统的平衡发挥着作用。一旦改变了顶级食肉动物的种群数量，就有可能造成海洋生态系统毁灭性的连锁反应。

上述所有活动均对海洋构成威胁，造成水质下降、环境退化、生物多样性下降，以及生态系统服务丧失。尽管这些负面影响难以用货币来衡量，但其严重程度却不容忽视。

过度捕捞也许是整个海洋生态系统面临的最重要问题。其他问题并非不重要，并且在某些地方甚至比过度捕捞更为严重，但是，由于捕捞船队规模庞大且分布广泛，并且会直接造成捕捞生物的死亡，通常还会对生境产生附带影响，因此过度捕捞仍然是全球范围内海洋健康的主要威胁。过度捕捞的原因是多种多样的，并且因渔而异，但有两个最普遍的驱动因素：其一是与环境保护目标背道而驰的不可持续的经济刺激政策，其二是渔民未能参与决策过程，因此难以接受并遵守法律规定。

尽管每尾雌鱼的产卵量通常高达 100 万粒以上，但是鱼卵和仔鱼很容易被其他动物捕食。因此，鱼卵和仔鱼（补充群体）的存活率非常低，可能低至万分之一甚至十万分之一。因此，海洋生物的幼体需要良好的栖息地和庇护所才能得以生长并维持

1 RABALAIS N N, Diaz R J, Levin L A, et al. Dynamics and distribution of natural and human-caused hypoxia[J]. Biogeosciences, 2010,7(2): 585-619.

其种群数量。滨海湿地的生态功能对于许多近海鱼类来说非常重要。中国沿海遍布着河口、海草床、盐沼和潮滩等鱼类关键生境。除了作为重要的鱼类栖息地外，滨海湿地还提供了许多其他生态系统服务，包括水质净化。湿地的水质净化功能对于去除有机和无机养分、颗粒物和化学污染物，清洁近岸海水是必不可少的。

海洋生态系统没有明显的物理边界，是运输营养物质和小型海洋生物的海流，以及在整个海盆中洄游觅食和繁殖的高度迁移性的物种，共同界定了海洋的属性。这些水平和垂直运移，将表层海水与近岸水域和深海联系起来，为维护健康和高生产力的海洋生态系统发挥了重要作用。因此，跨边界连通对于维持健康的海洋动物种群和生态系统的正常运行很重要，并在此基础上为人类、社区以及整个社会提供一系列福祉。

联合国政府间气候变化专门委员会（IPPC）《关于气候变化中海洋和冰冻圈的特别报告》（SROCCC）记录了气候变化导致世界海洋发生的重大变化，并指出：几乎可以肯定的是，自 1970 年以来，全球海洋一直在升温，并且自 1993 年以来海洋变暖的速度增加了一倍以上。此外，海洋热浪的频率和强度都有所增加。SROCCC 还记录了由于持续的海洋变暖和生物地球化学变化，许多不同类群的海洋生物的分布范围和季节性活动都发生了变化。这导致从赤道到两极的生态系统中，物种的组成、丰度和生物量都在变化。近海生态系统更加容易受到海洋变暖的影响，包括海洋热浪加剧、海洋酸化、缺氧、高盐海水入侵和海平面上升等。

由于吸收了更多的二氧化碳，海洋酸化越来越明显。而人类活动造成的过度营养盐入海导致了多处沿海缺氧区的形成，并常伴随着严重酸化，称为沿海酸化。海洋酸化将会在不同程度上影响海洋物种。海洋中较高浓度的二氧化碳有利于光合藻类和海草生长，这与陆生植物相同。另外，研究表明，较低的环境碳酸钙饱和度可能会严重影响某些钙化生物，包括牡蛎、蛤、海胆、浅水珊瑚、深海珊瑚和钙质浮游生物。

需要采取明确而有针对性的行动，来控制和减少海洋面临的威胁和影响，为海洋持续服务人类生活创造条件。本章概述了与海洋有关的行动建议，希望有关部门可以考虑这些建议。

（二）产业：海洋经济

概括来说，世界各国或多或少都依赖海洋的某些服务功能，而全球估计有 30 亿人直接依海而生，其中绝大多数在发展中国家。渔业和旅游业等海洋产业创造了大量就业和经济收入。如果海洋可再生能源和海洋生物技术等海洋产业进一步扩大，则可以创造更多就业机会，促进能源供应、粮食安全和基础设施建设。

从海洋获取这些直接和间接经济利益的前提条件，是拥有健康的海洋环境。因此，对海洋环境的投资，即对海洋经济的投资。重要的是，要确保投资海洋的人了解他们的投资如何影响海洋环境，以及退化的海洋环境又将如何影响他们的投资结果。不宜将环境和产业视为分离的主题和管理实体，而应视其为一个协同的系统。

海洋产业对中国十分重要。目前，中国一半以上的人口居住在沿海地区，沿海地区的国民生产总值占全国国民生产总值的 60%。更重要的是，沿海城市及其对外开放带动了近年来中国经济和社会福利的快速发展。目前，中国海洋经济主要包括捕捞渔业、海水养殖、造船 / 航运、旅游和休闲业。海洋可再生能源和海洋矿产资源开采，以及基于海洋的生物技术正在形成，并有望成为未来的大型产业。中国在许多领域的产业规模处于国际领先地位，因此中国可以并且能够参与制定全球性的行业标准。

例如，中国的水产养殖业持续增长了 60 多年，已成为世界上最大的水产养殖生产国，约占全球总产量的 2/3。迄今为止，中国在海洋捕捞渔业方面仍居世界领先地位。2016 年，中国的渔船捕获了超过 1 500 万 t 的水产品，几乎是第二大捕捞国产量的 2.5 倍；大约 90% 的捕捞量来自中国管辖海域。渔业仍然是中国重要的经济驱动力。虽然中国目前的海水养殖产量远远超过海洋捕捞产量，但考虑到中国在全球海产品供应链中的地位、世界领先的捕捞渔业产量，以及庞大的渔业劳动力规模，从社会、经济和环境层面来说，捕捞业的管理仍然是一个关键的政策问题。目前，中国约有 1 900 万人直接或间接从事捕捞渔业和水产养殖业[1]。

作为航运大国，中国在港口货物吞吐量方面位居世界首位，且拥有世界上最大的远洋船队和数量最多的海员。截至 2018 年年底，中国沿海港口共有生产性码头泊位 5 734 个，10 000 t 级以上的泊位 2 007 个，旅客吞吐量 8.8 亿人，货物吞吐量 94.63 亿 t[2]。在集装箱吞吐量方面，中国在世界十大港口中占有七个。

海洋能和海上风能都是可再生能源，其资源丰富、地域多样性高。提取这些能源需要六种不同的技术：海上风能、波浪能、潮流、潮差、盐度、海洋热能转换。根据资源种类和蕴藏区域的不同，不同的海洋能需要不同的技术概念和解决方案。许多海洋可再生能源技术还处于发展的早期阶段，由于技术难度和成本高昂，目前仅在全球

1 农业农村部渔业局 . 中国渔业统计年鉴 [M]. 北京 : 农业出版社，2020.
2 交通运输部 . 2018 年交通运输行业发展统计公报 [R/OL]. 2019. http://xxgk.mot.gov.cn/jigou/zhghs/201904/t20190412_3186720.html.

可再生能源生产中占很小的比例（远低于 1%）[1]。大规模海洋能生产系统的效率、成本或环境影响的案例或者示范仍非常罕见，尤其是对海洋能生产系统的安装、运行和退役装备拆解的环境影响的评估，都面临着严峻的挑战，主要原因是缺乏基本的数据以及多元化技术研发各自对特定环境的需求[2]。

世界各国对矿物和金属（包括用于高科技领域的金属）的需求不断增长，刺激了对位于海床的矿产资源特别是在热液喷口周围的海底块状（多金属）硫化物、在海山侧面的富钴结壳或深海平原上的锰（多金属）结核区域的勘探。除了矿床外，人类也希望从大陆斜坡和陆基上的天然气水合物中提取甲烷。而海底矿产开采仍处于发展阶段。海底矿产资源的巨大储备对包括中国在内的世界经济发展都具有重要意义。但是，有必要更好地了解风险和潜在影响，以确保该领域的任何活动从长远来看都是可持续的。人类对深海环境的探索很少、了解有限。对于处于发展中的总体矿产行业和特定的勘探活动而言，在开始任何大规模的深海矿产开发之前，都有必要了解相关的生态系统和采矿活动存在的相关潜在风险。

应用生物技术从海洋生物中提取产品，例如药品和化妆品、食品、饲料和化合物、生物燃料等，是海洋经济中一个相对年轻的行业。但是，通过应用最新的科学和技术，这个行业有可能为经济和社会繁荣做出贡献。海洋生物技术在保护和管理海洋环境中发挥着越来越重要的作用。生物技术，包括海洋生物技术，一直是中国的战略性产业之一。不过，这一领域也需要国际合作，以构筑产业的法规框架和开发高新技术确保在环境可持续发展前提下实现经济繁荣。

在探索和发展现有和未来的海洋产业时，应考虑的关键因素包括环境与可持续性，新技术的使用和开发，以及社会可持续性和性别平等。

为了避免将海洋资源置于风险之中，从而妨碍其为人类后代带来的社会经济利益，必须着重考虑环境的可持续性。海洋是全人类最大的共同资产，我们如何利用海洋将决定我们能否成功实现可持续发展目标（SDGs）。有必要了解各种海洋产业如何潜在地影响环境并导致环境退化；同时，有必要增加研发和科技应用方面的投入，以最大限度地减少此类影响。对海洋生态系统的脆弱性缺乏足够的科学认知，会妨碍我们理解潜在的环境影响。为此，我们需要努力减少认知差距。在任何新兴产业成形之前，都应在国家和全球可持续框架内为其找准定位。

---

1 University of Edinburgh's Policy and Innovation Group. Energy Systems Catapult. Wave and Tidal Energy: The Potential Economic Value[EB/OL]. 2020. https://periscope-network.eu/analyst/wave-and tidal-energy-potential-economic-value.

2 SMART G, NOONAN M. Tidal stream and wave energy cost reduction and industrial benefit. Offshore Renewable Energy Catapult[EB/OL].2018. https://s3-eu-west- 1.amazonaws.com/media.newore.catapult/app/uploads/2018/05/04120736/Tidal-Stream-and-Wave Energy-Cost-Reduction-and-Ind-Benefit-FINAL-v03.02.pdf.

针对海洋经济可持续发展的新技术研发，即是对国家和全球经济的重要贡献。颠覆性的技术创新有着巨大的应用潜力，可以为平衡涉海产业的收益与风险提供解决方案，这些风险必须要谨慎管理。例如，在捕捞渔业和海水养殖中，绿色技术包括低影响、节油的捕捞技术，以及使用环保饲料的创新型水产养殖生产系统；节能和绿色制冷技术；改进的鱼类处理、加工和运输中的废弃物管理。在航运领域，世界多国政府都在绿色环保方面对本国船队提出了很高的要求，鼓励并采用激励措施支持船东采用节能减排的船舶设计和技术。开发绿色、智能化港口也至关重要。此类激励措施使航运业在如何实现目标方面拥有极大的自主权，并激励企业用更加符合成本效益的方式来实现这些目标，从而为持续改进绿色运营做出贡献。

事实表明，女性的参与有助于提高绿色经济的效率。据国际海事组织（IMO）统计，目前在全球 120 万名海员中女性仅占 2%，其中 94% 的女海员从事游轮业。中国的女性船长、高级海员和一般海员人数占中国海事总人数的 15% 以上[1]。统筹考虑第一和第二产业，妇女占全球捕捞渔业和水产养殖业劳动力的 50%。在中国捕捞渔业相关的工作岗位上，女性占 20%。中国对社会性别平等有着长期而坚定的承诺。中国是 1980 年批准联合国《消除对妇女一切形式歧视公约》（CEDAW）最早的国家之一。通过这项公约，中国与其他国家一道，同意在包括经济领域在内的所有领域采取适当措施，以确保女性在男女平等基础上获得全面发展和提高。联合国 SDG5 呼吁实现性别平等并赋予所有妇女和女童权利。中国承诺消除对妇女和女童的一切形式的歧视和偏见，增强妇女就业和创业能力，为实现这一目标做出贡献（《中国落实 2030 年可持续发展议程国别方案》，2016）。CEDAW 呼吁在女性就业和参与的领域采取有效的特别措施，以促进符合该公约要求的事实上的男女平等。中国凭借其坚定的历史承诺以及渴望实现联合国 SDG5 的愿望，有能力率先对海洋运营当中的性别不平衡做出改变，并借海洋产业的进一步发展为实现性别平等做出贡献。

海洋为中国经济和社会发展提供了巨大的可能性。然而，到 2050 年，在保护生物多样性和人类赖以生存的自然系统的同时，需要养活 90 多亿人口，是我们今天面临的最大的全球性挑战之一。只有努力保证现有和新兴产业以可持续的方式发展，才能将海洋中蕴藏的发展潜能延续到未来。本章第三节概述了针对上述问题可以采取的行动，希望有关部门可以考虑这些建议。

1 交通运输部新闻办公室. 2018 年中国船员发展报告 [R/OL]. 2019. https://www.msa.gov.cn/public/documents/document/mdk1/mdm5/ ～ edisp/20190626095039643.pdf.

（三）管理：平衡环境与经济

健康和可持续的海洋生态环境对于维持当今和未来社会的繁荣至关重要。鉴于海洋对整个人类社会和地球宜居性都非常重要，人们普遍认为需要强化和改善对涉海人类活动的治理。对于海洋生态系统保护，中国政府有着强烈的政治意愿，公众和企业之间也正在形成共识，这为中国执行可持续发展方针创造了良好条件。需要落实基于生态系统的海洋综合管理（IOM），在保护和开发之间取得平衡。IOM 是一种会聚政府、企业和公众以及人类活动各个领域的方法，也是一种确保海岸和海洋可持续利用的重要管理工具，以科学认知为基础，从生态系统的角度，为如何管理海洋提供了指导性框架。总之，IOM 可以让社会从海洋获得的长期利益最大化。

中国于 2002 年发布了第一版《全国海洋功能区划》（以下简称《区划》），为海域管理提供了基本依据，并初步解决了无序用海的问题。在修订的《区划》（2011—2020 年）中，中国近海被划分为八个功能区，包括农渔业、港口和航运、工业和城市化、矿产和能源、旅游和娱乐、海洋保护区、特殊用途和保留区。《区划》是合理开发和利用海洋资源以及有效保护海洋生态系统的法律基础。在地方一级，一些地区实施了海岸带综合管理（ICZM），并在过去 30 多年里成功实施了试点项目，以解决某些跨区域管理问题。最近，在某些地区试行的湾长制是由政府部门主导的协调机制，有多个政府部门和社会各界参与。其特点在于总体规划和跨部门协调，确保更全面地解决海湾环境治理中的问题。但是，这些做法［国家海洋功能区划（National Marine Functional Zoning, MFZ）、海岸带综合管理（Integrated Coastal Zone Management, ICZM）或湾长制］都没有完全采用“基于生态系统的方法”，在国家、区域和地方层面实施基于生态系统的海洋综合管理仍然存在挑战，下文将对此举例说明。

部门分割是国家和国际治理中的一个共同挑战，即不同治理体系无法协同运行，因为不同的管理部门具有不同的优先任务、职责和愿景。如果要在国家、地区和地方以及跨境范围内实现海洋综合管理，就需要打破部门壁垒。中国的国家治理体系实行自上而下的管理，包括国家、省或直辖市以及市或县三个主要治理层级。尽管该治理体系具有许多优势，但也容易形成部门分割。为了提高行政效率并取得实效，在所有行政级别都需要建立部门之间的联系和协调机制。

传统上，在构建海洋管理框架时只关注单一压力。单个威胁确实更容易研究和理解，但多重压力共存则是普遍现象，且多重压力交互作用可能会产生放大效应。对于同时存在的多重压力如何相互作用以影响生物和生态系统，我们仍然知之甚少。管理部门很少有能力同时解决多个问题。为此，需要增进对海洋生态科学的依赖和系统性考虑问题。

海洋生态系统同时受到陆地和海上人类活动的影响。但是，通常的海洋管理常常忽略生态系统之间的联系，而以部门管理为特征。目前，中国的海岸带管理已进入陆海统筹阶段。陆地与其周围的海洋共同构成一个综合系统，应将海洋生态系统和陆地生态系统纳入一个总体沿海规划中。然而，挑战依然存在，迫切需要采取进一步措施以促进陆海协同。

基于生态系统的管理只有得到所有利益相关方的理解才能有效实施。必须提高所有相关决策部门和利益主体的认识，使其理解基于生态系统管理的多种益处。

最近的新冠肺炎疫情显示出现今社会的脆弱性，它启发我们要以可持续的方式来管理海洋。海洋及其生态系统服务对于远离沿海和海洋的居民来说也非常重要。海洋本身的变化以及依赖海洋服务的社会的变化都可能对人类造成不利影响，尤其那些不可预见和突发的变化。在这种情况下，沿海和海洋环境的恢复能力将十分重要。通过保护资源以及其他创新方法（如基于性别的分析），可以增强人类社会抵御海洋受到气候、异常事件和前所未有事件干扰的能力。

实现海洋和沿海生态系统综合管理，必须要有妇女的参与。应对性别不平等问题，对于实现 2030 年可持续发展议程的目标至关重要。重要的是，妇女在参与和管理与海洋有关的活动中应发挥同等作用。研究表明，妇女参与和管理活动常常对环境和可持续发展相关问题产生积极影响。

男性和女性使用和管理海洋和沿海生态系统的方式不同，其相关的知识结构、能力和需求也不同，并且他们受到因气候变化、污染和全球化而导致的环境变化的影响也不同。性别主流化是重要管理措施，有必要了解不同性别群体如何使用、管理和养护海洋和沿海环境，使政策和项目支持他们公平有效地参与可持续管理实践。研究表明，当女性参与决策时，会对社会和环境方案产生积极影响。

中国应继续努力（在国家和全球范围内）管理其海洋利益，以海洋综合管理（IOM）的原则为基础实现保护与开发之间的平衡。第三节概述了可以采取的行动建议，希望有关部门考虑这些建议。

三、政策建议

1. 将海洋生态环境明确纳入“美丽中国”建设框架，在“第十四个五年规划”中强调海洋生态环境作为生命基础的重要性，从而考虑加强支撑和长期维持海洋生物多样性的政策措施。尤其需要采取以下措施：

（1）通过促进清洁生产技术创新，改进废物、废气和废水的减排方法，大幅度减少陆源污染和海上作业污染物入海。

（2）避免进一步破坏海洋生境，禁止围垦沿海湿地，在 2020—2030 年应恢复曾为主要栖息地的被破坏的滨海湿地。

（3）通过创新、开发和应用新技术，促进环境友好型海水养殖和打击非法捕捞；到 2025 年，对所有渔业活动实施全面的产出控制。

（4）实施生态环境损害赔偿制度，完善海洋环境保护公众参与制度。生态和环境部应当对海洋进行自然资本核算，以便在对官员进行任期审计时，能评价其基于生态系统的行政管理绩效。

2. 在五年规划的框架内，明确承诺履行《巴黎协定》，并在制定应对气候变化政策时积极使用 IPCC 的评估报告和 IPCC 关于气候变化下的海洋和冰冻圈特别报告。为此建议：

（1）鉴于湿地具有高固碳能力，中国应考虑如何积极恢复滨海湿地[1]。

（2）建立了解和评估气候变化对海洋生物资源影响的平台或框架，并评估减缓其影响的方法。

3. 由于气候变化等原因，海洋环境在未来的几十年中将发生重大变化，海洋产业的类型和规模也会发生改变。人类目前的管理体制无法适应这些剧烈的变化。为此，迫切需要了解这些变化，并开发一种基于生态系统的综合管理框架，来应对大自然和海洋经济的这种动态发展趋势，例如针对气候变化的适应性管理。

4. 继续“十三五”规划中为增强海洋经济所做的努力，同时着重考虑加强海洋产业相关的政策和措施，包括：

（1）促进将循环和绿色经济理念纳入海洋产业。

（2）恢复重要的渔业栖息地，并对过度捕捞采取强有力的管控措施，包括适时总结当前的限额捕捞管理经验，落实渔船投入和捕捞产量双向控制管理。

---

1 滨海湿地在固碳方面效率很高。尽管滨海湿地的面积比森林少，但与森林相比，它们能更快地吸收碳排放并转化为植物生物量，能更好地捕获其自身生态系统和其他来源的有机碳，并更长久地延缓有机质的腐烂和放碳。

（3）促进“绿色港口”和“绿色渔船 / 渔港”发展。

（4）推动“一带一路”沿线国家应用绿色技术和绿色解决方案。

5. 中国可以在支撑可持续海洋产业的议题和行动上充当国际牵头者，促进可持续海洋管理相关问题的国际合作，例如：

（1）通过“一带一路”倡议，制定“零环境影响深海矿产资源开发准则”，发展绿色渔船、渔港和绿色海水养殖，促进北极绿色航运，并推动将综合海洋管理的概念作为管理原则。

（2）《巴黎协定》《生物多样性公约》、正在审议中的国家管辖范围之外的生物多样性、国际海事组织、国际海底管理局等关键国际议程和论坛提供了可持续行动框架，中国应积极参与和推动相关讨论，或者以类似的方式为适时建立海洋可再生能源、矿产和生物技术等创新型和新兴海洋产业的法律和环境框架做出贡献。

6. 增加海洋管理和治理方面的科技投入，保障管理（科学和技术）知识持续更新和数据共享能力，并以新的和创造性的方法支持此类研究，例如：

（1）在全国和区域范围内，扩大和实施系统性数据信息采集和技术研发计划，并革新数据发布和知识普及的手段。

（2）支持并积极投资和参与引领国际合作的政府间海洋学委员会“海洋十年”计划。

7. 以适当方式鼓励和支撑中国海洋产业绿色技术开发及应用。政府对绿色技术的针对性投资，以及优惠的财政和税收政策，可以帮助产业克服环境技术创新中遇到的财务障碍。

8. 鼓励和加强使用与海洋生态系统和海洋经济管理有关的科学知识和监测结果，尤其是要为开放此类知识库建立机制、创造机会。可以考虑在国家层面建立有利于知识信息的调度和整体利用的正式机制，例如科学咨询机构，以支持制定与海洋经济发展及基于生态系统的海洋综合管理有关的总体政策。

9. 建立和提供组织结构 / 机构，以及准则和法律框架，从而在国家、省市和地方层面以及不同层级之间实现跨界（行政区和陆海统筹）和跨部门的协调与沟通。具体而言，建议中国在相关政府部门之间建立协调机制，以支持制定政策，促进和支持基于生态系统的海洋综合管理。

10. 承认性别问题在可持续性海洋综合管理中的重要性，系统地致力于将性别平等观点纳入主流，并作为进一步发展中国海洋综合管理体系不可或缺的组成部分。需要更加努力地了解中国海洋经济中的性别差距，并改善女性的教育、社会和经济机会

以及义务。为此，中国可以制定并实施一项明确、有针对性的战略性性别平等推进计划，促进女性全方位参与到海洋经济的各个层面中，包括产业、管理和治理。

11. 需要付出额外的努力，以了解在发生异常和史无前例的干扰（如目前的新型冠状病毒肺炎疫情显示出现今社会的脆弱性）时，海洋在增强社会适应力方面可以发挥什么作用。

附件 3-1　海洋治理专题政策研究六个专题的政策建议

基于生态系统的海洋管理（海洋治理专题政策研究专题一）

总体建议

建议 1：2018 年政府机构改革已为海洋综合管理奠定了良好的基础，但仍需进一步构架清晰的跨行政区划、跨行业部门的沟通与协调机制及相应的组织构架、指导方针和法律框架，以支撑国家、省市和地方等层面，特别是在陆—海交互带等跨区域层面上的综合管理。本报告特别建议构架部委间的协调机制，推动制定基于生态系统的海洋综合管理相关政策。

建议 2：海洋是一个典型的高度动态变化的系统，存在多尺度的自然变率，还随着气候变化以及人类与海洋的互动而不断变化，对其进行综合管理，必须建筑于生态系统的变化特征及对其不断更新的科学认知基础。由此，本报告建议：

（1）在国家和地区层面上，布局和构架信息系统，建立关键生态系统（如沿海湿地生态系统、育苗场、生态系统服务、海平面上升、物候变化）数据和科学认知体系，并创新相关数据与知识的传播方法。

（2）在国家层面建立一种正式机制，例如科学咨询机构，以支撑制定海洋综合管理总体政策时协调和全面地利用科学知识。

海洋空间规划

建议 3：“海洋功能区划”已成为中国海洋和海岸带管理的重要依据，在其运用的过程中应更加强调基于生态系统方法的应用，并充分考量海洋生态系统的时空动态变化特征。

建议 4：将海洋保护区纳入更广泛的海洋空间规划和海洋功能分区中，强化综合管理。

陆海统筹

建议 5：确保法律和行政框架支持海洋综合管理中体现陆地和海洋之间的连通性和差异性。将近海陆域的管理规划与邻近的海洋管理规划相结合，并加强其间的合作和伙伴关系。

建议 6：借鉴“河长制”的做法在全国范围内实施“湾长制”，通过设立湾长办公室，实现综合协调和行政层面的有效支持。

气候变化

建议 7：利用现有的对气候变化的最佳预测，确保在海洋治理与管理中充分考虑气候变化对海洋系统的影响，并将适应机制作为海洋综合管理的一个重要组成部分。

建议 8：海洋面临着全球 / 区域气候变化的严峻挑战，并承受着来自陆地和海岸带系统的局部压力。在这样的背景下，应鼓励利用知识、科学和监测作为海洋管理和治理的基础。

海洋的可持续利用

建议 9：借鉴国际经验，如联合国全球契约和可持续海洋经济高级别小组提供的指导方针，在涉海企业内部以及政府与企业间建立跨部门的伙伴关系，实现海洋经济可持续发展。

建议 10：适时更新与海洋经济有关的管理和治理制度，推行基于科学认知和生态系统的综合管理原则。

建议 11：构架并实施具体的针对性别平等问题的战略方案，以加强妇女在海洋各产业中的参与度。

海洋生物资源与生物多样性（海洋治理专题政策研究专题二）

建议 1：加强对沿海和海洋生态系统的法律保护，促进可持续生产

建议制定水产养殖管理专项法规，设定养殖废物排放和资源利用上限，并建立水产养殖库存量报告制度，以及定期的现场巡检制度，以减缓水产养殖业对沿海和海洋生态系统的影响。当前，以限额捕捞试点为标志的渔业产出控制转型应与基于权属的渔业管理相结合，即将部分捕捞配额或捕捞作业区分配给渔业团体和社区。应颁布《海洋栖息地保护法》，以强化海岸带和近海渔业生物关键栖息地的保护，并显著修复丧失的生态系统功能和生态恢复力。

建议 2：部署高科技监控系统，打击腐败和违法活动，促进海洋科学研究

中国在传感器、网络技术和人工智能方面的创新能力有助于我们建立一个更透明的监管体系，在各个机构之间，甚至全球范围内运行，以促进海洋生态系统保护执法和守法经营。除了促进合法经营，高科技监控系统还可采集大量新数据，提高对生态系统的认知，便于开展应急管理，应对和缓解气候变化的影响。

建议 3：恢复海洋生态系统功能，促进渔业生产和生物多样性保护，提高对开发、污染和气候变化的抵御能力

在划定生态红线的基础上，还应采取更多措施来恢复丧失的栖息地，包括红树林、

海草床、盐沼和潮滩、珊瑚礁。为了使中国沿海和海洋生态系统能够抵御污染和气候变化的影响，并继续成为创造经济繁荣和生产食物的引擎，应该考虑：1）建立有关中国沿海和海洋生态系统健康的国家“海洋生态报告卡”；2）制订国家行动计划以恢复失去的生态系统功能和服务。

建议 4：建立海上丝绸之路国家伙伴关系网络，促进可持续海洋治理并实现可持续发展目标

“海上丝绸之路”倡议为中国展示其在全球海洋治理方面的领导力，推进联合国可持续发展目标提供了历史性机遇。在“海上丝绸之路”倡议下，中国应考虑建立一个伙伴关系网络，以鼓励相互学习，促进共同行动，创造健康海洋环境。中国可以通过信息共享及帮助伙伴国家建立教育、科学和技术能力，促进海上丝绸之路沿线国家海洋生物资源的可持续发展。利用“海上丝绸之路”倡议促进建立减缓气候变化对海洋生物资源影响的区域性和全球性治理措施，中国还可以进一步展示其领导力。

建议 5：评估气候变化对海洋生物资源的影响，并评估减缓气候变化影响的方法

中国可以推动开展更多研究，来评估气候变化对本国捕捞渔业、海水养殖和这些行业所依赖的自然生态系统服务的影响。中国需要考虑的不仅是如何减缓气候变化的影响，还要考虑该如何适应它。

海洋污染（海洋治理专题政策研究专题三）

建议 1：构建全方位的海陆统筹、联防联控管理机制

完善陆海一体化生态环境监测体系。按照陆海统筹、统一布局的原则，优化建设全覆盖、精细化的海洋生态环境监测网络，强化网格化监测和动态实时监视监测，对主要的入海河流、陆源入海排污口等实施在线实时监测。建立海洋污染基线调查（普查）制度。

加强农业、医药等行业的陆源污染管控。统筹考虑增强农业综合生产能力和防治农村污染，加强农村污水和垃圾处理等环保设施建设，采取多种措施培育发展各种形式的农业面源污染治理、农村污水垃圾处理市场主体。推行农业绿色生产，促进主要农业废弃物全量利用。探索开展绿色金融支持畜禽养殖业废弃物处置和无害化处理试点，逐步实现畜禽粪污就近就地综合利用。加强抗菌药物管理，依法规范、限制使用抗生素等化学药品。

进一步健全我国海洋环境质量目标体系。我国海洋环境质量目标体系以水质目标

为主，一般以海洋功能区划和近岸海域环境功能区达标率或水质优良海域（第一、第二类海水）所占比例来表达。建议进一步丰富我国海洋环境质量目标体系的内容，除水质目标外，结合海洋生态系统时空分布特征，进一步增加海洋生态保护目标，如表征生物多样性、栖息地适宜性、生态系统结构与功能的目标等，为海洋生态保护工作奠定基础、指明方向。加强地表水和海水水质标准在分类、指标设置、标准定值等方面的衔接，增设总磷、总氮、新兴污染物等指标，推进海水水质标准修订工作，推动陆海一体化的排放控制和水质目标管理。

构建河湾（滩）长制的一体化治理机制。按照山水林田湖草沙系统治理的理念，加强入海河流综合治理、河口海湾综合治理的系统设计，建立河长制、湾长制联动机制，建立定期会商机制和应急处置机制，协调推进，协同攻坚，提升陆海一体化的污染防治能力。

建议 2：强化全过程管控，制订国家海洋垃圾污染防治行动计划

强化塑料和微塑料源头管控。探讨与本国国情相适应的废弃物减量化、资源化、无害化管理模式，有效防范沿海地区生产活动、生活消费、极端天气和自然灾害等因素导致塑料废弃物进入海洋环境。加强塑料颗粒原材料管理，建立“树脂原材料—塑料制品—商品使用流通”过程的备案和监管。鼓励和促进生产者责任延伸制度（EPR）和相关机制，把生产者对其产品承担的资源环境责任从生产环节延伸到产品设计、流通消费、回收利用、废物处置等全生命周期。逐步禁止生产和销售含有塑料微珠的个人护理品。

倡导可持续的废弃物综合管理。制定和完善国家废弃物监管框架，包括生产者责任延伸制度（EPR）的法律框架，并加强执法和治理；开展能力建设和基础设施投资，通过改善城市和农村现有的废物管理体系，促进废弃物收集，并促进对废物管理基础设施的投资，以防止塑料废弃物泄漏入海。在沿海城市港口建立足够的废弃物接收设施，以便进一步推进船只无害处置废弃物。

研究制订国家海洋垃圾污染防治行动计划。促进建立海洋垃圾管理国家管理框架，建立跨部门、区域、流域的海洋垃圾防治综合协调机制。鼓励绿色发展，加快塑料制品替代化和环境清理技术的研发和应用，推动传统塑料产业结构调整，鼓励可降解塑料制品和传统塑料替代品的生产与使用。促进基础科学研究与技术交流，加强对微塑料的来源、输移路径和环境归趋，及其对海洋生态环境影响的评估研究，提升对微塑料问题的科学认知。鼓励社会组织、团体和公众开展清理行动，倡导绿色消费等方式，减少一次性塑料包装和产品的使用，防止和大幅减少海洋微塑料污染。

建议 3：构建运用经济杠杆进行海洋环境治理和生态保护的市场体系

加快沿海地区创新驱动发展和绿色发展转型。推动产业升级，发展新兴产业和现代服务业。强化工业企业园区化建设，推进循环经济和清洁生产，建设生态工业园区，加强资源综合利用和循环利用。沿海地区确定产业结构、布局、资源环境承载力、生态红线等方面约束，严格项目审批，提高行业准入门槛，倒逼产业转型升级，逐步淘汰落后产能。

完善海洋生态补偿制度。坚持“谁受益、谁补偿”的原则，综合运用财政、税收和市场手段，采用以奖代补等形式，建立奖优罚劣的海洋生态保护效益补偿机制。

严格实行生态环境损害赔偿制度。强化生产者环境保护法律责任，大幅度提高违法成本。健全环境损害赔偿方面的法律制度、评估方法和实施机制，对违反海洋环保法律法规的，依法严惩重罚；对造成生态环境损害的，以损害程度等因素依法确定赔偿额度；对造成严重后果的，依法追究刑事责任。

建立多元化资金投入机制。中央财政整合现有各类涉海生态环保资金，加大投入力度，继续支持实施农村环境综合整治、蓝色海湾整治等行动。地方切实发挥主动性和能动性，加大地方财政投入力度，充分利用市场投融资机制，鼓励和吸引民间、社会、风险投资等资金向近海生态环境保护领域集聚。

建议 4：强化滨海湿地生态保护修复，恢复水质净化等湿地生态功能

完善滨海湿地分级管理体系。建立国家重要滨海湿地、地方重要滨海湿地和一般滨海湿地分级管理体系，分批发布国家重要滨海湿地名录，确定各省（区、市）滨海湿地面积管控目标。探索建立滨海湿地国家公园，创新保护管理形式。

建立退化滨海湿地修复制度。按照海洋生态系统的自然属性和沿海生物区系特征进行滨海湿地修复，通过实施退养还湿、植被厚植、生境养护等工程，改善湿地植被群落结构，提高湿地生境的生物多样性，提升湿地水质净化、固碳增汇等能力，扩大滨海湿地面积，恢复湿地生态功能。到 2020 年，修复滨海湿地面积不少于 2 万 hm^2。

建议 5：加强合作交流，共同应对全球海洋污染

强化新兴全球海洋环境问题研究。重点围绕海洋酸化、塑料垃圾、缺氧等全球性海洋环境问题，在热点区域开展调查研究，系统分析大洋和极地区域全球重点关注的海洋生态环境问题，深度参与公海保护区建设、海底开发活动环境影响评估和南北极海洋环境保护等工作，为全球海洋环境治理做出贡献。

建立海洋命运共同体共同应对海洋污染。借助 21 世纪“海上丝绸之路”倡议，在亚洲基础设施投资银行、中国—太平洋岛国经济发展合作论坛、中国—东盟海上合作、

全球蓝色经济伙伴论坛等框架下开展务实高效的合作交流，加强全球性海洋环境问题的研究，构建广泛的蓝色伙伴关系，建立中国—东盟海洋环境保护合作机制，推动开展海洋环境保护合作。充分利用东亚海域环境管理区域合作项目（PEMSEA），亚太经济合作组织（APEC），西北太平洋海洋和沿岸地区环境保护、管理和开发的行动计划（NOWPAP）和东亚海协作体（COBSEA）等区域组织的平台，共享认识，共同提升监测、应对和治理海洋污染的能力，携手打造人类命运共同体。

绿色海洋运营（海洋治理专题政策研究专题四）

建议 1：积极申请建立《国际防止船舶造成污染公约》（MARPOL 公约）框架下的船舶排放控制区

进一步扩大控制区地理范围，加严控制要求。同时，联合周边国家共同申请建立 IMO 船舶排放控制区。

建议 2：对渤海海域生态环境实施特殊保护

完善渤海环境保护法律法规，出台《渤海保护法》。设立渤海综合治理委员会，对渤海的生态保护、污染防治、资源可持续利用等实施统一管理。划定渤海特别管控区，实施更加严格的排放控制措施。积极向 IMO 申请将渤海设立为特别敏感海域。

建议 3：开展绿色港口行动计划

促进港口与城乡一体化发展和协同规划。通过加快港口集疏运铁路建设、海铁联运和水水中转优化港口集疏运体系，同时优化港口景观设计。通过港口船舶污染物接收处置设施升级改造开展老旧港口整治。推广新能源与清洁能源，以及“零排放”为目标的清洁运营。

建议 4：提高船舶清洁化水平

建立船舶全生命周期评价标准。鼓励中国航运公司积极加入国际绿色船舶激励计划，自主开展节能减排。中国应该参考国内外经验，制订中国绿色船舶奖励计划，通过激励项目奖励绿色船舶。淘汰老旧船舶，修订《老旧运输船舶管理规定》，提高老旧船舶船龄标准。设立补助资金，对船舶报废拆解、清洁柴油机、废气净化系统及排放控制技术进行补贴。编制船舶污染物排放清单，评估船舶港口污染现状，为船舶和港口污染的精细化控制提供数据支撑。

建议 5：完善船舶温室气体减排机制

构建航运温室气体排放测量、报告和核实（MRV）机制。编制中国船舶温室气体排放核查规范及报告指南，制订船舶能效管理计划和数据统计方案。将沿海航运纳入碳排放交易体系，为中国航运业加入国际碳排放交易打好基础。

建议 6：以化学品和应急联动为重点持续加强海上风险管控

加强陆源和海洋环境污染风险防范。加强执法监督，减少事故隐患，从源头杜绝污染事故的发生。在沿海危化品高风险水域，依托现有的船舶溢油应急设备库，补充危险化学品应急装备物资，不断提高危险化学品污染事故应急处置能力。建立跨部门的海上应急管理系统，为加强协调、信息互换和决策制定提供支持。积极参与应急国际合作，争取更多的国际应急资源，同时也为全球海洋污染事故应急贡献更多的中国力量。

建议 7：提升渔船和渔港环境保护要求

开展渔船、渔港环保提质升级专项行动。投资环保设施，全面提高渔船和渔港的环保水平。加严污染排放控制，明确将渔业船舶纳入船舶大气污染物排放控制区的监管范围，对渔船和渔港实施与商船和商港同样的污染排放标准。开展渔船安全检查和隐患排查，降低渔船自身的安全事故风险。

建议 8：积极探索绿色北极航运

加强与俄罗斯和北欧五国在北极航道开发利用领域的研究合作。积极开展北极航运研究，以东北地区作为中国与北极航线衔接的重要枢纽，打造“冰上丝绸之路”，为深化中国与欧洲的经贸合作开辟新路径。

海洋可再生能源（海洋治理专题政策研究专题五）

以下是针对海洋可再生能源（ORE）提出的具体建议。首先，应着力建立和完善产业扶持政策机制。此外，应提高 ORE 的利用规模，通过政府政策鼓励金融或风险资本界以及私人资本的介入。最后，应在评估环境和社会经济影响的同时加快海上风能的发展；政府应支持建立其他 ORE 技术产业化的促进机制。

一、政策

（1）建立和完善海洋能产业扶持政策。

（2）提升海洋能开发利用规模。

（3）鼓励技术研发和创新，以进一步降低海洋能开发成本，达到与其他能源同等水平。

（4）提升创新能力并加快适应性技术发展。

（5）与利益相关方在项目早期阶段合作，如渔民、社区居民、监管者、开发商、科研人员和游客等。

（6）将新兴海洋能技术集成于更广泛的应用中，如军事防御、偏远区域供电、海水淡化、制氢和水产养殖等。

二、市场

（1）制定政策鼓励金融或风险投资以及私人资本参与海洋能开发。

（2）增强全球出口水平并抓住市场机遇。

（3）发展海洋能产业，创造就业机会，提升技术竞争力并创造进入全球市场的机会。

三、海上风电

（1）加快海上风电发展，同时评估其环境和社会经济影响。

（2）提升海上风电装机容量，以服务国家战略目标，如推进能源脱碳、保障能源供给安全和创造新兴商业机遇。

四、海洋能

（1）政府应鼓励研发潮流能技术。

（2）政府应大力支持海洋能技术（海上风能、波浪能、潮流能、潮差能和温差能）商业化发展。

矿产资源开发——深海矿产资源（海洋治理专题政策研究专题六）

一、健全环境管理体系

（1）参与环境规则的制定：中国应积极参与国际海底管理局（管理局）的规则、标准与指南的制定，特别是环境基线、环境影响评估和环境管理和监测计划的制订。

（2）进一步完善国家立法：为了遵循管理局所制定的开发监管框架新要求，中国可能要在国内法律体系下审查和更新“区域”法律，特别是为了应对未来的开发活动，包括财务条款、检查和管理以及确保对国家适当保护的赔偿。在评估的基础上，中国可能要借鉴健全的环境管理的概念，寻求制定补充管理局要求的其他法规。

二、填补环境认知和技术空白

（1）加强科学认知，开发关键技术：中国应致力于提高对深海采矿管理和天然气水合物开发的风险和机遇的认知，并对两者进行更好的评估。这包括（但不限于）：1）加强重要海洋区域的环境数据收集，以增进对深海生态系统的了解；2）开发环境监测、环境影响评估、安全生产和环境修复等环境关键技术；3）积极推动深海矿物资源和天然气水合物勘探、开发、运输关键技术问题的环境友好型解决方案的开发。

（2）提高对天然气水合物的认识：中国应致力于提高对天然气水合物开发的认识，更好地评估与天然气水合物开发相关的风险和机会。

三、拓展价值链，促进循环经济

（1）拓展价值链：中国应为其工业寻找机会，参与深海采矿价值链的所有层面，包括研究、勘探、开发、设备制造、技术设计和矿物加工。

（2）促进循环经济：中国的深海采矿政策应积极支持可持续发展目标 12 中所述的意图，即从设计和概念阶段就将创建循环经济的雄心纳入设计，充分利用“所有”收集的材料，同时尽量减少废物流。此外，若天然气水合物开发在环境和经济上可行，中国应该促进碳捕获和储存技术的发展，以配合水合物提取技术的发展，使天然气水合物成为通向低碳未来的“桥梁燃料”。

四、 建立合作、透明的机制和平台

（1）加强数据共享：应鼓励海底矿物承包者通过全球和可公开使用的数据库广泛分享通过深海采矿研究方案获得的所有环境数据。中国应在建立质量控制、数据共享和透明度的良好做法方面发挥主导作用。

（2）开展合作：加强国际合作，尤其是双边和多边合作与交流，共同促进合作机制和平台建设，共同建设开放市场，共同促进海洋科技交流。

五、加强管理局的领导，积极支持联合国可持续发展目标

（1）支持联合国可持续发展目标：中国应在深海采矿商业案例进一步成熟时积极参与联合国可持续发展目标，例如对第 14 条（水下生命）和第 5 条（地质、工程和环境技术方面的深海采矿专业人员的教育和培训中的性别平等）做出贡献。

（2）加强领导：中国应继续采取措施加强管理局作为一个管理机构的地位，并积极参与管理局事务，例如利用召开小组讨论的机会，并在专题小组及其地理小组（亚太区）中发挥积极的领导作用；树立国家担保的良好模式，建立咨询网络，表明国家对深海采矿的立场。

（3）支持区域环境管理计划进程：中国应支持管理局的标准化、透明和协商的区域环境管理计划进程。这应包括建立一个具有生物代表性的、受到充分保护的禁采区网络。

第四章　区域协同发展与绿色城镇化战略路径*

一、引言

现有城镇化模式，无论是城市承载的经济内容，还是城市自身的组织方式，很大程度上都是传统工业时代的产物。当作为城镇化基础的传统发展内容和方式因为不可持续而向生态文明新发展范式转型时，相应的城镇化模式，也必然要进行重新定义和深刻转型。未来大量农业人口以何种模式实现非农化和城镇化，以及现有城镇如何实现绿色转型，是中国面临的重大战略问题。为此，必须跳出传统工业化的思维框架，在生态文明新的思维框架下重新思考。基于生态文明的绿色城镇化，是解决城市不可持续问题的根本出路。如果说传统工业化思维下的绿色城镇化概念更多的是类似“在现有城市里面建公园”，那么生态文明思维下的绿色城镇化，则类似在“（自然）公园里面建城市”。如何在不破坏并充分利用自然生态环境的前提下创造繁荣经济，意味着发展的理念、未来城市承载的内容、组织逻辑及其区域经济的含义，均会发生深刻改变。本报告旨在从城镇化为什么出现的逻辑起点开始，揭示城镇化问题背后的内在机制，并提出基于生态文明重塑中国城镇化的战略思路和路径。

（一）中国城镇化的基本任务

中国经济高速发展的一个重要驱动力，就是快速推进的城镇化。1949 年，中国只有 10.6% 的人口生活在城市。2019 年，中国城镇化水平达到 60.6%[1]。按照工业化国家的经验，预计到 2035 年，中国将有约 70% 人口生活在城镇。2050 年，这一比例将上升到 80% 左右（图 4-1）。根据《国家人口发展规划（2016—2030）》，预计 2030 年中国总人口达到 14.5 亿人左右，之后逐步下降，同期城镇化率将达到 70%。联合国人

* 本章根据“区域协同发展与绿色城镇化战略路径”专题政策研究项目 2020 年 9 月提交的报告整理摘编。

1 国家统计局. 中国统计年鉴 [M]. 中国统计出版社, 2020.

口署也预测[1]，中国人口总量峰值出现在 2030 年左右，之后逐步下降。到 2050 年，总人口预计降至 14 亿人。这意味着，中国城镇化水平还有约 20 个百分点的上升空间，新增城市人口可能超过 2 亿人[2]。

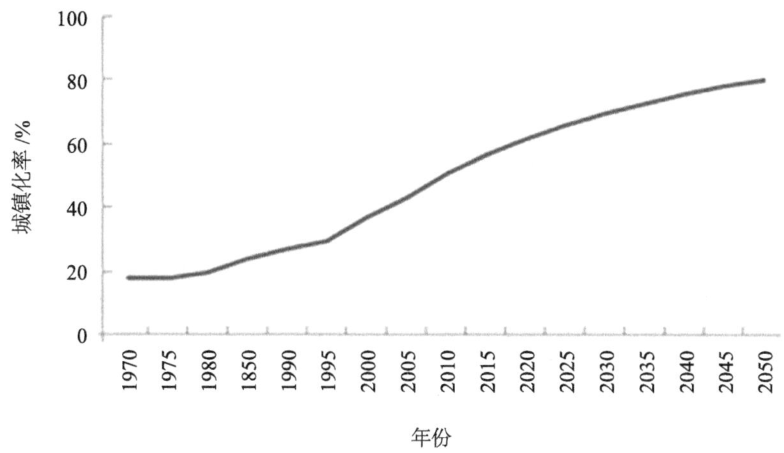

图 4-1　中国城镇化的快速增长（1970—2050 年）

资料来源：国务院发展研究中心（DRC）绿色团队模型。

因此，中国绿色城镇化面临两大基本任务：一是按照国际经验，未来有超过 2 亿的人口会从单纯的农业中转移出来，他们是否会进入城镇，或者如何以绿色方式实现所谓的城镇化；二是传统工业化时代形成的现有城镇，如何通过绿色转型实现可持续，并以此激发新的发展活力。

要解决这两个问题，就必须充分理解城镇化的本质。在工业时代，人口和经济活动在城镇的集聚，即城镇化的过程，大大加快了工业化进程，人类社会由此形成了以工业文明为基石的现代社会结构，以及“城市—工业、农村—农业”的基本城乡地理分工格局。因此，城镇化一直被视为经济发展的重要驱动力。但是，现代城市也出现了各种问题。环境问题就是其中最严重的问题之一。因此绿色城镇化也就成为一个重要议题。

1 United Nations. Department of Economic and Social Affairs, Population Division. World Population Prospects 2019[R]. Online Edition. Rev. 1. (2019).

2 但是，由于对中国 2050 年人口预测存在较大差异，对中国未来新增城镇人口数的预测也存在争议。本报告的重点，不在于研究未来新增城镇人口的数量，而只是说明城镇化这一问题的重要性。

（二）传统城镇化的基本特征及后果

虽然城市的出现有漫长的历史，但大规模城镇化乃是工业革命后的产物。传统工业时代建立的城镇化，有两个基本特征。

第一，从经济发展内容上看，城市的功能主要是为了促进工业财富的生产和消费，即促进工业化进程。相应地，城市基础设施的功能，很大程度是围绕工业产品的生产和消费。就一般意义而言，基于传统工业化的经济发展过程，是一个将大量农业劳动力转移到城市制造业的城镇化过程，形成了“城市—工业、农村—农业”的城乡经济地理分工格局。

第二，从城市的组织形式上看，主要是基于传统工业化逻辑的集中式分布。城市的设计理念过于依赖工业技术，而不是基于生态理念让自然力造福人类。比如，供热、能源、建筑、水处理等的模式，往往成本高昂。如果充分释放自然力，将会有效降低城市成本、提高城市效率（附件 4-1）。

传统工业时代形成的这种城镇化模式，在大大促进工业化的同时，不可避免地对环境和区域经济带来了难以持续的后果。

第一，严重的环境后果，包括空气污染、水体污染、噪声污染、固体废物污染等。背后的原因是，以物质财富的生产和消费为核心的传统工业化模式，必然建立在物质消费主义的基础之上（表现为鼓励过度消费、内置的产品生命周期、一次性消费等），从而必然产生“高资源消耗、高环境破坏、高碳排放”。只要经济发展建立在过于依赖物质财富基础之上的性质不发生根本性改变，则建立在这种发展内容基础之上的城镇化，必然成为环境破坏的重要来源。

第二，用城市工业化的逻辑将农业改造成工业化或化学农业，带来了严重的农村生态环境后果。具体表现为：环境污染后果（工业污染、化学农业、养殖污染、生活污染）、 生态后果（污染引发、滥捕滥采引发、生态链破坏引发、单一农业和化学农业导致农业生物多样性大幅下降等）。

第三，城乡和区域不平衡后果。在工业化和城市化的过程中，人口必然从不具有工业优势的农村或地区大规模向城市或沿海地区转移，从而给前者的社会生态系统带来难以逆转的冲击，不可避免地造成城乡和地区差距。

第四，社会代价和文化代价。一方面，大城市出现大量现代“社会病”，“高收入、低福祉”成为突出问题。同时，农民工也难以真正融入城市。另一方面，城市问题与乡村问题成为一枚硬币的两面，原有乡村社会结构被大规模城市化冲击，“三农”

（农村、农民、农业）问题成为严重问题，出现大量空心村、留守儿童老人等。为此，党的十九大将“乡村振兴”战略作为重大战略。

作为传统城镇化模式根基的传统增长模式，它在提高人类福祉的同时，也通过两个途径影响人们福祉。一是生态破坏和环境污染会降低人们生活质量和福祉。诸如空气污染、食品安全、饮用水质量、噪声垃圾、极端天气、生物多样性丧失等环境问题，已经渗透到人们生活的各个方面，严重影响人们的生活质量和健康安全[1]。二是以物质财富生产和消费为中心的经济增长，并未能同步提升人们生活质量和幸福水平。大量研究表明，包括中国在内的很多国家，传统工业化模式下的经济发展并没有像人们以为的会持续同步提高国民幸福水平[2,3,4,5,6]。当基本物质需求得到满足后，物质财富的进一步扩张，虽然会带来亮眼的 GDP 数字，但对于进一步提高人们的福祉却效果甚微。同时，与工业化模式相适应的所谓现代生活方式，带来了大量“富贵病”（disease of affluence）。

总之，作为现有城镇化基础的传统工业化模式，虽然带来了高物质生产力，但却是一种不可持续、高成本的经济，只是这种高成本并未反映在企业私人成本中，而是体现为社会成本、隐性成本、长期成本和机会成本，因而容易被人忽略。同时，这种增长模式的福祉效果也较为低下，而提高福祉乃是经济增长的根本目的。随着这种不可持续增长模式的转型，与之相应的城镇化模式，也必须在生态文明的基础上进行重新定义。

二、绿色城镇化的分析视角

（一）现有绿色城镇化思路

关于绿色城镇化，或者关于城市如何实现可持续发展，有两种流行思路[7]。由于未能跳出传统工业化的框架思考城镇化，这些思路似难解决城镇化面临的根本问题。

1 YANG J D, ZHANG Y R. Happiness and Air Pollution[J]. China Economist, 2015, 10(5).
2 SCITOVSKY T. The Joyless Economy: The Psychology of Human Satisfaction [M]. Oxford University Press USA, Revised edition, 1992.
3 NG Y K. From preference to happiness: Towards a more complete welfare economics[J]. Social Choice & Welfare, 2003, 20: 307-350.
4 SKIDELSKY E, SKIDELSKY R. How much is enough? Money and the good life[M]. Penguin UK, 2012.
5 EASTERLIN R A, MORGAN R, SWITEK M, et al. China's life satisfaction, 1990—2010[J]. Proceedings of the National Academy of Sciences of the United States of America, 2012 (25): 9775-9780.
6 JACKSON T. Prosperity Without Growth: Foundations for the Economy of Tomorrow[J]. Taylor & Francis, 2016.
7 张永生 . 重新定义城镇化 [Z]. 2020.

一是基于传统工业化思路理解发展问题和城镇化，认为城市代表着机遇，经济发展就是人口不断向城市转移的过程；认为人口集中有利于规模经济和技术创新，因而城市规模越大越好。城市中出现的环境等不可持续问题，可以通过技术进步和更好的城市设计来解决。相当一部分的主流城镇化学者尤其经济学者，都可以归为这种思路[1,2,3,4,5]。更有学者认为，很多城市问题虽然因为规模大而产生，但这些问题的解决，也需要依靠城市规模[6]。这一思路并不认为或未能意识到，城市不可持续问题的背后，实质是发展模式的不可持续。正如爱因斯坦指出的，我们不能用过去导致这些问题的思路，去寻求问题的解决。与此相关的另外一种思路，则是主张走中小城镇道路。这种思路自然有其合理之处。这里最大的问题是，无论强调走大城市道路，还是走中小城镇道路，都是一个伪问题，因为城市大小背后的根本驱动力，乃是市场力量而非行政规划，没有力量可以事先设计出一个大城市或小城市。

二是强调生态环境容量的绿色城镇化思路，强调城市的发展要根据所在地的资源环境容量“科学地”规划和控制发展规模。这种说法被广泛接受，看起来非常有道理，因为任何城市都不可能超过其环境容量，这似乎是不言自明的。但是，当城市承载的内容及其组织方式发生改变时，其对应的环境容量也会发生改变。同样的环境容量，可以对应不同的城市规模。这种强调环境容量的城镇化思路，同第一种强调技术的思路，本质上是一致的，因为给定发展内容不变，则经济发展就必须依靠技术突破，否则环境容量就成为经济发展的限制。

上面这些流行的思路，很大程度是在传统工业化框架下讨论绿色城镇化问题。由于现代经济活动主要发生在城市，故环境问题大部分也源于城市。这样，人们很自然地将绿色城镇化作为城市问题而非发展问题来对待，并将现有城镇如何绿色化当作讨论的逻辑起点。

人们在讨论生态文明时，很多时候其实是在讨论所谓绿色工业文明，即在不改变

1 BETTENCOURT L M A. The Origins of Scaling in Cities[J/OL]. Science, 2013, 340. 1438. DOI: 10.1126/science.1235823

2 GLAESER E. Triumph of the city: How our greatest invention makes us richer, smarter, greener, healthier, and happier[M]. Penguin, 2011.

3 LOBO J, et al. Urban Science: Integrated Theory from the First Cities to Sustainable Metropolises[J]. Mansueto Institute for Urban Innovation Research Paper Series, 2020.

4 ROMER, P. The City as Unit of Analysis. 2013. https://paulromer.net/the-city-as-unit-of- analysis/.

5 FUJITA M, KRUGMAN P. When is the economy monocentric? von Thunen and Chamberlin unified[J]. Regional, Science & Urban Economics 1995, 25(4): 505-528.

6 陆铭 . 城市、区域和国家发展——空间政治经济学的现在与未来 [J]. 经济学（季刊）, 2017, 16(4): 1499-1532.

传统工业化模式的前提下，通过所谓绿色技术创新来实现可持续发展的目的[1]。但是，绿色工业文明并不是生态文明，二者具有本质的区别[2]。

现有的城镇化模式，无论是城市承载的经济内容，还是城市自身的具体组织形态，很大程度均是基于传统工业化的逻辑。这种基于传统工业化的发展模式，给人类带来了巨大的进步，但也带来了严重的不可持续问题。

城镇化是经济发展的空间表现形式。当经济发展的技术条件、内容发生变化，它要求的空间形态也会发生相应的改变。因此，城镇化并不总是能够提高生产力。虽然城市的出现有几千年的历史，但现代意义上的大规模城镇化现象，却是建立在工业革命后形成的工业化模式基础之上。在农业时代，城市更多的是作为政治、宗教、军事等非经济中心。由于农业活动依赖土地，农业时代大规模的城镇化不仅不能提高生产力，反而会降低生产力。

因此，思考绿色城镇化问题，要从为什么会有城市这个逻辑起点开始，而不是从现有的城镇出发。城市的环境问题，根本上是一个发展模式问题，而不只是一个城市自身的问题。当作为城镇化基础的经济发展内容和方式因为不可持续而面临深刻转型时，相应的城镇化模式也必然要进行深刻转型。

这意味着，必须在生态文明的基础上，对现有基于传统工业化模式的城镇化进行重新塑造，以绿色城镇化促进中国经济转型和高质量发展。

（二）城镇化的分析框架

思考绿色城镇化转型，必须从为什么会有城市这个逻辑起点开始。在回答为什么会有城市之前，我们首先要理解经济增长的机制，以及城镇化是如何促进经济增长的。

经济增长的源泉，乃是分工水平的提高，而分工又取决于市场的大小[3]。这里有一个两难折中，即更高的专业化分工意味着更高的生产力，但专业化分工必然需要交易，交易就会产生交易费用。如果交易费用过高，以至于超过专业化分工的好处，则分工就难以发生，经济就难以增长[4,5]。

因此，如何提高交易效率，就成为促进经济增长的关键，而城镇化则对提高交易

1 ACEMOGLU D, AGHION P, BURSZTYN L, et al. The environment and directed technical change[J]. American Economic Review, 2012, 102: 131-166.

2 张永生 . 论生态文明不等于绿色工业文明 [M]// 美丽中国：新中国 70 年 70 人论生态文明 . 北京：中国环境出版集团 , 2019.

3 SMITH A. An inquiry into the nature and causes of the wealth of nations[M]. London: W. Strahan and T. Cadell, 1776.

4 BETTENCOURT L M A. Impact of Changing Technology on the Evolution of Complex Informational Networks[J]. Proceedings of the IEEE, 2014, 102(12).

5 YANG X. K. Economics: New classical versus neoclassical frameworks[M]. NewYork: Blackwell, 2001.

效率至关重要。交易效率提高的原因，除了道路交通运输通信等硬件基础设施的改善和制度及机制设计等软的方面（包括高效的政府、产权制度、企业制度、专利制度等）外，经济活动在地理空间上的集聚，也即城镇化，也起着重要作用。

可以设想，当一个产业链条相对集中在城市，就比分散在乡村的不同角落更容易进行分工与协作，从而带动经济增长。此外，城市的好处还在于：第一，人口集中在城市也扩大了市场，而市场扩大又为分工水平的提高创造条件；第二，城市集中便于提供基础设施和政府公共服务。水、电、气、通信等公共设施的集中，会大大提高使用效率，节省建设成本；第三，人口集中在城市，便于思想交流，有利于创新和新知识的产生与扩散。除了分工的视角，城市的研究还有很多视角[1,2,3,4,5]。

因此，决定城市化模式的，有三个关键因素（图 4-2）：一是交易效率的变化；二是公共设施和公共服务供给的变化；三是发展内容的变化，即生产、消费和交易的内容。其中，发展内容从过去以“高资源消耗、高环境破坏、高碳排放”为特征的资源投入为主的工业财富，转向更多依赖知识、生态环境、文化等无形资源投入的高质量新兴服务业，是绿色城镇化的经济基础。当这三个因素发生深刻变化时，经济发展对空间集聚的要求就会发生改变，从而城镇化的内容和组织方式也会发生相应变化。本项研究的核心，就是揭示这三个因素在数字绿色发展时代的变化及其对中国城镇化的含义，以及政府应如何据此制定相应的绿色城镇化战略。

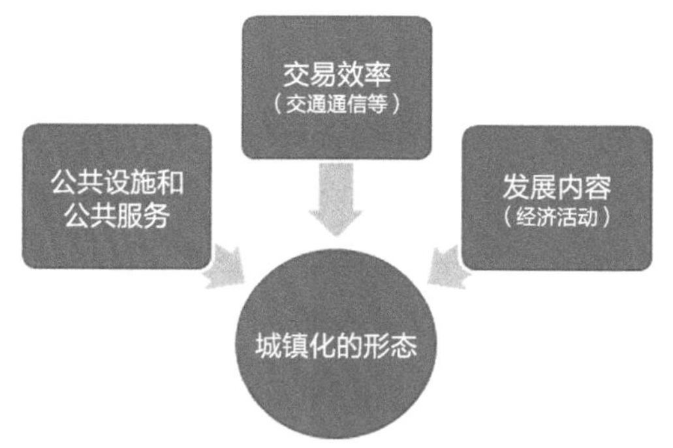

图 4-2 决定城镇化模式的三个核心条件：分析框架

资料来源：作者绘制。

1 YANG X. Development, Structure Change, and Urbanization[J]. Journal of Development Economics, 1991, 34: 199-222.
2 YANG X, Rice R. An Equilibrium Model Endogenizing the Emergence of a Dual Structure between the Urban and Rural Sectors[J]. Journal of Urban Economics, 1994, 25, 346-368.
3 HENDERSON J V. The Sizes and Types of Cities[J]. American Economic Review, 1974, 64: 640-657.
4 FUJITA M. Urban Economic Theory: Land Use and City Size[M]. New York: Cambridge University Press, 1989.
5 FUJITA M, KRUGMAN P. When is the economy monocentric? von Thunen and Chamberlin unified[J]. Regional, Science & Urban Economics, 1995, 25(4): 505-528.

（三）城市群的出现

既然人口和经济活动的集聚对经济如此重要，按照这个逻辑，是不是所有的人口都会集聚到一个超级大城市？不是。在市场力量的作用下，一定会形成大中小城市层级结构，进而不同区域形成若干中心城市，它们共同构成若干城市群和都市圈。

为什么会出现大中小城市层级结构？大城市虽然有提高生产力的好处，但也有坏处，包括高物价和各种“城市病”（城市污染、交通拥堵、高房价、犯罪、高精神压力等）。因此，大城市的真实效用，并不是其名义上收入看起来那么高。比如，在大城市 10 000 元收入，并不意味着其真实效用就是在小城市 5 000 元收入的两倍，因为大城市很大一部分收入被用于支付各种交通、高房租等额外费用。如果进一步考虑大城市的污染、压力等非货币因素，大城市和小城市的真实效用应该大体相当。这就是为什么在市场驱动下，不同人会选择不同的城市，从而形成大中小城市层级结构的原因[1]。

那么，城市群如何出现？不同区域均形成其区域城市中心，可以使整体经济的空间成本最小化。尤其是，像中国这样人口密集、幅员辽阔的国家，一定会形成若干个区域中心的大都市和城市圈，而每个区域中心的大都市范围，又会形成城市的层级结构。一个国家大部分人口集聚到一个特大城市的现象，更多地只会出现在一些国土狭小的国家。人口分别集聚在不同的区域中心城市的交易成本，往往低于所有人口集聚在一个全国性大城市的成本。当然，除了成本外，城市在地理上如何分布，还取决于城市规模对生产的好处，包括国土面积、人口大小及其初始分布、产业结构、自然禀赋的分布、地理交通、气候、文化、制度等因素，均会影响集聚的成本和收益，进而影响城镇化的地理格局。

三、未来中国绿色城镇化模式

（一）决定城镇化的关键条件正发生深刻变化

随着人类社会从传统工业时代进入数字绿色时代，决定城市化模式的三个关键因素，都在发生剧烈变化。这些变化在中国尤为剧烈。这意味着，中国未来的城镇化模式将发生深刻变化。

首先，交易效率的戏剧性提高。随着移动互联技术、数字时代和快速交通体系的

1 YANG X, RICE R. An Equilibrium Model Endogenizing the Emergence of a Dual Structure between the Urban and Rural Sectors[J]. Journal of Urban Economics, 1994, 25: 346-368.

来临，传统时空概念正发生大的变化，很多经济活动不再需要像工业时代那样如此依赖生产要素和市场的大规模物理集中，也无须非要在城市或固定地点就能完成。

其次，技术条件的变化，使一些原先依赖物理空间集中的公共设施和服务，很多都可以通过分散化的方式提供。比如，供暖、污水处理、分布式能源、垃圾处理等，在很多条件下均可以从集中式供给转向分布式供给。这意味着，在一些小城镇和乡村，也可以低成本地实现高品质的生活。在数字时代，很多政府服务也可以通过数字平台来提供。

最后，发展内容的变化。前面讨论过，传统工业化模式必然导致环境不可持续，绿色城镇化转型的重要内容之一，就是要改变供给的内容。其中，满足人们“美好生活”新定义的大量新兴服务需求，正是绿色发展的方向，也是绿色城镇化新的经济基础。虽然城市的集聚依然会非常重要，但很多内容不再需要像工业生产那样大规模地集中。尤其是，很多环境和传统文化都分布在乡村和小城镇。因此，乡村可能出现很多新的经济活动，城市和乡村的关系也会被重新定义。

（二）绿色城镇化的含义

需要特别指出的是，虽然上述三个变化导致很多经济活动不再像过去那样高度依赖生产要素的物理集中，但这并不意味着“城市的衰落”，也不意味着大量经济活动会离开城市，而是意味着传统的城市概念和乡村概念都需要重新定义，从而形成新的增长来源。

城市承载的经济活动发生深刻改变。人们对“美好生活”的需求，并不只是物质财富。随着人们需求的升级，经济发展内容从传统的物质财富，更多地向新兴服务拓展。很多在传统发展定义下不存在的经济活动会大量出现。比如，现有城市依靠其人口集中的优势，可以发展文化创意和体验经济，从而实现发展内容的转型；乡村不再只是生产农产品的场所，而是成为一个新型的地理空间，可以容纳很多新的非农经济活动，包括体验、生态观光、教育、健康等。

城市自身的组织方式以及地理空间布局均会发生改变。比如，吃穿住行的方式，均会发生很大的变化；原先集中式的能源供给，可能部分地被分布式能源替代。城市基础设施，会更多地基于生态原理等。

上述变化，既有促进经济活动进一步集聚的效果，也有促进经济活动分散的效果。未来城镇化的地理空间分布，究竟是会出现集聚化还是分散化，则取决于上述三个决定因素中哪些因素占据主导地位。

（三）未来城镇化的空间分布

对于未来城镇化空间分布的趋势，学术界似乎还有待形成共识。目前关于未来城市形态的讨论，有两种不同的预见。一种是对分散趋势的支持。Henderson 等证据表明，随着高铁等的出现，中国城市正出现分散的趋势[1]。一种是认为互联网和便捷的交通会加速人口向大城市集中[2]。这两种不同的观点，可能是出于对城市内在规律的不同理解，以及不同定义导致。因此，基于大数据对人口与经济活动的实际空间分布的研究，就较传统统计数据更能刻画真实的状况。

对于中国未来城镇化战略而言，厘清城市规模同经济发展之间的关系非常重要。在经济增长理论中，人口规模并不总是有利于经济增长。比如，在 Solow 增长理论（1956）、内生增长理论、刘易斯剩余劳动力理论中，人口规模对经济增长分别有着负面、正面或中性作用。以 Krugman 和 Fujita（1995）等为代表的新经济地理强调人口规模对经济增长的好处。但是，正如 Young（1928）指出的，斯密定理强调的“市场大小”（extent of market）并不是“大规模生产”（mass production）和人口规模[3]。张永生和赵雪艳的研究显示[4]，Fujita-Krugman 城市化模型中的企业规模经济同现实不符。一些强调城市规模的经验研究显示，城市规模同其人均 GDP 之间存在强相关[5]。但是，结论可能并不是如此简单，前面我们介绍了大中小城市的层级结构是如何内生的。由于大城市市场规模大、分工水平高，其名义 GDP 通常会高于中小城市，但大城市的 GDP 中包含更多的交易成本（通勤成本、房价、拥挤等），净效用却并不一定更高。如果对城市人口和 GDP 进行回归分析，就会得出“城市越大，人均 GDP 越高”的结论。但这个结论无论在学术上还是政策上，都可能产生一定误导。

在现实中，我们既可以发现大量“城市规模小却经济发达”的例子，也可以发现大量“城市规模大却贫穷”的例子。在欧洲，超过一半人口生活在承载量为 5 000 ～ 100 000 人口的中小城市[6]。同时，城市人口规模并不等于繁荣，世界上超过

---

1 BAUM-SNOW N, BRANDT L, HENDERSON J V, et al. Roads, railroads and decentralization of Chinese cities [J]. Review of Economics and Statistics, 2017, 99 (3): 435-448.

2 GLAESER E. Triumph of the city. How our greatest invention makes us richer, smarter, greener, healthier, and happier[M]. Penguin, 2011.

3 YOUNG A. Increasing returns and economic progress [J]. The Economic Journal, 1928, 38: 527–542.

4 ZHANG Y, ZHAO X. Testing the scale effect predicted by the Fujita-Krugman urbanization model[J]. Journal of Economic Behavior & Organization, 2004, 55: 207-222.

5 BETTENCOURT L M A. The Origins of Scaling in Cities[J/OL]. Science, 2013, 340: 1438. DOI: 10.1126/science.1235823.

6 European Commission. Cities of tomorrow: Challenges, visions, ways forward[R]. EC, Brussels, 2011.

千万的29个超大城市中，有22个在非洲、亚洲和拉丁美洲，但这些超级大城市并没有因此获得繁荣。在中国，很多城市的发展不再依靠人口的增长，人口和城市经济增长之间，出现了倒U形关系。

（四）中国城镇化演进趋势

中国实际城镇化水平高于传统口径的水平。如果将人口密度高于1 000人/km^{2}的区域定义为城镇，则国务院发展研究中心（DRC）宏观决策支持大数据实验室根据百度慧眼人口大数据的一项研究显示，中国2015年实际城镇化水平为62.2%，高于传统统计方法6.1个百分点[1]（图4-3）。

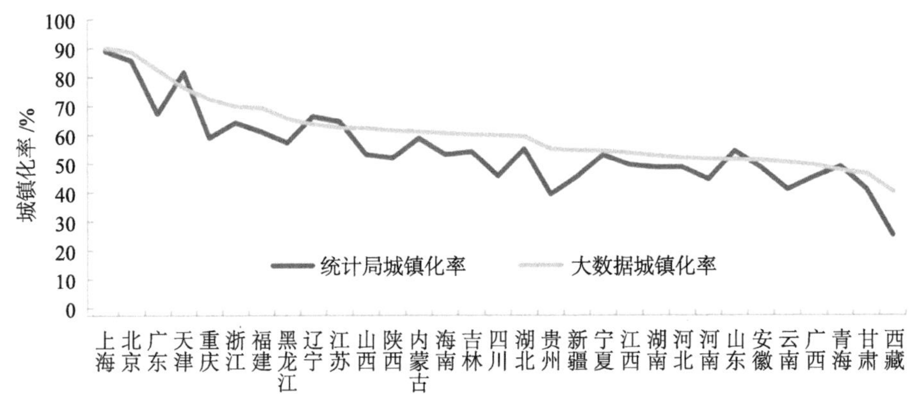

图4-3 城镇化率省际对比：大数据测算vs.统计数据

资料来源：陈昌盛，石光.大数据视角下的我国城镇人口比重[M]//迁徙的人、变动的城：大数据视角下的中国城镇化.北京：中国发展出版社，2019.

中国城市总体上已从数量扩张进入高质量发展阶段，一些城市的发展与人口流动开始呈现倒U形关系[2]。近两年，中国一些最具吸引力的城市的日间流动人口净流入未有较大变化，个别特大城市常住人口数量出现下降。随着区域经济平衡，返乡创业就业现象也越来越多。

城市的空间格局正发生重大变化。城市群和都市圈的兴起，将主导未来中国经济发展格局。根据本课题作者基于官方统计数据的测算，2017年中国20个城市群占全

1 陈昌盛，石光.大数据视角下的我国城镇人口比重[M]//迁徙的人、变动的城：大数据视角下的中国城镇化.北京：中国发展出版社，2019.

2 陈昌盛，魏冬.从人口互动大数据看中国城市的发展与潜力[M]//迁徙的人、变动的城：大数据视角下的中国城镇化.北京：中国发展出版社，2019.

国 GDP、人口和土地面积的比重，分别为 90.87%、73.63% 和 32.67%。兰宗敏基于百度迁徙数据、手机密度数据和夜间灯光数据的研究显示，城市群的分化比较明显，规划城市群的空间范围，普遍小于大数据测度的城市群范围[1]。

这意味着，在未来，无论是现有城镇的绿色转型，还是新增城镇以绿色方式实现的城镇化，发生的空间范围都主要集中在现有城市群和县域城镇化两大部分。同时，城镇化的内容和形态，也在发生深刻变化。

（五）绿色城镇化对区域协同发展的影响

数字时代的绿色城镇化，会深刻改变中国的区域经济格局。在传统农业时代，经济发展高度依赖自然条件，故而形成了以自然地理条件为界人口分布格局。在中国，存在所谓胡焕庸线。1935 年，地理学家胡焕庸在论文《中国人口之分布》中提出“瑷珲（今黑河）—腾冲一线”（ the Aihui-Tengchong Line，also known as the Hu Line），发现此线以西人口约为中国总人口的 6%，此线以东人口约为中国总人口的 94%。这条线后来被学界称为胡焕庸线。据华东师范大学城市发展研究院《城市发展动态》资料显示，历次的人口普查数据均显示自 1935 年以来，经历了 80 年时间，中国人口分布格局基本未变。

这种人口分布格局，又为南北地区的工业化提供了不同的基础条件。总体上，这种人口经济发展格局在工业时代进一步得到强化。但是，由于工业生产可以很大程度上摆脱自然地理条件的束缚，而人口的集聚，也即城镇化的过程，大大加快了工业化的进程，城镇化开始成为区域经济分化的载体。

工业化需要便利的交通和市场等支持。很多在农业时代兴盛的地区，在工业时代优势不再。大量的农业人口和那些没有工业化优势的地区的人口，大规模地流向沿海和大中城市这些具有工业化优势的地区。因此，基于工业化模式的发展，必然带来地区城乡差距和地区经济分化。更为严重的是，这种传统工业化模式，不只带来发展水平的分化，更对落后地区和乡村的社会经济生态系统带来系统性的摧毁。这是很多乡村在工业化过程中衰落的原因。

随着人类社会进入移动互联和生态文明时代，传统工业时代形成的发展范式正发生深刻转变，包括发展理念、发展内容和资源概念等也发生深刻变化，经济活动的空间含义也随之发生深刻变化。这有望从根本上改变这种城乡失衡及区域失衡格局。这

1 兰宗敏 . 基于大数据的城市群识别与空间特征 [M]// 陈昌盛 . 迁徙的人、变动的城：大数据视角下的中国城镇化 . 北京：中国发展出版社 , 2019.

意味着，虽然自然地理意义上的空间差异会长期存在，但经济地理意义上的空间发展差距，却有可能在更大的空间和时间范围进行突破，从而为西部地区在数字时代以生态文明新发展范式走新的发展道路提供了可能。

具体而言，改变这种区域经济空间格局的，正是绿色城镇化。“绿色”和“城镇化”的结合，就有着特别的意义。其中，“城镇化”可以通过重塑人口和经济活动的空间格局而促进经济发展；“绿色”是满足新的“美好生活”需求的重要内容，其对应的资源概念，超越传统工业文明下的物质资源概念，同生态环境和文化等密切相关，而这些又正是所谓落后地区的优势禀赋所在。因此，在“绿色发展”的视角下，区域经济的禀赋概念会被重新定义。这会给在工业时代缺乏发展优势的落后地区带来新的机遇。

四、绿色城镇化：中外实践案例

在推动绿色城镇化方面，中国和世界均有很多很好的案例。如何遴选有价值的案例进行研究，是案例研究要解决的第一个问题。爱因斯坦说，“是理论决定我们能够发现什么”（It is the theory which determines what we can observe）。面对纷繁复杂的现实世界，我们不能简单地随机收集案例进行研究，而是要跳出传统工业化模式，根据新的理论和理念识别有价值的案例。

具体而言，我们希望在新的绿色城镇化理论框架下，发现乃至通过参与地方试验创造有价值的案例。困难在于，由于路径依赖，理论愿景的实现，往往面临“鸡生蛋、蛋生鸡”的两难处境。当绿色城镇化的证据还没有足够多时，政府为避免失败的风险，往往不会采取有力的行动。如果没有足够有力的行动，证据就越不容易出现。因此，我们并不能用是否存在足够的绿色城镇化成功案例，来判断绿色城镇化的可行性。所谓基于证据决策（evidence-based decision making）的原则，对于发展范式的转型而言，并不总是可靠的。很多时候，决策者的远见卓识和行动能力，往往更为关键。

（一）中国案例

案例 1：深圳新能源交通案例（《第四次气候变化国家评估报告》）

深圳市是中国首批新能源汽车应用推广示范城市，已成为全球新能源汽车保有量和使用量最高的城市。截至 2018 年 7 月 31 日，深圳机动车保有量 333.07 万辆，其中，新能源汽车保有量达到 18.71 万辆，占机动车总保有量的 5.6%。2018 年年底，深圳已实现公交与出租车全部电动化。

这个案例的价值在于，推广新能源汽车的很多障碍，可以通过一系列的政策和机制设计来解决。深圳采取的具体做法是：第一，解决资金压力。为解决新能源汽车推广面临购置价格相对较高、动力电池寿命与车辆使用期不匹配的难题，深圳采用“融资租赁、车电分离、充维结合”模式。第二，创新推广应用模式，确定公交先行推广策略，初步实现资产轻化、购租结合，里程保障、分期付租，自行充电、利益共享。第三，财政支持政策重点向充电设施倾斜。在已形成快充为主、慢充结合的充电设施网络基础上，不断创新多元化充电方式。第四，促进新能源汽车产业发展，涌现出比亚迪、五洲龙、沃特玛等一批行业领军企业，形成国内最完善的新能源汽车产业链。

案例 2：深圳市空气质量与碳排放协同治理案例（《第四次气候变化国家评估报告》）

“蓝天保卫战”和“应对气候变化”是中国面临的两项重大任务，而空气污染物排放和碳排放在一定程度上又是“同根同源”，化石能源燃烧、钢铁水泥生产等活动都是二者的主要排放源。因此，削减空气污染物排放和碳排放存在协同效应。从排放源看，深圳市大气污染防治和碳排放的重点在交通。根据北京大学深圳研究生院和深圳市综合交通运行指挥中心 2015 年的研究显示，新能源汽车占比是城市低碳交通发展的主控因子之一。这个案例的价值在于，减少碳排放的好处不只是全球性好处，更有大量的本地好处，从而减排就可以成为一个自利行为。

案例 3：无废城市试点

2019 年 1 月，国务院办公厅印发《“无废城市”建设试点工作方案》。“无废城市”并不是指没有固体废物产生，也不意味着固体废物能完全资源化利用，而是旨在最终实现整个城市固体废物产生量最小化、资源化利用最大化、处置安全的目标。现阶段，要通过“无废城市”建设试点，统筹经济社会发展中的固体废物管理，大力推进源头减量、资源化利用和无害化处置，坚决遏制非法转移倾倒，探索建立量化指标体系，系统总结试点经验，形成可复制、可推广的建设模式。2019 年 4 月 30 日，生态环境部公布 11 个“无废城市”建设试点。11 个试点城市为：广东省深圳市、内蒙古自治区包头市、安徽省铜陵市、山东省威海市、重庆市（主城区）、浙江省绍兴市、海南省三亚市、河南省许昌市、江苏省徐州市、辽宁省盘锦市、青海省西宁市。

区域协同发展与绿色城镇化战略路径专题政策研究课题组对“无废城市”背后的机制进行了研究，并揭示其政策含义。研究显示，虽然在技术上，所有的垃圾和废物都可以称得上是“放错地方的黄金”，但垃圾和废物能否有效地转化成“黄金”，却取决于其是否经济有效（cost-effective）。技术上可行的，经济上不一定有效。但是，有很多做法，可以推动技术有效性和经济有效性的一致。比如，加强对废弃物的处理要求（“污染者付费”原则），让相互关联的生产厂家尽量在地理上集中等。对于每个试点城市，背后都有其特定约束条件，需要据此采取不同的措施。

案例 4：成都私家车碳排放交易案例（《第四次气候变化国家评估报告》）

成都的“蓉 e 行”碳普惠项目，旨在鼓励私家车停驶减排。通过搭建碳减排量化方法学模型，量化市民停驶机动车做出的碳减排实际贡献，为碳普惠参与主体的“碳资产”权益提供科学依据。截至 2018 年 10 月，“蓉 e 行”用户注册人数达 203 万人，已有 1.6 万名私家车主自愿停驶减排、平均每辆私家车停驶天数 14 d，累计减少主要污染物排放总量约 13 t。这个案例的价值在于，证明了有效的激励机制对促进绿色消费模式有很大的作用。

案例 5：旧城文化活化案例

云南大理“四季街市”案例，将传统工业化思维下认识不到其价值的旧菜市场进行活化，产生良好的经济和社会效益。由于传统工业化是建立在物质财富基础之上，而工业化生产过程更多需要的是物资资源的投入，无形的文化不仅在生产过程中难以发挥作用，而且很多还被工业化的模式毁坏。比如，在工业化的思维中，老旧菜市场的功能就是卖菜。在城区改造的过程中，此类场所往往列入拆掉的对象。但是，一旦跳出这种传统工业化视野，就可以看到老旧菜市场除了卖菜的功能外，还有很大的历史价值和文化功能的价值。这些文化价值通过企业家、设计师和艺术家的活化，就可以焕发出生机，成为新的产品和服务。

但是，文化不像有形的工业产品，往往很难进行交易，文化也就不容易商业化。如果不能商业化，就只能通常依靠政府投资，而政府通常又有很多刚性支出，往往很难顾及此类难以带来直接财政收入的项目。此时，新的商业模式对文化开发就非常重要。一个可能的商业模式是，一家企业负责一个特定区域的文化开发，虽然这些文化服务启发直接进行交易，但该区域开发后会对区域内企业产生增值，然后开发企业从这些企业中分享一部分增值，得到投资回报。

这个案例的价值在于，它从新的视角对传统的资源概念进行重新定义，认识到在传统工业化模式下不被重视的文化的价值，并通过创意设计对这种价值进行提升，然后通过有效的商业模式将其市场化。该案例为如何推动那些传统工业时代形成的城市，提供了一个有益探索。

案例 6：乡村振兴案例

城市和乡村是一枚硬币的两面。城市的问题，都会在乡村有其映射。讨论绿色城镇化问题，就同时必须讨论乡村发展问题。在传统工业化思维下，发展被定义为工业化、城镇化和农业现代化的过程。为更高效地生产工业财富，人口与工业活动需要集聚到城市，农村则被狭隘地定位为剩余劳动力、农产品和原材料的供给基地，形成“城市—工业、农村—农业”的基本城乡分工格局。工业生产活动基于规模经济，农业则被用工业化逻辑改造，转变成所谓工业化农业、单一农业和化学农业。经济发展的过程，成为农业人口大量向城镇转移的过程，而农业和乡村的其他功能，则未能被充分认识和开发。这种发展模式在带来大量物质财富的同时，也带来了不可持续、福祉，以及严重的城乡失衡、地区失衡等问题。

为推进中国生态文明建设，2016 年开始，国务院发展研究中心绿色发展基础领域研究团队，帮助湖北石首进行绿色发展试验示范，不再走沿海“先污染，后治理”的老路，而是采用新的发展理念，对乡村进行重新定义，通过绿色转型实现蛙跳式发展。在新发展理念和数字时代，乡村不再只是传统定义的“三农”概念，而是可以承载各种现代文明和绿色经济活动的新型地理空间。对乡村的重新定义带来无限可能。

主要示范内容集中四大板块工作：（1）将化学农业系统大范围地转化为生态农业，不再使用农药化肥，大力提升生态环境价值。他们摸索出的鸭蛙稻（integrated rice-frog-duck farming）生态农业方法，已发展成中国最大的连片鸭蛙稻基地。村民收入明显提高，乡村环境大幅改善。（2）地方文化活化，充分挖掘丰富的地方文化，并用现代形式进行活化。（3）用生态理念，将农村居民区改造成高品质的乡村生态社区。（4）通过上述“新型绿色基础设施”和互联网条件，催生大量亲环境和文化的新兴绿色经济活动，将良好的生态环境和丰富的地方文化转化成“金山银山”，实现了“越保护、越发展”。经过五年的试验示范，该区域在上述方面取得了明显成效，初步探索出了一个乡村绿色发展的新模式，不断有来自发展中国家的官员进行学习考察，一些国外大学还将其列为学生暑期海外学习基地，该区域成为一个面向国际的绿色发展知识中心。

（二）国际案例：重视自然力量对城镇化的作用[1]

迄今为止，实现可持续城市的重点措施，都集中在如何最大限度地减少城市造成的环境危害上。但是，这些做法依然维持了自然与城市之间的二分法。例如，传统的 20 世纪保护主义者的工具是自然保护区和国家公园。21 世纪版本的保护区的一个例子，

1 本部分的内容来自大自然保护协会团队专门为本专题政策研究课题组准备的研究成果。

是中国雄心勃勃的国家生态功能区和生态红线计划。这些计划将保护和恢复工作扩展到关键生态服务提供领域。但是，实际上，这些区域主要位于农村、山区或人口稀少的区域，而这些区域与人口稠密的城市地区不同。这些排他性或近乎排他性的自然保护区，当然也是生态文明方法对城市发展的重要组成部分，但是生物多样性和生态系统效应发挥作用的主要对象，却主要发生在这些保护区域之外，也即发生在城市之中。我们需要沿着从荒地到城市核心的整个梯度，将自然纳入城市规划和价值体系。

在附录中，我们提供了如何在城镇化中发挥自然作用的一些案例。

- 澳大利亚墨尔本大都市的绿化案例。
- 美国加利福尼亚湾区的绿化案例。
- 将生活带回到韩国清溪川的案例。
- 中国海绵城市雨洪管理案例。
- 为城市雨洪管理设施提供激励的案例。
- 城市雨洪信用交易的案例。
- 中国水源保护用水基金的案例。
- 菲律宾的红树林保护案例。
- 自然如何成为经济驱动力的案例。

五、中国绿色城镇化的战略选择及政策建议

（一）战略选择

总体思路：基于生态文明重新塑造中国城镇化，不再走过去依靠数量扩张的城镇化道路，而是通过绿色城镇化促进中国经济绿色转型和高质量发展。在“十四五”规划中，绿色城镇化战略应成为重要内容。

1. 绿色城镇化的三大任务板块

板块一：现有城镇的重塑，即根据数字绿色时代新的生产生活方式要求进行转型

一是催生绿色新经济。现有城市绿色转型的优势在于：市场需求方面，其已有的人口规模为新兴服务经济提供了市场需求；供给方面，依托其高素质人才和城市的文化、历史等无形禀赋，可以形成大量体验经济和创意经济。同时，用新型商业模式和互联网技术对传统行业的改造提升，也有着巨大潜力。这方面中国有大量成功的案例，包括老街区、老工业区、老商城等转型为创意和体验经济区，以及资源枯竭型城市的成功转型案例。

二是城市基础设施绿色改造。基于生态文明理念对已有城镇基础设施进行改造，会降低城市的成本、提高城市的效率。比如，大自然保护协会（The Natural Conservancy）的研究显示，通过充分利用大自然的力量，可以带来更好的效果（见附录 4-1）。“如果将生态功能和服务纳入成本一收益分析，则一种混合的基础设施，也即将自然同传统基础设施结合，就可以最经济地防止自然灾害的冲击，包括海平面上升、暴雨、海岸洪灾等。传统抗洪设施不仅成本更高，而且错失很多产生额外经济活动和生态服务的机会，比如娱乐、碳捕获、动物栖息地等功能。”

板块二：新增的城镇化，即以绿色方式实现新增城镇人口的城镇化

未来新增加的超 2 亿城镇化人口，需要采用新的绿色理念和模式。这些人口中，大量会转移到现有城镇，而一部分也会在县域范围就地城镇化，形成新型特色小镇。未来城市和乡村之间，更多地只是一个物理形态的差别，而不是现代文明和经济发展水平的差别。由于乡村会出现大量新的工作机会，并且乡村生活质量大幅提高，大量新型“城乡两栖人口”会出现。关于城镇化的传统统计方法，也需要相应改变。

中国有很多好的案例和研究。比如，美国落基山研究所（Rocky Mountain Institute）在中国一些地方开展的“全口径近零排放示范区”。它是基于综合治理的概念，在促进经济增长的同时，尽可能降低污染物、垃圾及二氧化碳的排放。示范遵循全系统解决生态环境问题的思路，同时考虑对空气、水、土壤和生态系统的保护，将生态环境作为一个整体，从生态系统、生产全过程、全价值链等着手，提供整体解决方案。

板块三：对乡村的重新认识

城市和乡村是一枚硬币的两面。当经济发展内容和方式发生改变时，乡村的定义和城乡关系也会发生相应改变。在传统的概念下，发展就是一个农业劳动力大规模转移到城市进行工业生产的过程，即工业化和城镇化，而农业和农村则在工业化视角下被重新改造，成为一个为城市工业提供劳动力、粮食和原材料的基地。农业的生产方式，按照工业化的逻辑，改造成单一农业、化学农业，带来严重的生态环境后果。这种工业化视角下的传统农村定义，不仅限制了乡村的经济发展空间，而且牺牲了很多宝贵的乡村文化和生态资源。实际上，乡村是一个多功能的新型地理空间，可以容纳大量新型经济活动。在这方面，中国也有很多成功案例。比如，DRC 绿色发展研究团队在“重新定义乡村”的框架下，帮助欠发达地区通过绿色转型实现蛙跳式发展。

2. 绿色城镇化的两大战略抓手：绿色城市群 + 县域城镇化

中国绿色城镇化的两大战略抓手，一是城市群和都市圈的绿色转型；二是县域城

镇化。为什么要以城市群和县域城镇化作为中国绿色城镇化的战略抓手？

第一，目前20个城市群的经济和人口在全国占据绝对比重（图4-4）。2017年，中国20个城市群占全国GDP、人口和土地面积的比重，分别为90.87%、73.63%和32.67%（表4-1）。可以说，解决了城市群绿色转型的问题，就基本解决了全国绿色城市转型的问题。

表4-1 城市群经济、人口、国土面积加总量占全国比例

	GDP/亿元	人口/万人	土地面积/km²
城市群数据加总	743 771	102 351	3 147 710
全国2017年数据	818 461	139 008	9 634 057
城市群加总占全国比例/%	90.87	73.63	32.67

资料来源：作者根据国家相关统计数据绘制。

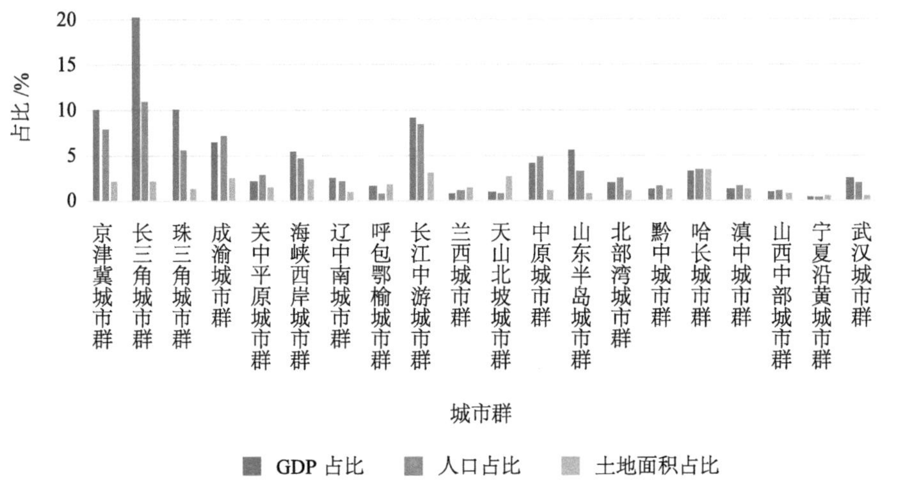

图4-4 中国20个城市群分别占全国GDP、人口、土地面积的占比

资料来源：作者根据国家相关统计数据绘制。

第二，城市群从空间上包括三大板块的内容，即现有城镇、新增城镇和乡村，能够同时发挥城乡互补的优势。以城市圈为重点，可以最大限度激活城市和乡村的优势和潜在市场需求。位于城市群和都市圈的乡村，基于其生态环境资源，为周边城市提供绿色新供给。

第三，县域经济是中国乡村振兴的主要内容。除了人口向县城集中外，大量人口会以特色小镇的形式，就地实现城镇化，以有利于城镇和乡村的协同发展。

3. 从功能型城市向亲自然城市模式转变

亲自然的城市模式，不是将城市土地划分为不同的土地用途，而是将土地用途进行整合，从而明确地将城市的自然特征纳入其中。此外，亲自然的城市不是将自然视为外部性，而是将自然的价值引入了城市规划和决策中，做出了明智的选择来促进公共利益。亲自然城市还利用市场经济的力量，有效地增强了生态服务供给。挑战在于，这种转变需要改变社会价值体系，从而使自然资本不再独立于现有金融体系和土地使用规划决策之外。

（二）若干具体政策建议

第一，认识上要有突破。其一，要充分认识到目前数字时代和绿色发展理念对城镇化模式的影响，不能再用旧有城镇化思维进行绿色城镇化规划；其二，绿色城镇化不只是狭隘的建筑、规划和绿色技术问题，而是一个发展内容和发展方式问题；其三，城市的布局和规划要充分发挥市场的决定性作用，更好地发挥政府作用。

第二，大力促进城乡要素的自由流动，城市规划也要考虑其对乡村的影响。城市和乡村是一个问题的两面。在制定绿色城镇化规划和相关政策时，一定要将城乡统筹考虑在内，充分考虑其对乡村经济、生态、社会和文化的影响。同时，鼓励城市人才向乡村流动，有序、有条件地向城市居民放开农村宅基地租赁和使用权。

第三，加快绿色技术的推广。一是着重解决新兴绿色技术推广面临的体制和机制性障碍。绿色城镇化最大的障碍并不是缺乏好的绿色技术，而是大量具有经济性和技术可行性的绿色技术难以落地和大范围推广。二是高度重视大量成本低廉的绿色适用技术的推广。比如，小型人工湿地污水处理系统、被动式建筑，等等。三是以一些潜力大、难度小的绿色技术为突破口，解决其推广过程中面临的各种障碍。室内空调节能就是一个可能的突破口。

第四，从功能型城市向亲自然城市模式转变。为了帮助实现这一转型，需要往以下四个方向努力（附件 4-1）：一是保护城市里重要的城市生物多样性和自然栖息地，克服城乡规划中传统的城市和自然的二分法；二是将生物多样性和生态系统服务纳入城市规划，设计具有综合土地用途的城市，其中包括对人类福祉至关重要的自然基础设施；三是制定政策激励措施，赋予生态系统服务以价值，将生态系统服务视为市场的关键部分，而不是将其视为外部性；四是将为城市居民提供生态系统服务作为实现可持续发展的重要途径。

附件 4-1 重视自然在城镇化和区域发展中的作用

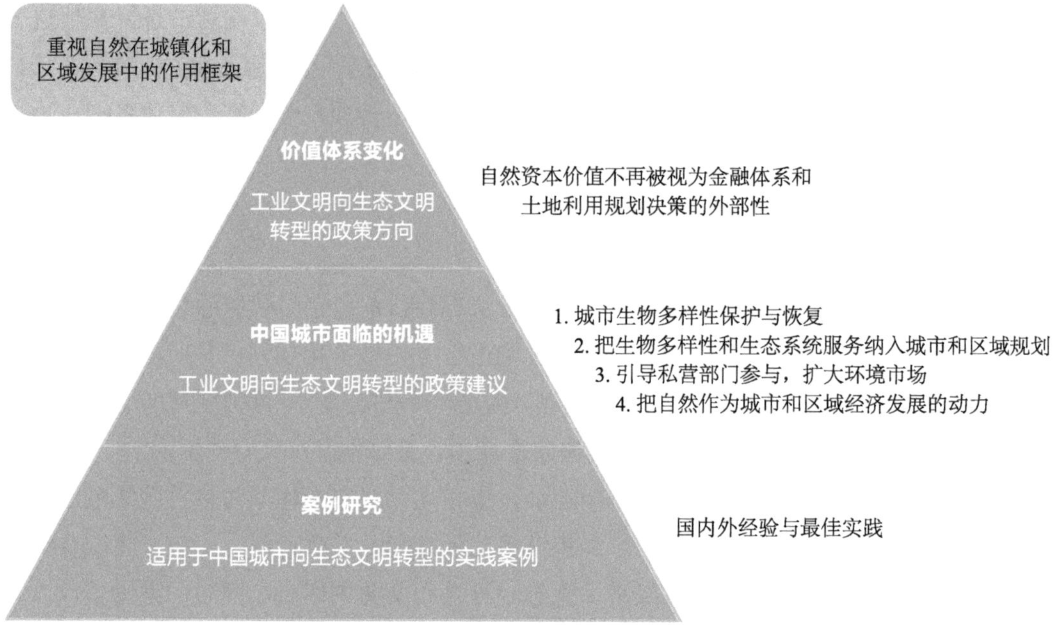

重视自然在城镇化和区域发展中的作用框架

价值体系变化

工业文明向生态文明转型的政策方向

自然资本价值不再被视为金融体系和土地利用规划决策的外部性

中国城市面临的机遇

工业文明向生态文明转型的政策建议

1. 城市生物多样性保护与恢复
2. 把生物多样性和生态系统服务纳入城市和区域规划
3. 引导私营部门参与，扩大环境市场
4. 把自然作为城市和区域经济发展的动力

案例研究

适用于中国城市向生态文明转型的实践案例

国内外经验与最佳实践

重视自然在城镇化和区域发展中的作用框架

一、引言

“生态文明”是 2018 年写入《中华人民共和国宪法》的一套价值观和发展理念，是中国向高质量经济社会发展转型的关键驱动力。这一概念以前所未有的方式将生态健康的首要地位与传统的发展要素联系起来。中国明确认识到，人类的经济和社会进步依赖一个健康的地球，中国正利用生态文明这一理念为应对 21 世纪挑战提供一个连贯的概念框架[1]。伴随着对生态文明和绿色发展道路的承诺，中国城市和城市群的可持续性正在快速提升。然而，要实现从传统工业文明向生态文明的转型，还需要一种新的城市发展范式[2]。

二、现状与趋势

在工业文明时代，功能性城市占城市发展模式的主导地位（附图 4-1）。在功能

1 HANSON A. Ecological Civilization in the People’s Republic of China: Values, Action, and Future Needs[R]. ADB East Asia Working Paper Series. 2019, No. 21.

2 ZHANG Y. Why ecological civilization is different from green industrial civilization[J]. Draft manuscript, 2019.

性城市中，自然被认为是与城市分离和独立的东西。功能性城市的设计将人类的土地使用分为不同的区域，在城市范围内缺少自然景观。此外，在决策制定和市场机制中，城市居民和企业依靠自然为生的众多方式也被忽视。例如，城市居民的清洁饮用水在一定程度上取决于保护城市水体免受侵蚀的自然植被；一个地区的森林覆盖影响其空气质量；公园和其他城市公共空间包含许多自然特征，如草坪、森林和湖泊，都为在此休闲的人们提供了美学享受。城市所依赖的大多数生态系统服务都是公共物品。在功能性城市模式中，生态系统服务被认为是市场和决策的外部性事物。这意味着，相对于社会的真正需要，公共物品将退化和供应不足。

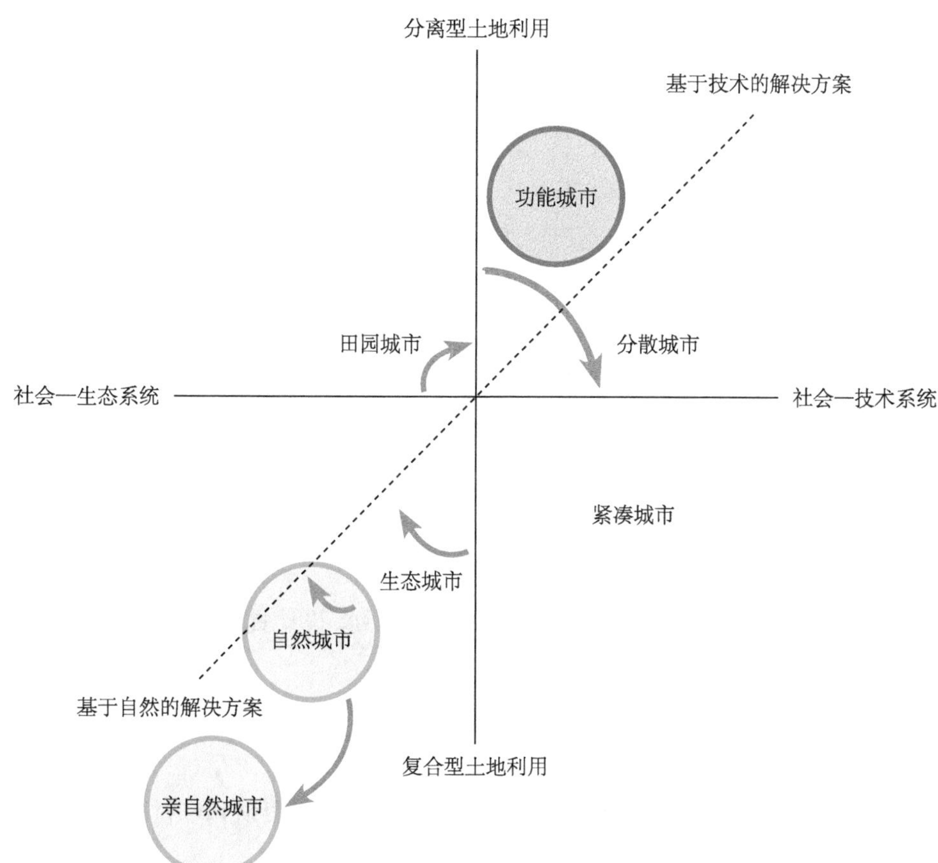

附图 4-1　城市从工业文明向生态文明转变的概念框架，以及将自然资本价值内化为金融和土地使用决策的概念框架

资料来源：根据 Scott 和 Lennon 2016 发表的文章改编。

SCOTT M, LENNON M. Nature-based solutions for the contemporary city[J]. Planning Theory and Practice, 2016, 17: 267-300.

三、最新进展

迄今为止，提高城市可持续性的措施集中在尽量减少城市可能造成的环境危害上。然而，这些措施没有解决自然与城市之间的尖锐对立。例如，20 世纪自然资源保护的传统手段是建立自然保护区，即在人类发展范围之外留出重要生物多样性区域和自然保护区。21 世纪自然保护区的一个范例就是中国雄心勃勃的生态功能区划和生态红线计划，将生态保护和恢复工作扩展到提供关键生态系统服务的地区。然而，这些地区主要位于农村、山区或人口稀少地区，与人口稠密的城市具有较大差异。这些特定的保护区是城市向生态文明转型路径的重要组成部分，但有些关键的生物多样性和生态系统并不包括在内。我们要把自然融入城市规划和价值体系中，从荒地、保护区到城市核心区，全方位逐步推进。

四、挑战

中国要实现向生态文明转型，需要从功能性城市模式转变为亲自然的城市模式（附图 4-1）。与功能性城市土地分割使用不同，亲自然城市模式整合了土地利用，把城市的自然特征融入其中。此外，亲自然城市没有把自然视为外部性事物，而是将其纳入城市规划和决策之中，做出明智决策，以促进公共利益。亲自然城市也为市场中的生态系统服务赋予价值，利用市场经济的力量加强生态系统服务供给。

为解决这一挑战，总体政策方向是改变社会价值体系，把自然资本纳入金融体系和土地利用规划决策之中。为实现向亲自然城市转型，提出以下四项政策建议。

（1）保护城市里重要的生物多样性和自然栖息地，克服城乡规划中传统的城市和自然的二分法。

（2）把生物多样性和生态系统服务纳入城市规划，设计具有综合土地用途的城市，其中包括对人类福祉至关重要的自然基础设施。

（3）制定政策激励措施，赋予生态系统服务以价值，将生态系统服务视为市场的关键部分，而不是将其视为外部性。

（4）将为城市居民提供生态系统服务作为实现城市、县域和乡村可持续发展的重要途径。

中国的机遇：重视自然在城镇和区域发展中的价值政策建议具体内容如下。

（一）政策建议 1：保护城市生物多样性

要认识到城市化是一国生物多样性丧失的主要驱动力，城市生物多样性对于人类福祉具有重要性。在制定法律、政策，分享最佳实践和成功措施等方面发挥全球领导作用，以防止因城市规划不当造成生物多样性进一步丧失，加大城市生物多样性保护和恢复力度。

作为《生物多样性公约》的缔约国，中国致力于保护生物多样性，既是为了其自身价值，也是为了其使用价值，即帮助解决包括城市内部和城市周边地区的社会问题。虽然中国仍然是地球上生物多样性最丰富的国家之一，但几个世纪以来，中国经历了重大损失。过去四十几年，由于城市化，生物多样性损失严重[1]。2010年发布的《中国国家生物多样性保护战略和行动计划》认识到城市化带来的生物多样性丧失的重要性，在住房和城乡建设部早期政策指示的基础上，提出了城市生物多样性保护的规划和示范项目。然而，正如中国在2019年向CBD秘书处提交的最新进展报告所述，城市化仍然是生物多样性丧失的关键因素。

除了条约承诺和道德动机外，生物多样性还具有重要的使用价值，即帮助解决人类社会的问题。一般来说，社会和城市的长期恢复力需要多样性以及所有要素能够共存的条件。维持生物多样性是生态文明的核心原则。防止自然多样性的丧失（以及恢复已经丧失的要素）是至关重要的，这样我们就不会失去面对未来社会挑战时的选择权。历史上，大多数人认为城市地区没有值得保护的生物多样性，但我们现在知道，城市自然是整个生物多样性不可或缺的组成部分。城市地区是野生动物的重要庇护所，是生物多样性新要素的进化热点，是景观间栖息地连通性的关键。城市自然与人的互动更为密切，并通过各种生态系统服务直接影响人们的生活。

中国认识到自然的内在价值，即生态系统为人们提供直接利益，可以帮助解决许多城市问题。中国发起并资助了许多基于当前问题的特殊项目，如海绵城市、国家森林城市等。但我们无法预测50年或100年后城市面临的所有挑战。因此，我们需要所有能够帮助我们创新并为未来创造应对挑战的措施方案。否则，从工业文明向生态文明的转变是不可能成功的。

鉴于中国正在筹备《生物多样性公约》第十五次缔约方大会，建议：

（1）鼓励中国城市参与全球性网络，创建基于科学的评估指标体系，以评价城市和区域系统（城市、城市群、区域城乡景观）在实现《中国生物多样性战略和行动计划》和《生物多样性公约》中对生物多样性目标的贡献。

（2）根据全球经验和中国最佳实践方案，制定并适当加强城市生物多样性保护的法律和政策，包括以下标准：①编制城市生物多样性目录；②防止现存生物多样

1 The Nature Conservancy. Nature in the Urban Century: A Global Assessment of Where and How to Conserve Nature for Biodiversity and Human Wellbeing[R]. The Nature Conservancy, 2018. https://www.nature.org/en-us/what-we-do/our-insights/perspectives/nature-in-the-urban-century/?vu=r.v_urban100.

性丧失；③战略性恢复退化的栖息地和灭绝的物种；④制订各利益相关方参与的保护计划。

（3）选择有代表性的城市开展有明确目标的生物多样性保护试点项目，所选取的城市应包含一线和三线城市，以及连接城乡地块的城市群。粤港澳大湾区是一个理想的试点区域。该城市群和周边农村位于中国东南部亚热带常绿阔叶林生态区，预计因城市化进程而造成的生物多样性损失排在全球前列。

（二）政策建议 2：将生物多样性和生态系统服务纳入城市规划和设计

中国应将城市、城市群和城乡区域景观作为一个整体，而不是临时开展狭义的具体项目。为此，中国应将生物多样性和生态系统服务纳入新的国土空间规划体系内，以帮助更好地划定城市增长边界，协调由各政府机构牵头的多个生物多样性和生态系统服务项目，并沿不同层次的城市化程度制定将自然资本（生态系统服务）最优化配置的规划方案。

寻求社会各阶层的协同效应是生态文明的核心。例如，保护或恢复城市的自然栖息地将有助于生物多样性的保护，也为城市居住区提供有价值的生态服务，例如降低城市热度、应对城市洪水和雨水污染，以及提供休闲绿地。寻找协同效应是一种降低成本的手段，同时可以获得更好的生态文明投资回报。追求这些协同效应也是改善法律框架、财政激励和体制安排的一种手段。

当前的城市规划方法是在工业文明模式下发展起来的，在这种模式下，空间设计采用了社会技术问题解决视角下的土地分割使用方法（附图 4-1）。自然为人们提供的价值被作为价值体系的外部性看待。要向生态文明转型，必须考虑生态系统过程与空间规划体系的融合，将城市视为一个整合的社会生态系统。也就是说，把自然的价值内化到城市规划设计中去。目前，中国正在开展国土空间规划，把生态系统服务价值作为空间规划的一部分。在中央到地方的空间规划过程中，中国应坚持这一理念，严守城市开发边界，尤其是新建城市和县城，以防止因城市规划不当造成生物多样性的进一步丧失。

中国承诺并制定了保护生物多样性和维护生态系统服务的多个项目。然而，与全球面临的普遍问题一样，目前的做法是典型的部门各自为政，而不是协同整合和协同设计。这样做是孤立的、在空间和时间上为单一利益而分别规划，将会失去将城市自然的多重效益整合在一起进行统筹规划而带来的明显优势。例如，中国的一些国家项目关注一个或少数生态效益，如海绵城市、国家森林城市、花园城市和生态城市，可能还包含市级生物多样性保护计划。

中国需要在法律和法规上，将所有重叠交互的生物多样性和生态系统服务项目纳入城市管理和空间规划中。这将在空间尺度上使生物多样性和人类获得更好的结果，对整个城乡体系都很重要，并能提高公共服务的经济效率。

（三）政策建议 3：扩大私营部门参与和环境市场

通过公共政策制定激励措施，通过建立新的环境市场为生态系统服务赋予价值，鼓励私营部门投资自然资本，以改善基础设施和其他城市服务。成功的市场设计的关键在于推动基于项目的技术创新和最低成本的解决方案。

随着城市自然资本的价值在生态文明条件下被纳入城市和区域发展的金融和空间规划体系，未来将有更多的机会通过扩大或创造以市场为基础的方法来部署自然基础设施，使私营部门参与进来。市场使我们能够从整体上看待一个环境，并从整体上做出发展和补偿措施的决定。对城市化的投资会给环境带来压力，应该有相应的补偿投资，纠正或理想地改善整体状况。

越来越多的私营企业和私有资产正在塑造中国城市的景观。虽然对单个地点的开发可能不至于导致当地生态系统的崩溃，但如果不关注其在更大的生态系统中的作用，一味地开发下去将会导致问题的发生。借助市场的力量，与私营部门围绕缓解措施的托管和投资展开合作，有助于低成本解决问题。例如，多个开发地点，无论是作为供应源还是需求源，都可以在其最重要的规模和地点与投资生态系统管理的集体经济力量联系起来。其目标是改善整体环境，同时让开发人员能够灵活地投资降低合规成本的项目。

这扩大了我国现有的生态补偿和生态服务付费项目，以激励民间资本进入城市绿色化。

具体建议如下：

（1）基于科学的数据分析，加强对新开发项目生态影响评估和缓解的要求。在适用的情况下，就创建 / 支持市场的基本监管要求提供建议。

（2）对中国城市具有重要意义的可交易生态系统服务（如暴雨水污染、沿海洪涝、植被缺乏引起的热胁迫、空气质量、生物多样性）开展研究。

（3）建立城市或城市群重要生态系统影响（如水资源、栖息地和污染物管理）信用评价方法。

（4）允许土地开发商进行交易或通过特定的区域缓解银行进行交易。

（5）制定金融补贴或福利，鼓励市场参与。

（6）为负责跟踪和清算交易的任何政府单位（城市性、地区性的等）制定市场计划管理指南。

（7）与几个选定的地区或私人开发商合作示范项目，提供有关项目经济、许可和监管挑战及成本的指示性信息，以及信贷/补偿买方和卖方之间的法律安排。

（四）政策建议 4：把自然作为城市和区域经济发展的动力

制定利用自然资本的政策，确保自然资本的长期供给，作为城市、县城和乡村景观经济发展战略的一部分。国家土地利用规划为确定适宜这一战略的区域提供了一个绝佳的平台。

在中国和世界各地都不乏利用自然作为经济增长的动力，作为实现绿色城镇化和生态文明路径的成功例子。在城市地区，环境已成为生活质量的关键指标，这对于吸引知识型员工至关重要。自然环境可以增加财产价值和消费者支出，县城的农业旅游和乡村生态旅游也被证明是经济发展的动力。农业旅游的主要动力是享受大自然，这使保护和恢复自然变得尤为重要。 对于县城和农村地区来说，农业旅游和生态旅游属于服务业，不需要大幅提高教育水平，就可以创造大量就业机会并提高当地收入水平。

具体建议如下。

（1）对于已经具有吸引知识工作者的城市区域，例如便利的交通和高品质的高等教育机构，应设定一个最低限度的自然目标，以确保该地区能够长期吸引知识工作者。把对自然环境的投资提高到与其他人造硬件和软件基础设施（如交通和教育）同等重要水平。把环境改善与修复作为城市振兴战略的组成部分。

（2）对于县城和乡村景观，农业旅游适宜于毗邻市中心的基本农田区域，可以在这些地区保护农田并恢复周边的自然环境。对于确定为适合生态旅游的地区，要保护和恢复自然资本，制定自然资本恢复、维护和扩展的长期管理框架和资金计划。

（3）对于适宜农业旅游的县城和生态旅游的农村，将农业旅游和生态旅游作为减贫、经济发展和创造就业的关键战略。投资于交通、医疗和接待设施等基础设施，以及对当地居民进行教育和培训等软基础设施，使他们有能力利用农业旅游，使游客可以通过相关基础设施享受自然资本服务价值。通过限制土地利用、游客人数，制定资源使用（如干旱地区的水）、卫生设施和酒店废物管理的严格要求，确保旅游不会对农业资源和自然环境造成损耗和破坏。

附件 4-2 从工业文明到生态文明：性别平等含义的变化

性别平等问题是当今世界面临的突出问题。如何提高女性社会地位，并充分发挥其各方面的独特作用，是中国及世界面临的一个重要课题。

不同的发展范式（what + how）同性别问题之间有着内在的联系。性别在社会中的角色随着发展内容和发展方式的变化而变化。人类从最早的母系社会（matrilineal society）到父系社会（patriarchy society）的转变及后者的不断强化，根本上归结于经济发展内容和发展方式的变化。

——在大规模的工业化发展之前，女性在农牧业生产、家庭教育和管理等很多方面，相当程度上起着主导作用。

——工业革命以后，人类建立以大规模物质财富创造为基础的工业化模式，生产力出现巨大飞跃，推动了前所未有的人类文明进步。相应地，工业化“暴力”（通过工具）征服自然的本质特征，强化了男性的相对地位。在此基础上演变而来的整个社会分工组织体系，就不可避免地出现了系统性的性别不平等问题。

传统工业化模式带来了大量生态环境破坏和各种社会问题，它不仅使女性难以发挥其优势，也让女性，尤其是乡村女性承担了更多后果。在快速工业化和城市化过程中，青壮年劳动力大量到城市工厂务工，出现大量空心村、留守妇女儿童造成严重的社会问题；化学农业带来的环境污染问题，也使女性处于相对不利的地位。因此，如果不改变性别不平等现象背后的发展方式这一根本问题，性别问题的解决也会遇到很大困难。

中国政府将生态文明和绿色发展作为国家发展战略，为更好地解决性别平等问题带来了新的机遇。生态文明新发展观的重要内容，就是将优美的自然生态环境和丰富的地方文化转化为财富，实现“绿水青山就是金山银山”的理念。同时，中共十九大还提出了“乡村振兴战略”。由于乡村女性与自然环境、地方文化关系中的天然联结，她们在乡村绿色振兴中能够发挥独特的作用，同时促进女性问题、绿色发展、乡村振兴三个重大问题的解决。

第五章　长江经济带生态补偿与绿色发展体制改革*

一、引言

2018年国合会启动了专题政策研究项目“长江经济带生态补偿与绿色发展体制改革”，旨在解决在生态保护和可持续发展的背景下如何在长江经济带构建生态补偿机制并实施绿色发展体制改革的问题。通过两年的项目研究，研究组在长江经济带生态补偿与绿色发展体制改革方面取得一定进展，提交了具有针对性和可操作性的政策建议，推动长江经济带生态补偿与绿色发展。2020年，项目继续深化长江经济带绿色发展体制改革研究，着力解决生态补偿标准缺失和绿色金融创新不足的问题，聚焦自然生态资本核算与生态投融资机制和政策创新研究，为长江经济带与黄河流域战略发展决策机制提供科学支撑。

本项目的总体目标是通过对自然生态资本核算本地实践、生态投融资政策实施的现状与发展趋势的梳理，提出目前自然生态资本核算与政策应用面临的挑战，通过对国内外最佳实践案例的经验总结分析，提炼出中国当前和今后一段时期可借鉴的经验启示，通过短期—中期—长期政策实施路线图的设计，最终为自然生态资本核算与生态投融资机制纳入长江经济带和黄河流域高质量发展与高标准保护提出政策建议。

二、研究趋势

（一）基本概念及政策工具

1. 自然生态资本核算方法学

自然生态资本包含“存量”（stock）的自然资本和“流量”（flow）的生态系统服务两大体系，目前对自然生态资本核算主要体现在对其流量的生态系统服务价值核

* 本章根据“长江经济带生态补偿与绿色发展体制改革”专题政策研究项目2020年9月提交的报告整理摘编。

算。生态系统服务价值核算的对象为生态系统为人类福祉和经济社会可持续发展提供的各种最终产品与服务，主要包括生态系统提供的产品供给服务、生态调节服务和文化服务。其中，生态调节服务指生态系统提供改善人类生存与生活环境的生态惠益，具体包括调节气候、涵养水源、保持土壤、调蓄洪水、降解污染物、固碳、释氧、控制有害生物等指标。

1967 年，Krutilla[1] 将存在价值首次引入主流经济学文献中，为后续定量评估自然生态资本价值奠定了理论基础。自然生态资本核算包括实物量和价值量核算，主要对自然生态资本的直接使用价值、间接使用价值和非使用价值进行核算。其中，自然生态资本实物量核算主要利用各种机制模型、统计方法以及遥感分析法等进行量化，如 CASA 模型、USLE 模型、InVEST 模型、水量平衡模型、遥感分析方法、统计监测方法等。自然生态资本价值量核算主要采用市场价值法、费用支出法、旅行费用法、恢复和防护费用法、影子工程法、机会成本法、条件价值法等环境经济学方法。因换算标准不一，通过不同价值化方法评估得到的自然生态资本价值量存在一定差异性。一般而言，自然生态资本的直接使用价值主要采用市场价值法，间接使用价值主要采用替代市场法，非使用价值多使用条件价值法。

目前，生态系统服务价值核算思路可分为自下而上的服务价值法和自上而下的当量因子法两种。自下而上的服务价值法基于生态系统服务实物量的多少和实物量的单位价格进行生态系统服务总价值核算。此法源于 1997 年 Costanza[2] 在 *Nature* 上发表的《全球生态系统服务价值和自然资本》一文，在国内以李文华[3]、欧阳志云[4]等著名学者为代表。这种方法因地制宜、针对性强，根据某时间点具体区域的生态特点，逐一归纳生态系统服务功能，并根据当年的服务功能单价逐项估算价值。但由于生态资产类型、具体核算的指标以及价值量评估方法的不同，导致核算结果的可比性有待商榷。

因上述方法的实施具有一定的难度和不确定性，也有学者提出利用当量因子法，简化生态系统服务核算方法。谢高地[5]在 Costanza 等研究的基础上，对我国 700 多位生态学背景的专业人员进行了多次问卷调查，发表了“中国陆地生态系统服务价值当量

---

1 KRUTILLA. Conservation Reconsidered. Environmental Resources and Applied welfare Economics: Essays in Honor of John V. Krutilla [M].Washington DC: Resources for the Future, 1988: 10.

2 COSTANZA R, et al. The value of the world's ecosystem services and natural capital [J]. Nature, 1997, 387: 253-260.

3 李文华 , 张彪 , 谢高地 , 等 . 中国生态系统服务研究的回顾与展望 [J]. 自然资源学报 , 2009, 24(1): 1-10.

4 欧阳志云 , 朱春全 , 杨广斌 , 等 . 生态系统生产总值核算：概念、核算方法与案例研究 [J]. 生态学报 , 2013, 33(21): 6747-6761.

5 谢高地 , 张彩霞 , 张雷明 , 等 . 基于单位面积价值当量因子的生态系统服务价值化方法改进 [J]. 自然资源学报 , 2015, 30(8): 1243-1254.

因子表”。这种方法在区分全国不同种类生态系统服务功能的基础上，基于可量化的标准构建了不同类型生态系统各种服务功能的价值当量，然后结合生态系统的分布面积进行评估。它具有方法统一、标准一致、直观易用、评估全面、数据需求少、结果便于比较的特点。这种方法相对简单、易操作，但其体现的是一个宏观平均化的量值，无法完全反映区域的具体生态系统特征。

目前关于性别差异对于生态资本核算的影响的研究还比较少，相关文献正处于增长阶段，最终基于性别观点的政策建议将会在本研究项目中提出。

2. 生态投融资政策

生态投融资政策是生态保护的核心，决定着生态保护资金的筹集和运用，集中反映了生态经济的各种关系。因此，生态投融资政策的设计，既要考虑投融资主体，也要考虑投融资渠道；不仅要反映经济社会效益，更要反映生态环境效益[1]。绿色金融是指为支持环境改善、应对气候变化和资源节约高效利用的经济活动，即对环保、节能、清洁能源、绿色交通、绿色建筑等领域的项目投融资、项目运营、风险管理等所提供的金融服务[2]。本报告中的生态投融资支持的项目范围小于绿色金融，但投融资手段可以借助于绿色金融产品。

国际上，普遍认为在生态投融资政策设计中应该考虑加强政府对生态环境保护投融资机制的主体引导地位，并且在政府的引导下发展公私合伙制形式的生态环境投融资机制，有效降低私人投资风险，提高生态环境投资效率，节约生态环境投资成本[3]。国内学者认为我国当前生态投融资需求巨大，但政府对于生态环境保护的投入远远不足，应该借鉴国际经验，加快推动生态环境保护领域投融资主体多元化格局的发展，拓展生态环境保护投融资渠道，并制定相关政策确保生态环境保护投融资渠道的顺畅[4]。

国内外开展了一些生态投融资政策设计量化分析的相关研究。Subhrenduk[5]运用市场价值法，对流域上游为下游地区带来的生态服务价值进行核算，为生态补偿标准提供依据。经济合作与发展组织（OECD）与丹麦环保局以及丹麦科威咨询公司（COWI）采用计算机决策支持工具制定东欧、高加索和中亚地区国家环境融资战略。张明凯[6]通

1 朱锡平 . 中国生态环境建设的投融资体制改革 [J]. 宁夏社会科学 , 2006, 135(2): 31-38.
2 中国人民银行 , 财政部 , 国家发展改革委 , 等 . 关于构建绿色金融体系的指导意见 [R/OL].
3 EASTERLY, W. Think Again: Debt Relief[J]. Foreign Policy, 2009(11/12): 20-26.
4 陈鹏 , 逯元堂 , 陈海君 , 等 . 我国环境保护投融资渠道研究 [J]. 生态经济 , 2015, 31(07): 148-151.
5 SUBHRENDUK, P. Valuing watershed services: concepts and empirics from Southeast Asia [J]. Agricultural, Ecosystems & Environment, 2004, 18(12): 171-184.
6 ZHANG M, ZHOU J, ZHOU R. Interval Multi-Attribute Decision of Watershed Ecological Compensation Schemes Based on Projection Pursuit Cluster [J]. Water, 2018, 10: 1-12.

过构建多元融资渠道效果研究的系统动力学模型，以流域跨界断面水质变化为衡量标准，仿真模拟多渠道资金的流域生态补偿资金的效果，结果发现单一资金来源不能实现流域生态补偿的效果，而多元融资渠道能够达到较好的效果，因此，应加快建立类似排污权交易的具有带动作用的生态产品交易平台，吸引社会资本的参与。

（二）当前进展

1. 自然生态资本核算

1997 年，Costanza 等首次对全球生态系统服务进行评估，并提出了包括 17 个评估指标在内的生态系统服务分类。2001 年，联合国发起的千年生态系统评估[1]将生态系统服务归纳为供给服务、调节服务、文化服务和支持服务 4 个功能类别。此后，联合国环境规划署提出的生物多样性和生态系统服务经济价值评估、联合国统计署的环境经济核算体系试验性生态系统核算、美国环境保护局的最终生态系统产品和服务分类体系（FEGS）和国家生态系统服务分类体系（NESCS）均在千年生态系统评估核算框架的基础上形成了新的核算体系。

在充分借鉴国际核算经验的基础上，我国学者也进行了积极探索，欧阳志云、谢高地、傅伯杰等学者先后构建了我国生态系统服务评估指标体系。原国家林业局、海洋局先后发布了《森林生态系统服务功能评估规范》（LY/T 1721—2008）、《海洋生态资本评估技术导则》（GB/T 28058—2011）、《荒漠生态系统服务评估规范》（LY/T 2006—2012）、《自然资源（森林）资产评价技术规范》（LY/T 2735—2016）等规范导则，推动了森林、海洋、湿地和荒漠等生态系统服务的评估进程。

流域生态系统是自然生态资本核算领域中最复杂的一类，涉及水文、碳氧、氮、磷等物质循环和生物多样性维护、水流动调节、水土保持、文化景观服务等机制与过程，其生态过程、生态功能和生态服务与社会福利之间存在非线性的相互作用关系，生态系统服务呈现出高度的空间异质性和动态性。国际上主要基于流域管理、土地和水资源利用、经济政策制定等目的，评估流域水资源、水土保持、减轻灾害等各类生态系统服务价值[2]，权衡分析经济服务和生态服务、流域上游保护与下游经济的关系，探讨农业发展、土地利用变化和不同政策措施对流域生态系统服务价值的影响[3]。

1 Millennium Ecosystem Assessment. Ecosystems and human wellbeing:synthesis[M]. Washington DC:Island Press, 2005.

2 WANG Y, et al. Building ecological security patterns based on ecosystem services value reconstruction in an arid inland basin: A case study in Ganzhou District, NW China[J]. Journal of Cleaner Production, 2019(241): 13-17.

3 ANESEYEE, et al. The effect of land use/land cover changes on ecosystem services valuation of Winike watershed, Omo Gibe basin, Ethiopia. Human and Ecological Risk Assessment[M]. 2019.

2. 生态补偿实践

自然生态资本核算结果作为生态补偿标准构建的依据，在生态补偿政策制定中开展了大量研究和应用。目前已经从流域、森林、草原、湿地等单一的生态补偿形式，向生态红线、重点功能区、国家公园等综合性生态补偿延伸。生态补偿最直接的目的是保护生态系统服务功能赖以存在的生态系统，从而实现生态系统服务可持续提供的目标。因此生态系统提供的服务功能是生态补偿制度设计的重要科学基础[1]。

作为合理调整相关利益主体环境与经济行为、实现流域可持续发展目标以及有效保护流域水生态环境的重要工具，国外对流域生态补偿进行了长期的广泛推行。围绕生态受益者付费、促进生态服务功能，将流域生态补偿界定为水资源生态功能及其价值保护和恢复的补偿[2]、流域水生态系统服务的交易以及自愿交易行为的制度框架[3]，主要通过市场手段和政府资金支付的补偿模式，实现流域生态系统服务及产品的供给。欧洲多瑙河流域、非洲尼罗河流域、北美洲密西西比河流域、南美洲亚马孙流域等全球主要跨国跨州流域，都开展了流域生态补偿和生态修复实践。

中国也非常重视流域生态补偿机制的构建。2016 年，中国发布《关于加快建立流域上下游横向生态保护补偿机制的指导意见》，提出将流域跨界断面的水质水量作为补偿基准，加快建立流域上下游横向生态保护补偿机制，推进生态文明体制建设。但因流域生态补偿法律不完善、具体运行机制缺乏、多元化生态补偿方式不足等问题，致使流域生态补偿还需要深入探索。新安江流域生态补偿是中国第一个跨省流域生态补偿试点，于 2012 年共同签订了补偿协议，开展了为期三年的生态补偿试点。截至 2017 年年底，两轮试点圆满收官，流域水环境质量稳定为优并进一步趋好，经济发展也保持较快速度和较高质量，公众生态文明意识与生态环境保护参与度显著提高，流域上下游联动机制不断健全，基本实现了试点目标。

3. 自然生态资本核算在空间规划中的应用

国际上，以生态系统服务价值作为区域土地利用变化情景选择的依据，开展了大量的研究。Stephen 等[4]利用模型并结合环境经济核算方法定量的评估了美国明尼苏达州 1992 年至 2001 年实际土地利用变化导致的自然生态资本价值变化和生物栖息地的

1 欧阳志云，等．建立我国生态补偿机制的思路与措施 [J]. 生态学报，2013. 33(03): 686-692.
2 JIANG X, Y Liu, R Zhao. A Framework for Ecological Compensation Assessment: A Case Study in the Upper Hun River Basin, Northeast China[J]. Sustainability, 2019(11): 1-13.
3 GAO X, J SHEN W HE, et al. Changes in Ecosystem Services Value and Establishment of Watershed Ecological Compensation Standards[J]. International Journal of Environmental Research and Public Health, 2019(16): 1-30.
4 Stephen P, Erik N, Pennington, et al. The Impact of Land Use Change on Ecosystem Services, Biodiversity and Returns to Landowners: A Case Study in the State of Minnesota[J]. Environmental and Resource Economics, 2011, 48(2): 219-242.

改变，同时也模拟了其他土地利用改变情景并进行了分析对比。研究显示当农用土地大量扩张时，土地主人能获得较高的经济回报，但包含有自然生态资本价值的社会效益却相对降低，研究结果显示作长期土地利用规划时，不仅应考虑直接经济回报，还应考虑包含有自然生态资本价值的社会效益。Erik 等[1]也曾经利用 InVest 模型评估和预测了美国俄勒冈州 Willamette 河流域农用地占到不同比例的情境下自然生态资本价值的变化情况，对该流域的土地利用规划和决策提出了具有参考意义的意见。

Zheng 等[2]分析了自然生态资本的供给服务、调节服务和生物多样性保护的关系，研究以海南岛生态功能保护区为例，核算了 1998 年至 2017 年该区域由于大量橡胶林种植对生态资本价值的改变情况。研究显示 20 年间虽然橡胶林种植面积增长了 70%，但由于天然林下降导致了大量生态系统调节服务的传输作用降低，同时大量的野生动物栖息地遭到破坏。研究结果表明在长期土地规划中需要综合考虑自然生态资本的破坏成本和生态效益，以维持该地区经济作物供给和自然生态系统的平衡。

2019 年 5 月，中共中央、国务院发布《关于建立国土空间规划体系并监督实施的若干意见》（以下简称《意见》），标志着我国国土空间规划体系顶层设计已经形成，在我国规划历史进程中具有里程碑的意义。《意见》指出在管制体系方面要考虑自然资源和经济发展之间的相互关系，对自然资源和经济发展的关系要做更充分的分析。在空间治理体系方面要构建国土空间的保护体系，平衡生态空间与能源安全和粮食安全的关系，通过生态空间的保护来促进自然生态资本更好地保值增值。

4. 基于自然生态资本核算的生态投融资

国际上生态投融资政策除了关注政府财政资金直接投资外，更多关注的是通过基金、债券、信托等方式吸引社会资本参与到生态环保中来，政府资金也往往通过基金等方式进行滚动投资。一些发达国家开始实施基于生态系统服务功能的收费政策来解决生态保护资金，同时也非常关注基于生态环境效益的生态投融资政策，例如美国保护性退耕计划（Land Retirement for Natural Resource Conservation）。该计划利用补偿手段引导农民休耕或退耕还林还草，取得了较好效果，成功的原因之一是利用美国农业部推出的环境效益指数（EBI），综合评价退耕地的环境效益，并在实施过程中根据退耕地环境效益改善的实际情况不断完善补偿标准。

我国生态投融资政策体系近些年不断完善，特别是党的十八大以来，呈现出全面

---

1 ERIK N, GUILLERMO M, JAMES R, et al. Modeling multiple ecosystem services, biodiversity conservation, commodity production, and tradeoffs at landscape scales[J]. Frontiers in Ecology and Environment, 2009, 7(1): 4-11.

2 ZHENG H, WANG L, PENG W, et al. Realizing the values of natural capital for inclusive, sustainable development: Informing China’s new ecological development strategy[J]. PNAS, 2019, 116(17): 8623-8628.

提速的良好态势。党的十八届三中全会《中共中央关于全面深化改革若干重大问题的决定》提出了建立吸引社会资本投入生态环境保护的市场化机制等改革要求。2015 年 9 月，中共中央、国务院发布《生态文明体制改革总体方案》，首次明确“建立绿色金融体系”。《“十三五”规划纲要》明确提出“构建绿色金融体系”的宏伟目标，将构建绿色金融体系上升为国家战略。2016 年 7 月，中共中央、国务院制定颁布了《关于深化投融资体制改革的意见》，对政府深化投融资体制改革的各个环节工作，做出了一系列具体部署，对生态环境保护和修复投融资体制改革具有十分重要的指导意义。2016 年 8 月，人民银行等多部委共同发布《关于构建绿色金融体系的指导意见》，标志着我国成为全球首个构建系统性绿色金融政策框架的国家。相关部委从绿色信贷、绿色债券、政府和社会资本合作模式、生态补偿等多方面不断创新生态投融资体制的财政、货币和监管政策。此外，地方政府也在积极改革创新生态投融资体制的政策措施，比如浙江省湖州市和江苏省先后出台激励措施，向绿色信贷和绿色债券提供财政贴息。

（三）挑战

1. 缺乏标准化的自然生态资本核算框架和方法

自然生态资本概念内涵不统一。自然生态资本核算作为一个研究领域，诞生时间短，不同学者对相关概念的内涵和定义理解不尽相同。自然生态资本与生态资产、生态产品和生态系统服务价值在概念和内涵上具有一定的相似性，相关定义中的资产或资本类别也有重叠和交叉。术语和概念的不一致，导致学术领域虽有大量成果，但成果之间的可比性不强，未经标准化的核算成果难以在政策层面上推广应用，直接影响了决策者对研究成果的采用。

缺乏标准化的核算框架和方法。虽然《千年生态系统评估》《联合国试验生态账户》《生态系统与生物多样性经济学》等都开展了自然生态资本价值核算，但不同研究中的核算框架和方法存在差异。其中最具争议的是《千年生态系统评估》的“四分法”，即将生态系统服务价值分为支持服务、供给服务、调节服务和文化服务四类。《联合国试验生态账户》在其发布的技术导则中倡议采用“三分法”来核算生态系统服务价值，即仅保留供给服务、调节服务和文化服务三类。目前国内外研究对核算指标采用“四分法”或“三分法”尚未达成一致，同时也存在支持服务和调节服务细分指标不统一的情况。

2. 经济发展和规划决策未能充分体现自然生态资本价值

长期以来我国规划体系大而庞杂，多规合一实施以来，以国土空间规划为代表的规划体系的核心是优化国土空间配置，通过国土空间的合理配置促进社会经济发展。但目前我国规划决策体系对目标实现成本和经济效益缺少定量评估，规划决策方法缺乏可持续发展理念的指引，导致规划目标的经济账算不清楚，涉及自然生态资本的隐形成本和效益无法在规划决策中得到充分考量。规划决策长期缺乏对自然生态资本价值的充分体现，定量评估方法的缺失导致规划决策的科学性和可持续性受到质疑。

同时目前国土空间规划决策的目标指标体系也缺乏对自然生态资本的考量，自然生态资本相关指标未作为约束性指标纳入规划的指标体系当中，不同类型自然生态资本及其产出效率无法在规划目标中得到充分体现，自然生态资本价值在规划决策的目标中既不能起到主导作用，也无法起到引领规划内容的作用。自然生态资本价值在规划中的长期缺失影响了“五位一体”总体布局的均衡发展，以自然生态资本价值增长为代表的生态文明建设成效无法在规划中得到充分体现。

3. 自然生态资本核算在生态投融资机制没有充分发挥作用

生态产品定价机制以及生态产品交易规则尚未建立。虽然我国在生态产品定价机制上已有一定探索，但尚未形成统一标准、统一程序，导致有些自然生态资产评估具有主观性和随意性，影响了评估结果的权威性。同时，生态产品价值实现机制、市场准入和相关利益主体分配方式以及管理办法等生态产品市场建设规制不够规范，生态产品交易机制无法建立，将自然生态资本核算结果纳入传统的金融投资体系存在技术障碍，难以利用抵押贷款、绿色债券、绿色基金等方式开展融资，不利于各类建设项目的绿色开发建设。

缺乏基于自然生态资本核算的绿色金融产品评估制度与工具。在传统的融资项目决策过程中缺少对自然生态资本的考量，将自然环境作为无偿使用的生产要素，没有考虑到自然环境的资本属性，导致投资机构很难识别绿色投资项目，难以抑制金融机构对环保排放不达标、严重污染环境且整改无望的落后企业提供授信或融资。此外，也难以帮助生态环境综合整治、污染场地修复、生态保护修复等绿色项目获得投资，绿色产业难以通过资本市场做大做强，严重制约了绿色投资以及生态投融资机制的发展。

三、中国经验与最佳实践

（一）生态银行：福建省武夷山

武夷山位于福建省西北部，是中国 11 个具有全球意义的陆地生物多样性保护的关键地区之一，也是东南部唯一的一个关键区。武夷山于 1999 年 12 月被联合国教科文组织列为《世界遗产名录》，成为世界“自然和文化遗产”保护地。武夷山市作为国家重点生态功能区，承担水源涵养、水土保持和生物多样性维护等重要生态功能，关系福建省的生态安全。2017 年，武夷山市作为《国家生态文明试验区（福建）实施方案》中的试点区域，开展了生态系统服务价值核算。武夷山市 2010 年和 2015 年生态系统服务总价值分别为 1 830.9 亿元和 2 219.9 亿元，其生态系统服务价值分别是 GDP 的 27.8 倍和 16.0 倍。

2017 年，武夷山所在的福建省南平市出台《南平市“生态银行”试点实施方案》。武夷山市五夫镇作为试点镇开始“生态银行”试点，通过自然资源管理、评估、流转、交易等方面的探索创新，形成了一条将生态资源优势转化为经济效益的典型路径。“生态银行”模式的实际运行流程包括收储资源、整理资产、引入资本三个阶段。其中，资源收储包括“实际收储”和“预存”两种模式。“实际收储”指通过资源购买、流转、租赁、使用权抵押贷款、股份合作、托管经营等方式，将零散化、碎片化资源，收储进入“生态银行”运营平台或武夷山市自然资源局、五夫镇政府、村集体。“预存”是指百姓凭“生态银行”运营公司发放的“五夫镇生态资源登记卡”，将自有生态资源的开发预期，包括对自有资源收储方式、收储价格、收储周期、收储用途等方面的信息，通过镇政府的便民服务中心，登记录入“生态银行”运营公司，纳入“生态资源一张图”接受管控，生态资源的使用必须符合市、镇规划的管控要求。

南平市“生态银行”并非金融机构，而是自然资源运营管理平台。通过摸清资源底数，打造“生态资源一张图”，对碎片化生态资源进行集中收储和整治，转换成连片优质高效的资源包，并委托运营商进行经营，实现生态保护前提下的资源、资产、资本三级转换。“生态银行”的最终目的，就是通过产业导入和对接资本市场，实现资源变资产、资本，落地优质环保的绿色产业。

（二）自愿碳减排与公益植树：蚂蚁森林

于 2016 年 8 月上线的蚂蚁森林，是阿里巴巴集团蚂蚁金服旗下支付宝平台的一个应用。只要支付宝用户开通此应用，就会获得一棵虚拟树苗，通过每天的低碳行动获得能量值来培养树苗，等这棵树长大后，蚂蚁金服就会在现实世界中种下一棵真树。截至 2019 年 8 月，《互联网平台背景下公众低碳生活方式研究报告》显示，蚂蚁森林上 5 亿用户累计碳减排 792 万 t，共同种下了 1.22 亿棵真树，面积相当于 1.5 个新加坡。目前蚂蚁森林公益植树保护地主要集中在山西和顺、四川平武、黄山洋湖、云南德钦、吉林汪清、陕西洋县和内蒙古库布齐等地。

根据蚂蚁森林规则，用户只要通过支付宝践行线下支付、线上的生活缴费、网络购票、预约挂号、开设电子发票，以及行走等低碳行为后，都会产生代表个人二氧化碳减排量的绿色能量值（表 5-1）。但该绿色能量并不会立即产生，它需要在用户产生绿色行为的第二天才可生成，如该绿色能量在三天内未被用户收取，就会自动消失。

表 5-1 部分绿色能量值对照

绿色行为	绿色能量值（二氧化碳减排量）
网络购票（包含电影票、演出票）	180 g
行走步数	296 g（上限）
线下支付	5 g 每笔
生活缴费（包含水费、电费、燃气费等）	262 g 每笔
网购火车票	277 g 每笔
地铁刷码乘车	52 g 每次
公交刷码乘车	80 g 每次
闲鱼二手物品交易	790 g（上限）
饿了么中点外卖时选择“无餐具”	16 g

注：目前支付宝推出的可种树苗种类主要有梭梭树、樟子松、胡杨和沙柳等十余种。种植一棵所需要的绿色能量值从 16 390 g 到 22 400 g 不等。

蚂蚁金服围绕蚂蚁森林有三项扩展计划：（1）改进和标准化二氧化碳减排计算方法：与北京环境交易所等机构合作规范个人碳足迹算法，与联合国环境规划署合作将计算方法转变国际标准，推广并应用于其他支付平台，共同实践碳减排；（2）建立开放的绿色平台：实现以个人为中心的企业和非政府组织碳排放计算方法，将减排量转化为植树、保护水源等环境保护相关项目；（3）建设多用途的绿色金融平台：通过平台建设帮助中小型企业进入碳交易市场并奖励其减碳活动，协助中小企业和个人进行市场外线下交易，建立绿色产品认证系统，发展绿色金融工具用以支持绿色投融资行业。

（三）林票制度：重庆市

近年来，重庆市坚持生态优先、绿色发展，大力实施生态保护与修复，《重庆市实施生态优先绿色发展行动计划（2018—2020 年）》提出 2018 年至 2020 年营造林 1 700 万亩（1 亩＝ 666.67 m^2），2022 年全市森林覆盖率提高到 55%。2018 年 10 月，重庆市政府办公厅印发《重庆市实施横向生态补偿提高森林覆盖率工作方案（试行）》，探索以森林覆盖率为指标的横向生态补偿机制。为完成森林绿化目标，重庆市在地票交易试点的基础上，结合生态补偿工作开始林票交易机制的构建。

重庆将 38 个区县划分为四类，分类下达目标任务。其中，既是产粮大县又是菜籽油主产区的区县（国家重点生态功能区县除外）森林覆盖率为 45%；有资格出售森林面积指标的区县，扣除交易指标后，森林覆盖率不得低于 60%。重庆市林业局对交易价格进行总体调节，规定每亩造林补贴不低于 1 000 元，可以一次支付，也可以约定在 2022 年前分次支付完毕。同时，还需支付相应面积的森林管护经费，每亩森林每年不低于 100 元，至少管护 15 年。2019 年 3 月，重庆市江北区与酉阳土家族苗族自治县签订首个以森林覆盖率为指标的横向生态补偿协议。

林票交易制度在总量控制、占补平衡的原则下，由土地权利人自愿将建设用地或未利用地按规定开发为合格的林地后，由第三方专业机构出具评估报告，并由地方政府根据林地质量和面积核发林票；通过政府构建的交易平台以市场竞价方式将其有偿转让给林地占用方，占用方获得足够数量的林票后，才能购买相应数量土地的使用权进行开发经营。

（四）绿色投融资政策实践：浙江省衢州市

自从 2017 年成功获批国家绿色金融改革创新试验区，浙江省衢州市便建立了绿色标准评价体系和要素优先保障供给机制，积极引导金融资本向传统产业改造提升倾斜。

形成一套绿色金融标准体系。一是以“金融支持传统产业绿色改造转型”为主线，编制完成绿色项目、绿色企业的评价方法，引导社会资本加大对传统产业转型升级和对美丽经济幸福产业、数字经济智慧产业的支持。二是在全国率先开展绿色贷款专项统计数据质量评估，实现绿色信贷地方标准统一。三是率先建立地方法人机构绿色银行体系标准。

形成一批“衢州模式”的绿色金融产品。一是打造绿色信贷“衢州样板”。开展无形资产、环境权益类和应收账款质押贷款，无缝续贷、投贷联动、债转股、债股结合等绿色信贷产品。二是创新绿色债券“衢州样板”。积极探索政府产业基金与私募可转债结合模式，发行全国首单“私募绿色双创金融可转债”；积极发行绿色金融债，支持本地绿色项目建设；创新推出“一点碳汇点绿成金”专项计划，通过林业碳汇交易，创新生态补偿和林业发展机制。三是形成绿色保险“衢州样板”。全国首创安全生产和环境污染综合责任保险，建立“保险＋过程管理”的保险综合服务新机制；首创电动自行车综合责任保险。四是探索绿色金融支持传统企业转型升级的“巨化样板”，加快传统化工行业绿色改造。

形成一套绿色金融的审批流程体系。衢州重点在全市农信系统再造绿色信贷审批流程，发挥示范引领作用。同时鼓励和引导商业银行单设绿色金融事业部、独立的绿色信贷审批通道、单列绿色信贷规模、建立绿色信贷考核激励制度，取得积极成效。

（五）绿色金融标准：贵州省贵安新区

贵州省贵安新区是全国首批也是西南地区唯一一个获批绿色金融改革创新试验区，近年来积极探索创新绿色金融标准及评估体制机制，发布了《贵州省绿色金融项目标准及评估办法（试行）》，明确了绿色金融项目的评估标准及程序。《贵州省绿色金融项目标准及评估办法（试行）》由《贵州省绿色金融重点支持产业指导性标准（试行）》《贵州省绿色金融支持的重大绿色项目评估办法（试行）》两部分组成。

《贵州省绿色金融重点支持产业指导性标准（试行）》以国家发展改革委等七部委发布的《绿色产业指导目录（2019 年版）》为基础，从金融化、属地化、实操性、国际化等方面进行了完善和丰富。产业选择方面，根据贵州省的产业特点，从《绿色产业指导目录（2019 年版）》中甄选贵州省绿色金融重点支持的绿色产业，并合理增加部分具有贵州特色的绿色产业，如生态旅游、生物多样性保护、绿色数据中心、耕地保养管理与土、肥、水速测技术开发与应用、绿色运输、绿色非公共交通等；标准形式方面，采取以定量为主、定性为辅的形式；表述方式方面，采取“指标体系法”明确表征各产业的绿色金融标准和特征，如“绿色数据中心”采用工信部颁布的标准，即新建大型、超大型数据中心电能使用效率值 1.4 以下，旧数据中心通过改造电能使用效率值 1.8 以下；增加了香港品质保证局绿色金融标准（GFCS）、赤道原则（EP）相关标准以及多个国际通行或认可的行业标准，以吸引国际绿色金融资金。

《贵州省绿色金融支持的重大绿色项目评估办法（试行）》是在已通过绿色评估且纳入贵州省绿色金融项目库的项目中，根据项目的绿色技术投资金额、项目相关绿色技术水平以及项目综合生态环境效益、绿色金融创新具有可复制和推广价值等方面，将具备对生态环境保护具有重大意义、绿色金融创新具有可复制和推广价值等特点的项目列为重大绿色项目。重大绿色项目将得到重点评估、扶持和推广，扶持政策包括但不限于财政优惠、政策扶持、优先审核、金融重点支持等。

贵安新区绿色金融项目库目前已吸纳贵州省及西南地区 1 000 多个项目，项目融资需求达 4 000 多亿元，成功推出了绿色资产证券化支持分布式能源项目、“两湖一河”项目、贵阳地铁 S1 号线项目等与金融机构实现对接。

（六）生态环境损害赔偿：中国

中国自2018年试行开展生态环境损害赔偿制度改革工作以来，“环境有价、损害担责”的原则开始得到贯彻落实，经过两年的全国试行，有效推动受损生态环境得到修复，无法修复的予以现金赔偿，在破解“企业污染、群众受害、政府埋单”困局的同时，积累了生态环境损害赔偿资金。截至目前，各地共办理生态环境损害赔偿案件942件，涉及赔偿金额约25亿元，推动超过约1 209万m^3土壤、1 998万m^2林地、605万m^2的草地、4 223万m^3的地表水体、46万m^3的地下水体修复；清理固废约22 792万t。以下为典型案例经验。

1. 江苏海德危险废物倾倒案件

该案件中，责任企业2014年多次委托无资质人员处置危险废物，导致100多t废碱液倾入长江，造成严重水体环境污染。当事人承担刑事责任，被判刑并处罚金1万元至258万元不等。刑事案件结案后，江苏省人民政府作为赔偿权利人向人民法院提起索赔诉讼，责任企业承担了5 400万元的损害赔偿金，用于修复受损生态环境。

2. 大布苏自然保护区生态环境损害赔偿案件

自2005年以来，某公司在无相关审批手续的前提下，在大布苏自然保护区核心区及缓冲区内开始进行采油项目建设，由于长期进行石油开采，对保护区内土壤及植被造成了破坏。2018年吉林省人民政府作为赔偿权利人与该公司针对生态环境损害赔偿进行了交涉，基于环境损害鉴定评估结果和修复建议，双方就生态环境损害赔偿达成协议。针对非法开采造成的生态环境损害，吉林油田公司委托第三方编制修复方案，并自行组织开展修复工作，修复完成后，由生态环境主管部门对其修复效果进行评估。此外，该公司支付生态环境修复期间服务功能损失230.36万元，划入赔偿权利人指定财务账户，作为省政府非税收入，全额上缴省级国库，纳入省级财政预算管理。

3. 浙江省绍兴市大气违规排放替代修复生态公园

浙江某企业干扰自动监测数据，违法排放大气污染物，经过协商，该企业不仅支付了110万元大气污染损害赔偿费，还自愿追加资金176万元，在损害发生地所在村建设生态警示公园。在该案件中，污染企业以开展环境整治、修建生态公园的替代方式改善了生态环境，提升了周边村民对环境改善的获得感。

上述第一个案例无法修复，通过金钱赔偿；第二个案例部分修复，部分金钱赔偿；第三个案例采用了替代修复的方式实现了生态环境的保护。需要注意的是，目前财政部拟将这项改革与环境公益诉讼形成的生态环境损害赔偿资金统一纳入各级财政预算管理，未能实现生态环境修复费用的专款专用，如何利用好这笔资金，是亟待解决的问题。

四、国际经验与最佳实践

（一）将性别因素纳入生态系统服务的案例：尼泊尔与肯尼亚

尼泊尔：针对妇女和弱势群体的生态系统服务保护政策需要精心设计，以免增加负担。Chaudhary 等[1]研究了旨在确保社会公平的规定，但发现高收入群体仍然能够不成比例地获得更多的生态系统服务的惠益，特别是目前的政策给他们需要帮助的群体（生态系统服务提供者）增加了负担。对不参加社区林业会议的人处以罚款的政策旨在鼓励边缘化群体的参与。但是，这些团体参加会议的能力最小，而且（由于收入较低）缴纳罚款的难度也最大。

肯尼亚：一项随机试验表明，为使生态补偿政策公平，他们必须考虑在特定情况下妇女的相对地位，并克服文化和经济障碍。Andeltová 等[2]研究了基于拍卖合同方式（的生态补偿）的随机试验，发现女性往往比男性更倾向于规避风险，并且从理论上讲，这很可能是由于女性较低的收入导致。作者还观察到，尽管女性努力工作，但女性栽种树木的成活率仍低于男性，并认为这是由于男女之间互惠劳动的不平等所致。作者认为女性参与生态补偿项目通过在决策中获得话语权，受到培训和现金等可以改善性别的不平等现象。Andeltová 等还认为，女性参与生态补偿项目可以显著提高项目的有效性。

通过案例学习可以获得以下经验：

如果采用合适的方法，生态补偿项目可以赋予女性更多经济上的权力。在对撒哈拉以南非洲地区的农作林生态补偿项目进行的调查发现，女性的参与可以“有效提高项目的利润率”，这有助于增强经济能力。作者认为农林生态补偿项目可以有针对性地提高撒哈拉以南非洲贫困女性小农的经济权利。

受教育的机会是性别平等的，并且在决定谁从生态系统服务中受益方面起着核心作用。Pereira 等[3]在一项对巴西土地所有者的研究中发现，接受正规教育的年限对个人能否感知到难以观察的生态系统服务有重大影响（如授粉和病虫害管理）。

在对生态系统服务核算中纳入性别因素的考量，可能会影响不同服务的优先排序，进而导致影响生计的不同结果。在对哥伦比亚亚马孙河的 9 个土著社区的研究

1 CHAUDHARY S. et al. Environmental justice and ecosystem services: A disaggregated analysis of community access to forest benefits in Nepal[J]. Ecosystem Services, 2018(29): 62-68.

2 ANDELTOVÁ L, et al. Gender aspects in action- and outcome-based payments for ecosystem services—A tree planting field trial in Kenya[J]. Ecosystem Services, 2019(35): 17-21.

3 PEREIRA LIMA F, PEREIRA BASTOS R. Perceiving the invisible: Formal education affects the perception of ecosystem services provided by native areas[J]. Ecosystem Services, 2019(40): 27-32.

中发现，Cruz-Garcia 等[1]比较了男性和女性对生态系统服务价值的评估方式。农作物、水产品和药用植物等的供给服务对男人和女人都同样重要。妇女倾向于认为野生水果和资源用于制作手工艺品更重要，但男子倾向于认为木材和制作工具的材料更具重要性。在考察斐济男女对红树林生态系统的利用、利益和价值的观点时，Pearson 等[2]发现，斐济的男性和女性对红树林生态系统服务的价值认同取决于传统上针对性别分配的不同任务。作者呼吁建立一个考虑性别因素的生态系统服务评估框架，以确保决策过程具有包容性。

（二）自然资本管理的经验：英国

自然资本政策通过组建自然资本委员会具体执行。2012 年，英国政府成立了自然资本委员会（NCC）。在第一阶段的工作中，自然资本委员会确定了其认为必要的关键要素，以支持制定保护和增强自然资本的连贯战略。自然资本委员会还详细阐述了指导自然资本发展的关键政策原则，并建议实施试点项目，以获取在不同领域和情况下采用自然资本方法的经验。自然资本委员会认为，更好的自然资本管理策略包括对自然资本的测量、核算和价值化。此外，自然资本委员会认为，需要有一个框架来确定行动并确定其优先次序。该框架不仅应包括保护未来自然资本的行动和政策，而且应包括解决自然资本历史损失的行动。2017 年，NCC 编写了一份工作指南，以帮助决策者实施自然资本管理政策，指南综合了自然资本委员会已有的一些主要发现以及参考工具和资源，可以帮助规划者，社区和土地所有者做出基于当地特点的决策，以保护和增强自然资本。

专栏 5-1　NCC 编制的工作指南的主要内容

建立自然资本账户。2011 年，英国政府承诺环境部（Defra）和国家统计局（ONS）到 2020 年将自然资本纳入英国环境核算体系。

测量自然资本。2014 年，自然资本委员会已经提出了定义和衡量自然资本的框架。

评估框架的优先级。自然资本委员会在其 2015 年的报告中认为，准确的

1 CRUZ-GARCIA G, et al. He says, she says: Ecosystem services and gender among indigenous communities in the Colombian Amazon[J]. Ecosystem Services, 2019(37): 41-47.
2 PEARSON J, et al. Gender-specific perspectives of mangrove ecosystem services: Case study from Bua Province, Fiji Islands[J]. Ecosystem Services, 2019(38): 82-89.

核算和价值评估对于实施自然资本政策至关重要，并指出政策行动还必须解决历史性自然资本损失的问题。为此，自然资本委员会提出了一个框架，优先考虑围绕以下三个问题组织行动：1）需要多少自然资本，应采用哪些目标；2）哪些自然资产和利益需要采取紧急行动；3）应如何确定优先行动。

自然资本价值化评估。自然资本委员会在2017年发布了自然资本价值化评估指南。自然资本委员会认为，无法在公共和私人决策中充分评估自然资本的全部经济成本和收益是自然资本退化的关键因素。

为保护和增强自然资本提供资金。为自然资本投资筹集资金的机制非常重要，政府政策和制度安排可以尝试为此类投资提供重要的激励措施（和抑制措施）。在英国，一些正在实施或正在考虑的主要政策方法包括：取消对自然资本压力较大的欧盟农业补贴，通常以针对公共物品的制度和促进更好的生态产品和服务市场的方式来取代补贴；为发展项目建立“环境（或生物多样性）净收益”原则；将基于自然的方法整合到洪水管理规划中；建立基于英国国内碳市场的碳补偿计划，例如植树、产品认证等方案。

在筹备25年环境保护规划期间，英国环境部汇编了有关自然资本主要资金来源的信息。2019年《自然状况报告》还审查了自然资本保护类资金情况。英国环境部发现，在英国，大多数自然资本投资来自欧盟、英国国家和地方政府、慈善组织和国家彩票公司提供的补贴或赠款。2015—2016财年，中央政府预计的支出约为8.05亿英镑。2019年《自然状况报告》估计，2017—2018财年公共部门在生物多样性方面的支出约为4.56亿英镑，比2008—2009财年的最高水平下降了约1/3。

英国环境部估计，非政府环境组织在2014—2015年度的自然或生物多样性目标支出为2.36亿英镑，国家彩票公司的支出每年约为1亿英镑。2019年《自然状况报告》的估计与此类似：2017—2018年度非政府组织在生物多样性和自然环境保护方面的支出达2.39亿英镑，五年间增长了约25%。该报告还强调了志愿工作的重要性，据估计编写《自然状况报告》工作需要750万小时。《自然状况报告》的结论指出，尽管金融投资与政府的政策和立法同样重要，但是最成功的自然资本保护行动来自政府、慈善机构、企业、土地所有者和个人之间所建立的伙伴关系。

五、启示及建议

（一）经验启示

1. 设计统一的生态产品价值化评估标准

（1）逐步形成统一的生态产品分类与定价标准。进一步加强生态产品的分类研究，结合国际上已有的生态产品分类指南，整合生态环境部、自然资源部和国家发展改革委已有的涉生态产品分类体系，辨析生态产品的概念、内涵和范围，按照中国不同区域的主要生态系统类型，分区域编制生态产品分类指南，指导生态产品的分类方法和指标确定。开展国际和国内自然生态资本核算成果以及国际和国内同类型不同产地生态产品的市场价格分析，尝试建立生态产品的价格机制模型，为形成生态产品定价标准奠定基础。基于性别差异和受影响人群的生态产品定价策略也是判断定价标准的关键因素。

（2）逐步完善自然生态资本评估方法体系。针对目前自然生态资本核算框架与方法尚未统一、表征区域生态特点技术参数匮乏的现实问题，建议从基于生态机制的服务价值法和基于宏观测算结果的当量因子法两条路径，针对不同用途建立区域、流域和国家层面的自然生态资本核算评估框架、核算方法和技术参数体系，明确不同核算方法的适用情形，指导各地区在统一的框架下开展生态产品价值评估，为生态产品价值标准化提供技术指导。

2. 建立并统一生态投融资概念与规则

（1）进一步界定并统一生态投融资的概念和内涵。为了与绿色金融相区别，准确反映生态投融资在我国生态环境保护中的地位及其对经济增长的拉动作用，需要明确界定生态投融资的概念，将生态投融资的相关指标分解到相关管理部门，共同推动证券、保险、环境权益、交易等各类生态投融资重点领域标准的出台、修订、实施、推广和监督管理工作，保障标准的统一性和通用性。

（2）建立生态投融资的判断和评价规则。基于自然生态资本与生态产品价值化评估结果，探索制定具有通用性的、统一的生态投融资产业和项目指导目录，推动出台《生态投融资项目评价规范》《生态投融资企业评价规范》《生态金融专营机构建设规范》等区域性、流域性地方标准，形成对银行、债券、信贷、股票、基金等领域具有普遍适用性的指引。生态投融资产业、项目指导目录要结合国家生态文明建设的总体要求和绿色产业体系的发展趋势，明确提出生态投融资的项目范围和支持重点。

3. 开展基于自然生态资本的规划和项目费效分析

（1）构建综合考虑自然生态资本和经济效益因素的规划方法体系。摸清规划区域或流域的自然生态资本家底，将自然资源、主要生态系统服务功能与规划实施产生的经济效益等相关指标纳入国土空间规划的目标指标体系，该体系下也应适当体现性别差异对指标确定的影响。重点开展不同规划情景下，自然生态资本产生的生态产品供给、生态调节功能、生态文化服务功能实物量与价值量，以及规划实施的直接经济成本和经济效益核算方法的研究，综合考虑不同类型生态系统服务功能的价值量化可行性，提出成本效果或成本效益分析方法的适用情形，确保规划实施带来自然生态资本与经济效益双增值。

（2）构建生态投融资类型项目的费效分析方法体系。针对山水林田湖草类生态恢复、矿山生态修复、流域环境治理与生态恢复等不同类型的生态投融资类型项目，综合考虑项目生命周期内的自然生态外部影响和效益，开展生态投融资项目生命周期生态环境影响清单和情景分析方法研究，重点突破流域环境治理与生态恢复类项目自然生态资本核算框架与技术方法，收集涉及不同类型流域和湿地建设项目的水流动调节、微气候调节、水土保持、生物多样性维持等服务功能的基础数据和技术参数，形成流域环境治理与生态恢复项目费效分析技术导则，为优化项目方案提供决策支持。

4. 加强生态投融资政策设计

（1）推动自然生态资本纳入生态投融资政策设计。进行生态投融资政策与机制设计，不仅要考虑经济效益的目标，同时也要考虑实现生态保护的目标和基于性别差异的自然资源使用情况。将自然生态资本核算作为生态投融资决策的定量化评估工具，全面评估不同尺度上生态产品供给方的成本和服务需求方的收益，通过比较自然生态资产与其他资产的价值增减关系，判断生态投融资政策与机制设计是否可持续，并在评估的基础上，不断修正生态投融资政策与制度体系，提升决策的可靠性。

（2）建立基于自然生态资本核算的生态投融资项目绩效评估体系。以生态环境绩效为导向，将自然生态资本核算与现有项目绩效评估体系进行有机结合，对于现有的基于生态系统服务产出的绩效评估，可以进行适当的借鉴与调整，对于现有的基于活动类型和性别差异的自然资源使用情况的绩效评估需要恰当运用；对项目资金的效益性、效率性和经济性进行客观、公正的评价，引导通过生态补偿、产权交易、生态产业化经营等方式，加强生态保护与生态恢复，提高自然生态资产数量与质量，增强生态产品供给能力。

（二）管理与实施

自然生态资本核算与生态投融资政策应用在未来的发展中，应根据紧迫性和难易程度分为不同的发展阶段（图 5-1）。

短期计划（2020—2023 年）：一是提高公众意识，通过媒体宣传使公众普遍意识到自然生态资本不仅有价值，而且与每个人的利益息息相关，保护自然生态资本既是使自然生态资本升值，也是资本投资的一种方式。二是实现自然生态资本标准化，自然生态资本价值的核算、实现、投融资与交易都需要建立在统一的方法学、指标和价值体系下。为了更好地推广自然生态资本核算及其在各种政策和规划中的应用，应进行自然生态资本标准化研究，使核算结果在区域时间尺度上具有可比性。三是开展能力建设，对各级政府部门相关人员开展自然生态资本核算与生态投融资政策应用培训，鼓励地方建立自然生态云信息平台，实现核算基础数据共享，开展自然生态资本核算制度设计，保障工作持续开展。

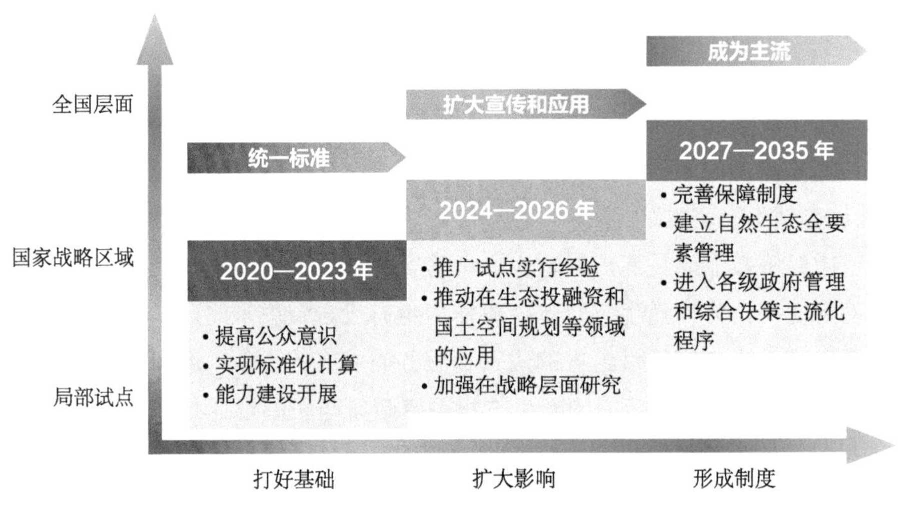

图 5-1 **管理与实施路线（2020—2035 年）**

中期计划（2024—2026 年）：一是推广试点试行经验，将项目形成的自然生态资本核算框架与方法以及生态投融资政策在更多区域进行推广应用，形成成熟的自然生态资本核算方法与定价体系。二是推动自然生态资本核算在生态投融资和国土空间规划等领域的应用，完善相关生态投融资政策及生态金融产品设计，构建生态产品交易市场运行机制，开展基于自然生态资本核算的国土空间规划决策分析，加强国土空间优化配置。出台自然生态资本核算和生态投融资配套监管制度，服务于各级政府综合决策。三是加强自然生态资本核算的战略层面应用，进一步推动自然生态资本核算与生态投融资政策创新服务于“一带一路”、长江经济带发展、黄河流域大保护等国家战略行动计划，为京津冀和大湾区等国家战略性发展地区的战略决策提供方法与政策指引。

长期计划（2027—2035 年）：形成完善的自然生态资本核算与生态投融资政策发展保障制度，完成适应于自然生态资本管理的自上而下（top-down）的政府机构改革。建立山水林田湖草沙等自然生态资本与生态环境质量等全要素管理与社会经济发展相协调的工作机制。生态资本核算与生态投融资政策进入各级政府管理和综合决策主流化程序。

（三）政策建议

1. 加快推动自然生态资本核算与政策应用：通过标准统一价值

目前关于自然生态资本、生态投融资的基本概念还未达成一致，核算框架与核算方法尚未统一，未经标准化的核算成果由于缺乏可比性，难以在政策层面上推广应用。以实验室为载体，推动核算框架与方法的标准化，集成不同地区、不同生态系统类型的机制和过程参数，形成基础数据—定量核算—情景模拟—政策创新为链条的一体化解决方案，为区域和国家层面生态产品交易和生态投融资机制实现提供支撑。

（1）构建标准化、规范化的自然生态资本核算体系，为价值实现提供依据

形成自然生态资本核算框架体系。在国内外自然生态资本核算研究工作的基础上，由联合国统计署、世界银行、亚洲开发银行等国际组织牵头，成立由国际自然生态资本核算委员会，就自然生态资本核算以及相应的存量、流量等基本概念和内涵达成一致，提出不同应用场景下供给服务、调节服务、文化服务、支持功能的核算指标框架，对不同核算方法的适用情形、基础数据要求、方法要点做出说明和规范。

发布自然生态资本核算技术指南。全面总结不同区域自然生态资本核算的具体实践，形成规范统一的自然生态资本核算技术指南，明确针对不同应用场景的指标选取原则，对专业术语、核算指标、适用模型、资料来源以及技术参数的选取原则做出统一规定。通过自然生态资本核算方法的标准化，实现不同区域间核算结果的可比性、费用效益决策的可参考性，为生态产品跨区域交易提供一套标准化的技术依据。

推动自然生态资源监控网络建设。构建国家技术标准统筹、区域流域技术监督、地方推进落实、社会共同参与的自然生态资源监测网络，推进自然生态资源多源遥感

与地面观测相结合的监测网络标准化建设，形成覆盖森林、草原、湿地、农田、海洋、矿产、水资源等重要自然生态要素的调查监测体系，形成跨行业—跨地域—跨部门—多主体参与的数据共享、验证与工作机制。

（2）建设自然生态资本核算与政策规划模拟实验室，为精准施策提供工具

开发标准化自然生态资本核算平台。汇总自然生态资源监控网络的各类统计、调查、清查、遥感和监测数据，提出数据筛选清洗标准与核算模型工具选用原则，建立自然生态资本核算基础数据库，涵盖土地、森林、草原、水资源、生物等各类自然资源结构、数量、质量、空间分布等基础数据。集成自然生态资本核算模型工具以及不同类型生态服务功能计算所需的技术与价值参数，建立自然生态资本核算模型工具库，形成自然生态资本实物量与价值量核算功能。

开发基于自然生态资本核算的辅助决策平台。以自然生态资本核算为支撑，逐步明确债券、基金、生态产品交易、生态补偿等生态投融资政策方案以及空间规划制定、实施效果模拟、后评估分析等模型模拟方法与数据需求，开发政策规划决策模型方法库，并加入对性别差异和受影响人群的考量因素。提出规划、政策和项目层级的费效分析技术指南，明确不同类型项目重点分析的生态服务功能、生态服务核算方法、适用参数以及经济效益核算方法，开发相应的费效分析工具，构建政策规划模拟与生态资本制度创新综合决策平台。

建立国家自然生态资本核算与政策规划模拟实验室。以自然生态资本核算为纽带，组建跨部门、跨学科、跨领域的国家级自然生态资本核算与政策规划模拟实验室，明确相关机构的职能分工，形成数据共享、结果公开、多方参与的工作机制，为区域、流域与国家生态投融资政策制定以及跨区域、跨领域战略规划实施提供机构和工具支持。

（3）确立自然生态资本核算与政策应用制度，为“变绿为金”提供保障同时兼顾性别差异造成的影响

起草并出台《关于加快推进自然生态资本核算与政策应用的指导意见》。为了保障将自然生态资本核算纳入各级政府管理和综合决策的主流化程序，需要明确将自然生态资本核算标准化和规范化以及将自然生态资本核算在生态投融资和国土空间规划领域推广应用作为国家的近远期工作目标，细化各阶段的工作目标指标以及完成要求，形成完善的自然生态资本核算与生态投融资政策发展保障制度，为绿水青山向金山银山转化提供保障。

建立推进自然生态资本核算与政策应用的工作机制。加强组织保障，建议由国务院牵头，成立由国家发展改革委、财政部、自然资源部、生态环境部、农业部、水利部、

住建部、文化旅游部、林草局、中科院等相关部委和机构组成的自然生态资本核算工作领导小组，明确部门职责，健全工作机制，围绕自然生态资本核算体系和政策应用安排工作任务，保障工作经费。

明确重点工作任务。总结提炼生态文明试验区建设等试点工作的经验问题，加速确立自然生态资本核算技术方法和规范，形成标准化核算指南；加快推进自然生态资本核算与政策模拟实验室建设，明确相关部门的工作任务和完成时限；加强核算结果的校验评估，提升核算结果在政策制定和决策参考中的科学性和适用性；设计生态产品价值实现政策，加强自然生态资本核算成果在生态投融资政策领域的应用，建立完善生态产品交易、生态银行、生态补偿、生态基金等相关政策，推动生态环境治理由成本属性向价值属性转化；加强在生态文明试验区等地区的先行试点，建立自然生态资本核算在国土空间规划、生态投融资项目评审中的应用机制；加强自然生态资本核算工作保障，形成工作能力。

2. 分阶段推进生态产品定价与交易：通过交易实现价值

生态产品与一般消费产品不同，其生产具有自然再生产和社会再生产的双重属性、价值具有市场交易和补偿双重属性、产品具有非完全竞争和公共物品属性、消费具有较高的消费机会成本和复杂消费意愿等特征。要实现“绿水青山”变为真正的“金山银山”，就需要逐步打通“生态资源—生态资产—生态资本—流动性生态资本”链条，建立生态产品定价与交易制度。

（1）形成“三位一体”的生态产品定价机制，确立生态产品流通基准

通过市场形成可交易生产产品的定价。生态产品的供给价值通常可以通过市场交易得到充分体现，大力发展绿色农业以及绿色旅游业、绿色文化产业等绿色服务业，提升生态产品内在价值；探索“生态＋”模式，建立“生态＋”“品牌＋”“互联网＋”机制，提高生态产品产出效率。严格绿色产品认证机制，建立统一的绿色产品标准、认证、标识体系，靠市场机制引导社会各种资本进行投入，提供大量的差异化生态产品，满足不同层次的消费需求。

政府主导提升重要生态功能区的调节服务与支持功能价值。对于生态功能突出、非竞争性、非排他性和公共产品属性的生态产品，如国家公园、自然保护区、生态涵养区、水源保护地、原始林区、生态恢复治理区等，通过政府生态补偿或投入体现其功能和服务价值。通过财政转移支付的二次分配，调动生态产品生产者的积极性，合理分配生态产品生产者、投资者和受益者的权益，健全不同主体功能区差异化协同发展长效机制。

通过政府主导的生态环境资源交易探索生态环境资源综合定价。在排污权交易和碳交易试点的基础上，结合环境与自然生态价值核算标准化进程，科学确定进入市场交易的生态环境产品权益品种，通过确立产权确保所有者权益。探索开展招标拍卖、抵押贷款、绿色证券、绿色金融等政策创新，促进生态产权流通和生态资产增值。

（2）开展生态产品交易试点，探索生态产品交易制度

以水权交易为基础，探索生态产品交易机制。推动水权交易试点，在用水总量控制的前提下，通过水资源使用权确权登记，依法赋予取用水户对水资源使用和收益的权利，同时应考虑用户的性别差异；在不断完善初始水权、水权交易平台、监管运营的基础上，运用市场机制和信息技术推动跨流域、跨区域、跨行业以及不同用水户间的水权交易；通过水权交易和水权制度建设，依据市场竞争和市场规则，推动水资源优化配置和高效利用。

开展自然生态资产和产品交易试点。确定自然生态资产交易试点地区，核定试点地区水源涵养、固碳、污染净化等生态产品供给，确定生态产品供给数量、质量和空间布局。制定试点地区一级市场生态权确定原则与二级市场的交易规则，研究自然生态资产和生态产品提供者赋权、消费者付费制度，制定交易流程。探索开发自然生态资产和产品交易平台，允许自然生态资产和生态产品与能权、水权、排污权等发展权配额进行兑换，尝试开展流域下游地区购买上游地区土地的开发权和生态权交易。建立基于生态环境容量，政府、企业、组织、家庭为主体的多元化、市场化的占补平衡机制。

（3）加强横向生态补偿制度设计，建立多元化的生态补偿制度

对生态功能突出但经济相对落后地区加大纵向生态补偿力度。不断完善生态补偿标准，扩大国家重点生态功能区转移支付范围，生态补偿资金投资方向从生态建设和保护向生态建设与当地居民生活水平提升相结合的方向转变，提升生态保护地区造血能力，开展国家重点生态功能区县域生态环境质量监测评价与自然生态资本核算，建立生态补偿统计指标体系和信息发布制度，加强生态保护补偿效益评估。提高生态保护者的积极性和主动性，建立起与地方经济发展水平相适应、相协调、相促进的生态保护补偿机制。

加快流域横向生态补偿进程。按照“政府采购、市场竞争、合同管理、奖惩并举”的原则，通过“公开招标＋价格协商＋协议签订”的方式，构建“受益者购买”的流域横向生态补偿机制。发布流域横向生态补偿的指导意见，开展流域横向生态补偿试点，从水资源、水环境和水生态三个层面，构建上下游双向生态补偿标准。建立上下游区

县流域保护治理联席会议制度和生态补偿奖惩机制，形成主体清晰、对象明确、标准规范、形式多元、动态科学的生态补偿机制。

建立基于“占补平衡”的生态补偿横向交易机制。以提高生态系统服务价值为总量目标，以土地权利人自愿将建设用地或未利用地按规定开发为生态用地后，所形成的可用于占用指定生态用地为交易主体，开展区域生态补偿横向市场交易。从生态用地的调节服务和产品供给价值两方面，基于“占补平衡”原则制定交易标准，发布生态用地交易管理办法，完善生态用地交易配套制度，开展交易试点，促进自然生态资产价值实现。

（4）开展长江流域生态补偿与交易试点，强化流域生物多样性保护

开展基于水流动调节供给服务的横向生态补偿实践。重点对长江流域上游地区的涵养水源、水土保持、生物多样性保育等生态服务价值进行详细核算，以核算结果为依据，确定长江流域上下游之间的生态补偿标准，推动全流域实施基于水量、水质考核的水资源供给生态补偿机制。加大对长江上游重点生态功能区的生态补偿力度，合理划定中央财政转移支付与中下游补偿支付比例。加强新安江、重庆各流域和贵州赤水河流域横向生态补偿经验的推广，制定《长江流域跨界断面水质考核奖惩和生态补偿办法》，建立奖罚机制，调动流域生态补偿积极性，健全流域上下游地方政府联防联控、流域共治、统一监测监管工作机制，形成流域保护和治理的长效机制，确保流域水环境质量持续改善和稳定。

探索建立基于占补平衡机制的“林票”交易中心。按照“总量控制、定额管理、节约用地、合理供地、占补平衡”的基本原则，借鉴重庆经验，通过生态自我修复和加大对长江流域工矿废弃地、生态重要区域的治理力度，有效补充林地数量，确保长江流域林地资源动态平衡、适度增长。设定长江流域逐年递增的林地红线，建立长江流域林票交易中心，开展征占用林地与新增林地之间的激励补偿制度设计，保证林木蓄积量和面积稳定增加。

加大长江流域生物多样性的保护力度和投入。随着大量水库的建设以及经济发展，导致长江上游大量的珍稀、特有鱼类特有的产卵场和栖息地不复存在，使适宜某些鱼类产卵的流水生境消失，流速减缓和静水性鱼类种群的发展使急流性鱼类种群受到抑制。打破现有生态环境损害赔偿资金当地赔偿当地使用的规定，推动沿江 11 个省份共同出资建立长江流域生物多样性保护基金，开展长三角一体化生态环境保护基金以及栖息地银行等生态投融资政策创新与试点。建立长江流域生态保护和生态投融资项目库，纳入森林资源培育、湿地保护、生态移民搬迁等项目，引导各类机构投资者投资

绿色金融产品。

3. 强化自然生态资本核算在空间规划中的应用：通过规划优化价值

长期以来我国规划体系面临各类规划自成体系、内容冲突、衔接不足等问题，缺乏对土地利用改变导致的自然生态资本变化与经济社会效益的综合考量。目前，我国正在开展以国土空间规划为核心的“多规合一”的试点和改革工作，给自然生态资本价值纳入规划决策提供了空间，构建基于自然生态资本和经济效益双重考量因素的规划方法体系，完善国土空间规划评估机制，通过科学规划实现“绿水青山向金山银山”的转化，使中国成为全球生态文明建设的贡献者和引领者。

（1）将自然生态纳入约束性指标管理，强化空间规划对自然生态的优化配置作用

增强规划中自然生态指标的约束力。明确将森林、草地、湿地、耕地和海洋五类重要生态系统类型的数量和质量指标作为约束性强制指标，纳入国土空间规划的目标指标体系中，在保障自然生态资本价值不降低的总体目标下，从经济和生态共赢、维持自然生态资本存量、提供合理生态资产流量、加强生态环境建设、防治环境污染等多个方面提出规划重点任务，通过合理的指标设置统筹国土空间布局、经济产业布局、城市基础建设布局。

推动自然生态与经济发展协调性分析。鼓励具有自然生态资本核算基础的地方，将自然生态资本与生产资本之间转化效率以及产出强度类指标纳入指标体系，开展国土资源环境承载力评价和国土空间开发适宜性评价，促进三次产业经济发展与生态环境和社会发展的不断适应与协调。

加强规划实施的评估与制度保障。在现有自然资产负债表制度的基础上建立自然生态资本考核制度以及“规划编制—实施评估—规划修订”动态评估制度，统筹全国水、森林、草原、湿地、农田、海洋矿产等调查监测评价成果，形成统一的国土空间规划数据库标准，与规划编制工作同步开发建设“一张图”监督信息系统，综合利用大数据、卫星遥感和网络举报等手段开展规划的动态监测，加强规划的监督实施。

（2）开展基于自然生态资本核算的空间规划，提升空间规划的科学合理性

构建基于自然生态资本核算的空间规划技术标准。以自然生态资本与社会经济均衡增长为底线，构建差异化的国土空间规划目标指标体系，通过自然生态资本价值量化的实现，形成情景费效分析—投入产出分析—计量经济分析相耦合的国土空间规划方法体系，全面提升规划战略决策的科学合理性。

推动项目和规划层面的费用—效益 / 效果分析。构建面向国土空间规划的自然生

态资本与社会经济影响的评估框架体系，提出规划实施全生命周期内的自然生态资本与社会经济影响的评估指标体系与方法，编制《国土空间规划费用效益评估技术指南》，对评估指标、评估方法、技术参数、价值参数、结果应用做出规定，保障自然生态资本评估结果的准确性，同时为自然生态保护类项目的资金需求分析以及项目优先排序提供方法指导。

加强国土空间规划的风险评估。从人口产业布局、自然生态容量、生物多样性改变、生态环境风险预警应对能力四个方面构建国土空间规划的风险评估体系，从全球气候变化、重大自然灾害、重大安全事件、重大环境事件、重大公共卫生事件等极端事件的视角，评估国土空间规划在保护公众健康、维护生物多样性稳定、保障国土生态安全方面的科学性、合理性和有效性，稳步实现城乡国土空间规划的全领域覆盖、全要素管控、全方位实施。

（3）坚守“山水林田湖草沙”全生态要素规划理念，有效应对全球环境问题

通过规划推动社会经济与生态环境共赢。各级政府部门在编制和实施空间规划时要坚持自然生态保护与社会经济发展共赢的基本理念，以空间规划为实施各类开发保护建设活动的基本依据，全面摸清区域内各类自然生态环境要素家底，综合评估规划任务实施的自然生态环境影响，协同推进经济高质量发展和生态环境高水平保护。

通过规划统筹区域发展与自然生态平衡。坚持生态环境底线思维，开展自然生态资本核算，打破空间规划的行政区域边界，统筹区域生态保护与经济发展，保障区域发展协调性；坚持规划编制和实施的横向联动，打破流域上下游、陆地和海洋边界，统筹推进山水林田湖草与海洋生态系统修复保护，维护生态系统完整性。

通过规划促进全球环境问题解决。坚持人与自然和谐共生的基本方略，在规划中综合考虑经济发展与生物多样性保护、气候变化等全球环境问题的关系，统筹环境治理、生态保护与气候变化，通过市场化生态补偿交易与投融资政策机制的建立与完善，维护全球生物多样性与生态系统健康可持续发展。

4. 构建自然生态资本核算与生态产品价值实现保障体系：通过制度固化价值

从健全法律制度、完善体制机制、加强科技研发等方面加强制度设计，保障自然生态资本核算以及生态投融资政策创新推进，探索建立自然资源资产产权确权与生态产品市场交易制度，完善空间规划与生态补偿制度体系，通过示范先行、国际合作，深入推进生态产品价值实现试点工作，践行习近平总书记提出的生态文明发展理念，满足人民群众日益增长的优美生态环境需要，促进国家高质量跨越式发展。

（1）构建产权明晰的自然生态资产制度，保障生态投融资与交易制度的建立

健全自然生态资产产权体系。借助国家自然资源产权和用途管制制度的建立，推进水流、树木、山岭、草地、荒地、滩涂等各类自然生态资产的确权、登记和颁证工作，明晰生态资源所有权及其主体，规范生态资源资产使用权，保障生态资源资产收益权，激活生态资源资产转让权，理顺生态资源资产监管权，建立归属清晰、权责明确、监管有效的自然生态资产产权制度。

明确自然生态资产产权主体。按照产权规律和不同生态资源的类型，推行实施自然生态资产所有权、经营权、承包权等权利分置运行机制，适度扩大各类自然生态资产产权权能，明晰产权主体在自然生态资产占有、使用、收益、处分等方面的权责利，强化自然资源资产产权行使监管。

（2）强化法规、体制与技术保障，推动以自然生态资本核算为核心的规划政策制度的实施

建立健全生态产品有偿使用的法律制度。将自然生态资本核算、国土空间规划、生态投融资机制中相关利益主体的权利义务以及生态产品交易、补偿、投资等内容以法律法规的形式固定下来，确保将自然生态资本保值增值目标纳入各类规划和政策的设计实施。

加快建立以自然生态资本为核心的绩效考评机制。构建综合考虑经济发展和自然生态资产状况的区域综合发展指数，作为表征区域和流域生态文明建设水平的指标。针对不同自然本底和经济社会发展水平建立差异化的考核指标体系，明确考核机制、考核主体、考核对象以及考核结果应用办法。

开展政府机构职能改革。进一步明确发展改革、自然资源、生态环境、农业农村、水利、城市建设等相关部门在自然生态资产管理中的职责，建立自然生态资产、生态环境质量与社会经济发展相协调的工作决策机制。

设立科技重大专项解决基础能力问题。实施自然生态资本价值实现与生态投融资创新重点研发计划，开展自然生态资源监控网络建设，启动自然生态资本核算与政策规划模拟实验室研发，开展自然生态资本价值实现路径、生态投融资制度政策可行性研究，解决自然生态资本价值实现在规划政策领域应用的面临的工具平台、技术方法、市场机制、制度政策和考核体系等方面的技术“瓶颈”。

（3）加强国际合作与能力建设，夯实工作基础

加强宣传培训。开展自然生态资产核算、国土空间规划、生态投融资政策的基础理论培训，加大浙江衢州、福建武夷山、贵州新安区实践经验的宣传解读，提高基层

政府部门的工作能力。

开展试点示范。在长江经济带、黄河流域开展自然生态资产核算、国土空间规划、生态产品交易、市场化生态补偿等政策机制试点，创新生态价值转化路径，及时总结经验形成实践优势。

加强国际合作。围绕自然生态资本价值核算与工具开发、生态产品价值挖掘和交易市场培育、考虑自然生态资本的战略发展规划制定、投融资政策制度体系创新等领域，开展国际合作，学习国际经验。

5. 实施黄河流域生态投融资政策设计：通过投资保值增值

目前，自然生态资本的市场价值实现与分配机制尚未建立，自然生态资本核算结果纳入传统的金融投资体系存在技术和制度障碍，生态投融资建设项目缺乏一套科学合理的评价指标、评价标准和评价办法。黄河是中国北方重要的生态屏障，也是重要的经济地带，黄河流域生态安危事关国家盛衰与民族复兴，通过在黄河流域开展自然生态资本核算与生态投融资政策试点，拓宽金融手段在流域生态保护领域的应用，促进自然生态资产产权市场与传统金融市场的互联互通，形成一批可复制、可推广、可应用的流域生态投融资政策模式，推动包含性别差异考量的经济社会发展与资源环境的良性循环。

（1）统筹黄河流域经济发展与生态环境保护，构筑安全生态屏障

加快制定和实施黄河生态保护与高质量发展规划纲要。从国土空间发展战略上明确黄河流域“三区”（城镇空间、农业空间、生态空间）和“三线”（生态保护红线、永久基本农田红线、城镇开发边界），明确上中下游的生态空间布局、生态功能定位和生态保护目标、近中期黄河生态保护与高质量发展的重点任务。

因地制宜考虑性别差异和受影响人群制定实施管控措施。摸排黄河流域山水林田湖草海生态资源，调查产业发展、能源结构、交通结构和用地结构状况，对生态系统受损情况和环境污染现状进行科学评估，集中梳理生态退化、水土流失、水体污染、景观破碎和动植物群落和栖息地破坏等相关生态保护和环境治理问题，充分考虑黄河上游、中游、下游及河口生态治理需求的差异性，分阶段、分地域稳步有序地实施综合保护和修复治理。

逐步构建促进保护与发展相融合的体制机制。完善流域管理体系，建立健全跨区域管理协调机制，构建政府引导、市场主导、社会参与的重大决策工作机制，综合利用环境税收、环境责任保险、绿色信贷、绿色债券、自然生态产品交易等制度和手段，发挥流域地区比较优势，促进各类要素合理流动，推动黄河流域重点城市群和区域的

高质量发展水平。

（2）加快长江流域成功经验的推广应用，推动黄河上中下游区域协同发展

发挥自然生态资本核算在流域生态保护投融资政策中的作用。建立包含自然生态资产价值评估的项目经济评价体系，对投资项目的生态环境影响进行货币化经济分析，在经济发展和规划决策活动中充分考虑对生态环境的潜在影响，把与生态环境相关的潜在成本、收益、风险、回报纳入投融资决策中，通过对经济资源的引导，促进经济、生态、社会可持续发展。

探索自然生态资产价值形成机制。建立自然生态资产价值核算评估方法，科学评估各类生态资产的潜在价值量。加强生态环保专项转移支付向流域生态功能重要、生态资源富集的贫困地区倾斜，同时考虑转移支付对性别差异的影响，探索建立根据自然生态资产质量和价值确定财政转移支付额度、横向生态补偿额度的体制机制。健全流域自然生态资产交易机制，推动用能权、碳排放权、排污权等权益的初始配额与生态资产价值的核算挂钩。

采用多种方式拓宽融资渠道。建立一套绿色项目认定评价标准，打造黄河流域生态保护和绿色发展项目库，评估绿色项目实施效果。鼓励、引导和吸引政府与社会资本合作（PPP）项目参与流域生态保护和绿色发展项目。鼓励金融机构开展林权抵押贷款、生态公益林补偿收益权质押贷款、排污权抵押贷款等绿色信贷工作。鼓励符合条件的地方法人银行和企业深入对接绿色债券市场，发行绿色金融债、绿色公司债。探索设立流域绿色发展基金，引导社会资本加大对绿色产业的投入力度，推动节能减排和绿色低碳产业的发展。

（3）创新黄河流域生态投融资政策体系，通过自然生态增值助力脱贫攻坚

开展黄河流域自然生态资产清查与资本核算。组织黄河流域9省区按生态系统要素开展自然生态资产清查以及自然生态资本核算工作，摸清生态资源资产存量与流量状况，为统筹考虑黄河流域上中下游自然生态本底与经济水平差异，开展流域自然生态资产和产品交易，确定初始配额与自然生态资产和产品综合定价，创新生态投融资政策体系，提供技术支撑。

以保护黄河上游重点生态功能区为重点，完善生态补偿政策设计。以三江源、祁连山、甘南黄河上游水源涵养区等为重点，建立生态保护修复和建设专项基金，借鉴新安江跨流域生态补偿经验，综合考虑水量与水质情况，依据自然生态资产负债变化情况，加大对黄河上游重点生态功能区的生态补偿力度。

中游地区结合甘肃省兰州新区建设绿色金融改革创新试验区，构建黄河流域生态

投融资市场体系。探索建立黄河流域绿色金融中心，开展生态银行、自然生态资本信托、自然生态资产和产品交易平台、第三方支付综合试点，利用生态金融手段支持流域水土保持、生态修复、生物多样性保护等项目，促进自然生态资本保值和增值。探索通过开展生态环境损害赔偿项目与生态补偿项目的异地交易，建立跨区域生态环境损害赔偿基金、环境高风险项目信托基金，实现跨区域的综合生态环境治理保护。

下游综合开发多样化的绿色金融产品。针对黄河三角洲湿地开发保护情况，创新推出海域使用权抵押贷款、近海滩涂使用权抵押贷款、循环贷等绿色信贷模式，以海洋产业链金融开发为主线，横向区域产业集群、商圈开发与纵向产业链上下游开发相结合，打造“蓝色金融”的可持续服务模式，促进黄河生态系统健康，为黄河流域的高质量发展提供资金与政策保障。

第六章　绿色转型与可持续社会治理*

一、引言

当前，中国消费规模持续快速扩张，居民消费已从温饱向小康转型升级，消费对中国经济增长贡献率快速提升，成为驱动经济增长的重要引擎。国合会（2019）研究表明，消费领域的绿色转型有助于引导和倒逼生产的绿色化，促进形成绿色生产生活方式，带动公众积极践行绿色理念，改善社会绿色转型的治理体系，对中国整体绿色转型和高质量发展发挥决定性作用。

（一）中国绿色消费现状与趋势

1. 中国消费总体状况

近年来，中国消费一直保持平稳较快增长，2019 年社会消费品零售总额达到 41.2 万亿元，规模比 2012 年的 21 万亿元增长了近一倍，增速为 8.05%，比 2018 年的 4.02% 翻了一倍，高出 2019 年 GDP 增速近 2 个百分点。根据国家统计局数据，全年最终消费支出对国内生产总值增长的贡献率为 57.8%。比资本形成总额高 26.6 个百分点。同时，消费发展进入新阶段，居民消费能力快速提升，消费升级态势更加明显，中高端消费需求不断释放，服务消费较为活跃。2019 年全国居民人均服务性消费支出占全国居民人均消费支出比重为 45.9%，比上年提高 1.7 个百分点；全国居民恩格尔系数为 28.2%，下降 0.2 个百分点。2019 年全国居民人均消费支出 21 559 元，首次超过 2 万元，实际增长 5.5%；农村居民消费增长快于城镇居民，名义增速和实际增速分别快于城镇居民 2.4 个和 1.9 个百分点。同时，城镇化水平进一步提高，2019 年年末常住人口城镇化率首次突破 60%，为投资增长和消费扩容创造了巨大空间。

---

* 本章根据“绿色转型与可持续社会治理”专题政策研究项目 2020 年 9 月提交的报告整理摘编。

2. 中国绿色消费政策进展

近年来，中国发布了上百项与推进居民绿色生活相关的理念、指导意见和具体政策，在居民衣、食、住、行等方面的绿色消费取得了积极成效。但总体上看，还未形成系统有效的政策框架体系，缺乏系统谋划和顶层设计；现有政策关注资源能源节约较多，关注生态环保较少；相关推进职能不清晰，分散在诸多政府部门，没有形成合力，尚未进入重要议事日程。如果不进行相关政策的系统设计和整合，绿色消费的环境经济效果将会大打折扣。中国当前推动消费绿色转型具有强烈的政治意愿、日益成熟的社会基础和较好的实践基础。将绿色消费纳入国家"十四五"发展规划的时机和条件已经成熟。

3. 中国绿色消费趋势与特点

《中国公众绿色消费现状调查研究报告（2019 年版）》发现，绿色消费的概念在公众的日常消费理念中越来越普及，83.34% 的受访者表示支持绿色消费行为，其中 46.75% 的受访者表示"非常支持"。另外，企业采购、使用和销售环境友好的绿色产品和消费者购买安全放心的绿色产品的意愿不断增强，公众对绿色食品、绿色家装的关注度显著提升，消费者不仅愿意购买高品质的绿色产品，而且更加关注生产方式对生态环境的影响。

京东大数据研究院发布的《2019 绿色消费趋势发展报告》显示，"绿色消费"商品的种类已经超过 1 亿种，2019 年绿色消费相关商品总体销量同比增幅较京东平台所有商品销售增幅高出 18%，其中粮油调味、面部护理、童装童鞋、家具和汽车装饰成为销量前五位的品类。同时，2019 年"绿色消费"商品在各类市场等级占比中，二线和三线市场占比相对更高，一线市场绿色消费总量最高。从近两年各等级市场"绿色消费"商品占比的变化来看，新兴市场的销量增速快。

从职业、性别和年龄占比分布看，医务工作者 / 事业单位从业人员、女性消费者和 46 岁以上年龄段群体更关注"绿色消费"，占比分别高出京东平台所有商品销售的 7.4%、11.5% 和 24.8%。根据网络调查结果，80% 家庭的消费决定是由女性做出的，女性是重要的消费决策者，女性消费者成为"绿色消费"的先锋和主力军（图 6-1）。

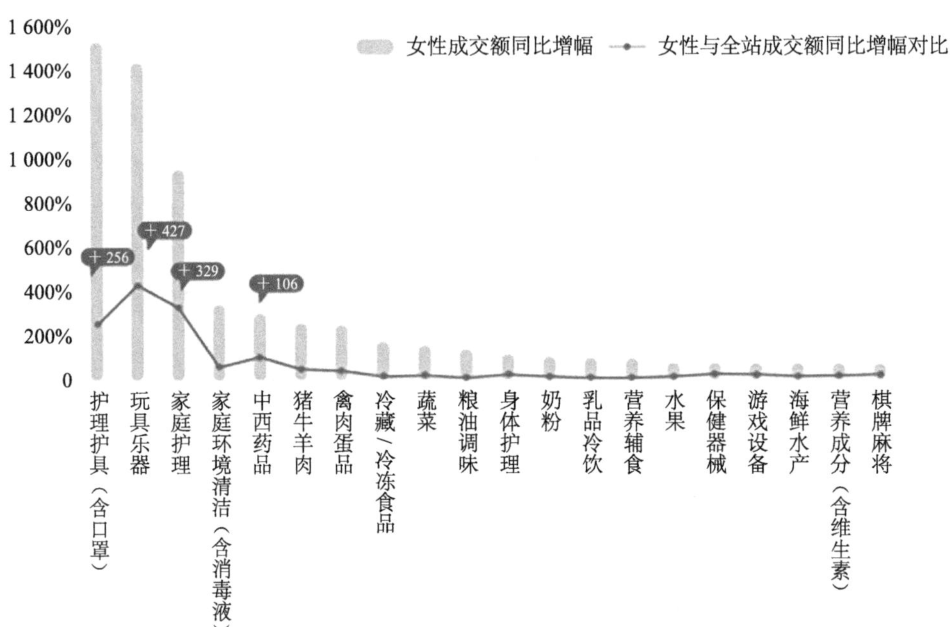

图 6-1 **女性成交额增幅 TOP20 品类 vs. 京东平台所有商品销售**

资料来源：京东大数据研究院，《2020 女性消费趋势报告》。

（二）绿色消费是推动经济绿色转型的关键抓手

经济绿色转型主要由生产和消费两个部门的绿色转型共同推动。在 2019 年研究基础上，项目组对建绿色转型指数测度指标体系做了改进，对绿色消费在经济绿色转型中的作用和趋势进行了进一步实证评估，得出以下结果。

1. 中国绿色转型程度逐年提高，但提升幅度趋于平缓

2004—2008 年，中国绿色转型指数逐年大幅提高，绿色转型程度增大趋势明显。2009—2015 年，绿色转型指数上升趋势减缓，绿色转型速度放缓。自 2016 年以来，绿色转型指数出现略微下降，绿色转型程度甚至表现出下降的趋势（图 6-2）。

2. 生活领域绿色转型指数降低成为经济整体绿色转型的“瓶颈”

生产领域绿色转型指数自 2004 年以来呈持续上升趋势，但生活领域绿色转型指数在 2008 年之后呈快速下降趋势，2016—2018 年甚至低于 2004 年水平，直接导致经济整体绿色转型趋势放缓（图 6-3）。

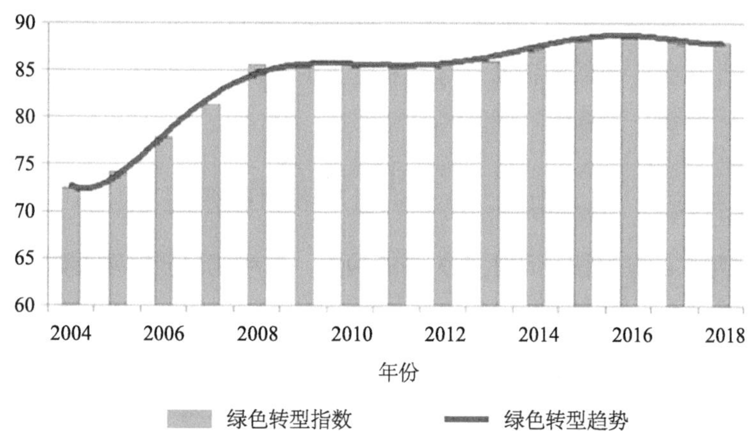

图 6-2　2004—2018 年绿色转型指数及其变化趋势

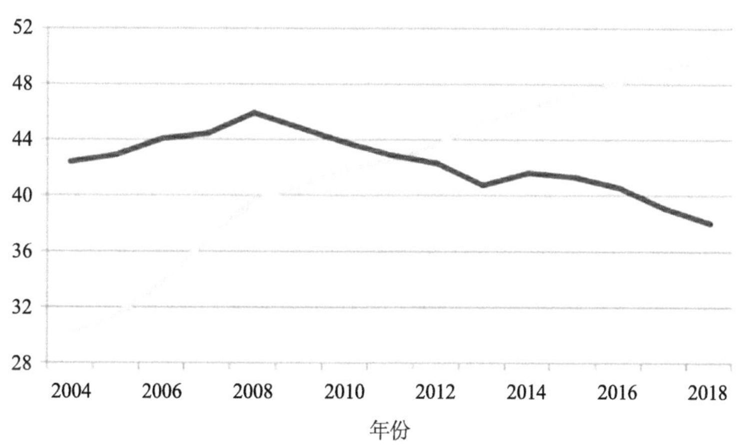

图 6-3　2004—2018 年生产领域和生活领域绿色转型指数变化趋势

生活领域绿色转型趋势放缓主要是由于中国在生活消费领域中资源能源消耗量不断攀升，生活领域中污染物排放量有增大趋势，生活方式对生态环境质量的负面影响增强。2004—2018 年，随着生活水平的提高，居民生活领域能耗增长势头明显，人均能源生活消费量由 2004 年的 191 kg 标准煤增加到 2018 年的 441 kg 标准煤，生活源主要污染物排放、生活垃圾清运量均表现出明显的逐年升高趋势。

以上结果表明，中国在生产领域中资源环境效率提升带来的环境积极影响尚不能弥补和抵消消费领域规模扩张产生的环境负面影响，生活消费领域的绿色转型进程缓慢甚至退步直接拖滞了中国发展整体绿色转型的步伐和深度。从资源环境绩效来看，中国绿色转型在生产领域和消费领域都有巨大的空间，特别是在生活消费领域，公众的生活方式和消费行为亟待向绿色化转变。

（三）绿色消费是推进经济高质量发展的重要选择

1. 需求和供给是经济活动紧密关联的两面，供给侧高质量发展离不开需求侧的优化升级

绿色消费的发展壮大，能为绿色经济体系建设创造广阔的市场空间。2019 年中国居民消费的恩格尔系数已降至 28.2%，较 2013 年的 31.2% 下降了 3 个百分点，未来随着人口结构变化以及城镇化水平提高，在就业、收入、社保等有利消费因素的共同作用下，恩格尔系数还会持续下降，预计到 2035 年继续下降到 20%，达到联合国划分的 20% ～ 30% 的富足标准；同时中国居民消费形态将进一步由物质型向服务型、由生存型向发展型转变，人均交通通信、教育文化娱乐、医疗保健等服务消费支出比重提高。中国消费规模、结构及偏好的这些重要变化和趋势必然会诱发生产和服务的供给侧做出相应的调整。在这一过程中，若积极引导居民转向绿色消费，将有效推动绿色产品制造业以及节能环保产业发展，产生绿色新动能。同时，由于绿色产品以及节能环保产业自身产业链长、关联度大、吸纳就业能力强、自身发展壮大的同时，还能带动更多的相关产业发展。直接增量和间接拉动效应使得绿色消费对经济增长将产生正向拉动作用。

2. 推动绿色消费是挖掘新动能和实现经济稳增长的重要方向

一般而言，绿色产品的生产过程较传统产品的产业链更长、品质更高，逐步扩大绿色产品消费，对经济的拉动作用会更强。但短期内也可能存在因价格较高占用更多预算而挤占其他消费的不利影响，这也值得关注和评估。为此，我们利用大规模动态可计算一般均衡模型针对绿色消费置换传统消费开展多情景分析。在居民消费偏好不变的简化假设下，绿色消费替代传统消费的短期经济负面冲击有限，中长期则会带来持续扩大的经济正增长。

具体而言，与基准情景下 2020—2025 年的消费走势相比（图 6-4），若 2020 年起假设居民消费的食品、汽车、建筑、家电、生活用品中约 4 000 亿元产品（占居民消费总额的 1%）被绿色产品替代，则会使短期内 GDP 相对基准情景略降 0.06%（约 610 亿元），短期负面影响较小且可控。这是由于绿色产品价格相对较高，使居民消费的综合平均价格相对基准情景上升 0.11%，明显高于 GDP 平减指数（仅上升 0.02%）。

按照宏观经济生产法 GDP 及支出法 GDP 的平衡关系，所出现的价格差会导致生产侧就业短期增长 -0.12% 以及 GDP 增长 -0.06%。

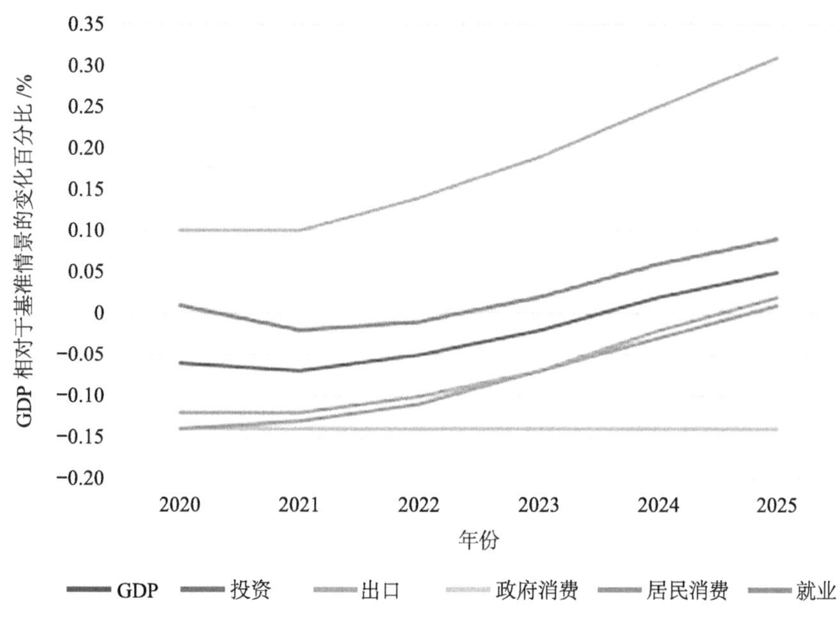

图 6-4　1% 的居民消费被绿色消费品置换的宏观经济影响

然而从中长期来看，随着绿色产品生产投资开始盈利，使 GDP 相对基准情景逐渐转为正增长，预计 2025 年 GDP 相对基准情景增长 0.05%（相当于相对基准情景下的 2025 年值增加 730 亿元），其中投资增长 0.09%（相当于增加 490 亿元），居民消费增长 0.01%（增加 60 亿元），带动出口增长 0.3%（相当于增加 590 亿元），同时就业会相对增长 0.02%（相当于增加 60 万人）。

若假设占居民消费总额 2% 的传统产品被转换为绿色产品，同样会得到类似的趋势，短期内经济相对基准情景损失有所扩大（−0.25%），但是中长期获得的经济正增长会更大（0.14%）。

在上述情景假设中，尚未考虑绿色产品会比传统产品给消费者带来更高品质的享受、荣誉感、获得感以及更大的环境效用，对于有经济条件的中产阶级以上人群，提高绿色产品供给不但不会挤出传统消费品，反而会激发更多消费欲望，扩大消费规模。目前，CGE 模型尚未对这种情景进行量化分析，但定性判断表明在这种现实情况下，上述情景中的短期经济负面冲击可能会受到显著对冲，甚至短期就会实现宏观经济正增长，中长期的正增长规模有望同步扩大。

3. 绿色消费对传统消费的替代还将有效推动产业结构的优化升级，绿色产品的生产制造行业将实现持续较快增长

从上述 CGE 模型得到的行业产出结果看（表 6-1），若 2020 年开始实施绿色消费替代，无论是短期（2020 年当年）还是中长期（2025 年）绿色消费品的生产产出都将实现持续较快增长，会带动行业的整体增长（抵消负面影响），带来绿色增长新动能。其中，食品制造业中的绿色新动能、汽车制造中电动汽车制造和服务业中的绿色批发零售的增量规模最大，是推动绿色消费的首选行业。

表 6-1 绿色消费品置换对主要部门增加值的影响（亿元，2017 年当年价）

主要部门的增加值	2020 年	2025 年
食品	−1 571	−1 744
绿色食品	1 600	1 856
建筑	−3	30
绿色建筑	5	13
家用产品	−9	4
绿色家用产品	5	8
汽车	−49	−54
电动车	61	75
批发零售	−217	−112
绿色批发零售	200	247

4. 绿色消费对传统消费的替代还具有较明显的资源环境效应

由于绿色消费品在生产过程和后续使用过程中更多使用电力、天然气等清洁能源，而减少了对煤炭、油品的消耗，从而有利于推动能源清洁化转型。根据模型测算的能源消费结果，基准情景（尚未考虑 2020 年新型冠状病毒肺炎疫情的影响）下我国 2020 年能源消费量达到 49.5 亿 t 标准煤，煤炭 40.5 亿 t、石油 6.3 亿 t、天然气 3 200 亿 m^3。若 1% 居民消费被绿色消费品置换后，能源消费总量增长 −0.05%，其中，煤炭需求增长 −0.07%、石油增长 −0.08%、天然气需求增长 −0.06%、非化石发电增长 0.05%，初步估算可降低二氧化碳 700 万 t，同时约少排放 5.6 万 t 二氧化硫和 3.1 万 t 氮氧化物。

（四）新型冠状病毒肺炎疫情对中国消费的影响分析

1. 新型冠状病毒肺炎疫情下消费大幅下降

根据国家统计局发布的数据，2020 年 1—3 月，中国社会消费品零售总额 78 580 亿元，同比名义下降 19.0%。其中，除汽车以外的消费品零售额 72 254 亿元，下降 17.7%（图 6-5）。

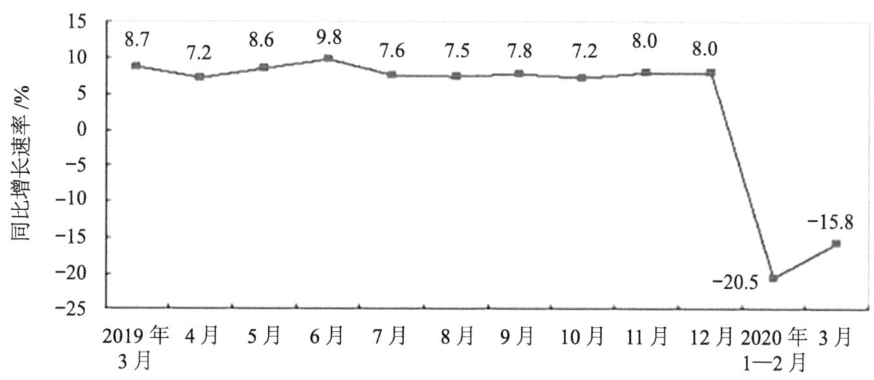

图 6-5 社会消费品零售总额分月同比增长速率

按经营单位所在地分，城镇消费品零售额 67 855 亿元，同比下降 19.1%；乡村消费品零售额 10 725 亿元，同比下降 17.7%。

按消费类型分，商品零售 72 553 亿元，同比下降 15.8%；餐饮收入 6 026 亿元，同比下降 44.3%。

按零售业态分，限额以上零售业单位中的超市零售额同比增长 1.9%，百货店、专业店和专卖店同比分别下降 34.9%、24.7% 和 28.7%。

全国网上零售额 22 169 亿元，同比下降 0.8%，降幅比 1—2 月收窄 2.2 个百分点。其中，实物商品网上零售额 18 536 亿元，同比增长 5.9%，占社会消费品零售总额的比重为 23.6%；在实物商品网上零售额中，吃类和用类商品同比分别增长 32.7% 和 10.0%，穿类商品同比下降 15.1%。

2. 消费长期稳定增长趋势不会改变

总体来看，新型冠状病毒肺炎疫情对消费市场短期影响较大，商品零售额大幅下降；零售和餐饮企业加速转型，网上商品零售保持增长；超市等自助式零售业态小幅增长，社区零售店降幅小于总体；粮油食品类商品零售增长较快，防护用品销售显著增加。

但是中国消费市场规模大、潜力足、韧性强，长期平稳向好趋势没有改变。受短期外部因素冲击影响，居民消费需求只是暂时被抑制，居民消费意愿和能力并未消失，短期波动不会改变长期向好发展趋势，消费市场长期稳定增长和加快转型升级的发展态势没有改变。随着疫情因素消除，抑制性消费逐步释放以及市场供给结构持续优化，中国消费市场仍将保持平稳增长。

新型冠状病毒肺炎疫情对中国和世界经济社会的冲击和影响是巨大、深刻和长远的，对人们的生活方式和消费模式敲响了警钟。第一，要树立生态价值观，构建人与自然生命共同体。人与自然关系不协调可能对人类社会带来难以估量的巨大损害，必须树立和培养尊重自然、顺应自然、保护自然的生态价值观。第二，要倡导绿色生活方式和绿色消费，要革除生活陋习，提倡生活简约适度，在尽可能减少资源消耗和污染排放的情况下提升生活质量，反对过度消费，倡导绿色、适度消费，特别是禁止非法捕杀、交易和滥食野生动物。三是要加快推动消费的绿色转型，在供给侧和需求侧两端，通过行政、经济和法律政策工具等，提高绿色产品有效供给，培育绿色消费市场，提升生活方式和消费的绿色化水平，降低生活消费的资源环境影响。

二、绿色消费案例研究

（一）绿色建筑：居住建筑绿色化改造

1. 现状与问题

中国国家统计局 2018 年数据显示，居住支出占中国居民消费的 23.5%，仅次于食品（28.4%），而建筑能耗约占社会总能耗的 1/3。推动民用建筑的绿色化成为促进绿色消费市场的重要方面。中国既有的近 600 亿 m^2 建筑，95% 以上是高耗能建筑，单位建筑能耗比同等气候条件的发达国家高出 2 ～ 3 倍；建筑垃圾资源化率不足 5%，远低于发达国家 90% 的水平。巨大的能源资源消耗与浪费，直接影响着国民经济和能源的高质量发展。

2019 年，由国家发展改革委、住建部等部门联合调查显示，目前中国老旧小区约 17 万个、住宅面积共 40 亿 m^2 以上，牵涉上亿人的居住问题。预测结果显示，未来十年房地产投资实际增速在“十四五”末可能回落至零并逐步趋向负增长，老旧小区累积住宅面积增速将明显加快。近年来，中国多地开展了不同程度的老旧小区改造工程，但出现了一些问题和不足：一是偏重于单项改造，缺乏整体上的设计，倾向于简单的工程，老百姓最需要的服务和功能缺失，缺乏后续科学的管理；二是多为政府包办，社会资本和百姓参与渠道不健全，民营企业参与动力不足；三是国家重视程度仍显不够，财政补贴和税收优惠等政策支持力度较小，难以带动投资向绿色建筑产业倾斜。

2. 老旧小区绿色化改造和绿色建筑的多重效益

老旧小区改造包括更新和原地复建，在推进过程中应充分调动地方政府、居民、企业的积极性和能动性，发挥市场在改造更新中的决定性作用，统筹规划、注意长效、分类施策、细处着眼、先行先试，充分释放改造更新带来的“民生—经济—环境”三重红利。

绿色建筑是智慧城市建设的重要抓手。建设智慧城市的一个根本落脚点，是要让市民充分感受到智慧城市将更加节约资源、更加生活便利、更加舒适安逸。其中，绿色建筑正是“集约、智能、绿色、低碳”生态文明新理念融入城镇化的着力点，也是建筑领域未来发展大势所趋，更是智慧城市的典型特征之一。因此，绿色建筑发展可按照智慧城市要求建设，依据相应规划建设的标准和技术规范，借鉴互联网思维，统筹新一代信息技术，全面服务于建筑领域节能减排和居住舒适性的需要，规划建设以人为本、高效运行、可持续发展的智慧城市。

自 2012 年 11 月住建部下发《关于开展国家智慧城市试点工作的通知》以来，全国已建立近 600 个智慧城市试点，超过 500 座城市明确提出构建智慧城市的相关方案。《智慧城市顶层设计指南》（GB/T 36333—2018）和《智慧城市时空大数据平台建设技术大纲（2019 年版）》相继发布，推动智慧城市建设。

目前，中国绿色建筑产业发展处于“幼稚期”，因建造成本相对较高，绿色建筑相关产品在市场中缺乏竞争力，难以形成规模效应。本研究试从老旧小区绿色化改造和新建绿色建筑两个角度，通过可计算一般均衡模型（CGE），定量分析短期内绿色建筑发展带来的经济效益、民生效益和环境效益。分析结果并综合已有研究成果表明：

1）在经济效益方面。若适度增加对绿色建筑的投资规模，短期内会对中国经济增长具有显著的正向拉动作用，GDP、投资、出口、政府消费四个主要经济指标短期内均呈上升趋势，且变化率逐年增加。

2）在民生效益方面。投资由传统建筑适度转向绿色建筑领域，对促进房地产业的健康发展，扩大就业机会、保障民生具有积极作用。但同时也要防范投资期望膨胀或投资过度带来的负面影响。

3）在环境效益方面。统计结果显示，人类从自然界所获得的 50% 以上的物质原料都用来建造各类建筑及其附属设备。这些建筑在建造和使用过程中又消耗了全球能量的 50% 左右；与建筑有关的空气污染、光污染、电磁污染等占环境总体污染的 34%；建筑垃圾占人类活动产生垃圾总量的 40%。而绿色建筑一方面因为使用绿色建材，可以节约建材能耗；另一方面会在使用过程中节能。有研究表明，与传统建筑相比，绿色建筑可节约能源 30% 左右。此外，绿色建筑在节水、节地等方面也有明显效果。因此，绿色建筑的资源能源及环境效益相当可观。

3. 推动中国居民建筑绿色化改造的初步结论与建议

（1）需要高度重视绿色建筑发展问题

在新型冠状病毒肺炎疫情后的经济复苏、高质量发展和生态文明建设的综合背景下，加快研究节能减排新发展模式、突破传统产业发展“瓶颈”、寻找经济发展新动能是中国的必然选择。在能源消耗的三大模块“建筑、交通、第二产业”中，建筑产业最具节能潜力。因此，要充分重视绿色建筑的推广应用，推动绿色建筑产业健康发展，进而实现经济与能源高质量发展目标，满足人民群众对美好生活的向往。在按绿标要求新建建筑的同时，更要重视老旧建筑绿色化改造，让绿色化改造成为这一轮的抓手和重点。

（2）建立完善老旧小区改造更新治理机制

界定政府、企业与居民间的权利和义务，明确改造更新过程中各参与者的角色和职能；制定改造更新涉及的权属界定和调整的管理办法，建立建管交接制度及司法调解机制。制定老旧小区改造更新规划调整的顶层设计和指导意见，最大限度提升小区品质。建立共商共建共享机制，鼓励小区建立由多方主体参与的联席会议制度，有序推进规划、设计、施工、验收等环节的各项工作。创新财政税收支持政策，对同一区域老旧小区原地复建项目，给予贴息贷款支持。创新投融资机制，推进政府和社会资本合作，鼓励利用财政资金撬动社会资金，鼓励金融机构加大金融支持力度。实施相邻住户激励联动机制，实行差异化优惠政策，同时完成改造更新的住户越多，速度越快，户均支持的优惠越大。

（3）完善绿色化改造标准体系和监管制度

完善改造更新标准，推进绿色化改造，放宽绿化、日照等指标限制，编制绿色化改造清单，支持节能化改造一步到位达到新建建筑标准，鼓励结构性能检测与加固、供热计量、雨水收集、加装电梯、外墙保温、可再生能源一体化、中水回收、停车场地等方面建设。大力推进建筑垃圾资源化利用，制定建筑垃圾资源化利用的技术规范，完善污染物控排标准和监管制度。优先支持原地复建，强化统筹老旧小区改造更新方案研究，释放新社区潜能，其中对改造价值不大的，应该原地复建，充分利用地下地上空间，建筑轻量化升级，增加建筑面积，并对有条件的小区留足空间以加装电梯。优化管理和监管流程，简化审批、投诉、监管程序。

（4）以智能化手段大幅提升绿色化改造质量

大幅提升建筑性能，在建造过程中突出体现安全、健康、适老等性能要求，通过智能化手段实现更舒适的办公和生活环境。运用智慧化建造方式将建造过程的人、物等信息实现互联互通与信息共享，集成信息测绘、数字施工、标准化设计、工厂化生产、装配化施工、一体化装修、信息化管理和智能化应用，整合产业链的投融资、规划设计、生产运输、施工建造和运营管理等各环节，实现建造活动的节约、清洁、安全和高品质、高效率、高效益。

（二）汽车行业的绿色消费与生产

1. 现状与问题

中国汽车产业已成为国民经济战略性、支柱性产业。自2009年以来，汽车销量连续十年保持全球第一，近几年占全球汽车总销量的比例接近30%。据中国汽车工业协会统计，中国汽车相关产业从业人员占全国城镇就业人数比例连续多年超过10%，且汽车产业每增加1个就业人员可带动增加10个相关人员就业。据统计，2017年交通运输领域汽油、柴油消耗量分别占全国总消耗量的46%和66%；2018年汽车NO_x排放量占全国NO_x总排放量的43.6%，但其贡献的NO_x减排量却不足20%。

国内外相关研究表明，若非化石能源被用于发电和制氢，推广电动乘用车可有效缓解气候变化，且未来的车辆效率提升有望将燃油汽车（ICEVs）的排放降低到约450 gCO_2e/mi（每英里二氧化碳当量），混合动力电动汽车（HEVs）、燃料电池电动汽车（FCEVs）和纯电动汽车（BEVs）的排放可降低到300～350 gCO_2e/mi。在其整个生命周期中，混合动力电动汽车和纯电动汽车比燃油汽车的环境成本低，纯电动汽车的环境成本仅为燃油汽车的36.04%，混合动力汽车和纯电动汽车的总能耗分别是传统燃料汽车的59.92%和52.20%；与燃油汽车相比，纯电动汽车和混合动力电动汽车在使用阶段的能源消耗较低。大力发展新能源汽车节能减排效应突出，也是实现汽车行业绿色消费的重要手段。

中国主要从消费、生产、交通、能源政策等角度，多方推进汽车产业绿色转型。为促进汽车绿色消费，国家先后出台了购置补贴、税收优惠、加快充电基础设施建设、金融贷款支持以及交通便利等政策，并在税制设计中考虑对节能减排的引导作用，在乘用车消费税、车船税税率设定和成品油消费税改革中体现政策导向，相关政策取得了积极成效。针对绿色生产，在中国已经开始采取积极行动削减氢氟烃类（HFCs）制冷剂；高度重视发展再制造产业，在旧件回收和使用、市场进入、生产授权、税收、试点示范、质量管理、市场推广、激励等方面均制定有相关管理政策措施，并已初步搭建了以生产者责任延伸制度为基本原则的新能源汽车动力蓄电池回收利用政策体系框架。

但这些政策也存在一些问题，在消费政策方面，一是税制结构不平衡，购置环节税负较高，使用环节税负较低，不利于引导节约使用；二是现行税制未同能效指标直接挂钩，排量指标并不能直接反映汽车产品的能效情况；三是新能源汽车补贴政策仍偏重购置环节，使用环节支持力度不够，相关基础设施建设仍相对滞后；四是新能源汽车交通政策仅在部分城市实施，政策覆盖面不够广泛。在汽车生产领域，也存在空调制冷剂 HFCs 减排政策体系缺失，零部件再制造行业发展受限，电池回收利用法律标准不健全等问题，严重影响了汽车行业的绿色消费。

2. 新能源汽车产业评价

中国也将新能源汽车列为战略性新兴产业之一，先后建立了涵盖产业指导、研发支持、生产监管、购买激励和使用激励在内的全方位产业政策体系。在产业政策的推动下，新能源汽车产业取得了令人瞩目的成绩，集中表现在新能源乘用车市场份额逐渐攀升、车型种类不断丰富和关键技术水平持续提高三个方面。但是，产业政策引发的产业问题也同样突出，成绩与问题的并存也引发了产业界和学术界关于新能源汽车产业政策实施效果的争论，有必要对此进行系统评价。

按照产业政策的作用环节，对 2009—2017 年中国新能源汽车政策进行梳理和解构，可分为 4 个环节：一是研发环节政策工具，包括国家或地方层面鼓励新能源汽车研发的资金支持；二是生产环节政策工具，包括单独设立新能源汽车相关投资资质和设置新能源汽车生产比例要求；三是购置环节政策工具，主要包括在购置环节给予直接财税优惠等直接激励政策和在私人领域限制购买燃油车等间接激励政策；四是使用环节政策工具，主要包括降低使用环节成本的各种财税优惠政策以及不限行、优惠停车等非财税政策。

基于层次分析法的改进模型，对产业政策的贡献度进行分析，结果表明：新能源汽车产业政策整体有效。其中，购置补贴对新能源汽车产业发展的综合贡献度最高，贡献度接近 50%，在促进技术进步、成本下降、市场增长方面，作用最为显著；税收优惠政策、企业产品准入规定、国家研发计划和交通支持政策贡献度依次递减。此外，从单项指标来看，税收优惠政策和交通支持政策对于技术进步贡献度较高，研发支持和税收优惠政策对于成本降低的贡献度较高，交通支持政策和税收优惠政策对于市场增长的贡献度较高。同时，评估结果也反映出政策体系存在一定缺陷：一是购置补贴政策综合贡献度过大，造成产业、企业、消费者依赖度较大，易导致补贴退坡背景下市场发生断崖式下跌；二是国家研发计划的支持力度有待提升，应进一步提高其对技术进步的贡献度。

3. 结论与建议

一是建立健全针对汽车全产业链的绿色消费和生产支持政策体系。在汽车生产环节，应鼓励开发和使用非 HFCs 类替代品和替代技术；在汽车购置环节，推动税制改革，加强税收对节能减排引导作用，同时降低绿色汽车产品购置成本，鼓励绿色消费；在汽车使用环节，应增加绿色汽车产品的使用便利性，降低使用成本；在汽车报废回收环节，推动完善动力蓄电池回收政策和标准，完善再制造产业相关政策以及同保险产业的融合发展，推动再制造产业发展。

二是为引导汽车产品绿色消费，需进一步发挥财税政策节能减排导向作用。参考国际经验，结合中国产业发展和税制现状，优先选择实施基于乘用车燃料消耗量指标的绿色税制，即对于提前达到油耗目标值的乘用车，依据其优于目标值程度给予一定幅度的车辆购置税和消费税优惠；对于未达标乘用车则根据其超标程度予以加税。

三是在现行税制和税收优惠政策基础上，提出 2021—2035 年实施汽车绿色税制的具体方案：2021—2025 年对现有新能源汽车车辆购置税免税政策逐步退坡，同时开展前期研究工作；2026 年后开始实施基于油耗的税收优惠政策，并根据油耗法规调整建立优惠政策动态调整机制；2031—2035 年优惠政策门槛提升，同时引入罚税制度。依据政策力度不同，提出强政策（优惠幅度较大）、弱政策（优惠幅度较小、罚税力度较大）两个政策场景，并据此进行政策效果分析。测算结果表明，实施绿色税制能有效调整汽车市场结构，提升节能与新能源汽车市场份额，同时对引导节能减排效果明显（表 6-2）。

表 6-2 情景分析的政策效果

	节能汽车与新能源汽车（NEV）占比 /%			节油 / 万 t			污染物减排 / 万 t		
情景	2025 年	2030 年	2035 年	2025 年	2030 年	2035 年	2025 年	2030 年	2035 年
强政策	20	52	62	440	690	824	3.1	9.1	12.8
弱政策	16	42	56	402	582	766	2.1	5.4	10.6
无政策	12	34	47	375	576	730	1.4	4.2	8.6

四是为鼓励汽车行业绿色生产，可选择 2, 3, 3, 3- 四氟丙烯（HFO-1234yf）等全球增温潜势（GWP）值低的汽车空调制冷剂替代现有的 HFCs 类制冷剂，减缓全球气候变暖势态；进一步完善汽车零部件的再制造法规体系，推动再制造产业与保险产业融合发展，培育拓展多样化的再制造件市场推广方式；推动动力蓄电池回收利用行业规范及可持续发展，进一步完善综合利用行业管理制度。

（三）绿色电力市场改革

1. 中国绿色电力发展现状

绿色电力泛指可再生能源发电项目所产生的电力。截至 2019 年年底，中国可再生能源发电装机达到 7.94 亿 kW、同比增长 9%，装机总量约占全部电力装机的 39.5%，同比上升 1.1 个百分点。中国可再生能源利用水平也在不断提高。2019 年，中国可再生能源发电量达 2.04 万亿 kW·h，同比增加约 1 761 亿 kW·h；可再生能源发电量占全部发电量比重为 27.9%，同比上升 1.2 个百分点。预计“十四五”期间，风电新增装机为 1.2 亿～ 2 亿 kW，光伏新增装机为 2 亿～ 3 亿 kW；到“十四五”末，可再生能源发电量将超过全国总发电量的 1/3，接近 40%。

中国的分布式发电近年发展很快，以企业和户用的分布式光伏为主，工业园区和农村集体等应用场景开发的分散式风电也初具规模。截至 2019 年年底，中国分布式光伏发电累计并网容量达 6 263 万 kW，占光伏发电总装机的 31%。随着风电和光伏成本下降，分布式发电的商业模式的创新和成熟，以及各地配套政策的陆续出台，中国分布式可再生能源发电的市场将持续扩大。

2019 年，中国包含水电在内的全部可再生能源电力实际消纳量为 20 141 亿 kW·h，占全社会用电量比重为 27.9%，同比提高 1.4 个百分点；全国非水电可再生能源电力消纳量为 7 388 亿 kW·h，占全社会用电量比重为 10.2%，同比提高 1 个百分点。

2. 改革进展与挑战

目前在中国的企业主要通过三种途径消费绿色电力。第一种途径是企业自行或通过第三方开发商投资建设可再生能源发电项目。第二种途径是用电企业直接向发电企业采购绿色电力。第三种途径是用电企业采购绿色电力证书。

随着电力体制改革的重启，电力用户参与市场化交易的准入条件逐渐放宽，电力价格机制的转变、交易方式和品种的放开，为电力用户参与市场化交易创造了条件。然而，中国的绿色电力市场仍处于建设初期，推进绿色电力消费必须进一步推进电力市场改革。与绿色电力消费的电力市场改革主要涉及两个层面：一是新能源发电政策和制度改革（包括上网价格形成机制、保障收购制度、绿色证书制度、市场化交易机制等）；二是电力市场整体改革，特别是电力用户侧各类用户参与电力市场准入和交易机制改革。现阶段的改革进展包括：一是绿色电力政策已从保价保量收购转向逐步市场化；二是电力市场改革已由制度设计转向实施落地；三是绿色电力交易已从电网间交易转向全面交易。

中国绿色电力市场仍在建立过程中，有限的采购途径和尚待明晰的交易机制，是企业实现可再生能源消费目标的最大障碍。目前，最成熟的路径是企业自行或通过第三方开发商投资建设分布式光伏项目，但规模有限；最昂贵的路径是采购可再生能源绿色电力证书，但价格趋于下降；最受关注的路径是通过购电协议（PPA）市场化交易采购可再生能源电力，但市场准入门槛高、交易规则不清晰；最缺乏的路径是虚拟购电协议（VPPA），但有待中国建成电力现货市场。

3. 改革思路及建议

为推进绿色电力消费市场发展，进一步完善市场基础，释放各行业对绿色电力的需求，建议：

一是加快建立绿色电力市场体系。推广购电协议（PPA）和虚拟购电协议（VPPA），进一步明确包括可再生能源在内的各类电力参与市场化交易的具体规则，有效激励各方市场主体的积极性。

二是减少地方的不当行政干预，放开发电用电计划和用户选择权。一方面，省内要放开发电用电计划和用户选择权；另一方面，省际要打破省间壁垒，取消市场主体参与跨省跨区交易、市场间交易的限制。

三是进一步放开和保障电力用户选择权。引导推动电力用户与水电、风电、太阳能发电等清洁能源发电企业开展市场化交易，放开各省电网公司、电力用户和售电企业的省内外购电权，并把可再生跨省交易优先纳入输电通道容量。

四是完善各类用户共同开发使用分布式可再生能源发电的政策和市场环境。政府和电网企业要继续深入推进放管服改革。培育创新的商业模式，引入并授予虚拟电厂、集成商等新型商业主体参与分布式和批发电力市场的资格。

五是逐步扩大可再生能源电力直接交易试点。为发电用电企业提供能力建设支持。鼓励与就近的用电负荷较大且持续稳定的工业企业、数据中心等用户开展中长期电力交易。降低就近直接交易的输配电价，减免相应的政策性交叉补贴。

六是明确可再生能源证书的环境属性，增强企业交易信心。将证书的核发范围拓宽到各类可再生能源发电项目。通过平价上网项目扩大平价绿证供应，使证书价格与补贴强度脱钩。支持非捆绑可再生能源证书的采购。

七是建立包含各类利益相关方的平台，加强沟通与合作。搭建案例分享平台，交流借鉴在中国采购绿色电力的最佳实践，集结各企业可再生能源采购需求，推动政府、发用电企业、行业协会、研究机构以及国际组织间的交流与合作。

（四）绿色物流

1. 现状与问题

截至 2018 年年末，中国快递业务量达到 507.1 亿件，已超过美、日、欧等发达国家和经济体的总和。仅 2018 年快递物流业就消耗了 500 亿张快递运单、245 亿个塑料袋、57 亿个封套、143 亿个包装箱、53 亿条编织袋和 430 亿 m 胶带。快递废弃物的填埋和焚烧带来了近 14 亿元的管理成本。在特大城市中，快递包装垃圾增量已占到生活垃圾增量的 93%，部分大型城市也达到了 85% ～ 90%。此外，中国物流运输仍然以传统燃油车为主，近 2 000 万辆物流业车辆在消耗汽柴油的同时，也产生了大量的污染物排放，给社会带来了巨大的资源负担和环境压力。

中国政府高度重视绿色物流的发展，2009 年国务院发布的《物流业调整和振兴规划》，提出要鼓励和支持物流业节能减排，发展绿色物流。之后，中国在国家层面、部委层面以及地方省（市）等，从运输、存储、包装、流动加工、回收等各个环节均发布了相关的政策文件以倡导绿色物流发展。

通过对绿色物流相关政策研究分析发现，现有政策存在以下问题：一是绿色物流立法滞后，现有环保或资源相关法律虽然对绿色物流加以规定，但由于绿色物流缺乏系统性专项规划，相关主体的职责、权利与义务责任不明，有效约束机制尚未建立；二是绿色物流发展已纳入国家战略层面，但发布的政策相对比较宏观，缺乏清晰明确的目标，配套政策也不完善；三是绿色物流相关实践措施偏向于绿色包装及废弃物及旧产品回收，但国家实际性支持力度较弱；四是绿色物流政策主管单位分散，绿色物流政策后续评估不足，缺乏动态跟踪评价；五是绿色物流试点成为推进物流绿色转型的重要抓手，可循环中转袋应用试点取得积极效果，绿色采购试点也在积极推动当中，但需要积极跟踪评估试点效果，扩大推广。

2. 中国绿色物流实践

目前，电商和物流公司都在积极推广云仓、智能分拣及路径规划、装箱算法、电子面单、环保袋、绿色包装箱（如可再生纸应用、通过环境标志等认证的环保油墨印刷）、共享快递盒、新能源物流车、太阳能物流园、无油墨等，以期能够实现绿色物流，达到低碳减排的目的。通过梳理汇总 2013—2019 年京东物流、顺丰、苏宁、美团、菜鸟、申通、中通、圆通、汇通以及韵达 10 家企业在绿色仓储、绿色运输与配送、绿色包装、绿色流通加工、废弃物及旧产品回收、绿色信息处理方面开展的工作，分析发现有以下特点。

第一，绿色物流重点措施从减少耗材和包装材料，逐步延伸到绿色包装、仓储、运输、回收利用、绿色信息处理等各个领域，尤其是 2016 年后相关做法呈快速发展趋势。绿色物流多措并举，仓储、运输与配送、包装及信息处理成为重点，废弃物及旧产品回收，成为绿色物流行业发展新宠，但绿色流通加工领域尚存在不足。

第二，新技术的应用成为绿色物流的重要推手，也是电商物流企业追求绿色转型必不可少的措施，在绿色储存、绿色运输、绿色包装和绿色回收方面都起到了关键促进作用。

第三，部分措施宣传作用强，落地比较困难，如绿色仓储需要大量的资金支持，新能源车和无人机面临成本、交通等一系列问题，绿色包装成本高，普及难度大，绿色回收基础设施薄弱，严重依赖消费者和快递员，包装的总体回收率小于 20%，快递末端仍是包装回收的薄弱环节。

第四，绿色物流措施缺乏科学评价，未建立相应的绿色物流评估指南，未建立绿色物流技术推广目录供所有物流企业或者商家参考。绿色物流供应链管理弱，目前绿色物流措施主要面向物流企业本身，面向商家、供应商及消费者的较弱，消费者参与度不足。

案例 6-1　绿色包装

中国主要电商物流企业开展的绿色包装活动如下：

（1）包装的生态设计：2013 年顺丰速运组建自主包装研发团队，2016 年顺丰成立“顺丰科技包装实验室”；2016 年京东与东港股份联合成立了京东包装实验室；2019 年苏宁易购成立绿色包装实验室等，目的均在促进绿色包装。环境友好型设计例如阿里菜鸟推出的可降解塑料袋，百世汇通快递推出的生物基包装袋等；原材料减量化设计例如京东降低包装箱重量，顺丰降低胶带厚度等；延长包装使用寿命设计例如顺丰的丰 BOX、京东的清流箱、苏宁的共享快递盒等。通过包装环保设计，在减少材料用量、降低成本的同时，也减少了垃圾的产生。

（2）包装使用过程绿色化：菜鸟打造了全球首个全品类“绿仓”，以循环箱形式配送至消费者手中，整个过程无须二次包装，实现了零胶带、零填充物和零新增纸箱。阿里通过消费者购买绿色包装产品获取蚂蚁森林绿色能量的方式，鼓励零售商使用绿色包装。京东“清流计划”推动运输包装箱的印刷简化，直发包装、周转箱的应用。美团成立餐饮行业首个外卖盒回收联盟，开展外卖餐盒回收工作等。

（3）包装回收后的再利用主要包含两类，第一类面向物流企业内部的回收，不涉及消费者；第二类面向消费者的回收，通过快递员上门回收，建立回收站点和建立回收箱三种模式进行回收。截至2019年6月，京东回收纸箱超540万个，在阿里零售通的全国小店配送中直接回收再利用的旧纸箱达到30%。

案例 6-2　绿色运输与配送

根据《中国快递领域新能源汽车发展现状及趋势报告（2018）》显示，截至2018年6月，中国31个省（区、市）快递领域共有12 988辆新能源汽车投入运营，是2016年使用量的4倍。其中，82%为小微车型，84%通过租赁方式获得，在新能源汽车的使用城市分布上，深圳使用量最多，其次则是天津、北京和上海。目前，京东公司已经在北京市内实现将自有物流车辆100%替换为纯电动车，并计划五年内将京东体系内配送车辆全部替换为新能源汽车。在城市配送方面，现有的无人机和机器人配送也在逐步兴起，运送模式主要面向的也是网点—消费者这一路径，用于解决最后一公里配送难的问题。其中顺丰、菜鸟、京东、苏宁、中通、圆通等物流公司均开展了无人机配送方式。顺丰、菜鸟、京东、苏宁以及四通一达均建立了云平台，负责快递的配送调度问题。

3. 结论与建议

一是建立国家层面的绿色物流建设专项规划，引导并监督电商物流绿色发展。明确绿色仓储、绿色包装、绿色运输与配送及逆向物流回收体系中责任主体，确定中长期考核目标和指标，明确政府、行业和消费者各方责任，助力电商物流绿色发展。

二是建立绿色物流技术评价制度，评估绿色物流新举措，促进优秀绿色物流措施的落地。定期发布绿色物流技术推广目录，供物流企业参考应用，促进绿色物流新举措的顺利落地。

三是鼓励绿色包装行业发展，促进物流包装绿色转型。将绿色包装产业纳入《绿色产业指导目录》，促进包装再制造、生物可降解包装的发展。进行绿色包装评价，开展物流绿色包装采购。促进包装标准化，建立统一的物流包装逆向回收体系，打破企业间壁垒，促进物流包装的再利用。

四是深化绿色物流试点工作，提高试点示范引领作用。吸取在应对本次新型冠状病毒肺炎疫情中物流运输的经验，扩大绿色试点内容，将绿色物流与城市治理工作相结合，解决单个物流企业在保供应、保畅通中面临的“断链”等诸多难题，打通物流供应链上下游，实现各类生产和生活物资高效地集、分、储、运、配。

五是提高消费者环保意识，促进消费端的包装回收。出台措施激励消费者回收物流包装，推广或创新机制提升消费者在包装选择或包装回收当中的自觉绿色行为，比如蚂蚁森林绿色能量机制，包装押金机制，包装回收后资金奖励机制等，促进物流包装回收。

（五）数字化低碳生活方式平台

1. 低碳生活类项目（平台）现状及面临的困境

近年来，低碳生活类项目（平台）多有探索，包括蚂蚁森林、碳普惠、零碳派、绿豆芽等多个项目在创新低碳生活引导机制方面取得了一定成效。其中，以企业为主导搭建的蚂蚁森林数字平台和以政府为主导搭建的碳普惠平台是典型代表。

在全国范围内全面推广上述类似数字平台、引导公众践行低碳生活方式仍面临诸多的困难和挑战。一是缺乏专门政策支持，单纯依靠企业运营平台不可持续：目前构建低碳生活引导机制的政策基础较为薄弱，政府的引领作用有待进一步加强；出于保护个人用户隐私和减排数据提供方数据安全性的考虑，现有的低碳生活类平台无法获取大批量的、有效的减排数据；企业参与碳中和的实际动力不足，平台在推广阶段难以吸引商业企业合作。二是核算标准不一，缺乏统一监管，各个平台对减排量可能进行了重复计算。各平台采用的个人自愿减碳行为的方法学算法迥异，碳减排量核算结果差异较大，极易引发用户对于减排数据的严谨性、科学性、有效性的质疑；因缺乏全国性的统一监管，用户低碳行为产生的碳减排量可能被获得授权的平台重复计算。

案例 6-3 “低碳军运”项目

武汉市政府在 2019 年第七届世界军人运动会上推出“低碳军运”项目。该项目将市民个人绿色低碳行为的减排贡献进行量化汇总，以抵消军运会办赛过程中排放的二氧化碳量。“低碳军运”小程序与武汉城市一卡通、哈啰出行、交通银行等平台实现了对接，通过读取用户的低碳行为计算碳减排量，并发放对应数量的碳积分。

“低碳军运”小程序于 2019 年 6 月 18 日正式上线，历经近半年的运营，创造了良好的社会效益和减排效益：①“低碳军运”小程序向用户颁发电子版《军运会碳中和荣誉证书》，提升了市民的“低碳荣誉感”；碳积分可用于在小程序中兑换军运会礼品等，提升了市民的“低碳积极性”；吸纳企业和商家进驻平台，帮助其树立绿色品牌形象。②“低碳军运”小程序上线共 201 d，总访问量达 2 633 712 次，授权用户达 80 426 人，累计产生二氧化碳减排量达 170.25 t。其中，绿色消费类低碳行为完成次数达 215 393 次，共产生二氧化碳减排量 47.21 t。据测算，赛事期间运动员乘坐大巴往返军运村及赛区产生的二氧化碳排放量预计为 80 t 至 100 t，该中和目标顺利达成。

2. 有关建议

为积极发挥数字化平台在提高公众绿色消费水平、践行低碳生活方式上的引领作用，在借鉴“低碳军运”项目的运行模式基础上，建议：

一是搭建全国统一的数字化低碳生活方式平台。基于“低碳军运”项目的运行模式，逐步吸引大型体育赛事、国际国内会议等活动方及其商业伙伴入驻平台，构建碳中和生态圈，搭建起具有全国性影响力和统一适用标准的数字化低碳生活方式平台。

二是发挥政府示范效应，建立常态化的碳中和机制。进一步细化《大型活动碳中和实施指南（试行）》实施方案，发挥政府的示范效应，对于政府举办的活动（赛事、会议等），凡碳排放量超过 1 t 的，要求举办方通过数字化低碳生活方式平台实现活动碳中和。

三是发布《碳中和支持企业年度白皮书》，将减排指标纳入社会征信体系。将碳中和参与度作为国有企业、跨国企业的年度考核指标之一，发挥龙头企业积极参与减碳、履行气候变化应对责任的示范作用。同时，将企业和个人的减排指标纳入社会征信体系，对于为大型活动（赛事、会议等）碳中和工作做出减排贡献的企业和个人，给予适当的政策优惠。

四是设立碳中和专项工作基金，为实施大型活动（赛事、会议等）碳中和提供资金保障。政府生态环境主管部门设立碳中和专项工作基金；大型活动（赛事、会议等）举办方将其广告收益按比例上缴至碳中和专项工作基金，以维护基金的日常管理和运作；鼓励民间资本、公益资本的注入。

五是推出绿色消费券项目，打造线上消费新热点。政府推出绿色消费券项目体系，制定绿色消费券相关配套政策，并通过在数字化低碳生活方式平台将绿色消费券投放给个人消费者的形式刺激绿色产品的消费需求。

（六）推进绿色消费的其他案例

案例 6-4 绿色金融助力绿色消费

绿色金融助力绿色消费通常包含两条路径：一是增强在绿色消费领域金融资源的可获得性，帮助有绿色消费意愿的消费者获得金融资源支持，发挥金融在消费上的杠杆撬动作用；二是借助绿色金融工具降低绿色消费的成本，从而使绿色消费产品在价格上具有比较优势，促使社会资源更多地向绿色消费产业链流动，推动企业生产提供绿色产品，实现经济绿色可持续发展。目前，中国已开始形成多层次的消费金融服务商体系，逐步形成了以商业银行、消费金融公司和互联网消费金融平台为主的消费金融服务体系。根据《2019 年中国消费金融发展报告》统计，从 2014 年到 2018 年短短 5 年，互联网消费金融贷款额从 0.02 万亿元扩张至 7.8 万亿元，增幅近 400 倍。

具体做法包括：兴业银行、马鞍山农商行开展的绿色建筑按揭贷款业务，中信银行开展的绿色汽车消费贷款业务，马鞍山农商行开展的绿色能效贷款业务，建设银行、兴业银行、光大银行、农业银行、平安银行等开展的绿色信用卡业务等。

案例 6-5 可持续的食物供应链与消费体系

2017 年，联合国环境规划署、中国连锁经营协会共同发布的《中国可持续消费研究报告》显示，中国超七成消费者已具备一定程度的可持续消费意识，约一半消费者愿为可持续产品支付不超过 10% 的溢价。然而可持续消费品牌的缺失，正在制约着可持续消费的进一步发展。2018 年，世界自然基金会（WWF）在可持续水产品领域发布了《海鲜消费指南》，通过对海鲜产品的可持续性评定，为公众提供了绿色消费选择的可参考和可操作的工具。

据统计，世界54%的食物浪费发生在“上游”，即生产、收获后处理和储存环节，其余46%发生在“下游”，即加工、流通和消费阶段。WWF也在酒店行业和冷链物流行业分别推广了行业倡议和试点。2018年，在长兴县5家星级酒店开展了试点工作，同期推介了酒店后厨食物浪费减少工具和培训视频。2019年，WWF与中国物流与采购联合会冷链物流专业委员会正式发起“中国可持续水产冷链倡议”，呼吁冷链企业减少资源浪费，减少运输环节温室气体排放，共同减缓全球变暖。

在全球领域，WWF致力于推动可持续的食物生产、加工和流通体系，倡导推进可持续食物消费的理念和实践，从而提高效率和生产力，同时减少浪费和改变消费模式，确保人类获得充足食物和营养时亦能全力维持和保护我们的自然资源。并在以下三个目标下开展食物领域的工作。

1）2030年，实现50%农业和水产养殖业的可持续管理，所有食品生产用地不以牺牲自然栖息地为代价；

2）全球人均粮食浪费量减半并减少食物收获后损失；

3）50%的粮食消费符合世界卫生组织及联合国粮农组织在目标国家的饮食准则。

2015年12月7日，来自英国、法国、德国、荷兰和丹麦五个国家的部长签署了《阿姆斯特丹宣言》，承诺支持私营部门采取的抵制供应链中森林砍伐活动的举措；在欧洲，74%因为食物制作需求而进口的棕榈油满足可持续棕榈油圆桌倡议组织（RSPO）可持续认证标准。

中国在可持续供应链领域里面也开展了一系列的行业行动，包括2017年WWF、中国肉类协会与64家企业共同发布《中国肉类可持续发展宣言》，旨在打造可持续的肉类产业和企业供应链，其八项宣言包含了零毁林、提高效率等各方面；2018年，WWF、中国食品土畜进出口商会和RSPO共同发起中国可持续棕榈油倡议，推进可持续棕榈油成为中国市场的主流商品等。

案例6-6 沃尔玛“十亿吨减排项目”

沃尔玛于2017年在美国启动了“十亿吨减排项目”，这是一项旨在使供应商、非政府组织和其他利益相关方参与气候行动的重大举措。“十亿吨减排项目”的目标是：通过使供应商参与以下六个领域的目标设定和倡议活动，到 2030 年在全球价值链中减少 10 亿 t 温室气体排放。这六个领域包括：能源使用、可持续农业、废弃物、森林砍伐、包装和产品使用。“十亿吨减排项目”平台有多种系统工具，包括用于设置报告目标的计算器、最佳实践研讨以及有助项目进展的其他资源。

迄今为止，“十亿吨减排项目”是最大的私营企业气候行动项目之一。自启动以来，来自 50 个国家 / 地区的 2 300 多家沃尔玛供应商签署了参与“十亿吨减排项目”的计划，据报告，累计减少的温室气体排放量超过 2.3 亿 t（根据沃尔玛的“十亿吨减排项目”方法计算）。

沃尔玛于 2018 年在中国启动了“十亿吨减排项目”，设定了到 2030 年实现减排 5 000 万公 t 的子目标。到目前为止，供应商已经报告了成功减排超过 500 万公 t 的目标。这些供应商包括美国 TCP 在中国的公司（China’s Technical Consumer Products Inc.），该公司为中国和全球的沃尔玛商店提供灯泡。TCP 通过产品创新实现其对“十亿吨减排项目”的承诺，在其上海工厂推出了新型节能灯泡，该灯泡目前在全球范围包括在中国的 400 多家沃尔玛商店中都有销售。由于这种新设计的灯泡比之前的灯泡能耗低 36%，仅从 2018 年的运营成本中节省下来的能源就足以满足 2 768 000 个中国家庭一年的用电需求。

此外，沃尔玛于 2016 年启动了工厂可持续发展计划，以支持供应商及其工厂合作伙伴改善生产实践，减少对环境的影响。到 2020 年，沃尔玛美国商店里所销售的服装和家居用品中，超过 65% 的商品来自与完成可持续服装联盟 Higg 指数设施环境模块（FEM）的工厂合作的供应商。

Higg 指数设施环境模块指数（FEM）是一种行业认可的工具，它使用跨功能方法，允许设施在内部工作以跟踪其环境影响、设置目标并改进总体环境绩效。在 2019 年完成 Higg FEM 并与沃尔玛分享结果的 334 家工厂中，超过 54% 的工厂位于中国。与 Higg 报告工厂直接相关的温室气体排放总量超过 470 万 t/a，其中超过 190 万 t/a 来自中国。

（七）绿色消费的国际经验

1. 概念界定

在讨论需求端可持续性的文章中，绿色消费、可持续消费和可持续生活方式是三个经常交替使用、密切联系的术语。其中，绿色消费，与绿色产品和服务紧密相关，消费者选择绿色消费，从而提高经济增长的质量。可持续消费，倡导使用更少的资源获得更高的效果，既重视提高生态效率，更关注消费的效用。可持续生活方式的范围更广，超出了物质消费和市场等领域，触及了日常生活中无形领域，比如价值观和社会规范。若采用更充分的定义方式，则可用更全面的术语——可持续生活。

本章的研究对象，主要考虑了可持续消费的概念，兼顾可持续生活方式和绿色消费的要素，重点是政府推动可持续消费的政策措施。限于篇幅，政府和公共消费（绿色采购）、企业社会责任（可持续性报告或绿色价值链）以及民间社会组织（可持续性运动）等暂未涉及。

2. 绿色消费政策类型

政府在推动形成生产和消费方面发挥着重要作用，通过确立可持续社会的愿景和指南，设立激励机制和管理措施来推动家庭和组织的消费行为的改变。这些政策可分为四种类型：一是将绿色消费纳入总体发展战略；二是制定专项的战略或行动计划；三是将绿色消费纳入部门政策、专题战略或计划；四是作为公共机构或组织授权的一部分。具体实践中也可将上述四个类型结合使用。

将绿色消费纳入总体发展战略的做法，具体包括：将可持续消费纳入国家愿景文件、国家（可持续）发展战略、国家绿色增长或绿色经济战略，以及国家可持续发展目标实施计划。《欧盟循环经济战略》[1]及其行动计划[2]是一个典型案例，展示了如何在可持续发展战略中反映可持续消费。日本的《循环型社会形成推进基本法》，加强和巩固了其可持续消费和更广泛的可持续发展行动计划。瑞典一项重要的战略选择是把可持续消费纳入实现环保目标[3]的总体框架，这一框架用来指导瑞典保护环境的总体工作。德国《国家可持续发展战略》已经对标联合国2030年可持续发展议程，以便支持实现17个可持续发展目标。

这一做法的优点是，用更广泛的发展观念来引导消费者行为。生活方式和消费涉及各种软的（如教育、健康）、硬的（如工业和基础设施）问题，需要有条理和共同的方法，这常常也是国家总体战略的要求。当然，也存在重点缺失的风险。如果在优先领域里绿色消费要与其他议题进行资源和政治关注方面的竞争，它常常要从属于更近期和更具政治关注度的议题。这将推迟解决日益严峻的消费主义或不平等问题，并可能导致不可持续消费问题更加顽固，最后当其引发关注时更难解决。采用需求端的

1 https://ec.europa.eu/info/sites/info/files/ec_circular_economy_executive_summary_0.pdf.

2 https://ec.europa.eu/environment/circular-economy/.

3 http://www.swedishepa.se/Environmental-objectives-and-cooperation/Swedens-environmental-objectives/The-environmental-objectives-system/.

解决方案还可能会失去解决不可持续做法的机会，包括减少有害消费问题的解决方案。

瑞典的《可持续消费战略》和德国的《可持续消费国家计划》是国家可持续消费专项战略的两个例子。这两个国家也牵头执行《联合国可持续消费和生产十年方案框架》计划六大计划中的两项计划。瑞典与日本负责开展可持续生活方式和教育计划；德国、印度尼西亚和消费者国际（CI）负责开展消费者信息项目。

最广泛采用的方法是把可持续消费纳入部门政策、专项战略或计划。可持续消费与能源、水资源、交通、健康、住房和基础设施等行业政策密切相关，如《瑞典可持续食品国家战略和行动计划》。某些公众推动的或受到公众影响的解决社会问题的计划或项目，同时结合了可持续消费，这样的例子包括国家扶贫计划或战略，以及公共健康和减少肥胖国家计划。

虽然是非政府官方发布的政策，为应对日本超老龄社会问题，日本科学委员会制定了《健康低碳生活方式、城市和建筑路线图》。旨在确保日本公民的高质量生活。它聚焦城市基础设施建设和建筑，确保它们适合相应族群，并产生低碳足迹和高环境绩效。政策建议分为四部分：提高对新的、健康、低碳的生活方式的需求，促进相应行为变化；为成熟的社会设计健康的低碳城市和交通体系；加速建设低碳住房和建筑，加速采取健康措施进行能源生产；并且在亚洲推广应用低碳城市、建筑和交通系统[1]。

这些部门政策或专题计划面临时间限制的风险，在政府发生变化后可能会失效。因此，不仅要在任期内保持政府计划或重点项目的有效运行，还应该让有关方法形成制度，以实现长期稳定性。

公共机构或民间社会组织的可持续消费、消费者组织的兴起，特别是欧洲和北美消费者组织的兴起，使公众日益优先关注消费者的权益。法国的 Test Achats、英国的 Which Uk!、荷兰的 Consumentenbond、德国的 Stiftung Warentest、瑞典的瑞典消费者协会和日本的消费者合作社等组织就是转型过程中消费者组织的代表，在进行产品检验和确保生产者责任时，他们关注的重点从产品价格、质量和尊重消费者权益转向更广泛的要求，包括负责任的消费或可持续消费等。

3. 欧盟的可持续消费政策方法

欧盟法律统管其内部市场的所有产品和贸易：通过推动可持续消费，欧盟积极指导成员国的经济发展，节约资源和减少废弃物，发展新产业，促进绿色就业，重新设计城市结构和改变社会行为。促进可持续消费政策的重要性在欧盟内逐渐显现：人们

1 https://www.japanfs.org/en/news/archives/news_id035986.html.

从早期重视废弃物回收利用和最小化，转向日益重视可持续产品设计和向消费者提供关于产品的能源消费和环境影响的信息。欧盟 2006 年版《可持续发展战略》[1] 推动了一系列行动计划和政策工具的制定，包括规定能源消耗产品生态设计要求的《欧盟生态设计指令》[2]，确保消费者获得产品的能耗和环境绩效方面的信息的《欧盟环境标志指令》和《欧盟能源标志框架规章》。实施这些法规对绿色消费起到了实质性的改善作用，但仍存在一些问题。产品法律仅仅解决了产品生命周期方面的问题，没有提出和解决产品诸多环境影响问题。

欧盟加强了对气候变化、污染、资源浪费、自然资源枯竭以及能源和自然资源进口依赖的关注，欧盟委员会 2008 年制定了《可持续消费、生产和产业行动计划》[3]，试图使用更加全面的方法，让《欧洲联盟生态设计指令》涵盖所有与能源有关的产品，为产品设定了环境标准，进行定期审查，建立欧盟机构和成员国主管当局统一的公共采购基地，特别是推动明智的消费。欧盟成员国已经开展了很多行动鼓励零售商和生产商实现构造绿色供应链，提高消费者的意识和参与度。

最新的政策是《欧洲绿色协议》，该协议解决清洁能源、可持续工业、建筑翻新改造、可持续交通、食品生产和消费以及生物多样性保护等领域的问题，其目标是到 2050 年实现碳中和。这项协议还旨在确保欧洲在这个领域的全球领导力，为其他国家树立一个榜样。作为《欧洲绿色协议》的一个重要组成部分，2020 年 3 月欧盟执行新的《循环经济行动计划》[4] 超越了 2015 年的《循环经济一揽子计划》，其目标是让可持续产品成为欧盟的规范，推动消费者和公共购买者可持续地消费，并且实现一个零废弃物体系。它重点关注价值链内材料回收利用比例较高的领域，包括电子、电池和汽车、包装、塑料、纺织品、建筑和房屋、食物、水和养分，目标是推动居民、地区和城市能够践行循环经济。加强产品的耐用性、可再利用性、可回收性、能源和资源利用效率，并提高可回收材料的含量。严格限制一次性用品，严格限制产品的过早报废，同时鼓励把提供产品作为一种服务的模式。向消费者赋权的各种措施是这项计划的核心，包括加强产品寿命和修理服务信息的可获得性，确定可持续性标志和信息工具方面的最低要求。同时也在考虑“修理权”，即要求公司利用“产品和组织环境足迹方法”践行他们的环境声明。欧盟还要更新《循环经济监督框架》。另外，循环经济利益相

1 https://register.consilium.europa.eu/doc/srv?l=EN&f=ST%2010917%202006%20INIT.
2 https://eur-lex.europa.eu/legal-content/EN/TXT/PDF/?uri=OJ:L:2009:285:FULL&from=EN.
3 https://eur-lex.europa.eu/legal-content/EN/TXT/PDF/?uri=CELEX:52008DC0397&from=EN.
4 https://eur-lex.europa.eu/resource.html?uri=cellar:9903b325-6388-11ea-b735-01aa75ed71a1.0017.02/DOC_1&format=PDF.

关方平台[1]为公众提供了机会，分享与可持续生产和消费、废弃物管理和创新有关的良好实践做法、出版物、事件和网络。

4. 绿色消费的国家战略

工业化国家一直重视消费者保护、消费者权益、消费者安全和消费者信息[2]，近期更关注消费者行为的可持续性。据统计，这些国家超过 50% 的环境影响（包括温室气体排放、资源利用、污染、噪声和生物多样性损失）都与现有的国内消费选择和实践做法密切相关。然而，解决消费影响的政治措施大多只重点关注产业领域，而没有考虑需求端行为的环境和驱动力。

（1）德国

2016年2月，在国际社会批准联合国可持续发展目标不久，德国成为第一个执行《国家可持续消费国家专项计划》的国家[3]。德国联邦环境部在一个正式的跨部门可持续消费工作组框架内经过磋商，制定了这项战略。这个跨部门可持续消费工作组是由联邦环境、自然保护和核安全部长，司法和消费者保护部长，以及农业部长领导，反映了跨部门方法和可持续消费的横跨性质。

德国这项战略概述了五项基本原则：促进可持续消费（通过加强消费者决策和行动的能力）；将可持续消费主流化（通过建立受保护的空间和推动新的行动计划，鼓励使用特定技术促进可持续消费行为）；确保包括所有人（针对具体目标人群的方法）；从生命周期角度考虑产品和服务；并且把重点从产品转向制度，从消费者转向用户。

尽管人们认识到不良消费的影响，德国制定一项战略所作的努力带来的却是关于如何避免消费者替罪羊主义的争论[4]，即把负担转向消费者，却没有分析他们的能力或行为的驱动力。因此，这项战略要认识形成消费者行为的供应端因素。像《欧洲联盟生态设计指令》、生产者责任制度和产品保修规章这样的供应端政策工具，明确是政府方法的一部分，因为它们在很大程度上影响消费模式，并且通过如低能耗或高耐用性来减少产品的环境影响。

（2）瑞典

瑞典的《可持续消费战略》[5]旨在让居民和消费者更加容易地进行可持续消费，是促进居民可持续消费的政府战略，是满足环保目标的重要行动计划，也是落实瑞典环

1 https://circulareconomy.europa.eu/platform/.

2 参见《德国消费者信息法》.

3 https://www.bmu.de/fileadmin/Daten_BMU/Download_PDF/Produkte_und_Umwelt/nat_programm_konsum_bf.pdf.

4 消费者抛出替罪羊和绿色消费的局限性：https://doi.org/10.1016/j.jclepro.2013.05.022.

5 https://www.government.se/4a9932/globalassets/government/dokument/finansdepartementet/pdf/publikationer-infomtrl-rapporter/en-strategy-for-sustainable-consumption--tillganglighetsanpassadx.pdf.

境政策倡议的总治理制度。由几个不同的部门，包括财政部、环保局、消费和食品局、能源局以及工业部负责执行。

瑞典2016年秋季开始执行这项战略。该战略重点研究了一个问题，即为了让居民容易地转向更加可持续的消费行为和生活方式，国家、城市、企业界、民间社会能做什么。这项战略有以下七个重点战略领域：①增长知识和深化合作；②鼓励可持续消费方式；③提高资源利用效率；④加强公司可持续性努力方面的信息披露；⑤逐步淘汰有害化学品；⑥加强保障所有消费者的安全；⑦重点关注食品、交通和住房领域。瑞典消费者管理局通过生态智能消费论坛（由瑞典环保局、瑞典化学品检查局和瑞典能源局组成的跨局执行协调团体）负责执行工作。瑞典还任命来自产业和学术界等的代表组成一个顾问委员会来指导实施工作。

目前，瑞典正在执行这项战略。政府政策倡议的一些例子包括促进开发消费环境影响有关知识构建的新教育材料、加强选定类型产品修理和维护的经济刺激政策、商业和金融领域消费者信息的严格规定、支持家庭和个人的债务咨询服务、制止公司违法市场行为的措施、全国可持续生活年度研讨会，以及采用福祉指标。

（3）日本

日本虽未制定专门的可持续消费战略，但建立了范围广泛的可持续政策框架，并制定了消费和生活方式方面的专项计划。日本经验深受其发展历程和废弃物管理的影响。20世纪50年代，日本的经济从规模到结构都发生了重大变化。经济规模急剧增长，重化工产业的发展驱动了经济结构转型，城市人口也越来越密集。生活垃圾和工业废弃物产生量均迅速增长，废弃物处置不足和非法倾倒屡见不鲜。这使制定废弃物管理政策、改善卫生和预防环境污染变得更加重要。这些情况促使政府制定可持续发展战略，并致力于建设“循环型社会”。由于新型冠状病毒肺炎疫情暴发及其解决方案与卫生相关，而日本历史上有将废弃物管理体系同卫生和公共健康链接的经验，这些将对以公共健康政策和基础设施建设构建可持续生活方式的途径选择有所借鉴。

此后，日本制定了《循环型社会形成推进基本法》。该法确定了以资源循环利用和废弃物处置为核心的基本原则，包括明确的3R（减量化、再利用和再循环）优先领域和分级措施。该法要求政府制定并更新名为《循环型社会形成推进基本规划》的五年计划。随着五年计划的执行，日本在3R运动中以文化传统嵌入可持续包装和循环项目，从而推动了居民垃圾分类和家庭能效提高。消费在生活方式中占据怎样的地位，要看文化和传统发挥了怎样的杠杆作用。日语有一个包含可持续性理念的词汇“勿体無い”，用来指丢弃仍有价值的物品而产生的浪费（译注：该词从佛教用语“物体”

的否定词而来，意思是“当一件事物失去了它该有的样子，对此感到惋惜感叹的心情”），同名漫画中也提到这个理念，用以教育漫画爱好者。

上述项目之一是自 2005 年在日本全国发起的“清凉选择”计划，目的是鼓励人们选择低碳产品、服务和生活方式，如使用公共交通和节能电器等。日本政府还发起了“清凉商务”运动，鼓励工作场所推广可持续和适温穿着。在一个以正式工作着装著称的国家，鼓励人们在夏天穿轻便的休闲服装，即不打领带和不穿西装。工作时穿着凉爽不仅感觉更舒适，更是避免了办公室空调温度设定过低。该运动产生了非常好的节约效果：大约 695 万人和 10 万家公司都采取了“清凉选择”的做法。“清凉商务”运动为 2013 年到 2017 年居民部门减排 10% 二氧化碳发挥了主要作用，此外对福岛核事故后的节能行动也有所贡献。

5. 确定重点领域：欧盟、瑞典和德国的经验

消费政策在过去 50 多年从解决末端污染问题（如废弃物和本地污染）演变到使用更广泛的系统视角（如形成影响经济系统内生产和消费活动的社会规范和价值观）[1]。20 世纪 60 年代后期和 70 年代，制造业因为空气和水污染以及废弃物管理不善，引发了严重的环境问题。政府政策的制定主要是被动反应，重点关注的是公共健康和刚出台的消费者保护法律。到 20 世纪 80 年代，欧洲发达国家采用了清洁生产方式，这是预防为主的方式。20 世纪 90 年代，生态效率和产品导向的方法再次强调这一方式。需求端政策强调提高材料和能源效率，它们得到环境标志和良好的垃圾管理的支撑，即 3R 方法。到 20 世纪末和 21 世纪初，各国政府开始认识到过度消费的负面影响，以及社会不平等在推动不可持续方式上发挥的作用。当代欧洲政策要把生态效率和社会福利的包容性特点结合在一起，这也是可持续发展目标“不让任何一个人掉队”的口号所要求的。

欧洲可持续消费政策的重点领域和主题一直是被研究主导的。《欧盟研究、技术开发及示范活动第七个框架计划》是欧盟 2007—2013 年资助研究的主要政策工具，旨在研究和解决欧洲的就业、竞争能力和生活质量问题。后续的《地平线 2020》[2]2014—2020 年提供近 800 亿欧元资金，支持研究和创新项目。根据这些制度，欧洲资助了几个消费和生活方式及政策分析方面的研究项目，以为欧盟和国家层面的战略和方法提供支撑，如基准和需求评估、风险和不确定性评估、生命周期评估、物质流分析、成本效益分析环境和社会影响评价等。大量资金资助的研究明确地指出了消费和生活方式对环境产生最大影响的领域，因此，它们应该成为政策优先领域，包括食品体系、

1 https://www.oneplanetnetwork.org/sites/default/files/2._scp_in_asia.pdf.
2 EU Horizon 2020: https://ec.europa.eu/programmes/horizon2020/en/what-horizon-2020.

出行、住房、消费品、休闲和旅游以及能源、水资源和废弃物这样的交叉领域。虽然各国的重点可能不同，但这些主要领域一直得到重点关注，并且最终形成可持续消费政策重点内容。

尽管在科学上是明确的，解决消费问题还是需要居民的同意。因而政策形成阶段很重要，瑞典和德国政府紧密依靠公共咨询和审议，邀请非政府组织、企业、当地社区参与他们精心设计的公民咨询过程。分析表明，一旦公众认识到问题的重要性，他们就会广泛接受相关政策。实际上，大多数咨询结果表明：对比政府最终在政策中提出的行动计划，对可持续消费的影响有所了解的公民提出的行动计划则更具雄心。

在瑞典，消费产生的温室气体排放量一直是一个重要的消费影响的评价标准。瑞典做出的主要努力是确定消费指标，并且收集产品生命周期内的温室气体排放量数据。居民消费排放的温室气体占总排放量的主要部分，最突出的是食品、交通和住房这三个领域。因此，这三个领域是可持续消费政策的优先关注领域。根据最新年度评估结果，瑞典 2017 年消费产生的温室气体排放总量为 9 000 万 t 温室气体当量，人均排放约 9 t。其中 58% 来自瑞典以外国家（见图 6-6），来源包括航空、棕榈油进口、电子产品和纺织品等领域。瑞典居民消费的温室气体排放量占总排放量的 60%，而公共领域的温室气体排放量占 11%。在居民消费领域，食品、交通和住房领域的排放份额分别是 15%、20% 和 10%，剩下的 29% 归因于投资。

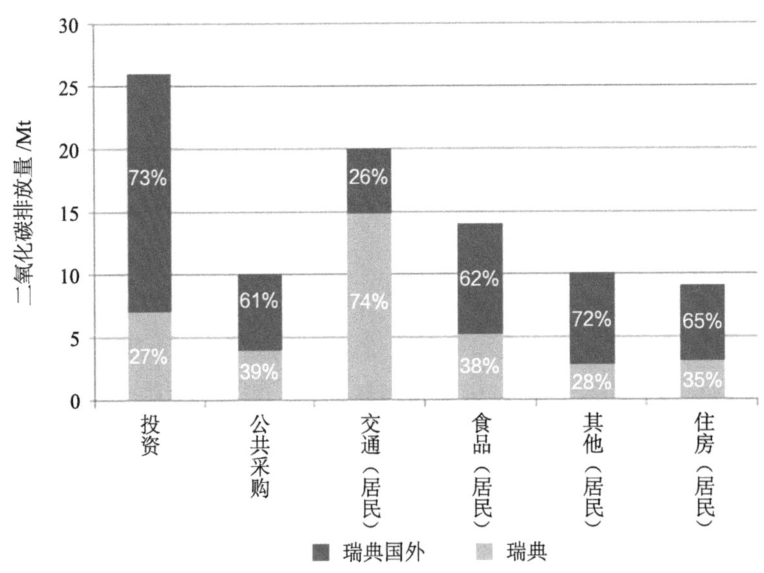

图 6-6　瑞典 2017 年按消费类型计算的国内外温室气体排放

资料来源：瑞典统计局 (SCB)。

德国《可持续发展国家战略》侧重于交通、食品、家庭、工作场所和办公室、衣服和休闲旅游这六个主要消费领域。交通的温室气体排放量占排放总量 26%、食品占 13%、住房占 36%。

6. 政策工具

欧盟与可持续生产和消费高度相关的法律框架和政策工具都转换成了国家层面的法律框架和政策工具，欧盟大多数成员国都是如此。在欧盟共同的可持续生产和消费政策议程外，各国还执行额外的国家行动计划促进转向可持续消费。瑞典在宏观（行业）和微观（产品供需）层面实现主要环境质量目标的政府政策工具和措施例子包括碳税和补贴、航空税、新车奖惩制度、电动车补贴、太阳能补贴、投资支出计划或项目（“气候步伐”、工业进步和循环经济中的废弃物预防）；自行车、鞋、皮革制品、衣服和家用亚麻布维修减少 12% ～ 25% 的增值税；白色家电（冰箱和洗衣机等）维修减税，以及“塑料可持续使用”财政支持计划。

瑞典政府还支持利益相关方的合作、如举办关于可持续消费生活方式的全国和区域研讨会，纺织品供应链多利益相关方对话，以及生态智能消费全国论坛，并将这些做法和数据上报[1]。

瑞典已经执行了许多（超过 100 项）可持续消费政策工具，目的是直接影响消费者行为（需求端），推动环境可持续。政府已经评估了其中的 32 项[2]，包括解决住房、交通和食品问题的行政管理、经济和信息政策工具的组合（经济政策工具占主导地位）。大多数是解决二氧化碳排放问题和其他空气污染物问题，少数几个是跨目标（如环境标志制度）的问题。

《德国可持续消费政策》包括 170 多项措施，包括直接处理和解决上述六个优先政策领域内“硬的”政策工具，以及“软的”跨领域政策工具。

7. 治理和制度安排

（1） 制度安排

瑞典和德国都已经执行了多机构参与的跨部门可持续消费战略。瑞典国家和地区有关机构从 2015 年开始，就一直在“环境目标委员会”这个最高管理层面（司局级）进行战略合作，每年对环境进展进行深入评估。该委员会的目标是推动解决环境和其他社会目标的冲突，并且给政府提出政策建议。2016—2019 年该委员会每年都提出 20 ～ 30 项国家有关机构合作执行的措施，以便加速实现环境目标。迄今为止，大约

---

1 更多信息参见：https://www.oneplanetnetwork.org/.

2 http://www.naturvardsverket.se/Global-meny/Sok/?query=styrmedel ＋ f%c3%b6r ＋ h%c3%a5llbar ＋ konsumtion.

30% 的合作措施聚焦“经济、增长和消费”领域。该委员会于 2020 年 2 月提出了第五份跨部门合作措施清单。2020—2022 年将完成几项任务，以便加强瑞典的环保政策，实现这些目标。可持续消费政策工具就是 2020—2022 年七大优先领域之一[1]。

2016 年，当瑞典执行可持续消费战略时，瑞典政府 2016—2020 年每年拨付 4 300 万瑞典克朗，此后，每年拨付 900 万瑞典克朗，以加强瑞典消费者管理局在环境可持续消费领域的工作。瑞典政府指定瑞典消费者管理局举办新的“生态智能消费全国论坛”[2]。政府希望通过分享理念、知识和问题解决方案，让选择可持续消费成为大众的标准选择。

为执行《德国可持续消费国家计划》，德国联邦环保局成立了“可持续消费国家执行力中心”，德国国际合作机构和联邦农业与营养局等机构参与其中，负责组织《德国可持续消费国家计划》的执行，并且确保利益相关方参与可持续消费国家网络。该中心还建立可靠的可持续消费的知识库，并且向公众提供信息，组织召开研讨会和会议。

德国成立了一个跨部工作组来支持这个计划的实施，这个工作组会集了与可持续消费有关的政府所有部门代表。德国三个部门牵头领导这个工作组，即联邦环境、自然保护和核安全部，联邦司法和消费者保护部以及联邦农业和营养局。

《德国可持续消费国家计划》将建立一个公共平台，目的是扩展已经证明成功的政策工具和方法，并研究新的政策工具。这将确保可持续消费领域的多种方法得到持续的评估，并且还鼓励尽可能多的单位和个人参与。只有社会各界都积极参与，并且以综合方式采取一系列政策方法，才能实现更高程度的可持续消费。

（2） 监督

德国定期监督检查《德国可持续消费国家计划》的实施情况。紧扣联合国可持续发展目标第 12 项要求，德国《国家可持续发展战略》制定了与消费有关的指标和目标，包括可持续产品（食品、纸张、纺织品、汽车和家用电器等）的市场份额在 2030 年达到 34%，人均消费的温室气体排放量要继续减少，到 2020 年联邦层面公共采购的“蓝色天使”标志纸张要达到 95%，政府用车每公里温室气体排放量也继续减少等。

自 2008 年开始，瑞典通过分析产品整个生命周期的温室气体排放，一直在研究全国消费与气候变化影响之间的关系。为改进研究方法，瑞典环保局资助了 PRINCE 项

1 http://www.sverigesmiljomal.se/contentassets/f2f66cba53f745398381eb7346a215a6/miljomalsradets-atgardslista-2020.pdf.
2 https://www.forummiljosmart.se/.

目来研究和确定消费环境影响的优先指标[1]。瑞典统计局牵头负责该项目，多家学术机构参与[2]。根据项目的研究结果，环境治理目标监测系统采用了基于消费的两项新指标：瑞典国内外每个消费类型产生的温室气体排放量[3]。2019 年，瑞典环保局向政府推荐了监测重点消费类型（交通、航空、食品、建筑和住房、纺织品）温室气体排放趋势的一套指标[4]。

2008—2017 年瑞典居民消费的温室气体排放量减少了 14%，尽管居民消费量增加了 25%。估计这一减排量的 2/3 是因为进口和国内生产商品提高了生态效率；1/3 是与瑞典的消费类型转变有关。然而，瑞典消费的温室气体排放量仍然远超可持续水平。瑞典政府 2020 年可能将要探索采用基于消费的全国温室气体排放量目标。

瑞典消费者管理局 2009—2010 年研究出一个方法，来确定消费者购买不同商品和服务的习惯，如购买奶产品和肉类。该局利用其研究成果来认定有问题的市场。这项研究的成果已经每年在《消费者报告》上发布，2013 年到 2018 年已经发表了六份《消费者报告》[5]。

瑞典消费者管理局代表政府，从 2015 年开始研究消费者进行环境可持续消费的机会，通过开展问卷调查获得消费者的购买习惯，然后由瑞典统计局对计算结果进行补充，调查结果表明了总体消费和各种类型的市场消费对气候变化的影响。针对温室气体和其他空气污染物排放进行了类似的计算。这项调查研究的目的是提供不同年龄组的男女分类数据。2018 年的调查结果[6]表明，妇女有更多的环境可持续选择的机会。根据年龄组分类，35 ～ 64 岁的中年男子最难做出环境可持续选择，而 65 ～ 75 岁的妇女最容易做出环境可持续选择。对环境保护很少关注或没有兴趣的人群，很少做出更加可持续的采购选择。妇女和男士对环境问题的态度有明显的不同。采购时考虑消费对环境影响重要性的妇女比男性多。妇女对环境影响选择的认识更清楚，并且在采购时常常更多利用环境标志和其他信息。

（3） 性别平等

在德国，性别平等日益成为一个重要话题。德国可持续发展委员会是负责可持续

1 https://www.prince-project.se/publications/environmental-impacts-from-swedish-consumption-new-indicators-for-follow-up-prince-final-report/.

2 https://www.youtube.com/playlist?list=PLgGFtRVUTORQspUzwN7xGX1pKkMz4okum.

3 http://sverigesmiljomal.se/miljomalen/generationsmalet/.

4 http://www.naturvardsverket.se/Miljoarbete-i-samhallet/Miljoarbete-i-Sverige/Regeringsuppdrag/Redovisade-2019/Matmetoder-for-konsumtionens-klimatpaverkan/.

5 https://www.konsumentverket.se/om-konsumentverket/vart-arbete/forskning-och-rapporter/konsumentrapporten/.

6 https://www.konsumentverket.se/globalassets/publikationer/var-verksamhet/konsumenterna-och-miljon-2018-17-konsumentverket.pdf.

消费和资源管理的政府咨询机构，2020 年该委员会的女性成员占多数（9 名女性、5 名男性）。《德国可持续消费国家计划》没有明确提出性别平等问题，但它是该计划的组成部分，同时国内也在开展相关研究。

性别平等在瑞典政府决策中非常重要。在社会和生活中，妇女和男性必须拥有相同的权利。瑞典政府实行性别平等最重要的工具和战略是1994 年制定的性别平等政策。根据要求，性别平等必须结合到日常工作中，不必单独处理。瑞典政府已经委托瑞典性别平等局支持包括瑞典消费者管理局在内的 58 个政府部门，在他们的工作中综合考虑性别平等问题。指导瑞典消费者管理局工作的政府法令要求该局应该综合考虑可持续发展问题，推动实现瑞典的环境保护目标，也要综合考虑性别平等问题。

在考虑性别平等时，瑞典消费者管理局已经确立了获取男女消费者不同选择可能性知识的目标，以及根据这些知识确定该局的工作。例如，该局组织召开了“女性、男性和环境——性别平等与可持续消费的相关性研讨会”。2017 年，该局委托研究人员编写一份报告，概述消费者行为和性别分析。这份报告从研究“男性和女性消费者进行购买选择和日常消费的条件如何不同”[1] 这个问题开始，系统地描述了几项最新研究，包括市场调查及研究瑞典消费者管理局和环保局讨论确定的重点领域。如报告表明，在财务服务决策上，男性和女性展现出不同的行为。女性着重把投资的损失降到最低程度，而男性则着重于把社会和财务的利益最大化。

8. 结论和政策建议

在确定经济资源的长期可获得性、公众态度和产生环境影响方面，消费发挥的作用日益增强。因此，在制定国家可持续发展战略时，可持续消费引起重点关注。鉴于其巨大的经济规模和增长速度，中国就更是如此。大多数可持续战略仍然在发展中，尚未实现给所有人带来福祉的同时，把对生态的影响降到最低限度的最终目标。这也是中国表现其全球领导力的好机会。我们提出了借鉴国际经验的政策建议，希望中国制定国家战略时能够参考和借鉴。

一是中国“十四五”规划嵌入可持续消费理念。通过设定主要目标，减少过度消费的生态环境和社会影响，人们日益注意到可持续消费的重要性。除了明确的需求端行动，“十四五”规划还应该包括这样的行动，即改变决定消费者的选择的供应系统，以及日常生活涉及的物质基础和社会经济等方面。

二是制定中国可持续消费战略和相关行动计划，以进一步推动中国的生态文明发

1 https://www.konsumentverket.se/globalassets/publikationer/var-verksamhet/konsumentbeteende-och-genus-en-forskningsoversikt-konsumentverket.pdf.

展，实现小康社会，应对气候变化和节约利用资源。瑞典和德国可持续消费战略以及《欧洲绿色协议》为此提供了有益的案例。这个行动计划应该确定具体的政策工具，针对消费的不同领域，综合教育运动、信息系统、激励机制和管理办法，可采用生命周期方法，并且聚焦产生最大环境影响的重点消费领域。

三是建立能全面反映消费者可持续消费状况和水平的综合指标体系。这将支持监督《可持续消费规划》中的可持续消费目标的完成情况。考虑在中国现有的国家统计体系中纳入绿色家庭或消费品和服务的统计指标。

四是研究明确的福祉指标，用于监督和报告经济发展如何应对和满足所有人的消费需求。监督消费不应该仅仅局限于环保，也要反映出人们日益增长的对更高质量生活的需求，以及政府推动高质量发展的新努力。这套指标将是中国绿色 GDP 努力的良好补充。瑞典政府采用 15 个国家福祉指标[1]。从 2017 年开始，瑞典政府提出的年度预算中一直有报告这些指标[2]。

五是为包括住房、出行、消费品、食品，特别是与资源利用（包括材料、能源、水和土地）和废弃物（和污染）有关的主要行业制定明确的环境标志定义和技术标准，以及可持续性最低标准（包括低污染排放或零排放）。德国的经验是需要一致的方法，即应该以一致连贯的方式执行政策工具，实施机构应该使用同样的定义和目标，有关信息资料应该明确和能够获取。这些标准将影响消费品的设计和生产，以及消费品的使用和使用后阶段。同时，采用促进跨行业和领域的可持续消费问题解决方案。如制订有助于分享、再利用和维修的行动计划，帮助和支持商品、住房和交通等行业。

六是成立一个资源丰富并得到充分授权的协作机构，确保可持续消费政策的实施和监督。一个成功的协作机构应该拥有以下资源和权力：足够的合格人员、财政资源和其他资源，确保有关利益相关方的执行工作权力，由生态环境部、相关政府部门（如发展改革、财政、住房、交通等）代表组成。

七是建立专门的资金渠道，保障可持续消费协作机构的持续运作。向机构和战略执行提供资金，资金来源可考虑利用如碳税（日本）或差异化汽车税（德国）等政策工具产生的收入。瑞典的经验表明，在直接影响消费者行为的政策工具中，交通拥挤税、绿色汽车保险和差异化汽车税对消费者选择产生了最强的效果[3]。

八是设立可持续消费、青年和未来生活方式的政府巡查员（Ombudsman for

1 https://www.government.se/articles/2017/08/new-measures-of-wellbeing/.

2 https://www.government.se/articles/2017/08/new-measures-of-wellbeing/.

3 http://www.naturvardsverket.se/Global-meny/Sok/?query=styrmede+f%c3%b6r+h%c3%a5llbar+konsumtion.

Sustainable Consumption, Youth and Future Lifestyles）。匈牙利国会于 2007 年设立了针对未来一代的特别巡查员，当国家政策导致过度消费，对未来社会构成威胁时，该巡查员要进行干预[1]。英国等其他国家也有类似的考虑[2]。这位政府巡查员将需要同中国有关政府机构合作，包括负责执行中国可持续消费战略的协作机构，以及执行中国五年规划相关任务所涉及的机构。

九是成立中国小康社会和未来可持续生活委员会，其任务是研究分析发展趋势，指明未来方向，并持续地为政府和政府巡查员提出确保中国社会的长期可持续生活所需要采取的行动方面的建议。该委员会的工作将超越资源和消费问题，并考虑和研究影响人们日常消费选择和规律的关键方面。例如，该委员会可针对掌握未来的数字化社会——如何利用信息技术、数字化和数字化工具减少消费影响（如食品系统和生产价值链的数字化和可追溯性；劳动承包，比如远程工作和工作—生活平衡；提供服务的机会而不是产品使用权制度）的计划或项目提出具体的建议。通过加强消费者组织，还能强化消费者权益。在这个领域，中国能超越工业化国家传统的可持续消费政策方法，并采用创新性政策工具。

十是启动宣传力度较大的国家计划或项目，向公众展现可持续消费的益处，推动转向可持续社会。研究发现，一些最有效的计划或项目，常常与人生关键节点和重要事件（如结婚、出生和毕业）密切关联。当人们经过这些里程碑、走向下一阶段时，他们常常会重新考虑自己的生活方式，并设定新的人生目标。针对这些人生转折点的计划和项目，可以与提高消费意识的国家宣传运动结合，转变不可持续消费的方式，实现可持续生活。

三、中国“十四五”推动绿色消费的总体思路

“十四五”是中国迈向高质量发展、实现美丽中国宏伟目标的关键阶段。消费是拉动经济增长的主要动力，也是推动高质量发展的重要动能，无论是从国内实践还是国际经验看，大力推动绿色消费对转变发展方式、生活方式以及改善生态环境质量都具有非常显著的正向作用。长期以来，中国经济绿色转型的政策重点主要侧重于供给侧的绿色生产，近年来开始逐步关注消费领域的绿色转型。欧盟的德国、瑞典，东亚的日本等国家都非常重视绿色消费，制定了相应的可持续消费或者绿色消费国家战略

1 http://environmentalrightsdatabase.org/hungarys-ombudsman-for-future-generations/.
2 http://www.if.org.uk/2011/08/16/a-parliamentry-ombudsman-for-future-generations/.

和行动计划。从未来高质量发展的目标要求看，中国“十四五”应在过去实际进展的基础上，充分学习借鉴国际经验，加强对需求侧绿色消费的重视，构建系统的国家绿色消费战略和行动计划，包括目标指标、优先领域、重点任务、政策措施等，通过需求侧消费端的绿色化转型倒逼供给侧生产端的绿色化改革，从而推动经济社会的整体绿色转型和高质量发展。

（一）设定绿色消费目标指标

近年来，中国政府就绿色消费制定了一些部门性政策，如国家发展改革委等部门制定的《关于促进绿色消费的指导意见》《关于加快建立绿色生产和消费法规政策体系的意见》等，对推动中国绿色消费提出了基本方向和重点关注领域，但是总体上还没有建立专门、明确、系统的战略目标及具体的监测衡量指标，需要从国家顶层设计层面考虑制定推动绿色消费的长期战略性目标和具体的目标性指标。

1. 确立推动绿色消费的战略性目标

从国际经验看，欧盟、德国、瑞典和日本等国家都制定了关于可持续消费或者绿色消费的长期性战略目标。“欧洲绿色协议”目标是到 2050 年实现包括消费领域在内的碳中和；德国强调要将可持续消费主流化；瑞典致力于让居民容易地转向更加可持续的消费行为和生活方式；日本则大力建设循环社会建设，促进资源循环利用和废弃物处置。

根据中国当前绿色消费的政策和实践进展以及未来经济绿色转型和高质量发展的要求，中国推动绿色消费的长期战略性目标可考虑确定为坚持生态文明理念，大幅提升绿色消费水平，加快推动形成生产方式，为改善生态环境质量、推动经济绿色转型、实现高质量发展提供新的内生动能。具体可包括：

（1）全社会绿色消费意识大幅提升。针对全社会绿色消费宣传教育行动的深入开展，绿色消费已成为各类生态环境主题宣传的重要组成部分，并逐步融入教育、文化、艺术、信息媒体传播等相关产品。简约适度、绿色低碳的消费理念和消费方式得到普遍推广，逐渐成为自觉行动，在全社会初步形成绿色低碳节约的良好消费风尚。

（2）绿色消费产品和服务市场供给大幅增加。企业开展绿色产品设计、研发、制造的投入和能力持续增加和提升，节能环保标志产品、环境标志认证产品、绿色有机认证产品等各类绿色产品和服务的种类大幅增加，市场占有率大幅增加。针对绿色产品的流通渠道和销售网络的日益完善，形成了一批具有示范性的商场、超市等绿色产品市场和销售平台。主要电商平台的绿色消费渗透率明显增加，支撑绿色消费的基础设施供给水平明显提高。

（3）绿色低碳节约的消费模式基本形成。奢侈消费、过度消费、食物浪费等不合理的消费现象得到很大改观。绿色消费在居民家庭衣、食、住、用、行等消费的各环节各领域全面推行，步行、骑行和乘坐公共交通工具等绿色出行方式得到进一步发展，公共机构引领和推动绿色消费的能力得到进一步提升，政府绿色产品采购规模和范围得到进一步扩大。基本形成闲置资源重复回收利用的社会氛围，生活废物的回收利用率明显提升，生活废物产生量明显减少。

（4）激励约束并举的绿色消费政策体系建立健全。绿色产品、服务标准体系和绿色标识认证体系进一步完善，绿色消费相关法律法规逐步健全，基本形成激励和约束消费主体绿色消费的经济政策体系。

2. 构建监测衡量绿色消费水平的具体指标

2016 年，国家发展改革委等四部委发布的《绿色发展指标体系》提出了绿色生活领域的评估衡量指标，主要包括公共机构人均能耗降低率、绿色产品市场占有率（高效节能产品市场占有率）、新能源汽车保有量增长率、绿色出行率（城镇每万人口公共交通客运量）、城镇绿色建筑占新建建筑比重、城市建成区绿地率、农村自来水普及率、农村卫生厕所普及率等。总体来看，指标覆盖的消费领域不全面，无法真正科学地衡量与反映国家或者地区的绿色消费水平和状态。

国际层面对于可持续消费的探索较多。联合国可持续发展目标 12，即为确保可持续消费和生产模式，具体包括到 2030 年，全球人均粮食浪费程度减半，显著减少废物的产生等。德国可持续消费指标主要包括人均二氧化碳消耗量、与食品消费相关的人均二氧化碳排放量、食物垃圾产生量；居住供暖在二氧化碳减排上的潜力；人均纸张消费量、再生纸占办公用纸比重；交通领域尤其是航空带来的二氧化碳排放量。瑞典可持续消费指标主要包括：食品消费的碳排放、食品标签；居住建材的能源标签、可再生电力等；公共交通基础设施改善等。欧洲绿色新政中关于绿色消费的指标主要有：温室气体减排目标、能源利用效率提升、建筑物的能源消耗、交通运输的温室气体排放、零排放以及低排放汽车保有量、新能源汽车公共充电站与加油站数量等。

基于国内相关工作基础，借鉴国际经验，中国绿色消费指标体系构建要能够反映绿色消费的总体状态和水平，同时还能够落实推动绿色消费相关工作，指标体系既要包括结果性指标，也要包括过程性指标。

因此，指标体系需要覆盖绿色消费的整个链条和过程，包括绿色产品供给、绿色消费过程和方式、绿色消费终端三个方面（图 6-7），其中，绿色产品供给主要通过产品供给结构，如绿色产品比重等影响生产过程和后续消费的资源环境；绿色消费的过程，即消费者消费绿色产品的过程，主要包括衣、食、住、用、行等重点领域，消费方式主要影响的是对于资源环境的消耗强度；绿色消费终端，主要体现为消费者消费之后产生的生活废弃物以及相关处置等，这表征着消费末端对资源环境的影响。

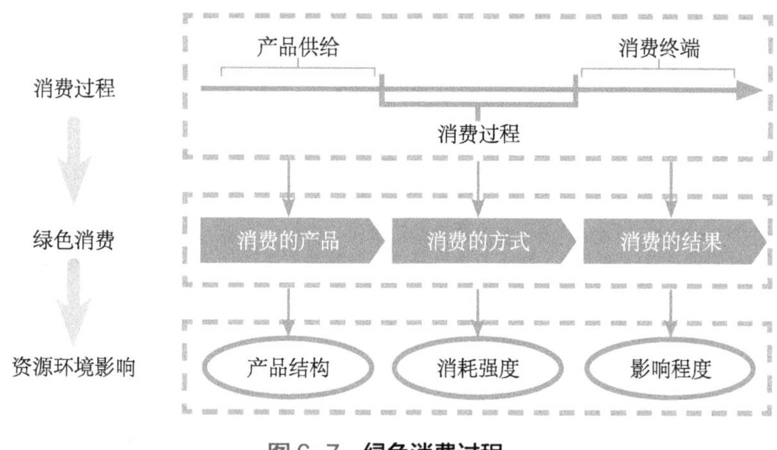

图 6-7　**绿色消费过程**

基于上述过程，考虑科学性、全面性、政策相关性、数据可得性和前瞻性等原则，根据推进绿色消费的总体战略目标以及绿色消费相关的重点领域，选择总体和分项 12 个具体指标，形成中国绿色消费指标体系框架（表 6-3）。可以在此指标体系框架基础上，进一步完善指标的选择和设置，同时在当前状态基础上，探索设定未来相应阶段如“十四五”的目标值，按照推进绿色消费“只能变好、不能变坏”原则，确定正向上升指标持续向好、负向下降指标持续下降。

表 6-3　中国绿色消费指标体系框

一、总体指标	当前状态
1. 人均生活能源消耗增长 /%	6
2. 人均生活二氧化碳排放增长 /%	6
3. 人均日生活用水量 /（L/ 人）	179.7
4. 主要绿色产品产值 / 亿元	—
5. 政府绿色采购比例 /%	90 左右
二、分项指标	当前状态
6. 衣：废旧纺织品再生利用率 /%	30 左右

二、分项指标	当前状态
7. 食：食物浪费率 /%	12
8. 住：城镇新建建筑中绿色建筑面积占比 /%	50
9. 住：公共机构单位建筑面积能耗 /%	五年累计下降 10%
10. 用：城乡生活垃圾回收利用率 /%	15 左右
11. 行：城市绿色出行比例 /%	70 左右
12. 行：新能源汽车销量占当年汽车总销量的比重 /%	—
13. 游：绿色酒店与餐馆比例 /%	—

注：（1）人均生活能源消耗增长和人均生活二氧化碳排放增长的当前值采用 2016—2018 年的年平均增长率；（2）人均日生活用水量、政府绿色采购比例、废旧纺织品再生利用率、食物浪费率、城乡生活垃圾回收利用率当前值为 2018 年数据；（3）城镇新建建筑中绿色建筑面积占比、公共机构单位建筑面积能耗、城市绿色出行比例等指标当前值为 2020 年预期值；（4）城市绿色出行当前值指标为大中城市中心城区绿色出行比例；（5）主要绿色产品产值主要包括节能节水认证产品、绿色标志认证产品、绿色有机食品等；（6）政府绿色采购比例是指政府采购的同类产品中绿色产品占比；（7）本指标体系是全民口径，未分城镇和农村。

（二）推动绿色消费的重点领域和主要任务

国际上普遍共识的绿色消费含义包括：一是倡导消费者在消费时选择未被污染或有助于公众健康的绿色产品；二是在消费过程中注重对废弃物的处置；三是引导消费者转变消费观念，崇尚自然、追求健康，在追求生活舒适的同时，注重环保、节约资源和能源，实现可持续消费。中国消费者协会于 2001 年为绿色消费概括了三层含义：一是消费内容（消费者选择未被污染或有益于公众健康的绿色产品）；二是消费过程（尽量减少环境污染，注意垃圾处置）；三是消费观念（在追求生活舒适的同时，注意环境保护，节约能源和资源，实现可持续消费）。这些基本内涵范畴为确定绿色消费的重点领域和主要任务提供了基本依据和遵循。

1. 绿色消费重点领域的国际经验和国内实践

从国际方面看，欧盟、德国、瑞典等国家可持续消费或绿色消费重点关注的领域主要包括食品、住房、交通出行、生活用品、公共采购等。欧盟关注的领域包括食品、出行、住房、消费品、休闲和旅游以及能源、水资源和废弃物这样的交叉领域。虽然欧盟各国的重点可能不同，但这些主要领域常常保持为重中之重，并且最终形成可持续消费政策的首要事项。在瑞典，消费产生的温室气体排放量一直是一个重要的消费影响的评价标准。瑞典做出的主要努力是确定消费指标，并且收集产品生命周期内的温室气体排放量数据。居民消费排放的温室气体占总排放量的主要部分，最突出的是食品、交通和住房这三个领域。瑞典居民消费排放的温室气体排放量占总排放量的 60%，而公共领域的温室气体排放量占排放量 11%。在居民消费领域，食品、交通和住房领域的排放份额分别是15%、20%和10%，剩下的29%归因于投资。因此，这三个领域是可持续消费政策的优先关注领域。德国侧重于交通、食品、家庭、工作场所和办公室、衣服和休闲旅游这六个主要消费领域，交通的温室气体排放量占26%，食品占13%，住房占36%。

从国内相关政策看，国家发展改革委等十部门发布的《关于促进绿色消费的指导意见》《关于加快建立绿色生产和消费法规政策体系的意见》关注的绿色消费重点领域主要包括旧衣回收、绿色居住、绿色出行、绿色办公、绿色采购、绿色产品供给等领域。国家发展改革委发布的《绿色生活创建行动总体方案》提出，从节约型机关、绿色家庭、绿色学校、绿色社区、绿色出行、绿色商场、绿色建筑七个重点领域统筹开展创建行动。

从国内具体实践看，一些重点领域也在不断探索。如在建筑领域，推广实行增量建筑的绿色建筑标准以及存量老旧小区的绿色化改造；在汽车交通领域，大力发展新能源汽车应用；在电力领域，发展可再生能源以及推广绿色电力消费；在新业态领域，探索建立数字化低碳生活方式平台；在物流领域，开展绿色包装、绿色运输与配送、绿色回收等；在食物领域，探索建立可持续的食物供应链与消费体系；在金融领域，不断创新和提供绿色消费金融产品。这些都为识别未来国家绿色消费重点领域提供了政策和实践基础。

2. 绿色消费重点领域识别

根据国际经验和国内基础，本章从三个不同维度来分析和识别中国绿色消费应关注的重点领域，包括不同消费部门的支出和增长、不同消费部门的资源环境影响、不同消费部门对经济增长的拉动作用。

（1）不同消费部门的支出和增长情况

按照中国统计体系和口径，居民消费主要分为八大类，包括食品烟酒、衣着、居住、生活用品及服务、交通通信、教育文化娱乐、医疗保健、其他用品及服务。2018年我国食品支出降至28.4%；居住支出23.5%；交通通信支出在2010年之前增长较快，此后逐步平稳，2018年为13.5%；家庭设备用品及服务占比6.2%；另外医疗保健、衣着、家庭设备用品及服务和其他用品及服务的占比均稳定在6%～8%。

根据情景模拟分析，未来中国居民消费将加快从生存型消费向发展型消费拓展的进程，消费结构将动态变化。食品类和衣着类支出比例将呈下降趋势，居住和交通通信类将略有下降，医疗保健服务、家庭设备及用品、文化教育娱乐和其他支出占比将持续上升。总的来看，未来15年，居民消费结构不会出现颠覆性变化，食品、居住、交通仍将占据我国居民消费中的主要部分（表 6-4，表 6-5）。

表 6-4 八大类消费支出

类别	2015 年	2020 年	2025 年	2035 年
食品 / 亿元	79 072	109 175	146 615	269 298
衣着 / 亿元	21 151	27 309	33 336	67 325
居住 / 亿元	58 760	87 734	129 462	269 298
家庭设备及用品 / 亿元	16 244	34 824	68 615	134 649
交通通信 / 亿元	35 999	61 143	102 275	161 579
文教娱乐 / 亿元	29 627	48 229	77 677	188 509
医疗保健 / 亿元	17 946	30 738	51 785	134 649
其他 / 亿元	7 181	17 716	37 544	121 184

表 6-5 八大类消费支出占比

类别	2015 年	2020 年	2025 年	2035 年
食品 /%	30	26	23	20
衣着 /%	8	7	5	5
居住 /%	22	21	20	20
家庭设备及用品 /%	6	8	11	10
交通通信 /%	14	15	16	12
文教娱乐 /%	11	12	12	14
医疗保健 /%	7	7	8	10
其他 /%	3	4	6	9

（2）不同消费部门的能源环境影响

消费的能源与环境效应包括两部分内容：一是基于行业活动的能源消耗与环境污染物排放因子的直接能源与环境影响，这部分直接影响仅限于该行业直接产生的能源消耗与环境污染物排放；二是基于投入产出模型测算消费引致的完全能源消耗和环境影响，这部分的影响不仅包括居民消费直接产生的能源消耗和环境污染物排放，还包括消费的各种产品在生产过程中引起的能源消耗和环境污染物排放。完全影响测算结果如下：

2015 年食品烟酒、衣着、居住、生活用品及服务、交通通信、教育文化娱乐、医疗保健、其他用品及服务每单位支出带来的完全能源消耗分别为 122.44 kg/ 万元、170.99 kg/ 万元、125.19 kg/ 万元、166.80 kg/ 万元、220.61 kg/ 万元、138.73 kg/ 万元、

201.27 kg/ 万元、147.71 kg/ 万元，其中，交通通信和医疗保健消费每单位支出带来的能耗最高（图 6-8）。

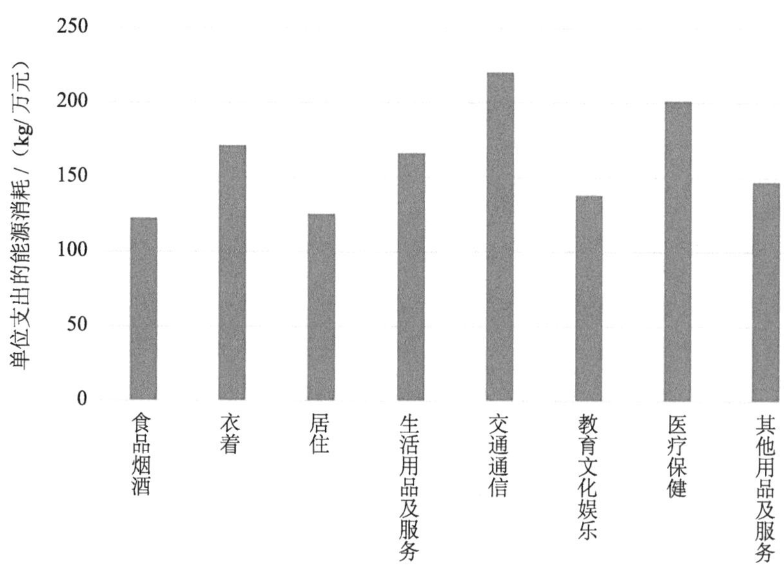

图 6-8　八大类消费每单位支出带来的完全能源消耗

2015 年，八大类消费每单位支出带来的污染物排放见表 6-6。从表中可以看出，食品烟酒每单位支出带来的 COD 排放量最大，交通通信每单位支出带来的 COD 排放量最小，其他行业相差不大；同样食品烟酒每单位支出带来的氨氮排放量最大，交通通信每单位支出带来的氨氮排放量最小；居住每单位支出带来的二氧化硫和氮氧化物排放量最大，其他行业相差不大，这主要与居住用煤有关。

表 6-6　八大类消费每单位支出带来的污染物排放

	COD	氨氮	SO_2	NO_x
食品烟酒 /（kg/ 万元）	3.15	0.37	0.50	0.26
衣着 /（kg/ 万元）	1.24	0.14	0.67	0.36
居住 /（kg/ 万元）	1.11	0.10	2.66	2.32
生活用品及服务 /（kg/ 万元）	1.01	0.10	0.79	0.48
交通通信 /（kg/ 万元）	0.59	0.06	0.79	0.58
教育文化娱乐 /（kg/ 万元）	1.22	0.11	0.73	0.38

	COD	氨氮	SO_2	NO_x
医疗保健 /（kg/ 万元）	1.11	0.11	0.87	0.48
其他用品及服务 /（kg/ 万元）	1.31	0.13	0.72	0.40

（3）不同消费部门对经济增长的拉动效应

基于 2017 年 149 个部门投入产出表，对重点领域中绿色消费对经济的拉动效应进行分析。首先依据项目组调研成果从投入产出表中的农产品、加工食品、部分家电设备、家庭用品、汽车制造、建筑和装修、批发零售等行业中拆分出绿色产品和服务部分，再利用拆分后的新表测算不同领域绿色消费对经济的拉动作用。不同类别中绿色产品 / 服务的生产成本结构与传统产品 / 服务存在不同。按照八大类划分，目前拆分的产品和服务仅包括食品、居住、生活用品及服务和交通通信等领域。

测算结果表明，食品烟酒领域内的 1 单位绿色消费品对经济的拉动系数约为 2.5，居住领域 1 单位绿色建筑对经济的拉动系数为 3，生活用品及服务的拉动系数最大约为 3.8，交通通信领域的电动车对经济的拉动作用在 2.7 左右。综合各类消费占居民消费总量的比重，以及各单位绿色消费的经济拉动效果，初步估算，在目前的居民消费结构下，食品和居住类绿色消费对经济的综合拉动作用最大，其次为交通通信，再次为生活用品及服务（表 6-7）。

表 6-7 八大类消费中的绿色消费增长的经济拉动效果

	食品烟酒	衣着	居住	生活用品及服务	交通通信	教育文化娱乐	医疗保健	其他用品及服务
消费占居民消费的比重 /%	28	6	23	6	13	11	8	2
单位绿色消费的经济拉动系数	2.5	—	3.0	3.8	2.7	—	—	—
综合拉动效应	0.7	—	0.7	0.2	0.4	—	—	—

3. 推动绿色消费的主要任务

按照上述测算分析，“十四五”中国绿色消费要聚焦食、住、行、用、衣、游等重点领域，明确主要任务，推动其向绿色低碳节约的方式转变，加快形成绿色消费模式，有效促进生态环境质量改善和高质量发展。

（1）在“食”的方面，推动绿色饮食。欧盟实施“从农场到餐桌战略”以减少营养过剩造成的污染；德国提倡绿色的饮食生活方式，减少食物浪费，鼓励使用低包装或零包装商品等；瑞典关注食品消费的碳排放和食品标签。中国推动绿色饮食的主要任务可包括：第一，坚决反对铺张食物浪费，开展从仓储—运输—零售—餐桌全链条的反食物浪费行动，倡导推行科学文明的餐饮消费模式；第二，推动政府机关、国有企事业单位食堂减少食物浪费，减少餐厨垃圾产生量，鼓励餐饮消费者适量点餐和餐后打包，鼓励餐饮企业合理设定自助餐浪费收费标准；第三，全面实施餐饮绿色外卖计划，支持餐饮企业、食品零售企业、外卖行业采用简化包装、可回收利用包装，减少过度包装和塑料餐盒使用；第四，统一强化绿色有机食品认证体系和标准，扩大绿色食物有效供给。

（2）在“住”的方面，推动绿色建筑。欧盟支持公共与私人建筑更新，提升住房供暖能源利用效率；德国支持消费者购买节能家用电器、家居、水电暖等，完善能源标签；瑞典推广居住建材的能源标签、可再生电力。中国推动绿色建筑的主要任务可包括：第一，引导有条件地区和城市新建建筑全面执行绿色建筑标准，扩大绿色建筑强制推广范围，推动使用政府资金建设的公共建筑全面执行绿色建筑标准；第二，在老旧小区改造中推行绿色建筑标准；第三，实施绿色建材生产和应用行动计划，推广使用节能门窗、建筑垃圾再生产品等绿色建材和环保装修材料；第四，全面推动绿色建筑设计、施工、运行，包括高标准规划建设水电气、垃圾处理等优质绿色市政基础设施体系，开展节能住宅建设和改造，推广绿色农村住房建设方法和技术；第五，强化绿色家居用品环境标志特别是能效标识认证，扩大高能效绿色家居产品有效供给。

（3）在“行”的方面，推动绿色出行。欧盟加快向可持续与智慧出行转变，多式联运，提高交通运输效率，使交通运输价格体现其对环境与健康的影响；德国通过汽车标签等提供车辆的能效信息，升级本地公共交通网络，使公共交通更具吸引力；瑞典不断改善公共交通基础设施。中国推动绿色出行的主要任务可包括：第一，在城市规划建设中提高公共交通系统建设比例，创建智慧城市，提升公共交通系统的效率，鼓励步行、自行车和公共交通等低碳出行方式，加强自行车专用道和行人步道等城市慢行系统建设，改善自行车、步行出行条件；第二，加大新能源汽车推广力度，加快电动汽车充电基础设施建设，倡导汽车共享、拼车出行等共享出行模式；第三，鼓励公交、环卫、出租、通勤、城市邮政快递作业、城市物流等领域新增和更新车辆，采用新能源和清洁能源汽车；第四，推进国家生态文明试验区、大气污染防治重点区域等加大新能源汽车推广和使用力度。

（4）在“用”的方面，推动绿色家用。欧盟促进消费者选择可重复使用、耐用和可维修的产品；日本鼓励生活用品的回收循环利用。中国推动绿色使用的主要任务可包括：第一，鼓励消费者选用节能家电、高效照明产品、节水器具、绿色建材等绿色产品，推广使用新能源汽车，提倡重拎布袋子、重提菜篮子、重复使用环保购物袋，减少使用一次性日用品；第二，鼓励企业提供并允许消费者选择可重复使用、耐用和可维修的产品，纺织、建筑、电子等行业开展减少材料使用或重复利用的可循环产品设计，提倡家具、电子、电器等长期使用；第三，支持发展共享经济，鼓励个人闲置资源有效再利用，有序发展网络预约拼车、自有车辆租赁、民宿出租、旧物交换利用等；第四，完善社会再生资源回收体系，鼓励提供信息电子设备和产品的开发升级和维修服务；第五，推进快递包装的绿色化、减量化和可循环；第六，提高办公设备、资产和用品的使用效率，严格执行政府对节能环保产品的优先采购和强制采购制度，扩大政府绿色采购范围和规模，完善节约型公共机构评价标准。

（5）在“衣”的方面，推动绿色穿衣。德国支持和促进服装纺织业资源节约型发展，降低纺织品对健康和环境的潜在风险和影响。中国推动绿色穿衣的主要任务可包括：第一，开展旧衣“零抛弃”活动和“衣物重生”活动，推动建设完善居民社区废旧纺织品回收体系，规范废旧纺织品回收、分拣、分级利用机制，有序推进二手服装再利用；第二，抵制珍稀动物皮毛制品，保护生物多样性，支持和促进纺织服装企业构建绿色供应链，采用可再生原料，降低新型功能纺织品对健康和环境的潜在风险；第三，提高废旧纺织品在土工建筑、建材、汽车、家居装潢等领域的再利用水平；第四，强化纺织品和衣物的环境标志认证，大幅提高绿色纺织品和衣服的有效供给。

（6）在“游”的方面，推动绿色旅游。国际上绿色旅游方兴未艾。中国推动绿色旅游的主要任务可包括：第一，制定发布绿色旅游消费公约和消费指南；第二，鼓励旅游饭店、景区等推出绿色旅游消费奖励措施；第三，修订绿色市场、绿色宾馆、绿色饭店、绿色旅游等绿色服务评价办法；第四，星级宾馆、连锁酒店要逐步减少一次性用品的免费提供，试行按需提供；第五，将绿色旅游信息整合到相关旅游推广网站和平台，鼓励消费者旅行自带洗漱用品；第六，推动将生物多样性保护纳入旅游相关标准和认证计划。

（7）以绿色生活创建为平台载体，推动绿色消费任务落实。结合国家发展改革委发布的《绿色生活创建行动总体方案》，将上述绿色消费任务切实融入节约型机关、绿色家庭、绿色学校、绿色社区、绿色出行、绿色商场、绿色建筑等创建行动中，以这些社会细胞单元为载体，真正有效落实相关具体任务，推动形成简约适度、绿色低碳、文明健康的生活理念和生活方式。

（三）推进绿色消费的政策措施

1. 推进绿色消费的总体政策框架

当前中国绿色消费政策不少，但较为分散，未形成系统有效的政策框架体系。具体表现为：一是缺乏系统谋划和顶层设计，多数绿色消费政策为理念性、指导性和自愿性政策，门类不全，政策层次及效力较低，操作性不够；二是绿色消费政策关注资源能源节约较多，关注生态环保较少，经济政策激励普遍不足，调控作用有限；三是绿色消费相关政府职能分散，环境部门作用有待提升，政策及管理碎片化问题较为突出等，如果不进行相关政策的系统设计和整合，绿色消费的环境经济效果将会大打折扣。未来高质量发展以及经济绿色转型对绿色消费政策发展提出了更多需求和更高要求，需要在"十四五"期间不断完善、加强和创新，形成较为系统完整的政策框架。

消费是经济行为，必须遵循经济规律；消费也是社会行为，涉及每位社会成员；消费又是文化行为，受价值理念、习俗等因素影响。政策设计时必须统筹考虑政府干预和消费的经济与社会文化属性，兼顾政策激励、监督管理、宣传教育等。促进绿色消费的总体政策框架要考虑生产和消费间的内在联系和传导机制，从供给端和需求端两个方面以及政府、企业、消费者、社会组织等多主体共同推动。

（1）供给端的政策措施设计

绿色生产为绿色消费者提供了消费品的数量和质量、消费方式。供给端的政策目标是增加绿色产品和服务的供给多样性，解决消费者没有选择的问题，并保证产品和服务质量，确保市场的规范运营。剖析产品和服务的供给端要素，干预市场的行为主体包括政府（作为政策制定者、推动者和监督者）、企业（生产、物流、服务的大中小型企业、个体或小微企业、农民）。这些主体对绿色消费的供给作用分别体现在如下方面。

政府的干预作用主要包括：通过制定法规标准，形成相关促进绿色消费的制度安排；通过产业政策、财税政策、价格政策等政策措施，激励或调动消费者的绿色消费意愿和行为；通过制定并实施技术、产品、质量等标准体系，尤其是"领跑者"标准制度的实施，引领产品和服务水平的不断提高；通过检查、监督和管理，保证市场的公开、公平和公正，规范市场运营。

企业的责任和作用主要包括：通过技术创新促进绿色产品价格的降低，以扩大绿色消费规模；承担生态环境保护和企业社会责任（CSR），开展产品和服务生命周期评价（LCA）、绿色供应链管理、清洁生产等活动，降低消费品生命周期中的环境负面影响；在节能环保低碳产品生产中，重视减材料化；发展智慧物流，通过对绿色消费产品（数量与质量）、品牌、仓储、运输线路、运输工具等的系统优化和管理，降低绿色消费品物流成本，满足消费升级需求。

绿色消费供给端的政策措施，如图 6-9 所示。

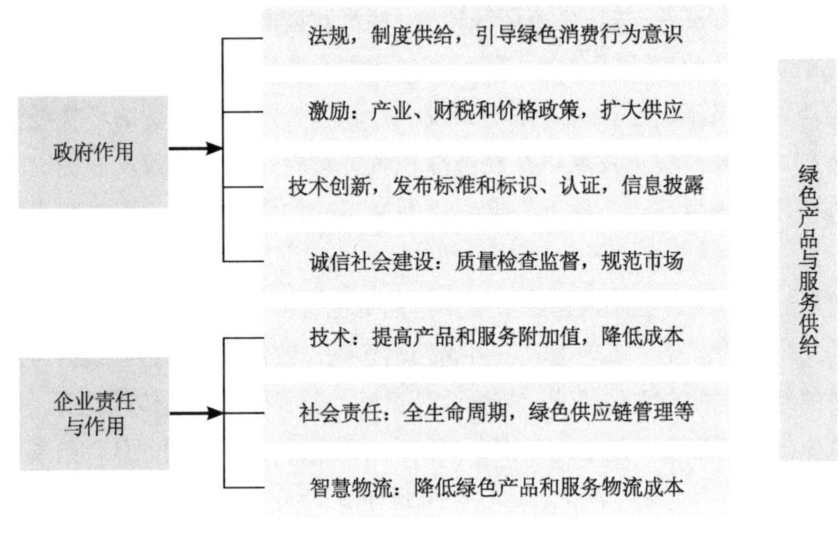

图 6-9　绿色消费供给端的政策措施框架

（2）需求端的政策措施设计

在绿色消费的需求端，政府和企业也是消费主体，他们可以通过绿色采购来拉动大宗绿色产品消费，并起到示范作用；最主要的主体是作为个体的消费者，无论是第三方、社团组织还是居民家庭或个人。绿色消费需求端的政策目标是尽可能多地消费绿色产品和服务；在消费过程中减少消费品浪费，提高利用效率；在消费终端，参与闲置品、废旧产品回收体系的构建和行动，减少废弃物随意乱扔以减轻环境压力。

绿色消费需求端的措施，要以消费者为中心，按照问题导向、突出重点、系统协同、适用可行、循序渐进的原则，以资源高效利用、环境质量改善、气候友好为目标，建立健全相关法规、标准和政策体系，促进源头减量、清洁生产、资源循环、末端治理，在全社会形成绿色消费方式，如图 6-10 所示。

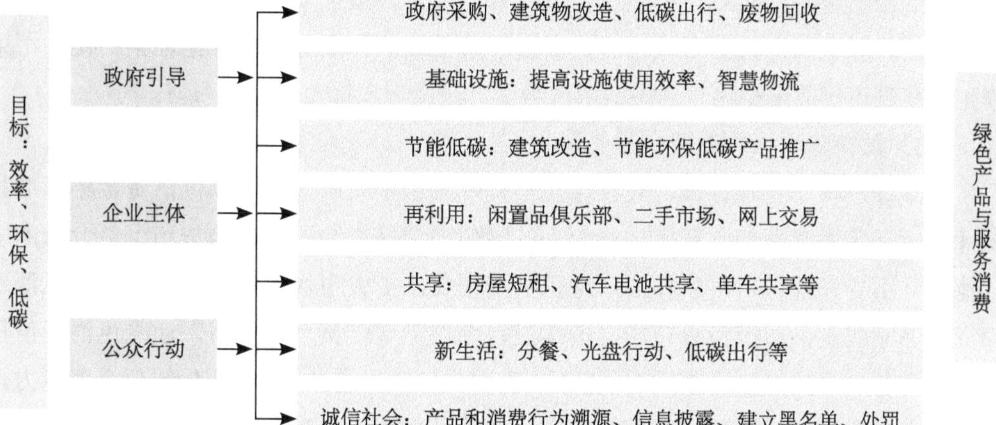

图 6-10　绿色消费需求端的政策措施框架

2. 促进绿色消费的重点政策措施

在促进绿色消费的总体政策框架下，中国“十四五”可考虑进一步加强一些重点政策措施。

（1）完善促进绿色消费的长效激励政策

修订相关法规制度。一是通过法规的制定和实施，促进公众形成“有钱也不能浪费资源”的理念和行为习惯。二是修改《政府采购法》，推动强制性绿色产品采购，对于使用公共财政的企业事业单位，均应当按照政府绿色采购的规定进行办公用品的采购和使用，鼓励其他团体实行绿色采购。

完善绿色消费的市场培育和经济激励政策。重点从价格、财税、信贷、监管与市场信用等方面建立经济激励和市场驱动制度，引导绿色生态产品的供给和居民消费的绿色选择。可以通过对那些“两高一资”产品征税，抑制相应的市场发展。通过增加传统燃油交通工具使用成本或通过财政补贴促使消费者购买其替代产品——电动汽车，缓解中国能源供应压力，减少环境污染，产生直接“绿色效应”。研究设置垃圾税，以改变公众乱扔垃圾污染环境的行为。研究绿色消费积分制，并在金融领域逐步试行绿色消费积分通兑试点，为今后更大范围实行积分制及其通兑奠定基础。

（2）加大循环经济发展的推动力度

在消费环节废弃物产生量大的电子、家电、快递物流等行业强制推行生产者责任延伸制度。同时，把生产者对其产品承担的资源环境责任从生产环节延伸到产品设计、生产过程控制、智慧物流、回收利用、废物处理处置的全生命周期，通过采取生态设计、清洁生产、绿色供应链管理等措施，促进绿色消费品和服务的资源消耗集约化、污染物和温室气体排放最小化、居民消费可承受，进而形成绿色消费的习惯。

（3）加快建立绿色消费金融体系

建立绿色消费金融标准，完善绿色消费金融激励机制。建立绿色消费金融标准与统计制度，金融管理和监管机构将个人的绿色消费信贷纳入绿色信贷和绿色金融的统计范围，引导商业银行创新和推广绿色消费信贷，扩大市场规模。建立发展绿色消费信贷的体制机制，对准目标市场，持续进行绿色消费信贷产品创新，让绿色消费信贷渗入社会各个领域，使绿色消费信贷更具吸引力与实际意义，提高居民绿色消费能力。鼓励和引导金融机构为购买新能源汽车、节能环保家电、绿色建材等经过节能环保认证的产品提供低息或无息绿色消费贷款。

（4）完善共建共治共享的绿色消费治理体系

明晰政府相关部门在推动绿色消费中的职能定位，制定绿色消费政府部门责任清单，建立跨部门的联动机制，形成共建共治共享的绿色消费治理格局。如生态环境部门发挥绿色标准和监督作用；发展改革部门履行规划和宏观调控作用；工业和信息化部门负责节能环保低碳产品的生产和服务推动；商务部门负责物流和市场建设；商品质量监督部门发挥市场规范作用，强化消费者协会推动绿色消费的职能作用，鼓励企业承担更多环境社会责任，建立面向社会公众的绿色消费激励和惩戒制度，形成绿色消费治理结构，实现治理能力现代化。

（5）倡议发起全国性绿色消费新生活运动

充分发挥形象正面的明星和社会名流在绿色消费方面的示范引领作用，引导绿色消费成为社会时尚。将绿色消费理念融入家庭、学校、政府、企业等各类各级机构的相关教育培训中，把绿色消费倡议纳入全国节能宣传周、科普活动周、全国低碳日、环境日等主题宣传教育活动中。建立面向社会公众的绿色消费激励和惩戒制度，加强绿色消费信息披露和公众参与，倡导简约适度、绿色低碳的生产和生活方式，反对奢侈浪费和不合理消费，提高全社会的绿色消费意识。

（6）加强绿色消费的基础设施和能力建设

放宽绿色生态产品和服务市场准入，鼓励各类社会资本投向绿色产业，利用“互联网＋”促进绿色消费。健全绿色产品和服务的标准体系和绿色标识认证体系，加快实施能效、环保、水效“领跑者”制度，实施环境产品标志制度。加强绿色生态产品认证，健全绿色生态产品和服务的标准体系和绿色标识认证体系。

构建完善的绿色消费统计指标体系，加强绿色消费的监测、数据收集、统计和评估报告。建立全国统一的绿色消费信息平台，利用大数据资源，公开发布绿色产品和服务信息情况，提高绿色产品生产和消费的透明度，鼓励相关方采信绿色产品和服务认证的评价结果。加强对政府、社会组织、企业和公众关于绿色消费的能力建设和培训，构建各利益相关方的合作伙伴网络建设，促进多方利益相关者参与。在国际基础设施建设中，如在“一带一路”倡议及其他南南合作中，开展环境影响和社会风险评价，把绿色消费整合到全球采购链和价值链中，提升国际基础设施建设的绿色化程度。

四、主要研究结论与政策建议

经过持续两年的研究，项目组提出“8 条宏观性＋ 8 条具体性”政策建议并概述了支撑这些建议的重要研究结论。

1. 综合考虑推进高质量发展和生态文明建设，以及新型冠状病毒肺炎疫情后绿色复苏的形势，中国政府应将绿色消费和生活方式问题放在更加突出的战略地位，通过“十四五”规划全面推动相关实践。其理由至少有以下六个方面。

第一，从消费规模和结构看，中国开始进入消费全面升级转型阶段，这也是培育新消费模式——绿色消费与生活方式的窗口机遇期。从一些工业化国家的经验看，一旦错过这个窗口期，新的大量消费、大量废弃的模式形成后是很难逆转的。

第二，定量评估发现，从 2012 年开始，中国消费领域资源环境绩效的下降部分抵消了生产领域资源环境绩效的改进部分，从而拖滞了整个经济绿色转型的速度，而且随着消费规模的不断扩大，这种效应更加明显。也就是说，消费领域对资源环境领域的压力持续快速增加。

第三，近年来，最终消费持续成为拉动中国经济增长的第一动力。项目利用可计算的一般均衡（CGE）模型分析表明，如果实施绿色消费，对经济增长和就业都有长期的正效应，特别是涉及衣、食、住、行方面的绿色消费，会成为这些行业较快增长的新动能。其中，食品制造、电动汽车、批发零售绿色化对相应行业的绿色发展带动效果最为显著。这一结论对新型冠状病毒肺炎疫情后的绿色复苏有重要启示意义。

第四，中国全面推动绿色消费具备良好的社会基础。《中国公众绿色消费现状调查研究报告（2019 版）》显示，绿色消费概念在公众的日常消费理念中越来越普及，83.34% 的受访者表示“支持绿色消费行为”，其中 46.75% 的受访者表示“非常支持”。《2019 绿色消费趋势发展报告》显示，2019 年京东平台上绿色消费相关商品销量同比增幅较平台上所有商品销售增幅高出 18%。在新型冠状病毒肺炎疫情中，公众对人与自然关系的反思比以往任何时期都普遍和强烈，这会进一步提升公众绿色消费的意愿。

第五，消费是每位公民和所有团体的共同行为，绿色消费是所有人践行生态文明建设的具体行动。推动形成绿色消费和生活方式的形成，无疑是构建共建共治共享治理体系的有效举措。

第六，欧盟、德国、瑞典等组织和国家已经将可持续消费纳入了国家总体发展战略中，将其作为经济增长和提升人民福祉的新引擎，并产生了良好的实践效果。

因此，中国应抓住消费升级转型的窗口期和“十四五”规划编制的机遇期，将中央政府对推动形成绿色消费和生活方式的强烈政治意愿，全面付诸下一个五年绿色发展和生态文明建设的具体实践中。

2. 建立“十四五”中国推动绿色消费的目标指标

目前中国总体上还没有建立专门、明确、系统的关于绿色消费的中长期目标及具体的监测衡量指标。根据当前绿色消费政策和实践进展以及高质量发展和生态文明建设要求，中国“十四五”推动绿色消费的总体目标可考虑确定为：坚持生态文明理念，大幅提升绿色消费水平，加快推动形成绿色生产方式，为改善生态环境质量、实现高质量发展提供新的内生动能。具体可包括：全社会绿色消费意识大幅提升，绿色消费产品市场供给大幅增加，绿色低碳节约的消费模式和生活方式初步形成，激励约束并举的绿色消费政策体系基本建立。

结合联合国 2030 年可持续消费目标，参考德国、瑞典等国家做法，用定性、定量相结合的方法，中国应建立绿色消费指标体系，用于监测评估绿色消费整体状况和水平指标，也可以根据这些指标来确定“十四五”的具体目标值。绿色消费指标可以分为总体性指标和领域指标。总体性指标可采用人均生活二氧化碳排放增长、人均日生活用水量、主要绿色产品产值、政府绿色采购比例等；领域指标可按衣、食、住、行、用、游等领域分别选择能够反映主要资源环境绩效状况的、可获取数据的指标。

3. 将衣、食、住、行、用、游作为中国“十四五”推动绿色消费的重点领域

在中国，衣、食、住、行（及通信）、用（生活用品及服务）占居民总消费的 76%。项目组的一般均衡模型分析表明，这一结构在未来 15 年内不会有明显变化；这 5 个领域是居民消费中资源环境影响较大的领域；同时，在食品、居住、生活用品及服务、交通通信领域，一个单位的绿色产品消费对经济产出的拉动系数分别是 2.5、3.0、3.8、2.7，经济拉动和资源环境绩效明显。德国、瑞典等国家基于 CO_2 的排放贡献，一般将食品、住房和交通（包括旅游）确定为可持续消费的重点领域。

为此，中国应将衣、食、住、行、用、游作为“十四五”及未来一个时期推动绿色消费的重点领域。主要任务是优先提高相关领域的绿色产品和服务的有效供给，同时，做好减量、再利用和循环。

一是推动绿色饮食。开展从仓储—运输—零售—餐桌全链条的反食物浪费行动，全面实施餐饮绿色外卖计划，统一和强化绿色有机食品认证体系和标准，扩大绿色食物有效供给。

二是推动绿色建筑。引导有条件地区和城市新建建筑全面执行绿色建筑标准，扩大绿色建筑强制推广范围；在老旧小区改造中推行绿色建筑标准。实施绿色建材生产和应用行动计划，全面推动绿色建筑设计、施工、运行，强化绿色家居用品环境标志特别是能效标识认证，扩大高能效绿色家居产品有效供给。

三是推动绿色出行。鼓励步行、自行车和公共交通等低碳出行方式，加大新能源汽车推广力度，鼓励公交、环卫、出租、通勤、城市邮政快递作业、城市物流等领域新增和更新车辆采用新能源和清洁能源汽车，推进国家生态文明试验区、大气污染防治重点区域等加大新能源汽车的推广和使用力度。

四是推动绿色家用。鼓励消费者选用节能家电、高效照明产品、节水器具、绿色建材等绿色产品，鼓励企业提供并允许消费者选择可重复使用、耐用和可维修的产品，支持发展共享经济，鼓励个人闲置资源有效再利用，完善社会再生资源回收体系，推进快递包装的绿色化、减量化和可循环，严格执行政府对节能环保产品的优先采购和强制采购制度，扩大政府绿色采购范围和规模。

五是推动绿色穿衣。开展旧衣“零抛弃”和“衣物重生”活动，抵制珍稀动物皮毛制品，保护生物多样性，支持和促进纺织服装企业构建绿色供应链，提高废旧纺织品在土工建筑、建材、汽车、家居装潢等领域的再利用水平，强化纺织品和衣物的环境标志认证，大幅提高绿色纺织品和衣服的有效供给。

六是推动绿色旅游。制定发布绿色旅游消费公约和消费指南，鼓励旅游饭店、景区等推出绿色旅游消费奖励措施，制定修订绿色市场、绿色宾馆、绿色饭店、绿色旅游等绿色服务评价办法，星级宾馆、连锁酒店要逐步减少一次性用品的提供，试行按需提供，将绿色旅游信息整合到相关旅游推广平台，鼓励消费者旅行时自带洗漱用品，推动将生物多样性保护纳入旅游相关标准和认证计划。

4. 按照供给侧与需求侧共同发力、激励约束并举、政府企业消费者共建共治共享的原则，构建绿色消费政策体系

消费是经济行为，涉及供给与需求两个方面，绿色消费政策设计必须尊重经济规律。

消费也是社会行为，涉及每位社会成员。消费又是文化行为，受价值理念、习俗等因素影响。消费政策设计需要明晰各主体责任义务，兼顾激励机制、监督管理、宣传教育等方面。

政府通过制定法规标准，形成相关绿色消费的促进制度安排。通过产业政策、财税政策、价格政策等，激励或调动消费者的绿色消费意愿和行为；通过制定并实施技术、产品、质量等标准体系，尤其是“领跑者”标准制度，引领产品和服务水平的不断提高；通过检查、监督和管理，保证市场的公开、公平和公正，规范市场运营。

企业通过技术创新促进产品价格的降低，以扩大绿色产品供给规模；承担生态环境保护和企业社会责任（CSR），开展产品和服务生命周期评价（LCA）、绿色供应链管理、清洁生产、循环经济等措施，降低消费品生命周期中的环境负面影响；在节能环保低碳产品生产中，重视减材料化；发展智慧物流，通过对绿色消费产品（数量与质量）、品牌、仓储、运输线路、运输工具等的系统优化和管理，降低绿色消费品物流成本，满足消费升级需求。

在良好的政策激励与约束下，在良好的社会氛围和市场环境中，消费者自觉承担与履行保护生态环境的责任与义务，践行绿色消费行为，培养形成绿色生活方式。

5. 建立权责明确的绿色消费推进体制机制和技术支持机构，重视发挥女性、青年、社会组织在推动绿色生活方式中的特殊作用

中国政府应进一步明晰经济综合、行业主管和生态环境等政府机构在推动绿色消费中的职能定位，制定绿色消费政府部门责任清单，建立跨部门的联动机制，形成推动合力。建立专门推动绿色消费工作的技术支持机构，负责绿色消费研究、信息公开、监测评估、宣传教育、能力建设等具体事务。同时，充分发挥诸如中国消费者协会等社会组织在推动绿色消费中的重要作用。

应重视发挥女性和青年人在推动绿色生活方式中的特殊作用。有关调查显示，80% 家庭的消费决定是由女性做出的，女性消费者是绿色消费的先锋和主力军。青年人对生态环境保护和绿色消费有较强的敏感性，是践行绿色生活方式不可或缺的力量。

在德国、瑞典等国家，都有上述建议的普遍做法。

6. 抓住民众对新型冠状病毒肺炎疫情的记忆和反思，倡议发起全国性绿色生活运动

充分发挥形象正面的明星和社会名流在推动绿色生活方式中的示范引领作用，引导绿色消费成为社会时尚。将绿色消费理念融入家庭、学校、政府、企业等各类各级机构的相关教育培训中。加强宣传，把绿色消费倡议纳入全国节能宣传周、科普活动周、全国低碳日、环境日等主题宣传教育活动中。建立面向社会公众的绿色消费激励和惩戒制度，加强绿色消费信息披露和公众参与力度，倡导简约适度、绿色低碳的生产和生活方式，反对奢侈浪费和不合理消费，提高全社会的绿色消费意识。

7. 加强绿色消费的基础设施和能力建设

构建绿色消费统计制度，开展绿色消费的监测、数据收集、统计和评估。建立全国统一的绿色消费信息平台，发布绿色产品和服务信息情况，提高绿色产品生产和消费的透明度，鼓励相关方采信绿色产品和服务认证/评价结果。加强对政府、社会组织、企业和公众关于绿色消费的能力建设和培训，构建各利益相关方的合作伙伴网络建设，促进多方利益相关者的参与。

8. 进一步制定绿色消费国家行动计划

根据德国、瑞典等国经验，除了用“十四五”规划统领相关任务外，有必要进一步制定配套的绿色消费专项国家行动计划，形成更全面、更深入、更系统地推动形成绿色消费和生活方式中长期行动方案。

9. 需要高度关注的若干绿色生产和消费的具体政策

（1）建立完善绿色建筑标准，将节能环保要求纳入中国正在推进的老旧小区改造，实施绿色化改造，并融入智慧城市、无废城市等创建活动中；新建建筑全面推行绿色建筑标准。

统计数据显示，居住支出占中国居民总消费的23.5%，建筑能耗约占社会总能耗的1/3。中国既有的近600亿m^2的建筑中，95%以上是高耗能建筑，单位建筑能耗比同等气候条件的发达国家高出2～3倍；建筑垃圾资源化率不足5%，远低于发达国家90%的水平。另外，有关预测显示，中国老旧小区累积住宅面积在未来十年的增速将明显加快。项目组的CGE模型分析表明，从老旧小区绿色化改造和新建绿色建筑两个角度，适度增加绿色建设的投资规模，短期内对经济增长、就业和资源环境都有良好的正向作用。有关研究也显示，与传统建筑相比，绿色建筑可节约30%左右能源。

因此，中国政府应高度重视发展绿色建筑问题，尤其是抓住目前正在大规模开展的老旧小区改造的机会，全面实施绿色改造。具体可从建立完善老旧小区改造的治理机制、完善绿色化标准体系和监管制度、以智能化手段大幅提升绿色化改造质量等方面，实现绿色改造的目标。

（2）全面研究制定汽车行业绿色生产与消费政策体系。

汽车产业已成为中国经济的支柱性产业，2009年以来汽车销量连续十年保持全球第一，据中国汽车工业协会统计，中国汽车相关产业从业人员占全国城镇就业人数比例连续多年超过 10%。然而，汽车的使用带来的资源环境问题也越发凸显，2017 年中国交通运输领域汽油、柴油消耗量分别占全国总消耗量的 46% 和 66%；2018 年，汽车 NO_x 排放量占全国 NO_x 总排放量的 43.6%，但其贡献的 NO_x 减排量却不足 20%。因此，应将汽车行业放在推动绿色消费与生产的重要位置。

中国政府从燃油效率和污染排放标准等角度，在汽车消费和生产、交通、能源政策等环节，推进汽车产业绿色转型取得了明显进展，特别是在新能源汽车产业方面取得了瞩目的成绩。项目组的分析结果表明：中国新能源汽车产业政策整体有效，其中，购置补贴对新能源汽车产业发展的综合贡献度最高，接近 50%，在促进技术进步、成本下降、市场增长方面作用均最为显著。

中国汽车产业绿色消费与生产政策体系尚未成型，诸如相关税制征收环节不平衡、与节能减排挂钩不紧密，相关补贴偏重购置环节等问题严重影响了汽车行业的绿色消费与生产。改革的方向应该是针对汽车全产业链，建立健全绿色消费与生产的支持政策体系：在生产环节，应鼓励开发和使用非 HFCs 类替代品和替代技术；在购置环节，推动税制改革，加强税收对节能减排的引导作用，同时降低绿色汽车产品的购置成本，鼓励绿色消费；在使用环节，应增强绿色汽车产品的使用便利性，降低使用成本；在报废回收环节，推动完善动力蓄电池的回收政策和标准，完善再制造产业的相关政策以及同保险产业的融合发展，推动再制造产业发展。

在税制改革方面，可考虑：2021—2025 年对现有新能源汽车车辆购置税免税政策逐步退坡；2026 年后开始实施基于油耗的税收优惠政策，并根据油耗法规调整建立优惠政策动态调整机制；2031—2035 年优惠政策门槛提升，同时引入罚税制度。

（3）加大绿色电力消费市场改革力度。

截至 2019 年年底，中国可再生能源发电装机达到 7.94 亿 kW，占全部电力装机的 39.5%；可再生能源发电量达 2.04 万亿 kW·h，占全部发电量比重为 27.9%；预计到“十四五”末，可再生能源发电量将接近全国总发电量的 40%。

因此，创建绿色电力消费市场，释放企业等用户对绿色电力的需求有重要意义。具体可采取如下措施：一是推广购电协议（PPA）和虚拟购电协议（VPPA），进一步明确包括可再生能源在内的各类电力参与市场化交易的具体规则；二是减少地方政府的行政干预，放开用电计划和用户选择权；三是引导推动电力用户与水电、风电、太阳能发电等清洁能源发电企业开展市场化交易；四是完善各类用户共同开发使用分布式可再生能源发电的政策和市场环境；五是逐步扩大可再生能源电力直接交易试点；六是明确可再生能源证书的环境属性，增强企业交易信心；七是建立包含各类利益相关方的交流平台，加强沟通与合作。

（4）制定国家绿色物流业发展专项行动计划。

截至2018年年末，中国快递业务量达到507.1亿件，超过美、日、欧等发达国家和经济体的总和；2018年快递物流业消耗了500亿张快递运单、245亿个塑料袋、57亿个封套、143亿个包装箱、53亿条编织袋和430亿m胶带，由此带来的废弃物填埋和焚烧成本近14亿元。同时，中国物流运输仍然以传统燃油车为主，近2 000万辆物流业车辆在消耗汽柴油的同时，也产生了大量的污染物排放。

近几年，中国出现不少创建绿色物流的积极做法，积累了一定经验。但总体上看，缺乏系统的政策支持是制约绿色物流业发展的主要原因。具体表现为：相关立法滞后，政府主管部门职责分散，相关市场主体责任不明确，宏观指导多、具体政策少，相关标准和评价制度以及实践指南缺失，有关试点力度不够等。为此，推动中国绿色物流业发展的政策方向，就是通过在国家层面制定专项行动计划，一揽子解决上述政策问题，全面推动行业的绿色发展，系统解决行业迅猛发展带来的环境资源问题。

（5）充分利用数字化技术，支撑绿色低碳生活方式。

近年来，中国有关数字化绿色低碳生活类项目（平台）多有探索，包括蚂蚁森林、碳普惠、零碳派、绿豆芽等多个项目在创新低碳生活引导工具和机制方面取得了一定成效。其中以企业主导的蚂蚁森林数字平台和以政府搭建的碳普惠平台为典型代表。

基于这些经验，中国可以在政府支持下搭建具有全国性影响力和统一适用标准的数字化绿色低碳生活方式平台，支撑所有消费者个体和团体的绿色低碳行为。通过统一的平台解决目前自主自发搭建的分散性小平台所面临的一系列困难，例如，由于缺乏专门政策支持，单纯依靠企业运营平台的不可持续问题；出于个人隐私和数据安全性保护的考虑，现有平台无法获取大批量的、有效的减排数据的问题；由于绿色低碳核算标准不一，缺乏统一监管，造成用户低碳行为产生的碳减排量可能被重复计算的问题等。全国统一的数字化平台还可以为政府和团体的较大规模绿色消费行动提供技术支撑，如会议活动的碳中和计划等。

（6）加快绿色产品与服务的标准建设，加大认证认可力度，提高绿色产品与服务的有效供给。

绿色产品与服务是绿色消费的基础，加快环境标志、节能、节水、绿色建筑等绿色产品与服务的标准建设和加大相关认可认证力度是当务之急，绿色产品与服务的标准与认可认证一端连着消费者，一端连着生产者，可以同时撬动绿色消费和绿色生产，必须给予高度重视。

（7）政府等公共机构和国有企业要率先在绿色采购和碳中和等方面发挥示范引领作用。

修改《政府采购法》，将各级政府部门、事业单位、国有企业等主体纳入绿色采购范畴，扩大绿色采购产品和服务范围，探索实行强制绿色采购制度；建立鼓励其他社会团体和企业绿色采购的激励政策。探索建立各级政府部门、事业单位和国有企业举办大型活动（会议、赛事）采取碳中和行动的制度，鼓励其他主体采取碳中和行动。利用全国数字化绿色低碳平台和设立碳中和基金，支持各类碳中和行动。

（8）倡议发行绿色消费券，刺激和引领绿色消费。

近来，为刺激新型冠状病毒肺炎疫情下的消费，南京、合肥、杭州、郑州等多地政府推出餐饮券、超市券、乡村旅游券、汽车专项补贴券等，并取得了积极效果。例如，截至 2020 年 4 月 9 日，杭州发放的消费券已核销 2.2 亿元，带动消费 23.7 亿元，乘数效应达 10.7 倍；美国也有类似做法。

基于这些做法，中国有必要研究发行绿色消费券问题，不仅能刺激新型冠状病毒肺炎疫情下的绿色复苏，还可以考虑将各种形式的消费优惠券常态化，发放的主体可以是政府、产品生产商和销售商，甚至其他有意愿的团体，优惠的范围限定在绿色产品与服务上，给消费者以定向的绿色诱惑，对绿色消费发挥撬动作用。鼓励有推动绿色消费意愿的团体开展试点。

第七章　重大绿色创新技术及实现机制*

一、引言

（1）生态文明。中国政府把生态文明确立为国家发展的基本方略，绿色发展、美丽中国与以人民为中心共同构成了生态文明发展道路的核心价值和愿景。生态文明的根本目标是要在保护生态安全，发挥生态资本的服务功能，减量并高效利用自然资源，降低碳和污染物排放的前提下，从粗放野蛮的增长模式向生态友好的发展模式转变，通过绿色发展，实现绿色繁荣，让人民分享绿色福祉，实现人与自然和谐共生。

（2）应对气候变化。《联合国气候变化框架公约》《京都议定书》《巴黎协定》三个国际法律文本确定了全球气候治理和低碳绿色发展的框架。《巴黎协定》确定了把全球平均气温升幅控制在工业化前水平以上低于2℃之内，明确了各个国家"共同但有区别的责任"。中国作为签约国，做出了2030年前后达到碳排放峰值，碳排放强度比2005年降低60%～65%的承诺，积极承担应对气候变化的大国责任。

（3）绿色发展。欧美国家，尤其是欧盟地区，高度重视绿色发展。2019年《欧洲绿色协议》提出到2050年，成为全球首个"碳中和"地区。新一届欧盟机构又提出"绿色新政"概念。中国"十三五"规划首次提出了"生态环境总体改善"的绿色发展目标，包括推进资源节约集约利用、加强环境综合治理、加强生态保护修复、积极应对全球气候变化和发展绿色环保行业等任务，提出四类27项绿色发展工程。绿色发展成为指导中国新时代发展的五大理念之一。

（4）绿色城市。许多欧洲、北美城市提出建设绿色城市、碳中和社区的目标和行动，如《奥尔堡宪章》《奥尔堡承诺》《莱比锡宪章》《弗赖堡宪章》《温哥华：最绿城市行动计划2020》等，以"零碳、零废弃、健康的生态系统"为目标，覆盖能源、水、交通、建筑等众多领域，建设繁荣发展的绿色城市。

* 本章根据"重大绿色创新技术及实现机制"专题政策研究项目2020年9月提交的报告整理摘编。

中国城市是人口和经济更聚集、资源消耗和排放量更大的地域，绿色发展是中国城市发展唯一选择。近年来中国政府先后开展“海绵城市”“生态城市”“绿色新区”“低碳城市”“低碳社区”“生态修复、城市复兴”“无废城市”等行动，通过试点示范项目探索城市绿色发展道路。

（5）绿色技术。绿色技术是降低消耗、减少排放、改善生态环境的具体技术，包括采集、生产、制造、营建、规划、设计、使用、维护和管理等各个环节。绿色技术广泛应用是中国城市发展的必然要求。中国应对气候变化的国际承诺和减排政策，越来越严格的环境治理政策也倒逼绿色技术在城市发展中更快、更大规模地应用。

“十四五”期间是中国城镇化和城市发展转型的关键时期，以绿色低碳技术发展助推新型城镇化，在新型城镇化中推动绿色技术应用，是中国应对气候变化、实现疫后经济绿色复苏的重要领域。

（6）绿色技术的推广应用。2018 年中国政府提出，“推进绿色发展，加快建立绿色生产和消费的法律制度和政策导向，建立健全绿色低碳循环发展的经济体系。构建市场导向的绿色技术创新体系，发展绿色金融”。2019 年《国家发展改革委　科技部关于构建市场导向的绿色技术创新体系的指导意见》提出到 2022 年基本建成市场导向的绿色技术创新体系。

绿色技术具有良好的正外部性、良好的社会和环境效益也具有公益性质、巨大的市场潜在需求，应该得到社会和政府的支持。在传统资源利用模式和市场价格下，绿色技术往往缺乏价格竞争力，应该通过资源定价，让生产或使用者承担全部成本，包括外部成本，以实现绿色和非绿色技术与产品的公平竞争；应该通过恰当的财政补贴对绿色技术与产品给予扶持；应该通过不断创新来降低成本，提高市场竞争力。

绿色技术是广受关注的新兴领域和科技创新领域，在给予鼓励和扶持的同时，也要防止盲目推广，需要建立有公信力的信息发布和全生命周期评估程序来避免陷阱。

绿色技术推广应该有政府、高校、专业机构、企业、社会组织和公众的广泛参与。政府应该建立完整的法规和政策体系，鼓励高校、专业机构参与绿色技术创新；鼓励企业研发、生产、应用绿色技术；鼓励绿色技术研发、生产和应用中关注不同性别、年龄和能力人群差异化的需求和能力；向社会和公众倡导绿色生活方式和消费理念，形成全社会共同参与绿色发展、应用绿色技术的良好氛围。

（7）研究重点。国合会“重大绿色创新技术及其实施机制专题政策研究项目”致力于城市范畴的绿色发展、绿色技术推广应用、评估方法和法规及政策研究。通过研究，推荐 10～20 项可推广的绿色创新技术，并从全生命周期角度进行综合评估，为“十四五”规划的绿色发展政策提供技术支持，同时提出绿色技术推广的政策保障体系的建议。

（一）城镇化与城市发展的特征、问题与机遇

（1）城镇化进程和城市人口增长压力增大，给城市转型发展提供了机会。2019 年，中国城镇人口占总人口比重达到 60%，我国已经从传统农业社会转向了城市型社会。未来 10 年，中国城镇人口还将增长 1.5 亿人左右；已经进入城市工作、生活，但尚未安家落户的流动人口中，将有 1 亿～ 1.5 亿人在城市和县城安家，成为家庭团聚的市民。庞大的人口增量和安家需求，将产生巨大的新需求和资源消耗，给城市提供了改变发展模式、优化资源配置的机会。

（2）城市是资源消耗和碳排放最主要的场所，也是实现绿色低碳发展的核心场所。工业、建筑、交通是资源消耗和碳排放的主要领域，这三项活动主要集中在城市。城市既是排放的主要场所，也是实现全社会绿色低碳发展的核心场所。在 GDP 增长导向、现行财政、税收制度的影响下，中国城市形成了资源粗放利用、用地盲目扩张的模式。城市布局碎片化，土地低效利用，基础设施和公共服务配置失衡与错位，交通运输效率低下，导致城市发展的碳足迹居高不下，并产生“锁定效应”。城市发展模式的根本性转变和绿色技术的广泛应用，将直接影响中国绿色低碳发展目标能否实现。

（3）消费规模扩张带来更大的供给压力，为生活方式和消费转型提供了动力。随着人均收入水平的持续提高，中国的中等收入群体不断扩大，已经占总人口的 30% 左右，中产阶级的价值观和生活方式正在形成。一方面，消费能力不断提高，将需要更多的资源消耗，产生更多的排放；另一方面，新兴中产阶级和受过良好教育的年轻人更乐于接受绿色低碳的价值观和理性的生活方式。这正是倡导和培育低碳生活方式和低碳消费理念，推进城市的绿色发展和绿色技术应用的好机会。

（4）增量扩张转向存量利用的政策变化为绿色技术应用提供了新的空间。城市沉淀了大量存量资产，包括低效利用或闲置的土地、基础设施、工业与民用建筑。国家要求城市发展重点从增量扩张转向存量资产的有效、充分利用。这一新政策也给绿色技术的推广，包括土地多功能混合开发、建筑低碳改造、城市有机更新、低碳社区建设、绿色慢行交通、分布式能源供应、循环经济原理等，提出了丰富的应用场景。

（5）区域和城市之间的巨大差异需要不同的绿色发展策略和绿色技术供给。中国的自然资源和人口分布很不均衡，东部沿海地区和中部、西部之间，南方和北方之间的自然资源和发展水平存在差距；大城市和中等城市、小城镇之间的发展需求和治理

能力有很大差异；不同地区应对极端天气导致的自然灾害，气候变化导致的海平面上升等方面存在很大差异。城市绿色发展应该有“共同但有区别”的策略和路径，绿色技术的研发和推广也应该有很强的针对性和适应性。这给绿色技术的发展和创新提供了多样化的需求动力。

（二）城市绿色发展的愿景与准则

（1）城市绿色发展愿景：通过绿色技术的创新、推广与应用，助推绿色生产方式与生活方式成为社会主流选择，建设绿色繁荣、低碳集约、循环利用、公平包容、安全健康的美丽城市，为世界可持续发展提供“中国样本”。

绿色繁荣——建构绿色经济体系，促进低碳产业、循环经济和绿色消费发展，使绿色经济成为核心竞争力和社会的核心价值。

低碳集约——提倡土地混合使用，鼓励绿色交通、绿色建筑、绿色基础设施和低碳社区发展，放弃高消耗、高排放的发展模式。

循环利用——高效利用所有资源，把废物变成回收再利用的资源，用资源循环利用替代增量型的发展模式。

公平包容——让不同性别、不同阶层、不同年龄、不同身份（户籍）的居民都能公平享受到高品质生活和生态资本的服务，平等参与绿色发展事务。

安全健康——降低城市与自然冲突，为当代和后代保护好自然资源和生态资本，提高城市运营的安全性和韧性，创造健康宜居环境。

（2）为了实现以上愿景，城镇化与城市发展应当遵循以下准则。

准则 1：城市发展应以满足人民美好生活的需要为目的，实现人与自然的和谐，而不仅仅是促进经济增长；

准则 2：城市发展应在追求繁荣的同时为减少资源消耗和碳排放做出贡献，应采取气候适应性的发展策略，以应对气候变化；

准则 3：政府应为城市绿色发展做出极大的努力，同时更应充分发挥市场的主导作用，鼓励企业和公众广泛参与；

准则 4：城市绿色发展应以公平正义为导向，不应损害妇女、老人、儿童、流动居民的福利，不应剥夺弱势群体的发展权利；

准则 5：城市绿色发展应建立差异化的策略和路径，以适应不同自然条件、不同发展水平、不同层级城市和地区的发展需求和能力；

准则 6：城市绿色发展应以实效和适用为导向，需对绿色技术进行多维度全生命周期的评估，避免追求时髦和陷入“新技术陷阱”。

（三）城市绿色发展的目标与路径

总体目标：基于生态文明和新发展理念，实现人与自然和谐共生的现代化，形成节约资源和保护环境的空间格局、产业结构，推动生产方式、生活方式绿色化、低碳化，将绿色低碳发展的理念落实在城市经济、社会与环境发展的各个领域和全过程，实现绿色低碳发展，实现美丽中国建设目标。

2020—2025 年。即“十四五”期间，重点推广水、能源、建筑、规划、交通、食物等领域绿色发展与绿色技术应用，克服“锁定效应”。在试点的基础上完善政策配套，健全标准体系，建立与国际接轨的绿色金融市场。通过排放许可、监督、报告、监测、核查、标准等手段的不断完善，推广绿色技术和绿色产品在生产和消费中的应用。实现主要温室气体排放总量大幅度减少和生态环境质量显著提高。

2025—2030 年。建立世界先进的绿色发展技术体系，全面实现城市绿色发展与绿色低碳技术广泛的应用，建立完善低碳绿色发展的法律、制度和政策体系，实现生产生活方式的全面绿色转型。支持中国提前、超额兑现全球 2030 年可持续发展目标和《巴黎协定》的国家承诺。

2030 年以后。结合国家发展目标和《巴黎协定》提出的“2℃”“1.5℃”目标，借鉴欧盟 2050 年实现“零碳排”的目标和实施路径，实现绿色技术在城市的全面应用。全面建成绿色低碳的经济体系，全面实现资源节约、循环利用和深度减排，全面建成绿色生产和消费的法律制度和政策保障机制。2050 年全面实现绿色低碳发展，建成美丽中国，为“1.5℃”目标的实现做出中国的杰出贡献。

依据上述总目标和阶段目标，城市发展六个重点领域应实现的目标见表 7-1。

表 7-1　六个重点领域绿色技术发展的阶段目标

	2025 年	2030 年	2030 年以后
水领域	污水收集管网和处理设施相对完善	实现城市生活污水全部集中收集；再生水利用水平显著提高	水环境质量全面改善；水资源可持续利用达到主要发达国家水平
能源领域	构建绿色低碳、智慧互联能源系统；新增需求主要由清洁能源供给	可再生能源和核能利用率增长，化石能源利用大幅减少；全面实现能源利用清洁化	能效达到世界先进水平；能源消费达峰；新能源与可再生能源全面替代化石能源
交通领域	初步形成绿色技术、标准和保障体系；能源结构持续优化，交通减排取得成效	智慧化、低碳化接近国际先进水平；技术、标准和保障体系健全；公共交通、物流配送全面电动化；碳排放明显降低	绿色、超低碳、智慧交通体系全面建成
建筑领域	新建民用建筑全面执行绿色建筑标准；建筑能源结构进一步清洁化、低碳化	新建民用建筑全面达到超低能耗水平以上	新建民用建筑全部达到零能耗建筑标准，既有非节能建筑全部提升为节能建筑

	2025年	2030年	2030年以后
土地利用和规划领域	实现规划建设管理全过程的绿色低碳管控，加快推进绿色城市和绿色街区试点	着力推进重点城市化地区人居环境质量绿色低碳转型，建成一批具有国际水平的绿色城市和街区	城市和街区人居环境质量全面达到绿色、低碳、宜居、繁荣的要求，实现生态文明
食物领域	解决食物安全问题；降低食物碳排放	全面提升食物健康，食物结构向绿色发展方向转移	建成绿色、低碳、营养、公平的食物体系

为了实现上述目标，应当根据城市经济、社会、文化活动特征，建立覆盖城市居住、生产、游憩、交通活动全过程，覆盖“资源保护与利用—生产与营造—消费与使用—分解与回收”各个环节，形成全链条的绿色技术体系。绿色技术体系应当针对中国城市发展中非绿色、高碳排放的突出问题。

促进保护与减量利用公共自然资源的绿色技术。严守生态底线，尊重自然山水，摒弃高消耗、高排放的城市发展模式；合理使用、节约使用公共自然资源，确保自然资源的公平分配。

促进“可循环”的生产和营建方式的绿色技术。在生产和营建过程中，提高资源利用效率，降低资源消耗与排放，生产高品质、高附加值的绿色产品。

促进负责任的消费和使用行为的绿色技术。通过负责任的消费观念和良好的使用、维护行为，在提高生活质量的同时，减少整个生命周期的资源消耗、碳排放和环境污染，增加城市居民的净福利收益。

促进废弃物无害化分解和资源再生的绿色技术。以“零碳排放”为终极目标，全面推行固废、水、气的高标准处理与高水平回收利用，构建“零废城市”和“零污染”的无害环境。

二、现有政策、问题与挑战

（一）城市绿色发展的既有政策

1992年联合国环境与发展大会以后，作为《联合国气候变化框架公约》缔约方，1994年中国发布了《中国21世纪议程——中国21世纪人口、环境与发展白皮书》，此后，通过法律、政策、规划和标准等方式持续推进，积极构建并完善可持续发展、节能减排、绿色发展与低碳发展相关的法律和政策体系。

近年来，在宏观层面，国家相继出台了多项关于生态文明建设、可持续发展、新型城镇化建设、城市规划建设管理等方面的重要政策文件，推进城镇化与城市发展领域的生态文明可持续发展理念。政策文件强调城市建设要“以人为本”，兼顾经济、社会、资源、环境、文化多维度发展目标，要重视改革创新、科技进步的作用。这些政策文件表明中国政府对城市绿色发展高度重视，提出了城市绿色发展的目标和要求（表 7-2）。

表 7-2　城市绿色发展宏观层面政策文件及内容

时间	名称	主要内容
2014 年 3 月	《国家新型城镇化规划（2014—2020 年）》	增强城市可持续发展能力，建设和谐宜居、富有特色、充满活力的现代城市
2015 年 4 月	《中共中央、国务院关于加快推进生态文明建设的意见》	建立资源节约型和环境友好型社会，推进生态文明主流价值观
2015 年 12 月	《2015 中央城市工作会议公报》	城市发展持续性、宜居性
2016 年 2 月	《国务院关于深入推进新型城镇化建设的若干意见》	新型城镇化，经济持续健康发展
2016 年 2 月	《关于进一步加强城市规划建设管理工作的若干意见》	城市有序建设、适度开发、高效运行、和谐宜居、富有活力、各具特色
2016 年 3 月	《“十三五”规划纲要》	“人的城镇化”，优化城镇化布局和形态、和谐宜居城市、城乡协调发展
2016 年 9 月	《中国落实2030年可持续发展议程国别方案》	包容、安全、有抵御灾害能力和可持续的城市和人类住区
2016 年 12 月	《中国落实 2030 年可持续发展议程创新示范区建设方案》	创建国家可持续发展议程创新示范区
2017 年 4 月	《“十三五”城镇化与城市发展科技创新专项规划》	城市发展领域科技创新体系
2017 年 10 月	党的十九大报告《决胜全面建成小康社会　夺取新时代中国特色社会主义伟大胜利》	新型工业化、信息化、城镇化、农业现代化，共建共享发展，人与自然和谐共生
2018 年 8 月	中共中央办公厅、国务院办公厅《关于推进城市安全发展的意见》	城市安全发展与灾害、公共安全防范

在应对气候变化，推进节能减排、低碳发展方面，我国于 1998 年颁布《节约能源法》，2006 年颁布《可再生能源法》，逐步形成了三类系统性政策工具：应对气候变化的政策、气候变化评估报告、节能减排工作方案。国家先后发布了《中国应对气候变化国家方案》《“十三五”节能减排综合性工作方案》《能源中长期发展规划纲要》《清洁发展机制项目运行管理办法》《绿色出行行动计划（2019—2022 年）》等多项政策文件。在标准规范和技术规程方面，针对城市、社区、建筑等多个领域制订了国家或地方性技术规程，包括《绿色建筑评价标准》《低碳社区试点建设指南》，以及多行业企业温室气体排放核算方法与报告指南等。但对比欧盟国家的绿色低碳法律、政策融资、市场标准相互配合的体系建设，中国在城市绿色发展和绿色技术推广方面的鼓励和保障体系还不完善（图 7-1、图 7-2）。

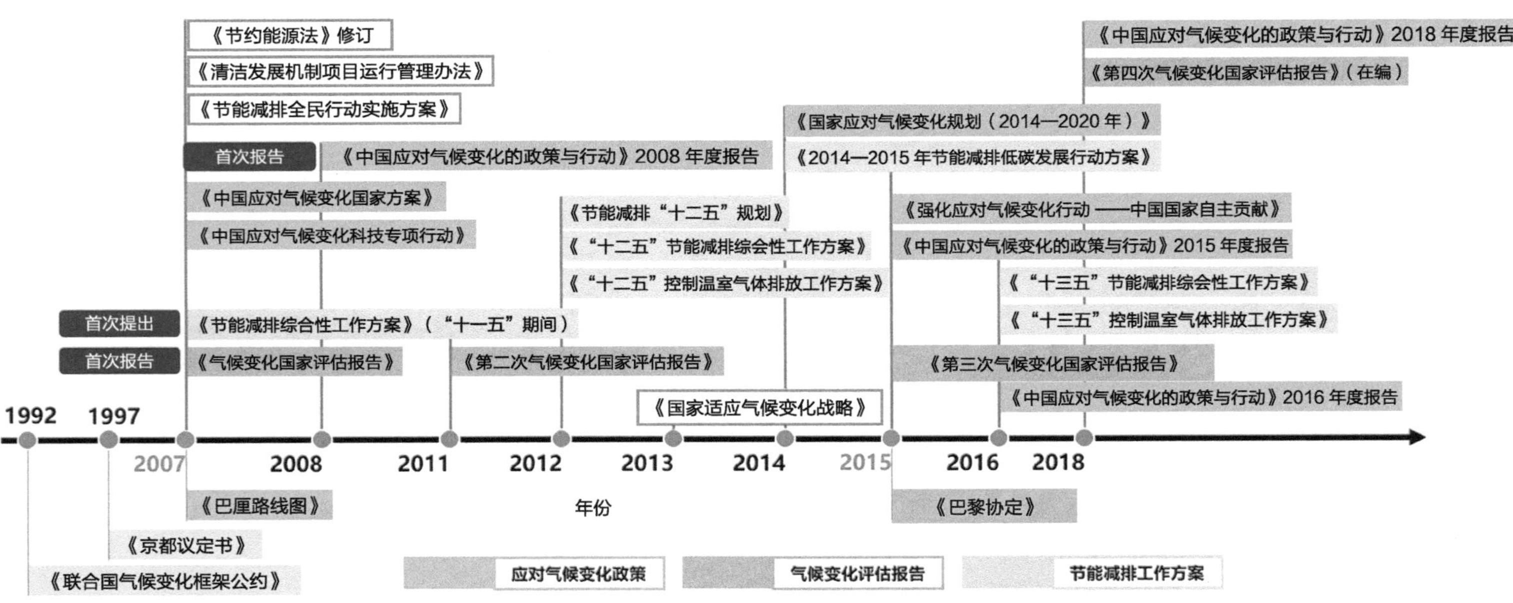

图 7-1 中国主要低碳减排政策出台的历程

注：图中国际部分政策作为中国主要政策出台的时间提供参考列出。

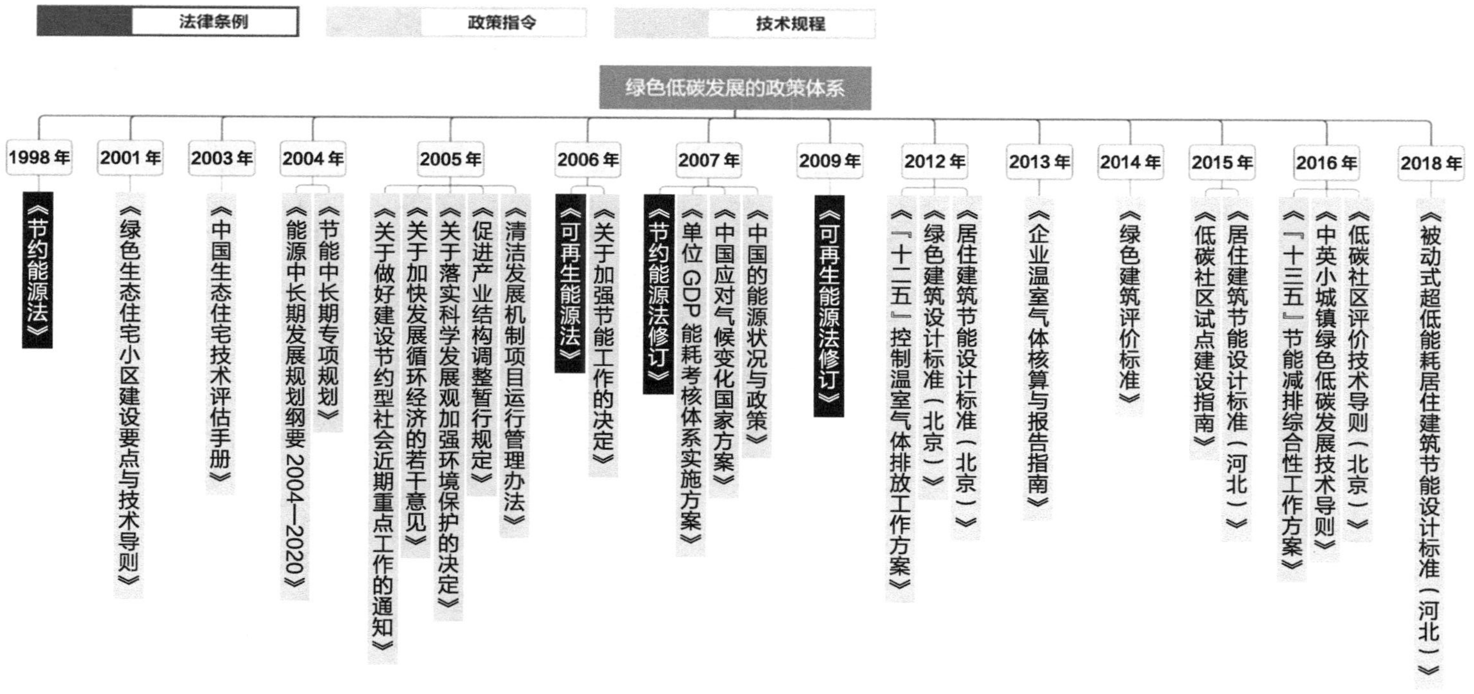

法律条例　政策指令　技术规程

绿色低碳发展的政策体系

- 1998年
  - 《节约能源法》
- 2001年
  - 《绿色生态住宅小区建设要点与技术导则》
- 2003年
  - 《中国生态住宅技术评估手册》
- 2004年
  - 《节能中长期专项规划》
  - 《能源中长期发展规划纲要2004—2020》
- 2005年
  - 《清洁发展机制项目运行管理办法》
  - 《促进产业结构调整暂行规定》
  - 《关于落实科学发展观加强环境保护的决定》
  - 《关于加快发展循环经济的若干意见》
  - 《关于做好建设节约型社会近期重点工作的通知》
- 2006年
  - 《关于加强节能工作的决定》
  - 《可再生能源法》
- 2007年
  - 《中国的能源状况与政策》
  - 《中国应对气候变化国家方案》
  - 《单位GDP能耗考核体系实施方案》
  - 《节约能源法修订》
- 2009年
  - 《可再生能源法修订》
- 2012年
  - 《居住建筑节能设计标准（北京）》
  - 《绿色建筑设计标准（北京）》
  - 《『十二五』控制温室气体排放工作方案》
- 2013年
  - 《企业温室气体核算与报告指南》
- 2014年
  - 《绿色建筑评价标准》
- 2015年
  - 《居住建筑节能设计标准（河北）》
  - 《低碳社区试点建设指南》
- 2016年
  - 《低碳社区评价技术导则（北京）》
  - 《中英小城镇绿色低碳发展技术导则》
  - 《『十三五』节能减排综合性工作方案》
- 2018年
  - 《被动式超低能耗居住建筑节能设计标准（河北）》

图7-2　中国节能减排与低碳主要法律法规和政策

（二）城市绿色发展存在的问题分析

尽管绿色发展已经成为国家和城市共识，但在城市绿色发展实践中仍然面临着一些突出问题。

（1）法律体系建设滞后。中国缺乏关于绿色低碳发展系统性的法律体系，现有相关法律多以环境保护、污染防治、能源利用等单项型、底线型管理为主，综合性的绿色发展、减碳低碳法律缺位。绿色发展更多依靠政府政策推动，没有发挥法律的强制性、长期连续性和稳定性作用。

（2）减排目标和指标缺失。目前中国的约束性减排指标比较保守，与我国巴黎气候大会承诺，以及国际绿色发展的趋势和行动存在一定的差距。缺乏具有强制约束力的总量目标和指标体系，也使减碳责任难以向地方传递、分解和落实。

（3）部门之间缺乏协调统筹。绿色发展是一项系统工程，需要多个部门之间的协同，但目前政府各部门间权责划分不明确，协调统筹机制缺位，导致产生无人负责的现象。如“共享单车”涉及 10 余个部门和不同层级城市政府的管理，在政策制定上各部门有鼓励、有限制规范，存在不一致性，导致了盲目上马、匆忙退出的尴尬局面的出现。

（4）绿色融资体系尚未建立。近几年绿色投资、环保投资总量每年增长幅度较大，但我国目前绿色投资资金来源比较单一，企业对绿色产业的投资主要依赖自筹资金，融资渠道不宽。绿色金融发展仍处于起步阶段，绿色融资市场存在绿色标准认证不统一、绿色融资抵（质）押品落实难等问题，这直接影响了金融机构投资绿色项目的积极性。此外，没有对金融业提出绿色投资原则与导向。

（5）企业响应不充分，绿色产业链尚未形成。首先，鼓励企业参与绿色创新或应用的方式以各类财政补贴为主，且财政补贴缺乏对绿色技术的科学评估基础，导致真正的绿色经济行为未能获得有效激励；其次，我国碳排放交易市场整体获利不足，市场流动性较差，碳交易定价过低，严重影响了企业积极性；最后，我国还缺乏有效的政策工具鼓励企业加快绿色技术产业化和产品转化，缺乏绿色产品在市场投放、消费和应用的激励政策。

（6）绿色技术创新体系不健全。技术创新是绿色发展的重要支撑，但我国绿色技术创新存在着大学创新研发热情高、企业对绿色技术和产品研发态度消极的状况，且国际合作不足，这样的创新模式对市场需求的反应迟缓，科技创新难以转化为企业和居民所需的技术和产品。

（7）社会认知不足、参与度低。当前社会尚未真正形成“绿色低碳”的普遍价值观。公众缺少有效参与城市绿色发展的渠道；缺乏有社会公信力的绿色与碳排放信息公开平台；缺乏趣味与专业的绿色发展社会教育体系。同时，随着收入水平的提高，消费享乐的生活方式蔓延，加剧了环境污染、资源消耗和碳排放。

（三）绿色技术创新与实施的挑战

（1）绿色城市发展对国家减排目标影响重大。近 20 年来，中国城市发展走上了一条高投入、高消耗、高排放的道路。城市水、能源、交通领域投入很大，在解决供给短缺问题的同时，并没有实现服务与供给的绿色低碳转型。城市建筑土地开发 / 规划领域消耗了大量土地和建筑材料，在改善城市生产、生活条件的同时，出现了土地资源配置不合理，居住用地人口和建筑密度太高，高层建筑过多的增长模式。研究表明，中国建筑领域的建材、建造和运营的碳排放占比已高达 40%。未来城市领域的碳排放总量和占比还将大幅提高。中国城市必须采取更加严格的碳排放标准，更加坚定地改变发展模式，走绿色城市发展道路，更加广泛地推广应用绿色技术，才能支持国家兑现《巴黎协定》的自主贡献承诺。

（2）城市发展模式依赖传统路径，缺乏绿色发展的动力与切实举措。在现行财政、税收制度、GDP 增长考核导向下，城市政府仍然更关注经济发展，继续依赖土地财政基本建设投资，缺乏转变发展模式、推进绿色发展的动力。虽然各地提出了绿色发展的口号，但落实时遇到阻力就知难而退。2017 年的中央环保督察中，“环保罚单”共开出约 14.3 亿元，问责超 1.8 万人，深刻提出了城市政府对污染防治工作、绿色发展理念落实不到位的问题。

（3）缺乏科学的评估与考核机制，绿色技术推广存在盲目性。绿色技术、绿色产品的推广中存在经济产业考量多于绿色低碳考量，推广多采用短期的“运动式”方式，忽视了城市发展系统性、绿色产品生产消费的全过程性特点。部分未经生命全周期评估和外部性考量而匆忙推广的绿色技术反而造成了资源浪费，如共享单车、综合管廊等。国家 2019 年出台的《关于构建市场导向的绿色技术创新体系的指导意见》，提出要强化评价考核，建立绿色技术创新评价体系等内容，也说明了评估的重要性与当前评估方法和程序的缺位。

（4）绿色技术涵盖范围广，既需要系统推进，也需要重点突破。绿色城市与技术涉及范围极其广泛，包括多领域的一系列技术群，如材料技术、生物技术、污染治理技术、资源回收技术、清洁生产技术等，涉及碳排、环境、能源、资源、制造、交通、基础设施、建筑、食物、土地等众多领域。同时，城市的碳排放、能源资源消耗、环境、污染、热岛效应、大城市病等问题也日益凸显。因此，绿色技术的推广应用，既需要系统性的推进，也应当识别当前主要问题，聚焦重点问题和市民需求，针对不同领域的技术难点和应用短板，选择重点推进的领域，实现重点突破。

（四）绿色技术推广的重点领域识别

城市绿色发展的实现，需要在城市规划、建设、运行、维护等各个环节找到应用绿色技术与方法的抓手。需要识别和选择既能够解决当前突出问题，又具有前瞻性、综合性、创新性和有效性的绿色技术。

为了推动城市"全过程全链条"绿色发展，最终实现零碳排放的目标，应当从"资源保护利用、生产营建、消费使用、分解回收"四个维度，全面梳理、分析绿色技术体系，在各个维度下，进一步识别出诸多的技术领域（表 7-3）。

表 7-3 绿色技术主要领域

资源保护利用	生产营建	消费使用	分解回收
水资源保护 土地节约利用 可持续的能源 生态资本服务 气象资源利用 城市公共空间 气候适应模式 ……	循环经济 能源技术 制造业技术 建造技术 建材技术 农业技术 食物生产 ……	能源结构 能源供应技术 交通技术 建筑运行维护 城市基础设施 食物供应链 ……	固废处理技术 水处理技术 废气处理技术 可再生资源回收技术 厨余垃圾回收处理技术 ……

通过分析欧洲具有里程碑意义的城市绿色发展纲领性文件：《奥尔堡宪章》（1994 年）、《奥尔堡承诺》（2004 年）、《莱比锡宪章：可持续欧洲城市》（2007 年）以及《弗莱堡宪章》（2010 年）可以得出，20 多年来，能源、交通、建筑、水环境和食物（农业）等一直是欧洲具有共识的低碳绿色发展重要领域。2019 年 12 月欧盟委员会发布的《欧洲绿色协议》也特别关注了能源、建筑、交通、农业、污染防治、生物多样性、可持续工业（图 7-3）。

在前期工作中，通过分析比较各领域存在的突出问题和绿色技术发展需求，绿色技术的创新性、成熟度，应用的广泛性、城市居民获得感等方面，2020 年 5 月前，本章把研究重点聚焦在水、能源、交通、建筑、土地利用与规划、食物六个领域。在这六个领域内进行单项或综合性技术筛选、评估，提出绿色技术应用推广推荐清单，为

“十四五”期间中国城市绿色技术的推广与应用提供建议（表 7-4）。

	《弗莱堡宪章》	《奥尔堡承诺》	《莱比锡宪章》	《弗莱堡宪章》
核心议题及关注点	**城市经济可持续发展** • 投资自然资源保护 **可持续发展的土地使用结构** • 高效公共交通 • 有效能源供给 • 城市建设密度 • 人性化的空间尺度 • 功能混合 **可持续的城市交通结构** • 生态友好的交通方式 **防止空气、水、土壤和食物等自然领域的污染**	**提高可再生能源的比重** • 更有效地利用水资源 • 促进生态农业与可持续林业经济的发展 **消费与生活方式** • 垃圾减量，加强回收再利用 • 改善终端消耗的能效 **城市规划与城市发展** • 城市更新、城市密度、功能混合，职住平衡、市中心优先发展 **出行方式和交通需求 · 管理** • 降低私人机动车出行 • 提高公共短途交通道、步行道或自行车道的比重 • 促进机动车辆排放无害化 • 地方综合性可持续交通发展规划 **在能源、交通、采购、垃圾、农业、林业领域的相关战略与规章中融入气候保护政策**	**打造高品质的公共空间** **提高基础设施网络现代化与能效的提高** • 城市交通系统与区域交通系统协调衔接 • 城市交通与住房、就业、环境和公共空间协调 • 提高能效、提高利用自然资源和运营的经济效率 **形成紧凑型的居住区结构** • 改善弱势城区的存量建筑 **促进高性能、低成本的城市交通**	• 混合、安全、包容的城市：为所有居民建造不同的住房与办公空间 / 促进创新型居住形式的发展 • 短途城市：城市与地区中心的可达性 • 发展“紧凑型、分布式”的城市 • 提高公共短途交通沿线的城市发展 / 密度模型：提高此类交通沿线区域城市建设的密度值

图 7–3　**欧盟四部城市绿色发展纲领性文件中的核心议题**

表 7-4　六个重点研究领域

领域	内涵
水处理与水资源	保护水质，治理水污染，促进水资源循环、安全、高效利用
清洁、可持续的城市能源	减少矿石能源使用和温室气体排放，促进再生能源、清洁能源使用
改善城市交通	促进绿色出行，促进机动交通能源转换与排放降低，优化交通结构
发展绿色建筑	促进高质量、低消耗、低排放建筑与建造技术的发展
优化土地利用与规划	改善土地利用模式，优化城市布局，建设低碳社区，促进功能复合，保持人性尺度
城市食物生产与供应	探索城市食物生产系统，保护生物多样性和城市绿色生产空间

与欧洲、北美绿色发展的重要政策文件相比较，我们相信，对绿色发展的领域进行系统分析和识别是非常必要的。本专题第一阶段工作选择的6个重点领域是恰当的。

三、绿色技术的评估方法、技术发展方向及重点领域技术推进

（一）绿色技术的评估方法

绿色技术应用的实际效果一直是受到高度关注并持续争论的问题。实践中缺乏事前、事中必要的客观评估而盲目推广的绿色技术造成了极大的资源浪费和负面效果。构建全面的绿色技术评估体系，对技术进行综合、多维度的估价，对绿色技术的推广至关重要且极其紧迫。

1. 评估方法的比较研究

目前，国际上针对绿色技术的评估较为成熟，主要运用两种方法：一种是通过构建分类详尽的指标体系，通过规范性打分，得出评估结论。这一方法多适用于明确的评估对象，如绿色建筑的评估中《美国 LEED 标准》[1]、德国 DGNB 体系[2]、加拿大 GB TOOL[3] 等，都是类似的评估方式。另一种是框架性评估，提前设计好评估导向与评估框架，主要用于广泛领域的绿色技术评估。以美国标准普尔绿色技术评价标准为例，以透明度、治理管理、缓解性或适应性作为评价的一级维度，下面设定次级评估方向，通过定性或定量判断，得出评估分数[4]。最后对减碳、财务和管理三个角度做出评估结论。这一方法可以普遍应用于绿色建筑、绿色能源、水资源、绿色交通等七大领域。

中国绿色技术推广大多采用推广目录方式，尚未建立针对绿色技术的评价方法和制度。住建部发布的《绿色建筑评价标准》普及应用度不高，且缺乏专业机构提供评估服务。众多“绿色技术”因缺乏全生命周期全成本的综合评估，推广后产生了资源浪费、安全隐患等负面影响，如共享单车、电动车、综合管廊等。

2. 建议的评估框架

绿色技术的评估应当从全生命周期全成本视角综合考虑减排降耗有效性、经济合理性、生产可行性、使用的可接受性。

（1）全生命周期的评估：使用前、使用中、使用后。绿色技术的关注点不能只集中在使用环节，忽略前后两端的绿色效益。应当提出从设计到报废全生命周期的绿色技术评估方式，关注在设计、资源采集、生产、运营、维护、分解处理等各个阶段产生的绿色效益。

1 https://www.cement.org/sustainability/leadership-in-energy-design-(leed).
2 https://www.dgnb.de/en/.
3 http://www.gbtoolsltd.com/.
4 Standard & Poor’s Financial Services LLC. Global Ratings Green Evaluation Report[R]. 2017.

（2）多维度全成本的评估：增量成本和收益[1]。评估维度既要突出减碳降耗的效用，也不能忽略经济效益与财务可行性，忽略社会的认同感和接受度。因此，我们提出环境成本、综合经济收益、社会成本的多维度评估框架，考虑全成本的盈亏。

（3）三个时间阶段＋三个核心维度评估框架。全生命周期的绿色技术评估框架，在周期上涵盖实施前、实施中、实施后三大阶段，在维度上考虑环境、经济、社会三大方面，对绿色技术的成本与收益进行综合分析。

环境维度主要评估实施前、实施中、实施后绿色技术在减碳、节能两方面的量化收益。经济维度主要考量实施前、实施中、实施后三个阶段绿色技术的增量成本与增量收益情况。社会维度主要包括政府支持、使用者 / 居民感受、企业响应等方面，主要以定性评价的方式进行分析。

因此，全生命周期的绿色技术评估框架采用环境、经济维度的定量评估与社会维度的定性评估相结合的评估方法，基于评估结论给予后续推广建议。

3. 设计评估方法

（1）技术评估。针对单项绿色技术各项性能特征，从全生命周期的环境、经济维度进行定量评估，衡量技术本身的可行性。首先，行业专家和企业推荐为主要来源，吸取国际经验，筛选重点领域，汇总全部已知绿色技术，纳入备选绿色技术库，形成领域的绿色技术长名单。其次，从技术就绪度、问题针对性、推广可行性三个方面，筛选出面向社会需求，国家“十四五”规划可能采纳的绿色技术，形成绿色技术中名单。最后，从经济与环境维度建立定量评价指标，根据减碳和财务评估（图 7-4），形成四个象限的矩阵评价（图 7-5）。由此进一步筛选出绿色技术短名单（表 7-5）。

表 7-5 绿色技术—财务、低碳评价体系

	指标维度	主要指标
经济维度—财务评估	增量成本	研发和设计、生产加工改造、运行维护、报废处理成本等
	增量收益	资源节约量（节水、节能、节材、节地等），经济效益
环境维度—低碳评估	碳排放	碳排放量、资源消耗量
	环境品质	其他大气污染物排放量，水和土壤环境影响

1 增量成本与增量收益：指绿色技术相对于传统技术额外产生的成本与收益。

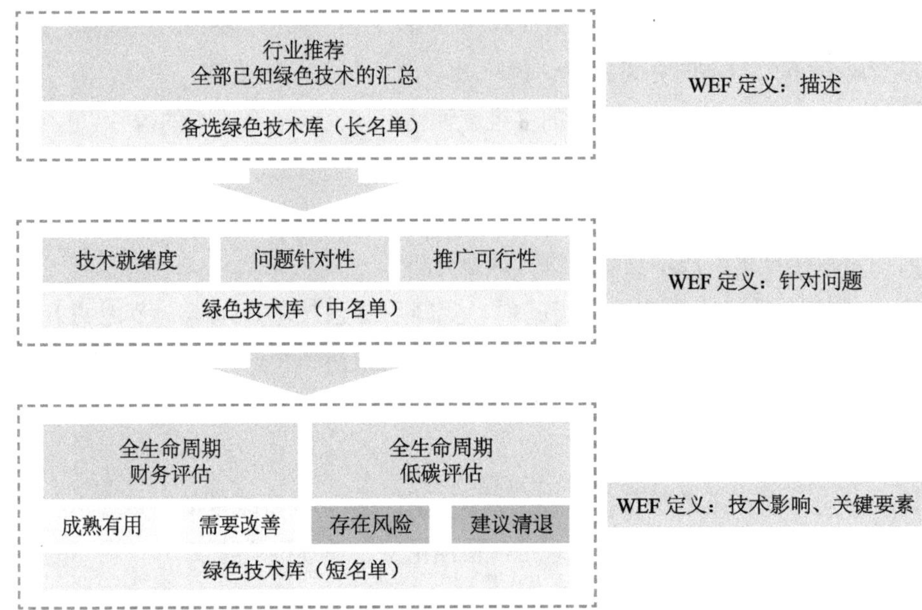

图 7-4 绿色技术“长名单—中名单—短名单”三阶段技术评估流程

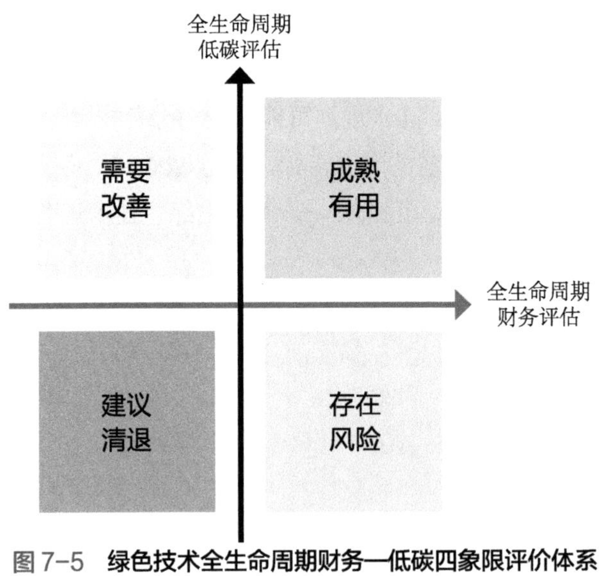

图 7-5 绿色技术全生命周期财务—低碳四象限评价体系

（2）建议推广的单项技术选择。针对短名单，从社会维度进行定性评估，从企业、多元群体、政策制定者三大视角综合评价技术的推广可行性，最终由专家与智库校核，提出绿色技术推广应用的推荐名单。

（3）企业响应度。了解绿色技术在生产与应用方面的优势与难点，综合评估企业的认可度与推广响应度。

（4）多元主体技术认可度。了解女性、老人、儿童、低收入群体在应用过程中的安全、公平、便利、幸福感等。通过开展使用者问卷调查，评估各个群体对不同绿色技术的认可度与获得感。

（5）政府政策。梳理既有政策的支持程度，综合评价政府的相关资源投入、治理能力等支持程度。

（6）专家与智库校核。对评估过程与数据进行最终校核，对技术的绿色效益、应用前景及阻碍因素等进行定性综合评判，提出建议推广的绿色技术最终名单。

4. 评估方法的应用检验

绿色技术涉及领域众多，技术类型繁多且差异很大，本项目在研究中已经把前述评估方法应用到水、能源、交通、建筑、土地、食物六个领域的绿色技术推荐过程中。

在评估阶段，一是要充分识别各领域的绿色内涵，根据其突出的绿色效用进行分类，界定可评估的技术层次。二是建议根据领域的特殊性，对经济、环境维度的具体评估指标进行调整，如土地利用与规划领域的技术关注重点应为提升环境和生活效益。此外，针对综合性较高的技术，应拆分为多个单项技术，分别评估后综合判断。三是各领域侧重点也有所不同，如水、能源领域技术的评估重点是企业响应度，土地利用与规划主要考虑政府政策、专家评价等（表 7-6）。

表 7-6　基于绿色内涵的评估维度框架建议

主维度	资源节约	安全耐久	健康舒适	生活便利	环境宜居
次级维度	节能 节水 节材 节地	安全 耐久	空气品质 水质 声光环境 热环境	出行 服务 运行管理	生态景观 物理环境

（二）中外经验与新兴最佳实践

关于绿色技术的推荐名单，中外专家进行了充分交流。在各自提交的技术名单中，双方既在技术理念、方法和具体内容上形成共识，同时也在技术表述的层级、颗粒度和具体名称上存在差异。经过共同探讨，参照中国《国家创新驱动发展战略纲要》的表述方式，形成重点领域—技术发展方向—推荐技术三个层次。其中技术发展方向，重在集合中外优秀技术经验和新兴最佳实践，针对六个重点领域的突出问题，形成未来技术创新导向。

1. 水领域

中国在水领域始终存在水资源贫乏、分布不均、水质型缺水、用水需求快速增长等问题，同时也存在污水处理效能不足、再生水利用效率低等诸多挑战。中国政府在2006年开展了“水体污染控制与治理科技重大专项”[1]；2015年开始“海绵城市建设试点”工作；2019年提出“城镇污水处理提质增效三年行动方案”，重点关注全面提升污水处理系统效能问题[2]。

（1）污水处理与水循环经济。全球超过80%的用水最终成为污水，未经管理的污水排放会造成健康危害和水资源短缺问题的发生。污水处理技术包括物理、化学和生物过程的结合，以去除污水中的固体、有机物、养分和病原体。污水处理可解决缺水地区的水资源问题，污水处理的副产品中产生的能量[3]，既可提高本城市水资源循环利用率，又可降低下游用水成本[4]，可回收高达90%的甲烷气体并用于清洁发电与供暖。中国已启动城镇污水处理和黑臭水体整治行动，并将选取60个城市开展试点工作。

（2）再生水利用。发达国家普遍重视高品质再生水的利用。再生水利用的核心是再生水水质安全。2009年日本公布《下水道白皮书》，严格控制再生水的水质，定期向公众公开监测结果，以促进安全利用再生水。悉尼使用高科技的远程控制系统对循环再生水的运行进行自动和连续监测，确保再生水水质安全。

（3）无收益水管理（NRW）。无收益水是城市供水系统最严重的问题之一，通过综合方法减少到消费者之前的水损失，包括泄漏检测、管道评估、压力管理和水力建模。通过减少输送、处理和分配环节的水损失，减少能源消耗和排放水平，对供水部门的财务绩效产生积极影响[5]。国际水协总结出了一系列方法、流程与评价指标，国内已有越来越多的供水企业关注并尝试应用，以指导NRW管网漏损控制工作。

2. 能源领域

中国要实现2030年二氧化碳排放达峰承诺，必须控制能源消费总量，提高能源利用效率，并大力发展可再生能源。中国当前的新能源利用技术正处于创新突破、产业

---

1 简称“水专项”，为列入国家中长期科学和技术发展规划纲要的重大技术攻关项目。

2 China Statistical Yearbook. 2018. Available at: http://www.stats.gov.cn/tjsj/ndsj/2018/indexeh.htm.

3 SWILLING M, HAJER M, BAYNES T, et al. The Weight of Cities: Resource Requirements of Future Urbanization. A Report by the International Resource Panel. United Nations Environment Programme, Nairobi, Kenya. https://www.resourcepanel.org/reports/weight-cities.

4 Nutrient Platform. Phosphorus From Wastewater In Amersfoort. https://www.nutrientplatform.org/en/success-stories/phosphorus-from-wastewater-in-amersfoort/.

5 New America. The Development of Smart Water Markets Using Blockchain Technology. https://www.newamerica.org/fellows/reports/anthology-working-papers-new-americas-us-india-fellows/the-development-of-smart-water-markets-using-blockchain-technology-aditya-k-kaushik/. Great Lakes Echo. Water sensors, data collaboration make Great Lakes smarter. 2020. https://greatlakesecho.org/2020/02/21/water-sensors-data-collaboration-make-great-lakes-smarter/.

化示范、应用推广示范的快速发展之中。但对新能源的安全输配和储存、高效利用仍然存在着关键性的“瓶颈”和障碍。

（1）一体化绿色能源电网[1]。通过 PV、电池、抽水储能、智能电网和电表等技术实现可变供给。通过冬季使用风能，夏季使用太阳能，满足供热和制冷的高峰需求；通过短期电池存储解决可变供电，使用长期存储（如氢）解决发电与需求的峰谷均衡问题[2]。目前社区、园区“微电网”一体化绿色能源电网应用已成为美国、日本等国家解决电力问题的一个重要手段，美国的示范工程占全球项目的 50% 左右[3]。美国、欧盟、英国都制定了鼓励扩大绿色电网规模的政策，其中储能技术的投资将是释放绿色电网潜力的关键。

（2）能源互联网（IoE）。将物联网技术及流程应用到能源行业，从而提高能效并减少浪费，包括智能计量、远程控制和自动化系统、智能传感器、需求响应系统等。国际能源署的研究表明，IoE 可将电力系统运营成本降低 2% ～ 11%，化石燃料发电需求降低 30%[4]，有助于提高电网可靠性、安全性与资产利用率。

（3）近零排放制冷与供热。在建筑与工业的制冷和供热系统中充分考虑减排、节能、减少污染的技术方法，包括建筑太阳能发电、城市热电联产和使用余热、社区地源热泵、建筑隔热等[5]。河北雄县、陕西西安的地热供暖是其成功实践。近零排放设备前期成本较高，但全生命周期成本较低，应当通过政策激励使用者前期投入。

3. 交通领域

中国城市交通面临着交通供需矛盾突出，绿色、集约型交通发展不足，交通能耗与排放增长迅速，机动车排放加重大气污染等问题[6]。为此中国提出了推进交通工具的新能源化；推进城市交通的智能化、信息化发展；推进公交优先发展、交通可持续发展等应对策略。

（1）智慧交通系统。推进网联车、物联网、公共云服务平台建设，推动大数据、互联网、人工智能等新技术与交通行业深度融合，是当前中国城市交通领域的主要发展方向[7]。近年来，欧美在无缝整合出行系统等方面提供了许多成功案例。

1 国际能源署 . 2010 能源技术展望：面向 2050 的情景与战略 [M]. 北京：清华大学出版社 , 2011.
2 国际能源署 . 追踪清洁能源进展 2017[M]. 北京：科学出版社，2018: 17-61.
3 王成山 , 周越 . 微电网示范工程综述 [J]. 供用电 , 2015.
4 国际能源署 . 中国电力系统转型 . 2019. https://www.iea.org/reports/china-power-system-transformation.
5 住房和城乡建设部 . 建筑节能与绿色建筑发展“十三五”规划（建科 [2017]53 号）[R]. 2017.
6 中华人民共和国生态环境部 . 中国机动车环境管理年报 [R/OL]. [2020-03-05], http://www.gov.cn/guoqing/2019-04/09/content_53 80744.htm.
7 交通运输部 , 等 . 绿色出行行动计划（2019—2022 年）[R]. [2019-10-03]. http://www.gov.cn/xinwen/2019-06/03/content_539 7034.htm.

（2）新能源交通工具及配套设施。中国正在促进公交车辆的电动化和新能源化，大力发展纯电动汽车和配套充电设施。此外，氢燃料电池电动汽车也是关注热点。电动汽车全生命周期排放量比燃油汽车降低 43%[1]。美国、日本已将氢能源应用于大容量客运和重型货运车辆，并进行了大量技术开发。在欧洲，挪威通过多种政策手段推广电动汽车是非常有价值的实践案例。

（3）交通需求管理与自行车出行。通过交通需求管理，促进交通行为的改变，可以有效减少机动车出行量，减轻交通拥堵和碳排放。策略包括道路和停车定价，提供更绿色的驾驶替代方案。中国已明确发展大城市轨道交通、优先公共交通、鼓励共享交通的战略[2]；欧盟则提出鼓励选择自行车、步行、公共交通以及共享交通等策略[3]。欧盟更重视示范并引导自行车出行，如哥本哈根自行车高速公路项目是全球著名的最佳实践。

4. 建筑领域

建筑运行的能耗（20%）和建筑建造所导致的能耗（20%）占全社会总能耗的 40% 左右，并且还将不断增长，降低二者的能耗是中国实现低碳目标的必然要求。与此同时，随着社会经济发展，对建筑安全、舒适与健康的要求也越来越高。

（1）绿色建筑。在全生命周期内节约资源保护环境，提供健康、适用、高效的建筑空间。中国在 2019 年把绿色建筑性能定义从节约、环保拓展到安全耐久、健康舒适、生活便利、资源节约和环境宜居五个方面，带来了新的发展前景。

（2）近零能耗建筑。指利用自然条件和自然力量，采用被动式建筑设计来减少对供暖、空调和照明的需求，或采取积极的技术措施，最大限度提高能源设备和系统的使用效率，同时创造并充分利用可再生能源，实现低能耗。发达国家有大量的近零能耗、零能耗建筑实践，如新加坡国立大学设计与环境学院 SDE4 净零能耗建筑。中国在 2019 年发布了《近零能耗建筑技术标准》。

（3）健康建筑。关注空气、水、营养、光线、健康、舒适度等影响人类健康和福祉的建筑环境特征，是近年来的新兴技术领域。美国在 2012 年提出 WELL（健康）建筑认证标准。中国在 2016 年明确提出“营造绿色安全的健康环境，减少疾病发

1 Global EV Outlook 2019: Scaling-up the transition to electric mobility. 2019. [2019-11-25]. https://www.iea.org/reports/global-ev-outlook-2019.

2 中共中央 , 国务院 . 交通强国建设纲要 [R]. [2019-11-08]. http://www.gov.cn/zhengce/2019-09/19/content_5431432.htm.

3 European MaaS Roadmap 2025. MAASiFiE project funded by CEDR. [2019-08-11]. https://www.researchgate.net/publication/317416483_Deliverable_2_European_MaaS_Roadmap_2025_MAASiFiE_project_funded_by_CEDR/link/5939f82baca272bcd1e29417/download.

生”[1]，并发布了《健康建筑评价标准》《健康住宅评价标准》。深圳湾创业大厦已获取 WELL 认证，是中国的最佳实践案例之一。

（4）建筑智慧运维。基于更多使用 AI 技术，对建筑环境质量、能源及水资源消耗及用户需求等信息的监测和分析，对建筑本体及设备进行运行优化控制的系统，通过数字化管理和人员的良好培训，实现设备节能和行为模式节能，保障建筑绿色低碳实效。“楼宇管理系统”即属此类。新兴最佳实践案例包括阿姆斯特丹的 Edge 大厦、深圳的腾讯滨海大厦。

5. 土地利用和规划领域

近 30 年来，中国的城市土地出现了扩张过快、布局无序、大拆大建、配套失衡等一系列问题，导致了对生态环境的影响和碳排放的快速增加。对城市土地规模、形态、强度、网络及节点的规划控制是城市绿色低碳的源头性技术手段。

（1）绿色城市形态。国际先进城市通过提高城市紧凑度、合理人口密度与可达性、绿色空间布局模式、混合土地使用、公交导向开发等城市形态手段，减少碳排放、应对气候变化，实现绿色发展。国际著名的最佳实践案例如丹麦哥本哈根总体规划及城市形态控制[2]。

（2）绿色宜居、碳中和社区。国际先进城市的绿色低碳社区实践，主要围绕“3D 原则”（Density、Diversity、Design）[3]，包括提供慢行环境、提高土地混合使用、重视街道互联互通、保护公共开放空间、与其他领域低碳技术（包括建筑、能源、水、固体废物、交通、食品技术等）相结合等一系列技术措施，实现宜居环境的塑造和综合能耗的降低。国内外新兴的最佳实践案例，包括瑞典斯德哥尔摩哈马碧社区、荷兰乌特勒支豪登社区、中新天津生态城等。

6. 食物领域

中国的食物供给既面临着食物需求增加、耕地、水资源、气候变化等因素的挑战，也面临着食物安全、远距离运输、进口动物饲料、高食物浪费率、营养过剩导致的营养不良等城镇化因素带来的问题。因此，食物领域需要更紧密地与城镇化相结合，实现绿色、低碳、营养、安全的城市食物保障。

（1）食物溯源。通过技术手段进行食物溯源，对食物生产、销售和消费等各个环节的环境、经济、健康和社会影响进行全面跟踪，更好地识别、应对食物安全问题，

---

1 引自《健康中国 2030 规划纲要》。

2 刘志林，秦波．城市形态与低碳城市：研究进展与规划策略 [J]. 国际城市规划，2013 (2).

3 Robert Cervero. TOD 与可持续发展 [J]. 城市交通，2011 (1).

保证消费者的权益，支持供应链优化，减少食物损失，使企业切实履行食物供给的可持续性与安全承诺。例如，物联网可实现全面的数据收集；区块链可以实现跟踪、汇总和共享供应链数据；食品传感技术可以识别安全性和真实性。

（2）智慧农业。通过物联网、互联网、AI 技术，如分析数据、环境温度、降雨和土壤盐分等对农业生产、服务、销售进行控制优化，以实现更透彻的农业信息感知、更深入的农业智能控制、更直接透明的公众服务。中国已经提出了“互联网＋”的现代农业战略，腾讯正在积极参与“AI ＋农业”并取得了初步进展。

（3）城市农业。指以满足城市消费者需求为目的，利用分散于城市或郊区各个角落的土地、水体和建筑空间种养农产品，并进行加工和销售的产业。城市农业能够使城市消费者获取健康营养的食物，同时还能提高土地利用率、减少食物运输碳排放、改善生态环境。城市农业在新加坡、日本等国家发展较好。新加坡已经提出“30.30 愿景”行动，通过发展城市农业，在 2030 年达到 30% 食物自给的目标。

（三）六个重点领域“十四五”期间绿色技术推荐

基于六个重点领域的主要技术发展方向，进一步结合中外实践以及各领域的具体突出问题，“十四五”期间各领域推荐绿色技术如下。

1. 水领域

（1）污水处理与厂网河一体提质增效技术：针对污水处理厂、排水管网、水体治理、污泥资源化利用、河岸垃圾回收体系建设、再生水利用等统筹建设和协调管理。破解污水处理厂污染物进水浓度低的困境，提高污水处理设施的污染物减排总量，保障污水处理设施的安全高效运行。

该技术是污水处理和海绵城市的交叉技术领域，既关注污水处理厂、水体治理等传统污水领域问题，也关注污泥资源化利用、再生水利用等水循环经济问题；同时通过对所辖流域内排水设施的统一调度和管理，以及与初期雨水污染治理等海绵城市技术的结合，统筹解决污水收集问题，从而实现污水处理的效能提升。

（2）再生水系统智慧运行技术：结合城市地形特征、再生水用途及城市用地布局，优化再生水厂服务范围、选址与取水方式。利用最优化技术，改善水资源配置与管网系统，节约水资源，降低能耗与运行成本。基于数字仿真模型建立再生水输配动态仿真系统，利用最优化技术，降低管网漏损，提高运行效率。

该技术是再生水和无收益水管理的交叉技术，通过大数据分析和智慧模拟手段，为再生水厂服务范围、选址、取水方式等再生水领域的重大问题提供优化解决方案。

通过基于数字仿真模型建立再生水输配动态仿真系统及最优化技术，改善水资源配置与管网系统，降低管网漏损，提升无收益水管理效益。

（3）再生水系统水质保障技术：基于模型仿真技术、自动化技术与大数据技术，建立再生水智慧管控平台，实现智慧管控，保障再生水水质、水量及水压可靠。

该技术是再生水领域的最重要技术，能够智慧高效地管控再生水水质，实现高品质再生水补充城市用水。该技术还能建立面向新型冠状病毒肺炎疫情等特殊情况的水质污染溯源与应急响应机制，保障再生水系统消毒剂水平，以应对重大公共安全风险。

2. 能源领域

（1）中深层地热利用技术：通过探测与钻井，采用抽取地热水或井下换热的方式，提取地下热能，结合热交换、热泵等技术为周边建筑供暖。在有夏季制冷需求的地区，利用该技术也可为建筑供冷。

该技术是近零排放制冷与供热领域的重大技术。中国北方地区中深层地热资源丰富，且有超过 70 亿 m^2 建筑（约占 50%）尚未使用清洁能源取暖[1]，作为一种高效稳定的清洁能源供暖方式，该技术前景广阔。此外，该技术虽然建设安装成本较高，但运行维护成本较低，整体经济效益优于大型锅炉房供暖。

（2）能源互联网综合管理平台技术：以区块链、人工智能（AI）、智能电网、大数据等为基础，统筹协调能源供需关系，将能源规划设计、工程建设、输配与控制、数据交互、能效监测、智慧运维、市场交易等结合而建立的综合服务平台。

该技术是能源互联网走向实践的第一步，也是一体化绿色能源电网与能源互联网领域的交叉技术。综合管理平台一方面可以打破原有的信息孤岛，实现全业务数据共享融通的智慧用能方式，推动一体化绿色能源电网建设；另一方面通过互联网技术，可实现计量认证、市场交易、能源金融、智慧调度、运营优化等服务，从而最大限度提高能源利用效率[2]。该技术推广需要更动态化的能源定价，提高电网安全风险管理。

（3）微电网技术：由分布式电源、储能装置、能量转换装置、配电设施、用电负荷、监控和保护装置等组成，在一定区域内的智能直流或交流发配电系统。

该技术是一体化绿色能源电网领域的关键技术[3]，是未来的发展方向。微电网具备投资节约、绿色高效、运行灵活、韧性良好、发储用一体、方便可再生能源接入与应

1 林伯强．中国能源发展报告 2018 [M]. 北京：北京大学出版社，2019.

2 国家发展改革委，国家能源局．能源技术革命创新行动计划（2016—2030 年）（发改能源〔2016〕513 号）[S]. 2016.

3 国家发展改革委．国家重点节能低碳技术推广目录（2017 年本，节能部分）（国家发展改革委公告 2018 年第 3 号）[R]. 2018.

用等特征，可弥补传统大电网调峰困难、稳定性差的缺点，适用于城市新区和偏远地区。自2017年开始，中国已开展微电网的示范应用。

（4）工业余热集中供暖技术：电厂等大型工业企业在生产过程中会排放大量含有较多低品位热能的废弃物，通过提取废弃物中的热能，实现为周边地区集中供暖。

该技术是近零排放制冷与供热领域又一重大技术。通过该技术可充分利用中国高耗能产业的工业余热，同时有效控制环境和大气污染，减少碳排放。采用该技术进行城镇供暖，不需大量消耗天然气与电力等优质能源，同时可降低供暖成本及减排压力，是目前中国“煤改电”“煤改气”的低碳替代方案[1]。

3. 交通领域

（1）MAAS出行服务技术：通过单一平台、一站式的服务，上承政府管理部门，下联用户与运输企业，有效整合汽车、公交车、自行车、人行道、共享交通等多种交通资源，采用动态定价等手段，为出行者提供多样化的出行套餐方案。

该技术是智慧交通系统领域的新兴重大技术，比传统交通系统更清洁、高效，能在降低成本、节省时间的同时提高运力。研究表明，完整实施该技术，单次出行成本可降低25%～35%，运力提高30%，行程时间缩短10%[2]。目前，中国正在推进该技术的研究开发，深圳、北京等城市已进行了项目试点。

（2）氢能源车辆技术：是以氢为主要能源，通过燃料电池驱动的一种新能源车辆。该技术是近年来新能源交通工具及配套设施领域重新兴起的重大技术，现阶段具有氢能源汽车和氢能源轨道交通车辆两种类型。

氢能源汽车完全依靠氢能源，零碳排放无污染。此外，还具有氢燃料电池能量密度和转化率高、寿命长、原材料易回收，加氢设施空间占用小等优势。氢能源基础设施还可用于储能和房屋供暖。

氢能源轨道交通车辆由氢气和燃料电池构成动力系统。该技术可以摆脱传统线路牵引供电系统，降低投资，同时具有噪声小、污染低及使用寿命长等特点[3]。氢能源轨道技术在美国、日本、西班牙、德国等均已部署试点项目。

（3）智能充电系统技术：是基于物联网、车联网、人工智能和能源需求管理，协调供电侧、充电侧和输配电网络，实现新能源车辆充电服务数字化、场景化、智慧化

1 国家发展改革委，国家能源局．能源发展“十三五”规划（发改能源〔2016〕2744号）[R]. 2016.

2 Interoperable Transit Data: Enabling a Shift to Mobility as a Service[R/OL]. Rocky Mountain Institute, 2015. [2019-09-21]. http://www.rmi.org/mobility_ITD.

3 The Future of Hydrogen:Seizing today’s opportunities[R/OL],Report prepared by the IEA for the G20,Japan, 2019. [2019-12-21]. https://webstore.iea.org/download/direct/2803.

运营的网络系统，主要由智能充电桩、车桩网、智能充电信息管理平台等构成。

该技术是新能源交通工具及配套设施领域的又一项重要技术。充电配套设施不足，是当前中国纯电动汽车规模化推广的主要障碍之一。该技术可以缓解车辆充电供需矛盾，同时更好地平衡电网负载。未来通过车网融合技术（V2G），将电动汽车融入储能基础设施，还可在高峰期为电网供能。

（4）自行车专用路技术：是专门面向自行车交通行驶的专用道路设施技术，可灵活采用高架或地面布设形式，保障自行车的独立专用路权。

该技术也是出行需求管理（TDM）系列技术中具体的技术实践和应用之一，在提升自行车分担率、减少碳排放方面作用明显。根据相关研究，该技术可提升沿线自行车出行分担率 10% ～ 20%，每年减少碳排放 60 ～ 70 t/km[1]。此外，该技术社会认可度高，综合社会经济效益高，在中国具有迫切的现实需求[2]，北京、厦门等城市已经进行了初步的试点。

4. 建筑领域

（1）“钢结构＋模块化内部空间”技术：“模块化内部空间”指将建筑设计为大柱网、高层高的标准模块，可按需实现内部空间自由分割、建筑结构与建筑设备管线分离、设备设施与功能空间变化相适应，从而使建筑更耐久。钢结构可做大空间且安全经济，有利于“模块化内部空间”的实现。

该技术是绿色建筑技术领域的关键技术之一。中国每年新增建筑约 20 亿 m^2，传统建造方式建材消耗大、施工现场环境差、施工时间长、建筑质量参差不齐等问题导致中国建筑的平均寿命只有 30 年。该技术则具有可循环材料利用、节约建材、减少建筑废弃物、减少现场作业和工人需求、改善施工环境、缩短工期等优势，同时进一步解决了空间供需匹配和空间安全供应问题，从而提高建筑寿命。

（2）建筑立体绿化技术：指利用建筑屋顶、架空层、阳台、窗台、墙面及其他建筑部位进行绿化的技术，包括植物选择搭配、建筑构造、维护管理系统等。

该技术是绿色建筑、健康建筑交叉领域的关键技术。中国城市建设密度和强度较高，人均绿地有限，发展立体绿化是现实选择。该技术具有提高建筑热工性能、改善建筑微气候、美化人居环境、重建生物多样性等多重效益。研究表明，完善采用该技术，建筑可应用自然通风的时长增加 35.3%，可用通风处理的冷负荷累计量提高

---

1 CO_2 EMISSIONS FROM FUEL COMBUSTION Highlights (2019 edition)[R], International Energy Agency. [2019-09-01]. www.iea.org.

2 自然资源保护协会 , 清华大学建筑学院 . 中国城市步行友好性评价 [EB/OL]. [2019-09-23]. http://nrdc.cn/Public/uploads/2017-12-15/5a336e65f0aba.pdf.

8.81%；建筑夏季墙体外表面温度、内表面温度、室内空气温度比裸建筑分别最多可降低 21.6℃、5.7℃和 5.2℃；空调节电率可达 39.97%。

（3）光伏，建筑集成光伏（BIPV）分布式储能与直流供电技术：将光伏发电与分布式储能、直流供电集成应用于建筑中的技术。该技术是近零能耗建筑领域的必要技术综合了可再生能源利用＋分布式储能提高能源安全性＋直流供电提高能源供需匹配性等优点。

光伏分布式储能可有效解决电力源侧的不确定性与负载侧的峰谷变化之间的矛盾，实现低碳能源。随着光伏效率提升与成本下降，以及蓄电池技术发展，光伏分布式储能在建筑上应用的潜力巨大。直流供电在安全、效率、可靠性与分布式电源协同以及实现恒功率供电等方面更具优势；同时由于采用安全电压供电，对于儿童、老人更友好。二者的结合具有广阔的技术和市场前景。

（4）群智能建筑系统技术：是新一代建筑智能化平台技术，实现了对建筑环境和机电设备的智能控制，提升了用户舒适度，提高了建筑系统运行效率，降低了建筑能耗。群智能系统将空间和源设备作为标准化单元，并按其空间位置连接成覆盖建筑和城市的计算网络；采用去中心化架构，仿照物理场的变化过程设计并行计算机制，使计算过程与物理场深度融合；通过自组织的智能群落，实现整体优化功能。

该技术是建筑智慧运营领域的新兴技术。现有建筑智能化系统普遍存在数据和物理系统对应不准，工程周期长，只监测不控制，难以灵活适应城市系统变化等问题。群智能建筑系统技术能够通过监测和智能算法，对机电设备进行控制，从而实现建筑环境供需精准匹配和高效供给。国外研究表明，依靠群智能算法（包括典型的粒子群智能算法和简化群智能算法）可降低建筑能耗 25% 以上，而建设工程周期仅为 3 ～ 4 周，且初始投资成本与一般楼宇管理系统相当。

5. 土地利用和规划领域

（1）绿色城市形态技术包：主要包括城市开发边界划定和城市主要功能沿公交走廊布局两项技术工具。城市开发边界划定，主要通过划定城市增长的外部边界，严格控制城市的大规模粗放式扩张，促进城市集约发展；城市主要功能沿公交走廊开发，主要通过城市功能与公共交通的协同发展，提升整体公共交通出行比例，通过功能合理布局，减少出行碳排放[1]。

划定城市开发边界，有助于控制城市规模，降低交通能耗。同时倒逼更多资源转入城市内部发展，引导政府、企业逐步淘汰高污染、高排放产业，进一步降低工业

1 张杰，杨阳，陈骁，等．济南市住区建成环境对家庭出行能耗影响研究 [J]. 城市发展研究，2013 (7).

能耗，提高土地利用效率。1990—2013 年，美国波特兰通过划定开发边界，人口增长将近一半，而碳排放量下降了 14%（同期美国增加了 6%）[1]。

通过引导城市主要功能沿公交走廊开发，将居民通勤、购物、使用城市公共服务等出行目的地布局在公共交通站点周边，可提高居民使用公共交通出行意愿，减少私人小汽车的交通能耗[2]。瑞典斯德哥尔摩通过引导城市主要功能沿公交走廊开发，使 60% 以上居民自愿使用公共交通出行，远高于其他欧洲城市[3]。

（2）绿色宜居、碳中和社区技术包：主要包括多层高覆盖的建筑布局形式、小街区密路网的街道空间设计、结合公共交通站点全面推行公交导向开发三项技术工具。多层高覆盖的建筑布局形式，通过限制居住建筑高度、匹配相应的容积率与建筑密度指标并综合运用街坊尺度优化、建筑退线控制以及开放空间优化等方法，实现居住密度与人居环境品质的相对平衡。小街区密路网的街道空间设计，重在提高街道的互联互通性，增加道路密度，营造舒适、便捷的步行环境，减少私人小汽车的使用。结合公共交通站点全面推行公交导向开发，重点关注提升街区公共交通接驳便捷度、街道慢行环境品质、社区公共服务。

与高层和超高层建筑相比，多层高覆盖的建筑布局形式具有全生命周期成本低、人居环境质量高、火灾安全隐患小等多重优势，有助于减少建造、运维、拆除等过程产生的工业能耗。

小街区密路网的街道空间设计，有助于营造更为舒适、便捷的步行环境，引导居民出行选择绿色交通，降低交通能耗。根据研究，以 1 km^2 左右的街区为例，采用该技术，居民从家门口前往街区中心的步行距离可减少 30% 以上[4]。

结合公共交通站点全面推行公交导向开发，引导社区服务设施围绕轨道或公交站点布局，并提供多元化绿色接驳方式，有助于减少小汽车的使用和交通碳的排放。

6. 食物领域

（1）食物安全信息监控和追踪技术：通过用 RFID 或电子二维码信息采集、WSN 物联网、EPC 全球产品电子代码体系、物流跟踪定位等系列技术的集成，对食物生产、销售和消费等各个环节进行全面跟踪和信息共享，以明确责任和保障权益。

该技术是食物溯源技术领域的关键技术，对食品安全与食品行业自我约束具有相

1 波特兰 . 环保和经济可以兼得 [N]. 经济参考报 , 2016-07-25 (A04).
2 姜洋 , 何东全 , ZEGRAS Christopher. 城市街区形态对居民出行能耗的影响研究 [J]. 城市交通 , 2011 (9).
3 潘海啸 . 面向低碳的城市空间结构——城市交通与土地使用的新模式 [J]. 城市发展研究 , 2010 (1).
4 申凤 , 李亮 , 翟辉 . “密路网 , 小街区” 模式的路网规划与道路设计——以昆明呈贡新区核心区规划为例 [J]. 城市规划 , 2016 (5).

当重要的意义。该技术能够实现对生产地和流通环节的食品信息全记录，做到有据可查；同时各环节环环相扣，避免流通过程中的数据丢失或人为干预，保障食物安全可信赖；此外还能让消费者、管理者方便快捷地了解食物来源与运输过程，提高对食物的安全监护。

（2）垂直农业技术：是一种农业环境控制技术与建筑农业一体化的结合体，即在城市建筑内，充分利用可再生能源和温室技术，借助水耕栽培、现代 LED 照明和种子选育等创新技术，进行农业生产，提高农业产量和土地利用率。

该技术是城市农业技术领域的重大技术，也是发达国家比较火热的投资领域之一。垂直农场具有占地面积小、单位面积产量高，集约使用水和肥料、没有重金属和农药残留，本地化生产和配送使食物更新鲜等优点，既能在资源紧缺条件下实现高效种植，满足绿色食物需求，还能起到改善环境的作用，具有多重效益。美国、日本已经进行了试点，新加坡将其作为实现食物自给的主要技术之一，并提出 2030 年达到 30% 的食物自给率目标。

（3）数字食物平台技术：平台将从生产到消费的各个供应链环节连接起来，使消费者与生产商直接对接，以此保障农产品的新鲜便利供应，以及资源的高效配置。

该技术是智慧农业技术领域在运输—销售端的重大技术。国际食物政策研究所的研究表明，从生产到消费，由于中间商的影响而使全球食物浪费率高达约 30%，且新鲜度难以保障。该技术能够消除中间环节，直接对农产品和食品采购。研究表明，如果实施得当，则可将损失率降低 50%。此外，该技术在新型冠状病毒肺炎疫情发挥了重要作用。

四、绿色技术推广的跨领域解决方案及性别平等

（一）绿色技术推广的跨领域解决方案

1. 第四次工业革命[1]（4IR）

（1）4IR 对绿色城市发展的重要性

4IR 是新技术的融合，包括人工智能、机器人技术、物联网（IoT）、自动驾驶、3D 打印、纳米技术、生物技术、材料科学、能量存储和量子计算[2]，正在改变人们的生活、工作、交往和获得服务的方式，可以为所有人创造可持续的未来。城市政府必须以前

1 第四次工业革命，the 4th Industrial Revolution，以下简称“4IR”。
2 The World Economic Forum. The Fourth Industrial Revolution: what it means, how to respond[EB/OL]. 2016. https://www.weforum.org/agenda/2016/01/the-fourth-industrial-revolution-what-it-means-and-how-to-respond/.

瞻性、敏捷性的态度运用 4IR，改变并造福社会。

在城市中，4IR 可以把物理基础设施带入数字领域。互联网和 5G 网络提供了无处不在的连接。运用传感器和物联网可以检测并数字化建筑物温度、管道泄漏、废水中病毒传播等所有信息。物理空间的数字化创建了数字孪生城市，可以使用 AI 算法或区块链进行操作、记录和交易。同时，通过数据对物理基础设施进行控制，为城市发展打开了巨大的可能性。

（2）4IR 支持六个领域的绿色技术应用

4IR 可以通过多种方式对城市地区产生积极影响。

第一，有助于推进城市用地混合开发。例如，运用在线平台分析当地居民习惯和消费需求。

第二，城市资产智能化可以促进循环经济，减少浪费，提高资源效率[1]。物联网可以提供资产的位置、状况和可用性数据，运用该数据可以降低维护成本，提高利用率或延长使用周期[2]。

第三，4IR 可以通过分布式可再生能源发电系统（包括 BIPV）实现向智能电网或能源互联网的过渡。区块链有助于解决水资源短缺问题。基于区块链的智能水市场通过提供会计、审计和交易平台替代中介机构，有效地分配水资源。根据洛杉矶的研究，这一技术可以促进水资源丰欠之间的交易来减少水利用不平等，鼓励废水回收[3]。

第四，智能化的风险预测和可再生材料可以预测和减少气候冲击、自然灾害危害[4]。例如，早期识别地表震颤或海平面变化[5]。先进的材料，如自修复混凝土，可以提高建筑物抗震性能[6]。

第五，新一代量子传感器将极大地增强城市的可感知数字化。例如，测量重力和磁场的微变化，了解地下深处，创建地下地图，更好地进行建设和维护；光子雷达用于自动驾驶汽车[7]。

1 The World Economic Forum. The Fourth Industrial Revolution: what it means, how to respond. 2016. Available at: https://www.weforum.org/agenda/2016/01/the-fourth-industrial-revolution-what-it-means-and-how-to-respond/.

2 The World Economic Forum. Intelligent Assets Unlocking the Circular Economy Potential. 2016. Available at: http://www3.weforum.org/docs/WEF_Intelligent_Assets_Unlocking_the_Cricular_Economy.pdf.

3 New America. The Development of Smart Water Markets Using Blockchain Technology. Available at: https://www.newamerica.org/fellows/reports/anthology-working-papers-new-americas-us-india-fellows/the-development-of-smart-water-markets-using-blockchain-technology-aditya-k-kaushik/.

4 The World Economic Forum. Harnessing the Fourth Industrial Revolution for sustainable emerging cities. 2018. Available at: http://www3.weforum.org/docs/WEF_Harnessing_the_4IR_for_Sustainable_Emerging_Cities.pdf.

5 同 4.

6 Flextregrity. Available at: http://www.flextegrity.com/.

7 Battersby. Core Concept: Quantum sensors probe uncharted territories, from Earth’s crust to the human brain. PNAS August 20, 2019, 116 (34): 16663-16665. https://doi.org/10.1073/pnas.1912326116.

中国已成为向 4IR 和智慧城市发展过渡的全球强国。中国拥有众多人工智能和 5G 技术公司，如华为[1]。目前，中国已在 22 000 个新的智能基础设施建设项目中投资超过 7 万亿美元。中国启动了“新基建”，涵盖领域包括 5G 网络、大数据、超高压传输、城际交通、人工智能、工业物联网和新能源车辆充电站。这些优势基础和投资，可以也应该为城市绿色发展提供重要的技术支持。

（3）成功实施 4IR 的治理方法

4IR 的复杂、变革和动态性要求采用新的治理方法，在最大限度减少潜在弊端的同时，提高数字化转型对社会的积极影响[2]。中国的治理将不可避免地面临两个主要挑战：一是确立以人为本，促进技术融合的长期愿景；二是以睿智的态度拥抱而不是阻碍创新。

4IR 的快速技术变革要求建立一种将公众置于中心位置的技术集成模式[3]。例如，无人驾驶汽车能为人们提供更多选择，使人们生活在更远的地方利用通勤时间工作或休息；规划师要预见到这些技术的影响，以改善对城市和人的服务。

另外，4IR 技术发展迅速需要更加灵活的治理方法。通过治理结构与方法调整，促进公众与利益相关者（如私营部门和学术界）的紧密合作。中国可以采取敏锐和主动的态度来利用第四次工业革命的技术。

试点城市：通过与私营部门、学界合作，在试点城市开展新技术应用与孵化，开展数据收集与应用，形成可复制的创新模式。试点城市也可以测试本报告中论述的绿色技术和创新方式。

政策实验室：旨在通过设计新政策和公共服务，引导创新服务于可持续性和包容性的举措[4]。

监管沙箱：公司可以安全地测试创新产品、服务和商业模式，而免除从事实验活动的监管和财务负担[5]。监管沙箱的案例包括瑞典的自动驾驶汽车、巴林的金融技术和新加坡的能源创新[6]。

1 The Economist. Chinese Tech vs American Tech: Which of the world’s two superpowers has the most powerful technology industry?. Available at: https://www.economist.com/business/2018/02/15/how-does-chinese-tech-stack-up-against-american-tech.

2 The World Economic Forum. Agile Governance: Reimagining Policy-making in the Fourth Industrial Revolution. 2018. Available at: http://www3.weforum.org/docs/WEF_Agile_Governance_Reimagining_Policy-making_4IR_report.pdf.

3 The World Economic Forum. Rethinking Technological Development in the Fourth Industrial Revolution. 2018. Available at: http://www3.weforum.org/docs/WEF_WP_Values_Ethics_Innovation_2018.pdf.

4 https://openpolicy.blog.gov.uk/category/policy-lab/.

5 同 4.

6 https://www.drivesweden.net/en and https://www.testsitesweden.com/en/projects-1/driveme. http://www.cbb.gov.bh/assets/Regulatory%20Sandbox/Regulatory%20Sandbox%20FrameworkAmended28Aug2017.pdf. https://www.ema.gov.sg/Sandbox.aspx.

2. 循环经济

（1）循环经济对绿色城市发展的重要性

循环经济是旨在持续保持产品和原材料最高价值的生产和消耗系统，通过一个过程的产出成为对另一过程的投入，在避免使用有毒材料的情况下，清除系统内的废物，最大限度地减少对纯净原材料的索取[1]。循环经济对城市发展尤为重要。2009 年，中国颁布实施《循环经济促进法》，成为世界上最早为循环经济立法的国家之一。研究表明，如果中国城市拥抱循环经济，可以在 2040 年前为消费者节省 70 万亿元人民币，温室气体排放量将减少 23%[2]。

（2）循环经济支持六个领域的绿色技术应用

城市资源的流动形成了错综复杂的系统，循环经济就是通过对这些系统的分析和思考。在食物、建筑和生活垃圾等领域应用循环方法的成功案例说明不同循环节点的各种变化可以扭转整个系统的发展方向。

城市食物系统与水、交通、能源领域相关联，是循环经济成功应用的典型案例。氮、磷、钾肥是主要的粮食生产原料，2015 年中国消耗了 5 416 万 t 原料[3]；2017 年钾肥进口量占 43.8%[4]；粮食运送到城市，增加了交通量、能耗和污染。在食用前，粮食中 1/3 的热量已作为垃圾在运输、加工、零售阶段或进入家庭后流失了[5]。

通过绿色技术建立的循环系统，可以在城市有利用潜力的空间发展垂直农业，减少交通量；在封闭水系统中通过水培法来节约用水，从而高效地利用土地和水生产食物。通过数字平台可以使价值链和家庭粮食废物最小化。任何不可避免的废物都能转化为有用的产品，或通过工业氧化处理，产生的甲烷可用于再生能源生产，或制成堆肥用于粮食生产。污水污泥也可用于农业。荷兰阿默斯福特污水处理厂每年生产 900 t 高级肥料及净化再生水。中国的废水中含有约 12 万 t 磷，采用适当的技术可有效地回收[6]。

全球建筑行业每年消耗 424 亿 t 材料。现有干预措施和技术可以更好地利用建筑

1 World Economic Forum and Ellen MacArthur Foundation. Towards the Circular Economy. 2014. http://www3.weforum.org/docs/WEF_ENV_TowardsCircularEconomy_Report_2014.pdf.

2 Ellen MacArthur Foundation. The Circular Economy Opportunity for Urban and Industrial Innovation in China. 2018. Available at: https://www.ellenmacarthurfoundation.org/publications/chinareport.

3 CAI J, XIA X, CHEN H, et al. Decomposition of Fertilizer Use Intensity and Its Environmental Risk in China's Grain Production Process.2018. Available at: https://www.researchgate.net/publication/323152227.

4 DONG S. Reduce Potash Import Dependence in China. 2019. Available at: https://iad.ucdavis.edu/sites/g/files/dgvnsk4906/files/inline-files/Sisi%20Dong_capstone%202019_1.pdf. GPCA. China Fertilizer Industry Outlook. 2018. Available at: https://gpca.org.ae/wp-content/uploads/2018/07/China-Fertilizer-Industry-Outlook.pdf.

5 FAO. Food Loss and Food Waste. 2020. Available at: http://www.fao.org/food-loss-and-food-waste/en/.

6 China Statistical Yearbook. 2018. Available at: http://www.stats.gov.cn/tjsj/ndsj/2018/indexeh.htm.

废料，包括利用废料 3D 打印出新建筑物。实现建筑循环的关键在设计阶段。阿姆斯特丹多功能餐厅和办公楼 Circl 项目在设计、建造时就考虑了最终拆卸、利用问题，这就是“建筑亦是材料库”概念。开发商为建筑材料制作“护照”，“护照”记录了部件价值、位置信息，保存在建筑蓝图中，方便未来拆卸和价值评估。例如，使用再生钢仅消耗原钢耗能的 16% ～ 20%；再生铝仅消耗原铝耗能的 5%[1]。

仅 20% 的电子电气设备废弃物（WEEE）通过正当途径实现回收[2]。这本应是稀缺和贵重材料的重要来源。估计全球电子电气废弃物的价值已超过 600 亿美元[3]。研究显示，中国从废旧电子产品中获取的铝仅占 10%，锡占 6%，钴占 0.6%，稀土占 0%，如对其进行 100% 回收利用，到 2030 年仅材料价值就将达 33 亿美元[4]。

中国制定出了工业循环经济的政策，预计到 2025 年中国将回收 50% 的关键产品，所有新产品中回收材料的占比将达到 20%。许多企业对循环经济和产品中的使用回收材料做出了承诺。政府和企业正面临共同实现这一目标的重大机遇[5]。

（3）把循环经济纳入城市发展与规划

第一，根据城市循环系统分析制定循环经济城市规划并为初创企业、研究机构、规划师和私营部门等提供参与机会，并让市民参与循环经济。《伦敦循环经济路线图》是伦敦迈向循环城市的指导文件。到 2036 年，该路线图每年可为伦敦在建筑、环境、食物、纺织品、电气和塑料等主要领域创造 70 亿英镑的净收益[6]。

第二，制度促进循环经济的政策和税制。如对一次性物品的负外性征税；对使用再生材料的产品给予税收优惠；扩大生产者环境与碳排放责任也可采用禁止废弃物进出生产区，对废弃物收税或对纯净原料进行补贴等政策。

第三，利用政府资金或混合金融模式促进对循环经济投资。政府资金有助于降低

---

1 BAMB. Metals Value Chain Report. 2019. Available at: https://www.bamb2020.eu/wp-content/uploads/2019/02/Metals-Value-Chain.pdf.

2 ITU. Global E-waste Monitor. 2017. https://www.itu.int/en/ITU-D/Climate-Change/Pages/Global-E-waste-Monitor-2017.aspx.

3 World Economic Forum. A New Circular Vision for Electronics. 2019. Available at: http://www3.weforum.org/docs/WEF_A_New_Circular_Vision_for_Electronics.pdf.

4 World Economic Forum. Recovery of Key Metals in the Electronics Industry in the People’s Republic of China. 2019. Available at: https://www.weforum.org/reports/recovery-of-key-metals-in-the-electronics-industry-in-the-people-s-republic-of-china.

5 World Economic Forum. Recovery of Key Metals in the Electronics Industry in the People’s Republic of China. 2019. Available at: https://www.weforum.org/reports/recovery-of-key-metals-in-the-electronics-industry-in-the-people-s-republic-of-china.

6 LWARB. London’s circular economy route map. 2017. Available at: https://www.lwarb.gov.uk/wp-content/uploads/2015/04/LWARB-London%E2%80%99s-CE-route-map_16.6.17a_singlepages_sml.pdf.

循环经济模式的投资风险[1]。也可鼓励银行设立创新基金或增加公司创新挑战难度，激发企业家精神。

（4）促进循环经济的治理方法

把复杂的城市系统转向循环经济系统，需要对诸多利益相关者进行协调，如作为创新和实施主体的企业，需要改变资源使用方式的市民，具有专业知识的学术界。由于循环经济的交叉性质，许多城市、地区或国家都以平台为基础进行实施，这使所有关键参与者形成结构化的整体，协同推进循环经济发展。如：

欧洲可持续磷平台（ESPP）。通过该平台可与各利益相关者合作，确保知识共享，实施网络化管理，扫清监管障碍[2]。

建筑也是材料库平台（建筑也是材料库平台）。BAMB 平台连接 7 个欧洲国家的 15 个合作伙伴，制定建筑领域循环解决方案。通过设计和循环价值链提高建筑材料的价值，使建筑物在使用寿命结束时变成有用材料库[3]。

循环经济加速平台（PACE）。一个全球性召集平台和项目加速器，2017 年在达沃斯发布，旨在为全球领导人提供领导协作平台，运营并支持全球高影响力项目，与合作伙伴分享知识和经验[4]。

艾伦·麦克阿瑟食品计划（Ellen MacArthur Food Initiative）召集了主要参与者，以促进全球向基于循环经济原则的再生食品系统转变。

3. 数据治理

（1）数据治理对绿色城市发展的重要性

数据被称为“新油”，是 4IR 的动力。每天生成超过 2.5 兆字节的数据是潜在的丰富信息来源，可用于改善城市服务、管理和市民的生活质量。然而，仅有少于 1% 的数据被用于制定决策和创造价值[5]。数据通常由不同参与者持有，存储在不同系统，缺乏互通性，这意味着它无法释放其全部潜能，不能转换为巨大的社会和经济价值。

（2）数据治理支持六个领域的绿色技术应用

城市有两种类型的数据生成，公共部门数据是指“由国际、国家、地方政府以及

---

1 World Economic Forum. Harnessing the Fourth Industrial Revolution for the Circular Economy Consumer Electronics and Plastics Packaging[EB/OL]. 2019. http://www3.weforum.org/docs/WEF_Harnessing_4IR_Circular_Economy_report_2018.pdf.

2 European Sustainable Phosphorus Platform. About the European Sustainable Phosphorus Platform (ESPP). https://www.phosphorusplatform.eu/platform/about-espp.

3 BAMB. About BAMB. https://www.bamb2020.eu/about-bamb/.

4 About PACE. https://pacecircular.org/.

5 SmartImpact. Data Governance & Integration for Smart Cities[EB/OL]. 2018. https://smartimpact-project.eu/app/uploads/2018/02/SmartImpact_Data-Gov-and-Intergration_A4_AW.pdf.

其公共机构生成、收集和存储的数据，以及由外部机构为政府收集或与之相关的数据”。私营部门数据是指“由私营公司或个人生成、收集和拥有的信息，如客户活动数据、个人数据、业务运营数据和行业数据”[1]。

公共部门数据可通过政府开放平台来免费共享，如地理、气候、水资源数据、道路交通、建筑、能源、空气污染等数据[2]。

柏林创建了一个开放数据平台，该平台可免费提供935个数据集。其中关于交通的数据集涵盖了从实时公共交通数据到自行车事故发生地点的所有内容。该数据平台可以供企业开发应用程序，为市民提供服务[3]。

私有部门数据与私有资产一样，它通常在公司或个人之间进行交易。但也有绿色技术、城市规划机构共享私营部门数据共享的成功实例。

优步运动软件可以让规划师免费访问从全球700多个城市数百万次优步旅行中收集的匿名数据。该软件共享的数据使城市规划师能够更好地应对城市交通挑战[4]。

能源互联网要求能源公用事业公司不仅要管理能源网格，还要管理数据网格，数据网格还必须与众多用户的物联网设备互操作。智能家电、智能电表、电动汽车、建筑或家庭单元生产的可再生能源，都需要建立类似公用事业公司所需要的数据。良好的数据治理可以促进设备网络、公用事业和第三方之间的共享[5]。

（3）政府应实施有效的数据治理

使用者对数据共享平台的信任是数据治理基础。数据管理必须有必要的限制和法规保障[6]。无限制地开放公共部门数据，允许无监管的私人部门数据交易会降低对数据共享平台的总体信心。构成强有力的数据监管框架基本要素如下。

1）数据隐私，在数据收集、共享和使用的全过程中予以保证；

2）数据安全，避免网络威胁，如未经授权访问数据和破坏数据；

3）数据互操作性，允许在系统、平台、位置和管辖范围内共享和使用数据；

---

1 World Economic Forum (Forthcoming). Protocol - Unlocking the shared value of dynamic IoT data in smart city with trusted platforms.

2 Public sector data refers to data “generated, collected and stored by international, national, regional and local governments and other public institutions, as well as data created by external agencies for the government or related to government programs and services”. Source: World Economic Forum (Forthcoming). Protocol - Unlocking the shared value of dynamic IoT data in smart city with trusted platforms.

3 European Data Portal. Analytical Report number 6. 2017. Available at: https://www.europeandataportal.eu/sites/default/files/edp_analytical_report_n6_-_open_data_in_cities_2_-_final-clean.pdf.

4 Uber Movement. Available at: https://movement.uber.com/?lang=en-US.

5 Kotagiri, Sunil. Data Quality and Governance Critical for Utilities. 2019. https://www.tdworld.com/smart-utility/data-analytics/article/20972300/data-quality-and-governance-critical-for-utilities.

6 World Economic Forum (Forthcoming). Protocol - Unlocking the shared value of dynamic IoT data in smart city with trusted platforms.

4）数据问责制，通过“验证和声明数据提供者，评估潜在偏见，确保数据源和数据流的透明性和可追溯性”来解决；

5）运营商资格，确保在平台上的操作者都具合法权利，并受到监管；

6）通过创建共享私人部门数据的平台来促进城市绿色发展，从而释放数据价值。同时要鼓励企业和行业协会参与数据共享[1]。

（二）绿色技术推广与实施的性别视角

1. 性别视角在城市绿色发展中的重要性

联合国《关于环境与发展的里约宣言》特别强调了妇女在环境管理和可持续发展中的重要作用。女性是自然资源可持续消费的重要参与者，因为她们最常管理家庭活动；女性更重视绿色安全健康，研究表明女性绿色消费渗透率高于男性；女性对儿童绿色观念的培养教育具有重要影响力；女性还可以促进社区凝聚力，大大提高自然灾害的预防和管理。

但与此同时，城市在实现绿色发展的过程中，缺少性别关怀。从优先考虑通勤而非关怀的交通服务，到公共空间缺乏照明以及卫生设施的各种挑战，很多女性在城市中缺乏安全感，主要原因就在于对性别视角认知的缺失。

2. 性别视角与城市发展的国际经验

（1）交通：根据世界银行研究，公共交通系统通常仅设计用于满足男性劳动力需求，而没有关注女性在非高峰时段的连续交通需求。汽车在设计时也主要考虑男性安全，碰撞测试假人的制造以典型成年男性为主，使女性在车祸中受伤的可能性要提高73%[2]。

（2）土地使用和规划：土地混合使用可以减少出行距离，因此可以使乘车较少的公民（如女性）受益，同时还可以帮助女性将家庭和就业结合起来。此外，更好的公共空间设计和管理也使女性更加安全，一种新型的城市环境评估工具“妇女安全审核”已经出现[3]。

（3）建筑：建筑室内温度，通常需要进行调整以满足女性需求；楼梯尺寸太高和太宽，不适合女性行走等。联合国报告显示，考虑性别视角仅仅会使建筑成本增加不到1%[4]。

1 World Economic Forum (Forthcoming). Protocol-Unlocking the shared value of dynamic IoT data in smart city with trusted platforms.

2 World Bank. Including Gender in the World Bank Transport Strategy[EB/OL]. 2006. http://documents.worldbank.org/curated/en/968841468147567926/pdf/841800WP0Trans0Box0382094B00PUBLIC0.pdf.

3 UN-Habita. Women's safety audits, what Works and Where?[EB/OL]. 2009. https://unhabitat.org/womens-safety-audit-what-works-and-where.

4 United Nations. Disabilities, Office of the High Commissioner for Human Rights[EB/OL]. 2007. https://www.ohchr.org/Documents/Publications/training14en.pdf.

此外，国际上还非常关注，活动性：安全、方便且负担得起地在城市周围移动；安全和免予暴力侵害：在公共和私人领域免受现实和可察觉的危险侵害；医疗与卫生：在周围环境中过着无健康风险的积极生活方式等[1]。

3. 绿色城市发展的性别视角

推动性别关怀，释放女性潜力应当是绿色城市发展的最重要目标之一。充分认识女性在绿色发展中的作用并予以反映；充分认识男女在城市中有不同需求，但权利平等；充分考虑性别敏感来计划女性参与的活动，是绿色城市发展性别视角的关键准则。我们提出应当高度重视以下三个方面的内容。

（1）绿色政策制定与管理：确保有足够比例的女性参与绿色政策制定与决策，鼓励更多女性参与到城市绿色发展的建设和治理中，并加强基于性别的绿色政策绩效评估。

（2）绿色技术教育与就业：增加女性在绿色技术领域的专业教育培训和研究机会，为女性提供更多绿色技术领域的就业岗位，并在绿色技术生产中推广性别政策。

（3）绿色产品消费与使用：在绿色产品研发环节增加对女性需求的数据收集，鼓励女性参与到绿色技术、绿色产品的推广和技术营销中。

4. 六个重点领域的性别视角

（1）水领域：在技术上发展再生水水质保障技术与智慧运行技术，减少生产过程中的不稳定，在当地水资源管理中嵌入性别响应型预算，有助于克服男女因身体素质的差异而无法公平地利用和管理水资源的难题。

（2）能源领域：将性别问题纳入能源主流政策，不仅要让女性在管理家庭一级能源有效利用方面发挥重要作用，还要让其成为促进可持续能源技术变革的推动者。提高女性学习、安装、操作和维护社区可持续能源解决方案的能力，鼓励发挥女性优势，向其他女性推广绿色技术和清洁能源，并在社区内教育人们如何使用。

（3）交通领域：将出行的性别差异化需求作为交通政策研究的基础性条件和交通规划的依据标准。提高女性在交通决策与管理上的话语权，保障女性角色在交通标准制定、科学研究、决策管理、规划设计、运营服务等各个关键领域发挥作用。

（4）建筑领域：充分认识女性对建筑空间的差异化需求，研究符合女性差异化需求的建筑设计标准规范，并将其作为建筑及社区开发的基本前提。

（5）土地利用与规划领域：由于兼顾职业和家庭，女性在有限时间内对社区和城

---

1 Sorry, we didn’t take women’ needs into consideration during product design[EB/OL]. [2020-03-09]. Avaiable at: https://xw.qq.com/cmsid/20200310A000I900.

市多元功能融合的需求更高。另外在城市规划公众参与和社区治理决策中应纳入更多女性意见，确保充分纳入女性需求。

（6）食物领域：在采购和决定食物加工形式方面，女性往往具有更多的话语权。因此针对食物领域食品安全技术的推广应用，必须考虑男女对于食品安全的不同角色、需求和看法，采取面向女性友好的理念进行技术设计。

五、政策建议

（一）“十四五”期间重大绿色技术推广的建议清单

基于中国城市绿色发展的愿景和实施路径，结合中外实践以及当前的技术进展，中外专家共同提出了六个重点领域的技术发展方向，并建议在“十四五”期间率先推广 20 项针对当前突出问题、具有较好节能减碳效益与居民获得感的创新型绿色技术，详见表 7-7。

表 7-7 “十四五”期间六个重大领域的绿色技术推荐清单

重点领域	技术发展方向	推荐技术
水	污水处理与水循环经济	污水处理与厂网河一体提质增效技术
	再生水利用	再生水系统水质保障技术
	再生水利用和无收益水管理	再生水系统智慧运行技术
能源	一体化绿色能源电网	微电网技术
	近零排放制冷与供热	工业余热集中供暖技术 中深层地热利用技术
	能源互联网	能源互联网综合管理平台技术
交通	智慧交通系统	MaaS 出行服务技术
	新能源交通工具及配套设施	氢能源车辆技术 智能充电系统技术
	交通需求管理与自行车出行	自行车专用路技术
建筑	健康建筑	建筑立体绿化技术
	绿色建筑	“钢结构＋模块化内部空间”技术
	近零能耗建筑	光伏、BIPV，分布式储能与直流供电技术
	建筑智慧运维	群智能建筑系统技术
土地利用和规划	绿色城市形态	绿色城市形态技术包
	绿色宜居、碳中和社区	绿色宜居、碳中和社区技术包

重点领域	技术发展方向	推荐技术
食物	食物溯源	食物安全信息监控和追踪技术
	城市农业	垂直农业技术
	智慧农业	数字食物平台技术

（二）“十四五”期间绿色发展与绿色技术创新的政策建议

借鉴欧盟、日本、美国等发达国家，从国家到城市再到社区层面推行绿色低碳发展的实践经验，应当从法律法规、政府政策与管控、市场主体作用和公众参与四个领域的诸多方面，提出完善城市绿色发展与绿色技术创新、法律、政策推广和机制保障方面的建议。

1. 国家总体战略与法律保障

绿色发展已经成为国家的发展战略之一，还应该明确提出国家绿色低碳的总体战略和低碳发展的总体目标，加快相关的法律体系建设。

一是制定绿色发展、低碳发展的国家规划，提出兑现《巴黎协定》承诺，实现2℃目标，走向碳中和的系统性规划。

二是明确2050年以前分阶段的碳排放总量，控制目标及实现目标的时间表、路线图，并把总量分解到省、市。应当鼓励经济发达的地区和城市承担更多的减排责任，并通过建设强制性指标体系予以监督落实。

三是加快推进绿色低碳发展，制定控制资源消耗与碳排放的法律体系。鼓励城市制定落实减碳目标，实现绿色发展，推广绿色技术的地方性法规。

2. 政府领域体制机制建设

建立完善的绿色发展行政、财政、税收政策保障体系，充分发挥政府在绿色发展和绿色技术推广中的引导、激励和约束作用。

一是建立碳排放总量控制制度。在既有的碳排放强度控制制度基础上，明确碳排放总量控制任务。将全国碳排放总量控制目标向各省、市、县逐级分解，作为约束性指标纳入各级政府的控制碳排放工作方案和年度计划。可以先在经济发达的省、市开展碳排放总量控制试点。

二是加强规划引领。把国家绿色低碳规划分解为专业、地方规划和可实施的行动计划，并把减排目标拓展到生态、生产和生活的各个领域。在低碳城市、低碳社区试点中推进绿色低碳的治理体系建设，总结推广低碳建设经验。

三是搭建绿色技术创新国际交流合作机制。建立绿色技术与创新国际联盟，为国内外企业、决策者和专家群体搭建交流平台，促进中国城市绿色发展问题的持续沟通和共同解决。

3. 市场领域体制机制建设

建立健全市场机制，充分发挥企业在绿色发展和绿色技术推广中的主体作用。

一是强调企业主导。发挥企业的市场主体地位和资源配置的决定作用，出台各类企业充分参与、充满活力的绿色生产、营造、产品、技术的市场体系。

二是加强金融支持。鼓励社会资本、民间资本参与绿色发展，改善绿色技术企业融资状况；鼓励绿色投资原则，建立绿色金融体系。

三是推动创新研发。建立以市场为导向，企业广泛响应，专业机构积极参与的绿色技术创新体系。

4. 社会和公众参与领域体制机制建设

动员市民和社区居民共同践行绿色生活方式，维护城市和社区绿色福利，建立公众广泛参与的绿色治理体系。

一是全面实施碳排放信息公开制度，扩大环境信息获取途径，加强信息披露。建立企业和城市碳排与环境信息公开名录，健全信息公开奖惩制度，整合各部门统计数据和监测信息平台，推动各类行为主体自觉接受社会监督。

二是建立鼓励公众参与的体制机制。将低碳绿色发展从行政管理转向社会治理，明确公民保护生态环境的责任、权力和利益，利用社交媒体向公众阐释绿色技术推广应用的重要性，以及行为转变如何能够实现更好的绿色发展，从而提高全社会绿色低碳意识。出台保障公众和社会组织参与低碳减排相关决策的法律法规，出台相关政策鼓励公众和社会各界广泛参与绿色低碳发展事务。

（三）“十四五”期间六个重点领域绿色技术实施的政策建议

在总体政策建议的基础上，结合技术标准与规范、试点工程两种工作方法，进一步提出六个重点领域的具体政策建议，见表 7-8。

表 7-8 “十四五”期间六个重点领域绿色技术推广与应用的政策建议

领域	政策建议	
水	法律法规	建立多层次的再生水法律制度，完善再生水利用管理办法
	部门政策	编制再生水规划；提出厂网河一体化水体治理与污水提质增效机制，建立再生水的管理制度；加强城镇污水处理与排水条例执行检查，建设海绵城市、污水处理和再生水指标考核机制

领域		政策建议
水	技术标准与规范	完善污水处理排放标准与设施技术标准分类；修订再生水利用标准；制定特定地区水体污染物治理排放标准
	金融财政税收	对节能技术财税扶持和增值税进行减免，设立、引导、规范多种资金渠道，鼓励特许经营制度和BOT、TOT等融资方式；以各种收费、税收返还等方式获取资金的内生融资
	试点建议	建立黑臭水体治理与污水提质增效示范城市试点和节水型城市
能源	法律法规	拟定可再生能源优先法、可再生能源供热促进法、塑料包装垃圾强制使用可再生材料促进法
	部门政策	成立低碳能源管理和技术推广机构；推动低碳能源高比例发展，形成多能互补供应体系；大力推广垃圾分类、能源产品价格改革和碳税政策。建立和实施问责制措施和指标
	技术标准与规范	建立低碳能源技术国家标准和服务体系；制定全生命周期内碳排放评价规范；编制综合能源规划
	金融财政税收	建立研发与试点应用补贴机制，拓展多元化融资渠道，促进绿色税收机制改革，对可再生能源提供贷款担保。引入更灵活的能源定价系统，实行上网电价补贴制度；创新混合融资机制，调动社会资本投资
	公众参与	通过宣传教育引导公众逐步转向绿色能源消费
交通	法律法规	建立氢能源管理与安全法规体系和电池回收管理制度，补充拟定资源有效利用促进法
	部门政策	加强电动自行车的生产、销售和使用管理；建立锂电池回收管理考核机制；促进绿色交通、移动支付、金融业等行业的跨界联盟
	技术标准与规范	制定MaaS出行服务的技术标准、交通数据资源共享技术规范、电动自行车安全技术规范、充电设施规划规范标准、电池回收点规划布局指南、氢能源配套设施的规划建与管理规范标准
	金融财政税收	制定MaaS运费价格体系与补贴政策、新型电池技术研发的税收优惠政策以及氢能源制备技术、存储技术、运输技术研发的税收优惠政策；设立氢能源基础设施建专项补贴和自行车专用路建设专项资金
	试点建议	推动MaaS出行服务示范和自行车专用路示范工程；推进交通零排放区和拥堵收费试点示范工程
	公众参与	加强公众引导，建立出行服务数据共享公开机制
建筑	部门政策	实行能耗总量和能耗强度双控目标；绿色建筑项目进行性能目标体系策划、多目标优化，建立智慧运维系统；空气质量指标纳入竣工验收程序（或结合消防审查程序）；建立建筑材料循环利用管理办法，明确绿色建筑参建、监管各方主体责任
	技术标准与规范	参考LEED、WELL，把绿色建筑性能目标、能耗总量和强度指标纳入城市规划标准，制定绿色建筑前策划后评估技术标准、建筑适变设计导则；制定“十四五”期间绿色建筑、装配式建筑行动方案
	金融财政税收	将个人购买、居住（含租赁）绿色建筑纳入个税专项扣除优惠，制定企业使用绿色建筑的企业税收优惠政策
	试点建议	建设打造近零能耗建筑试点示范城市 / 城区、近零碳排放区示范工程和公共建筑节能量交易试点

领域		政策建议
土地利用与规划	法律法规	建立国土空间开发保护法、自然保护地法，赋予城市设计法定地位
	部门政策	建立快速响应的规章制度与价格调节机制，制定节约集约利用土地规定、闲置土地处置办法和土地储备管理办法；对高层住宅项目实行监督检查和全过程管理；建立低碳试点城市和试点社区规划的规划评估和督查制度、工业用地绩效考核与动态评估制度
	技术标准与规范	制定土地混合利用相关标准规范、居住区建设指引及相关规范、低碳减排城市 / 社区 / 公共空间的规划标准；制定相关导则，保障街区的连通性，在规划、设计、建设和管理等社区服务
	金融财政税收	研究制定环境税政策，激励环境友好的土地开发
	试点建议	建设打造近零能耗建筑试点示范城市 / 城区、近零碳排放区示范工程和公共建筑节能量交易试点
食物	法律法规	建立保障基本农田土壤、用水环境质量标准的法律；完善食物安全和追踪体系的法律保障
	部门政策	推进对食物从产地到消费者的全过程管理，建立对农产品开发全产业链的追踪溯源系统；加强农村宽带网络建设，建立农产品信息平台，改善农户与市场的链接；开展农户使用电商平台的技能培训；制定促进城郊废弃土地和棕地转换为智慧农业用地的政策
	技术标准与规范	建立面向全生命周期的绿色食物标准；制定垂直农业相关技术导则
	金融财政税收	建立面向区域公平的价格支付的财政转移机制；制定绿色食物的生产消费税收激励政策
	试点建议	推进绿色食物安全信息与追踪技术的乡镇 / 村试点；建立垂直农业的试点社区和评估制度

（四）基于国际最佳实践的政策建议

基于国际最佳实践的政策建议旨在加强以人为本的城市绿色发展目标；促进城市的生态可持续性、复原力、公平和生活质量；特别是通过对新基础设施和绿色技术投资，帮助中国经济实现高质量增长。

（1）制定城市和建筑设计指南。为中国城市绿色低碳发展、公交导向发展制定指南；根据国际最佳实践制定并更大力度推广绿色建筑标准。

（2）投资新型城市基础设施。丰富新型基础设施计划，帮助刺激新型冠状病毒肺炎疫情后的经济。把三项关键的城市绿色技术增加到新型基础设施投资清单中：建筑集成光伏（BIPV）、水处理技术、能源存储技术。为了建立集成绿色能源网格（IGEG），每年在风能、太阳能和能源存储方面的投资应增加一倍。

（3）继续推动电动汽车的普及。加强电动汽车基础设施建设，重点推进高行驶里程的商业运营车辆电气化，推广共享汽车并实施交通需求管理。

（4）推进食品价值链的数字化创新。建立强大的创新生态系统，把数字创新应用到整个食品价值链，提高食品供应链的可追溯性，生产和采用更健康、更具营养和可持续的食物，同时促进城市的室内农业生产。

（5）建设碳中和社区。制定碳中和、循环社区的明确目标和共同路线图，动员政府部门、私营部门和其他利益相关者共同参与碳中和、循环社区建设。

（6）推进机制。有助于中国城市实现绿色转型的三大策略包括：试点城市和政策沙盒、绿色技术跨国联盟、公众参与。

第八章　绿色“一带一路”与 2030 年可持续发展议程*

一、引言

“一带一路”倡议秉承共商、共建、共享的原则，通过政策沟通、设施联通、贸易畅通、资金融通、民心相通，为各国共同发展和共享繁荣创造新机遇。在新型冠状病毒肺炎疫情席卷全球之际，“一带一路”倡议也有了全新的、更加深远的意义。新型冠状病毒肺炎疫情的应对显示出国际社会是一个不可分割的整体，需要通过共享有韧性的、包容的、可持续的发展机制和经济增长途径进一步深化国际协同合作。“一带一路”倡议可以为满足这一需求贡献力量。

在提高“一带一路”沿线国家，乃至全球整体收入方面，“一带一路”倡议有巨大潜能。世界银行研究表明，在“一带一路”倡议的帮助下，沿线国家的贸易和外商直接投资或将分别增长 9.7% 和 7.6%，从而给“一带一路”沿线经济体带来高达 3.4% 的实际收入增长。“一带一路”沿线国家生活水平的提高对世界其他地区也大有裨益。世界银行的数据显示，“一带一路”倡议将带动全球收入增长 2.9%。通过数据可以发现，“一带一路”倡议与跨太平洋伙伴关系形成鲜明对比，后者给成员国和世界其他地区带来的增长约为 1.1% 和 0.4%[1]。

尽管大规模基础设施融资可以带来显著效益，但大型基础设施项目通常也会带来包括生物多样性风险在内的一系列与可持续性相关的风险。“一带一路”倡议亦如此。研究显示，“一带一路”倡议可能会造成野生动植物生境丧失、入侵物种扩散、非法采伐、盗猎与山火发生频率上升，并因此阻碍野生动物迁徙，增加野生动物死亡率。修建道路、安装电力线路、建设电厂以及进行采矿活动则可能导致森林退化。因此，将生态环境

---

* 本章根据“绿色‘一带一路’与 2030 年可持续发展议程”专题政策研究项目 2020 年 9 月提交的报告整理摘编。

1 PETRI P A, PLUMMER M G. The Economic Effects of the Trans-Pacific Partnership: New Estimates[R]. Washington, DC: Peterson Institute for International Economics, 2016.

风险管理纳入“一带一路”建设框架，对于推动绿色“一带一路”与2030年可持续发展议程对接，具有重要意义。

本章将对中国与国际社会在预防与缓解生物多样性风险方面的相关实践进行总结。中国以生态保护红线政策为代表的多种实践模式，以及国际社会常用的各类方法，加以调整后可用作在绿色“一带一路”框架下落实生物多样性保护的重要举措。本书还提出了对接“一带一路”倡议与可持续发展目标和《巴黎协定》的总体战略原则，以及绿色“一带一路”建设的路线图，从战略层面对接了三个领域：绿色“一带一路”建设，联合国2030年可持续发展议程，共建国家发展目标。路线图主要包括四个方面的建议：一是加强政策沟通，把绿色发展作为共同理念，将绿色“一带一路”建设作为落实2030年可持续发展目标和推进全球环境治理变革的重要实践，充分发挥“一带一路”绿色发展国际联盟等平台作用。二是加强战略对接，建立绿色“一带一路”与联合国可持续发展议程的战略机制，积极推进环境政策、规划、标准和技术对接，依托“一带一路”生态环保大数据服务平台强化信息共享。三是加强项目管理，构建绿色“一带一路”项目管理机制，进一步强化项目的环境管理工作，防范“一带一路”建设生态环境风险。四是加强能力建设，共同实施绿色丝路使者计划等能力建设活动，推动绿色“一带一路”民心相通。

在上述绿色“一带一路”建设路线图的框架下，针对可持续发展目标15（SDG15）及生物多样性保护，该专题政策研究提出了“一带一路”倡议与SDG15及《生物多样性公约》进行对接的政策建议。具体包括如下内容。

一是对接国际规则标准，鼓励采用较高环境标准。主动对接国际及国家承诺，将“一带一路”与《生物多样性保护》《联合国气候变化框架公约》等国际公约进行对接。二是聚焦环境影响，实施“一带一路”项目分级分类管理。依托“一带一路”绿色发展国际联盟正在开展的《“一带一路”项目绿色发展指南》研究，推动制定“一带一路”项目分级分类指南，为共建国家及项目提供绿色解决方案。三是完善政策工具，防范“一带一路”建设带来的生态环境风险。建议对“一带一路”重点行业、重点项目进行环境风险评估，建立常态化的环境风险监管机制，将环境污染、生物多样性保护、气候变化等环境因素作为评估的重要部分，充分运用绿色金融工具和环境风险分析方法，将生态保护红线作为对接“一带一路”与SDG15的关键性工具。四是加强协同机制，以基于自然的解决方案促进可持续发展目标有效衔接，发挥与SDG13气候行动等可持续发展目标相同的协同作用。

（一）绿色"一带一路"建设进展

1."一带一路"倡议背景、目的和成绩

2008 年国际金融危机以来，国际经济合作一直在聚焦发掘新增长点，探索新的经济发展模式。在这一背景下，中国提出了"一带一路"倡议，为全面解决可持续发展问题提出了中国方案。"一带一路"倡议秉持共商、共建、共享的原则，通过政策沟通、设施联通、贸易畅通、资金融通、民心相通，为各国共同发展和共享繁荣创造新机遇。随着当前全球性新型冠状病毒肺炎的肆虐，人们已经清楚地意识到，以"一带一路"倡议为代表的各类重大国际合作项目有助于加强全球合作，共同抗击疫情，解决包括金融危机、气候变化、生物多样性丧失在内的各类全球挑战。

迄今为止，"一带一路"倡议已取得令人瞩目的成绩。2013 年至 2019 年，中国与沿线国家货物贸易总额累计超过了 7.8 万亿美元，对沿线国家直接投资超过 1 100 亿美元，新承包工程合同额接近 8 000 亿美元[1]。世界银行研究（2019）[2]显示，"一带一路"倡议的实施，使沿线经济体之间的贸易成本下降了 3.5%；同时由于基础设施的外溢效应，这些沿线经济体与世界其他地区的贸易成本也下降了 2.8%。截至 2019 年 11 月，中国企业在"一带一路"沿线国家建设的境外经贸合作区，已累计投资 340 亿美元，上缴东道国税费超过 30 亿美元，为当地创造就业岗位 32 万个[3]。世界银行研究指出，"一带一路"倡议的实施可使沿线国家的收入提高 3.4%，使全球收入增加达 2.9%。"一带一路"倡议已经被联合国认可为推动落实可持续发展议程的解决方案之一。

然而，"一带一路"倡议还有更大的潜力，尤其是通过高质量基础设施投资和全球合作来支持生物多样性保护。2019 年 4 月，第二届"一带一路"国际合作高峰论坛咨询委员会研究成果和建议报告（2019）中指出，"一带一路"倡议与联合国 2030 年可持续发展议程在促进合作、执行手段、举措等方面有很多共同之处，有望形成合力。

2. 绿色"一带一路"建设进展

将"一带一路"打造成绿色发展之路一直是中国政府的初心和愿望，这也是所有共建国家的共同需求和目标。近年来，中国以前所未有的力度推进生态文明建设，"生态优先、绿色发展"理念在全社会形成了广泛共识，经济发展正在从"先污染后治理"

1 中国一带一路网．图解："一带一路"倡议六年成绩单 [EB/OL]. [2019-09-09]. https://www.yidaiyilu.gov.cn/xwzx/gnxw/102792.htm.

2 World Bank. Belt and Road Economics: Opportunities and Risks of Transport Corridors[R]. Washington, D.C: World Bank, 2019.

3 中国商务部．"一带一路"经贸合作取得新发展新提高新突破 [EB/OL]. [2020-01-09]. http://www.mofcom.gov.cn/article/ae/ai/202001/20200102928961.shtml.

的传统模式向生态文明导向的高质量发展转型。共建绿色“一带一路”，为中国和有关国家交流互鉴促进绿色转型、实现可持续发展经验搭建了平台。在六年的“一带一路”建设实践中，中国与“一带一路”共建国家在生态环境治理、生物多样性保护和应对气候变化等领域积极开展双边和区域合作，不断推动绿色“一带一路”走实走深，共同推动落实 2030 年可持续发展议程，并取得了积极成效。

一是完善顶层设计，合作机制不断完善。2015 年 3 月，国家发展改革委、外交部、商务部联合发布的《推进丝绸之路经济带和 21 世纪海上丝绸之路的愿景与行动》中明确提出，要在投资贸易中突出生态文明理念，加强生态环境、生物多样性和应对气候变化合作，共建绿色丝绸之路。2017 年，环境保护部（现生态环境部）发布《“一带一路”生态环境保护合作规划》，并联合外交部、国家发展改革委、商务部共同发布《关于推进绿色“一带一路”建设的指导意见》，明确了绿色“一带一路”建设的路线图和施工图。

随着“一带一路”的逐步推进，绿色“一带一路”已经得到越来越多国际合作伙伴的响应。目前，生态环境部已与共建国家和国际组织签署近 50 份双边和多边生态环境合作协议，并与中外合作伙伴共同发起成立了“一带一路”绿色发展国际联盟（以下简称联盟）。联盟由中国国家主席习近平在首届“一带一路”国际合作高峰论坛（以下简称高峰论坛）提出，于第二届高峰论坛绿色之路分论坛正式启动，并列为第二届高峰论坛圆桌峰会联合公报中专业领域多边合作倡议平台。联盟旨在打造一个促进实现“一带一路”绿色发展国际共识、合作与行动的多边合作倡议平台。截至 2020 年 6 月，已有来自 40 多个国家的 150 余家机构成为联盟合作伙伴，其中包括共建国家的政府部门、国际组织、智库和企业等 70 余家外方机构。联盟建设各项工作进入全面启动阶段，政策对话、专题伙伴关系和示范项目等活动正逐步推进，并启动了《“一带一路”绿色发展报告》《“一带一路”项目绿色发展指南》《“一带一路”绿色发展案例研究报告》等联合研究项目。

二是丰富合作平台，合作模式更加务实。稳步推进中柬环境合作中心、中老环境合作办公室等重点平台建设，积极推动生态环保能力建设活动和示范项目等。建立“一带一路”环境技术交流与转移中心（深圳），聚焦产业发展优势资源，促进环境技术创新发展与国际转移。这些重点平台将成为区域和国家层面推动“一带一路”生态环保合作的重要依托。已启动“一带一路”生态环保大数据服务平台，开发并发布平台 App，完善“一张图”综合数据服务系统。大数据平台旨在借助“互联网＋”、大数据等信息技术，建设一个开放、共建、共享的生态环境信息交流平台，共享生态环保理念、法律法规与标准、环境政策和治理措施等信息。

三是深化政策沟通，绿色共识持续凝聚。充分利用现有国际和区域合作机制，积极参与联合国环境大会、中国—中东欧国家环保合作部长会等活动，分享中国生态文明和绿色发展的理念、实践和成效。主动搭建绿色“一带一路”政策对话和沟通平台，举办第二届高峰论坛绿色之路分论坛，在世界环境日全球主场活动、联合国气候行动峰会、中国—东盟环境合作论坛等活动下举办绿色“一带一路”主题交流活动，并在生物多样性保护、应对气候变化、生态友好城市等领域下，每年举办20余次专题研讨会，共建国家和地区超过800人参加交流。

四是务实合作成果，共建成效日渐显现。绿色丝路使者计划是中国政府为提升中国与“一带一路”共建国家的环境管理能力而打造的重要绿色公共产品，已为共建国家培训环境官员、研究学者及技术人员2 000余人，遍布120多个国家。第二届高峰论坛成果清单中提出，未来三年将继续向“一带一路”国家环境部门官员提供1 500个培训名额。中国政府还与有关国家共同实施“一带一路”应对气候变化南南合作计划，提高“一带一路”国家应对气候变化能力，促进《巴黎协定》的落实。结合共建国家绿色发展现状和需求，通过低碳示范区建设和能力建设活动等方式，帮助“一带一路”共建国家提升减缓和适应气候变化水平，推动共建国家能源转型，促进中国环保技术和标准、低碳节能和环保产品国际化。

（二）关注SDG15的理由

2019年5月，生物多样性和生态系统服务政府间科学政策平台（IPBES）发布了《全球生物多样性和生态系统服务评估报告》。报告评估了过去50年生物多样性和生态系统服务对人类经济、福祉、粮食安全和生活质量的影响。评估结果显示，过去50年里，全球生物多样性的丧失速度在人类历史上前所未有。土地和海洋的利用、直接开发、气候变化、污染和外来入侵物种是造成全球生物多样性丧失的主要直接驱动因素，人口和社会文化、经济与技术、机构与治理制度等为重要间接驱动因素。迄今为止，75%的陆域环境被人类行为活动“严重改变”。由此带来的压力，使《生物多样性公约》和《联合国气候变化框架公约》中的相关目标更加难以实现，需要采取变革性的行动。同理，按照现在的保护速度和力度，要实现2030年可持续发展议程中的相关目标，必须采取革命性改变。

2021年是一个重要的时间节点。《生物多样性公约》第十五次缔约方大会（COP15）将于2021年在中国昆明召开，主题为“生态文明：共建地球生命共同体”。COP15

将审议 2020 后全球生物多样性框架，确定 2030 年全球生物多样性保护目标，并制定 2021—2030 年新的十年全球生物多样性保护战略，开启 2020 后全球生物多样性保护的治理进程。

联合国 2030 年可持续发展议程特别强调了生物多样性的重要作用，专门设定了目标 14（SDG14，保护和可持续利用海洋和海洋资源以促进可持续发展）保护海洋生物多样性，设立了目标 15（SDG15，保护、恢复和促进可持续利用陆地生态系统，可持续管理森林，防治荒漠化，制止和扭转土地退化，遏制生物多样性的丧失）保护陆地生物多样性。因此，COP15 也为加速实现与生物多样性相关的可持续发展目标开启了机会之窗。

在国合会“绿色‘一带一路’与 2030 年可持续发展议程”专题政策研究第一期项目成果的基础上，本期研究项目将采取“分目标、分阶段”的方式将“一带一路”建设与生物多样性相关的可持续发展目标结合起来。鉴于目前陆地生态系统退化情况严峻，本期研究将首先聚焦于 SDG15 的落实，以此作为切入点，探讨如何鼓励共建国家借助“一带一路”建设更好地落实可持续发展目标，并向 COP15 提供政策建议。

（三）沿线国家落实 SDG15 的进展

“一带一路”沿线国家在实现 SDG15 方面缺乏进展。联合国可持续发展解决方案网络（SDSN）对 193 个国家可持续发展目标的实现情况进行评估。SDSN 和贝塔斯曼基金会发布的《2019 年可持续发展报告》显示，气候（SDG13）和生物多样性（SDG14、SDG15）的发展趋势令人担忧。“温室气体排放的趋势，甚至更严重的是，受威胁物种的趋势正在向错误的方向发展”。

SDSN 对 139 ＋ 1 个“一带一路”沿线国家进行了可持续发展目标实现情况的评估。对于 SDG15 的落实情况，选择了五个指标进行评估，分别是对生物多样性重要的陆地面积得到保护的比例（%）、对生物多样性重要的淡水水域面积得到保护的比例（%）、存活物种红色名录指数（Red List Index of Species Survival）、永久毁林比例（5 年平均）、入侵物种威胁（每百万人威胁）。

《2019 年可持续发展报告》显示，与“一带一路”经济走廊关系最密切的地理区域面临的挑战尤其严峻，包括东盟、西亚和南亚国家。

从 SDG15 落实状况看，在所有 140 个国家中，只有 4 个中东欧国家实现了 SDG15（Goal Achievement），分别是波兰、匈牙利、罗马尼亚和保加利亚。中东欧国家 SDG15 落实情况总体优于其他区域。其他区域的国家 SDG15 的落实均存在不同程度的风险。其中，东盟成员国中，马来西亚、印度尼西亚、越南三国存在巨大风险（Major Challenges）；南亚与西亚国家中，阿富汗、伊拉克、土耳其和叙利亚四国存在重大挑战；东非国家中，吉布提、马达加斯加、塞舌尔和索马里面临重大挑战；大洋洲的斐济、密克罗尼西亚、所罗门群岛和瓦努阿图面临重大挑战。

从SDG15落实的时序变化来看，中东欧国家同样优于其他区域。16个中东欧国家中，有10个国家SDG15的落实进展顺利，4个国家略有增加。东盟和南亚是SDG15落实有所下降的主要区域。其中，东盟10国中有5个国家出现下降，2个国家工作停滞。南亚8个国家中有4个国家出现下降，中亚和独联体大部分国家工作有所停滞。其中，中亚5国落实情况停滞。独联体7个国家中5个国家落实情况停滞。

从具体指标来看，东盟和南亚国家对SDG15落实影响最大的指标是红色名录指数，这一指数的时序变化在东盟和南亚国家都是下降的。此外，对于东盟国家，永久毁林也给SDG15的落实带来巨大风险。

（四）“一带一路”倡议的惠益及生物多样性相关风险

“一带一路”倡议能够缩小基础设施发展水平的差异，加速区域一体化，促进经济发展，从而推动联合国可持续发展目标（SDGs）的实现。已经有证据显示，在经过了短短几年的发展后，“一带一路”倡议已经为一些目标的落实做出了贡献。大规模开发同样也有潜在的风险，成功实施“一带一路”倡议需要实现潜在惠益最大化，并将潜在风险减至最低。其中一项风险是，如果没有充分的事前风险评估论证或在建设过程中采取风险管理措施，在生态脆弱地区实施大型基础设施投资项目，有可能导致生物多样性减少。一旦加剧，甚至会影响到基础设施投资的经济回报。

2019年年底，中华人民共和国主席习近平和法兰西共和国总统埃马纽埃尔·马克龙共同发布了《中法生物多样性保护和气候变化北京倡议》。该倡议充分展现了中国保护生物多样性的决心，其呼吁：

> “在国家和国际层面，从所有公共和私人来源调动额外资源，用于适应和减缓气候变化，使资金流动符合实现温室气体低排放和气候韧性发展的路径，并用于生物多样性的养护和可持续利用、海洋养护、土地退化等；确保国际融资，特别是在基础设施领域的融资，与可持续发展目标和《巴黎协定》相符。”

本章旨在通过基于证据的研究，制定一套完整的政策框架，以帮助“一带一路”倡议对接联合国可持续发展目标15。本部分重点阐述“一带一路”倡议的潜在和实际效益，以及在生物多样性保护方面的潜在风险。

1.“一带一路”倡议的好处

为实现联合国可持续发展目标（SDGs），需要投资建设必要的基础设施，到2030年，国际社会面临相当于全球年均GDP 2.1%的融资缺口[1]。中国发起的“一带一路”倡议可能带领全球消除融资缺口，促进实现SDGs。世界银行（2019）预计，“一带一路”倡议下的交通走廊能够提高贸易路线的速度和效率，连接交通不便的地区，并通过促进商品、服务和人员之间的流动扩大市场。基础设施项目建成后，将带来“外溢效应”，创造大量新机遇，产生新的经济活动形态。没有这些基础设施投资，以上效益都无法实现[2]。

在提高“一带一路”沿线国家，乃至全球整体收入方面，“一带一路”倡议有巨大潜能。世界银行研究表明，在“一带一路”倡议的帮助下，沿线国家的贸易和外商直接投资或将分别增长9.7%和7.6%，从而给“一带一路”沿线经济体带来高达3.4%的实际收入增长并带动全球收入增长2.9%。与此相比，跨太平洋伙伴关系给成员国和世界其他地区带来的增长仅为1.1%和0.4%[3]。显然，在促进参与国和全球经济繁荣方面，“一带一路”倡议拥有巨大的潜力。

“一带一路”倡议所带来的效益已经逐渐开始显现。Dreher等（2017）[4]对国家开发银行、中国进出口银行等中国金融机构在138个国家提供融资的海外项目研究发现，在项目投入使用两年后，可以带动0.7%的经济增长（平均值）。

2. 生物多样性风险与“一带一路”倡议

尽管大规模基础设施融资可以带来显著的效益，但仍面临包括生物多样性风险在内的一系列与可持续性相关的风险。“一带一路”倡议亦如此。一些研究已经确定了“一带一路”倡议的一些潜在生物多样性风险。2019年3月发表在《保护生物学》（*Conservation Biology*）上的一篇文章对已经提出的“一带一路”公路和铁路项目（即

---

1 BHATTACHARYA A, GALLAGHER K P, MUÑOZ CABRÉ M, JEONG M, MA X. Aligning G20 Infrastructure Investment with Climate Goals and the 2030 Agenda[R]. Foundations 20 Platform, a report to the G20, 2019.

2 YOSHINO N, ABIDHADJAEV U. Impact of Infrastructure Investment on Tax: Estimating Spillover Effects of the Kyushu High-Speed Rail Line in Japan on Regional Tax Revenue[R]. ADBI Working Papers 574, Asian Development Bank Institute, 2016.

3 PETRI P A, PLUMMER M G. The Economic Effects of the Trans-Pacific Partnership: New Estimates[R]. Washington, DC: Peterson Institute for International Economics, 2016.

4 DREHER A, FUCHS A, PARKS B, STRANGE A, TIERNEY M J. Aid, China, and Growth: Evidence from a New Global Development Finance Dataset[R]. Williamsburg, VA: AidData at William & Mary, 2017.

位于“一带一路”经济走廊沿线的项目）进行了空间定位，并分析了这些项目与生物多样性关键区域（KBAs）之间的距离。研究发现，全球16%的生物多样性关键区域处于已经提出的“一带一路”公路项目周围50 km的范围内，60.6%的生物多样性关键区域位于已提出的“一带一路”铁路沿线。作者还发现，0.2%和14.9%的生物多样性关键区域分别位于“一带一路”公路和铁路沿线1 km范围内。研究认为，“一带一路”倡议可能会对“一带一路”沿线4 138种动物和7 371种植物产生负面影响[1]。中国科学院专家刘宣发表在《当代生物学》（*Current Biology*）上的一篇文章探讨了“一带一路”倡议造成入侵物种增加的可能性。研究发现，“一带一路”国家与35个全球生物多样性热点中的27个部分重叠，在“一带一路”项目实施的区域内，物种入侵高风险地区的比例较其他区域高1.6倍。

首先开展研究的是世界自然基金会（WWF）。根据WWF的分析，“一带一路”经济走廊在欧亚大陆与265个受威胁物种的活动范围重合，包括39个极度濒危物种和81个濒危物种，覆盖1 739个重要鸟类保护区或生物多样性关键区域和46个生物多样性热点或全球200个重点生态区（Global 200 Ecoregions）。WWF发现，受影响最严重的地区是中国—中南半岛经济走廊、孟中印缅经济走廊和中蒙俄经济走廊。上文提到的一份世界银行的背景研究也得出了相似的结论。中国—中南半岛经济走廊和中蒙俄经济走廊面临的森林退化导致的生物多样性丧失风险最大[2]。

为妥善应对这些风险，为“一带一路”项目提供了大量必须贷款的中国开发金融机构制定保障措施，与“一带一路”共建国家合作进行项目分析、评估和监管，以确保项目遵循优良实践。《自然—可持续发展》2020年的一项研究评估了与“一带一路”建设相关的金融机构的政策，包括35家中国机构和30家国际机构。研究发现，这些贷款机构中只有17家要求借款机构采取措施缓解对生物多样性的影响，而其中只有一家中国机构：中国—东盟投资合作基金[3]。因此，在建立合作机制监督和缓解与“一带一路”项目相关的生物多样性风险方面，中国面临着潜在的严峻挑战。本研究将在下文详细探讨贷款机构保障措施及生物多样性风险缓解措施，以探索如何在相关领域取得进展。

生物多样性丧失也会减少经济福祉。发表在《全球环境变化》期刊上的一项研

1 HUGHES A. Understanding and minimizing environmental impacts of the Belt and Road Initiative[J]. Conservation Biology, 2019, 33(4): 883-894.

2 LOSOS E C, PFAFF A, OLANDER L P, MASON S, MORGAN S. Reducing Environmental Risks from Belt and Road Initiative Investments in Transportation Infrastructure[R]. Washington, DC: World Bank Group, 2019.

3 NARAIN D, MARON M, TEO H C, HUSSEY K, LECHNER A M. Best-Practice Biodiversity Safeguards for Belt and Road Initiative's Financiers[J]. Nature Sustainability, 2020, 3(8): 1-8.

究发现，1997 年至 2011 年，因土地覆被变化造成的生态系统服务功能损失，致使全球经济损失达每年 4 万亿美元至 20 万亿美元[1]。世界银行 2019 年研究了肯尼亚保护工作的经济影响，结果表明，生物多样性管理可以影响基础设施项目周边社区使用的生态系统服务，进而对基础设施项目产生正面或负面的经济影响，造成项目结果有所不同[2]。

生物多样性的风险明显对人类社区具有潜在的影响，但是这些影响对不同性别的人群可能有所不同，如果不考虑性别影响的差异，会大幅度降低保护规划的有效性。在许多农村贫困地区，生物多样性丧失对妇女的影响远超过对男性的影响，特别是在一些地区妇女要承担取水、收集薪柴、采摘野果的工作。这在全球发展中国家内普遍存在[3,4]。如果森林与河流生态系统遭到破坏，妇女的工作将变得更加繁重，因为她们需要在不够安全的地区跋涉更远去完成采收工作。

如果"一带一路"倡议不能制定一系列战略性政策和标准，形成相应机制来减少生物多样性风险，将进一步面临金融、社会、环境和政治方面的风险，从而无法释放全部潜能。脆弱的生态系统可能影响基础设施项目的完整性，降低财务收益率，同时还会通过债务增加项目所在国的宏观经济压力，影响中国金融机构的资产负债表。此外，生物多样性退化加速可能导致社会冲突，造成信誉危机，进而威胁到对"一带一路"倡议至关重要的地缘政治关系。出于上述原因，控制与"一带一路"倡议相关的生物多样性风险至关重要。

二、对 SDG15 相关政策标准的分析

（一）中国经验的调查与评估

1. 中国生物多样性保护现状

中国是世界上生物多样性最丰富的国家之一，同时也是生物多样性受威胁最严重的国家之一。中国应加强生物多样性保护，积极开展生物多样性调查、生态系统和物种濒危等级评价、就地保护和迁地保护以及制定相应的生物多样性保护政策等工作。

1 COSTANZA R, de GROOT R, SUTTON P, et al. Changes in the global value of ecosystem services[J]. Global Environmental Change, 2014, 26: 152-158.

2 DAMANIA R, DESBUREAUX S, SCANDIZZO P L, MIKOU M, GOHIL D, SAID M. When Good Conservation Becomes Good Economics[R]. Washington, DC: World Bank, 2019.

3 Global Environment Facility. Mainstreaming Gender at the GEF[R]. Washington, DC: GEF, 2013.

4 ROCHELEAU D E. Gender and Biodiversity: A Feminist Political Ecology Perspective[J]. IDS Bulletin-Institute of Development Studies, 1995, 26(1): 9-16.

在就地和迁地保护方面，中国建立了以国家公园为主体，涵盖自然保护区、风景名胜区、森林公园、地质公园、湿地公园、文化自然遗产等自然保护地体系，并建立了重点生态功能区、生物多样性保护优先区作为其重要补充。国家公园、自然保护区、森林公园、风景名胜区、地质公园、湿地公园、饮用水水源地等保护地数量达 10 000 多处，约占陆地国土面积的 18%。同时，中国已提出全国重点生态功能区、重要生态功能区、生态敏感区和脆弱区等尺度的生态功能区域，这些不同尺度的保护区域对中国的国土生态保护起到了积极作用。尽管进行了大规模的保护，因保护地存在空间界限不清、交叉重叠等问题，近年来生态空间被挤占、生态系统退化严重、生物多样性加速下降的总体趋势仍在持续。划定生态保护红线，就是要明确生态空间范围内具有特殊重要生态功能、必须强制性严格保护的区域，实现一条红线管控所有重要生态空间。

2. 中国生态保护红线实践

（1）生态保护红线划定和管理进程

2011 年 10 月，中国国务院发布《国务院关于加强环境保护重点工作的意见》，首次提出划定生态保护红线，明确在重要 / 重点生态功能区、陆地和海洋生态环境敏感区及脆弱区划定生态保护红线，并实行永久保护。2017 年 2 月，中共中央办公厅、国务院办公厅联合印发《关于划定并严守生态保护红线的若干意见》，确定了生态保护红线划定与严守的指导思想、基本原则和总体目标，标志着中国生态保护红线的发展进入了全新的快速发展阶段。

（2）制定了科学的划定方法

生态保护红线的划定首先需要开展科学评估，识别水源涵养、生物多样性保护、水土保持等生态功能极重要区域，以及水土流失、土地沙化、盐渍化等生态环境极敏感脆弱区域的空间分布。其次，将上述两类区域进行空间叠加，划入生态保护红线，涵盖所有国家级和省级禁止开发区域，以及有必要严格保护的其他各类保护地等。

生态保护红线的设计是为了保护稀有的中国濒危物种及其栖息地，结合中国环境保护管理工作的实际而提出的。生态保护红线不等同于重新划定新的保护地，而是通过更加科学、全面和系统的方法，实现大尺度生态保护体系的构建与优化。生态保护红线将已有的重要保护地整合为完整且便于管理的生态保护体系，既包含已建的各类保护地，也包含现有的保护空缺区域。

（3）制定了权责分明划定与严守体系

中国的生态保护红线划定是由国家制定技术指南指导各省级政府划定，最终由省级政府自主决定具体划定范围。国家从宏观角度制定《生态保护红线管理办法》，各省根据国家制定的办法，结合本省实际，制定符合地方实际的《生态保护红线管理办法》，分别在环境准入、资源可持续利用、生态保护修复、生态保护补偿、评估考核等方面细化。生态保护红线管理和监督管理的责任也由各级政府来承担。

（4）形成了显著的保护成效

2018 年 1 月，国务院批准了京津冀、长江经济带省市和宁夏等 15 个省份生态保护红线划定方案，且 15 个省份均已发布实施。2018 年 10 月，生态环境部会同自然资源部组织召开审核会议，原则通过另外 16 个省区的划定方案。目前生态保护红线具体划定范围还有待通过勘界定标等落实到具体地块，但就初步划定方案来看，全国生态保护红线约占国土面积的 1/3，但红线内的林地、草地、湿地等主要生态用地占全国主要生态用地面积的 55%，以国家公园为主体的自然保护地体系，占陆地国土面积的 18% 以上，提前实现了 2020 年爱知生物多样性目标提出的保护地面积达到 17% 的目标。大熊猫、朱鹮、藏羚羊等部分珍稀濒危物种、野外种群数量稳中有升。红线内主要生态用地涵盖了长江、黄河、珠江等三级以上主要河流的集水区，以及所有国家级和绝大部分地方级生物多样性丰富地区，保护了绝大多数河流型和湖泊型水源地及部分地下水水源地，并保护了所有国家重点保护野生动植物名录中物种的分布区域以及保护动物和植物的集中分布区域。

3. 中国生态保护红线政策对生物多样性保护的经验

中国生态保护红线对生物多样性的保护主要是将生物多样性丰富和重要地区划入生态保护红线，然后维护和修复生态保护红线内的生境，实现生物多样性的就地和迁地保护。

（1）生态保护红线范围科学合理

生态保护红线统筹考虑自然生态整体性和系统性，开展科学评估，按生态功能重要性、生态环境敏感性与脆弱性划定并落实到国土空间。生态保护红线的范围涵盖所有国家级、省级禁止开发区域，以及有必要严格保护的其他各类保护地等，实现了一条红线管控重要生态空间。

（2）对生态保护红线区内人类活动严格管控

生态保护红线，从功能定位看，对于维持生态平衡、支撑经济社会可持续发展意义重大；从用地性质看，是具有重要生态功能的生态用地，必须严格管制用途；从保护要求看，是保障和维护生态安全的临界值和最基本要求，是保护生物多样性、维持关键物种、生态系统存续的最小面积，确保功能不降低、面积不减少、性质不改变。

生态保护红线原则上按禁止开发区域的要求进行管理，严禁不符合主体功能定位的各类开发活动。

1）对生态保护红线内的国家公园、自然保护区、风景名胜区、森林公园、地质公园、世界自然遗产、湿地公园、饮用水水源保护区等各类保护地的管理，法律法规和规章另有规定的，从其规定。

2）红线内其他区域：制定了生态保护红线内禁止开展的人类活动类型，如矿产资源开发活动；围填海、采砂等破坏海河湖岸线等活动；大规模农业开发活动，包括大面积开荒，规模化养殖、捕捞活动；纺织印染、制革、造纸印刷、石化等制造业活动；房地产开发活动；客（货）运车站、港口、机场建设活动；火力发电、核力发电活动；以及危险品仓储活动；生产《环境保护综合名录（2017年版）》所列“高污染、高环境风险”产品的活动；《环境污染强制责任保险管理办法》所指的环境高风险生产经营活动。

（3）对生态保护红线区内实行生态修复和生态补偿

1）开展生态修复

制定生态保护红线保护与修复方案，优先保护良好生态系统和重要物种栖息地，修复受损生态系统，构建生态廊道和重要生态节点，提高生态系统完整性和连通性。将保护修复生态保护红线作为山水林田湖草沙等各类生态保护修复工程的重要内容，统筹生态保护红线内水土保持、天然林资源保护、国土综合整治等各类生态保护修复工程资金渠道，切实落实保护与修复资金。按照陆海统筹、综合治理的原则，开展海洋国土空间生态保护红线的整治修复，重点加强生态保护红线内入海河口、滨岸带、海岛和受污染海域的综合整治。

2）开展政府投入和多元补偿的生态补偿机制

各级人民政府加大对生态保护红线所在地区财政资金投入力度，鼓励各地出台有利于生态保护红线的财政、信贷、金融、税收等政策，建立生态补偿机制。

地方各级人民政府应当建立政府引导、市场运作、社会参与的多元化投融资机制，引导社会力量参与保护生态保护红线。鼓励在生态保护红线内开展生态系统服务付费试点，探索实现生态产品价值的市场化机制。

3）建设和完善生态保护红线综合监测网络体系

及时获取监测数据，加强监测数据集成分析和综合应用，全面掌握生态保护红线生态系统构成、分布与动态变化，实时监控人类干扰活动。提高管理决策的科学化水平，及时核查和处理违法违规行为。

（4）创建生态保护红线严守责任体系

1）强化执法监督

建立生态保护红线常态化执法机制，定期开展执法督查，及时发现和依法处罚破坏生态保护红线的行为，切实做到有案必查、违法必究。

2）建立考核机制

开展生态保护红线保护成效考核，并将考核结果纳入生态文明建设目标评价考核体系，作为对地方政府工作成效进行评判的重要参考。

3）强化责任追究

严格领导干部责任追究，尤其是对造成生态环境和资源严重破坏的，要实行终身追责，责任人不论是否已调离、提拔或退休，都必须严格追责。

4）创建激励约束机制

对生态保护红线保护成效突出的单位和个人予以奖励，并提出根据需要设置生态保护红线管护岗位，提高居民参与生态保护的积极性。

5）保障公众知情和参与

及时准确发布生态保护红线分布、调整、保护状况等信息，保障公众知情权、参与权和监督权。加大政策宣传力度，发挥媒体、公益组织和志愿者作用。

（二）与 SDG15 相关的国际标准

在建设“一带一路”过程中，针对 SDG15 需求采取一系列协调统一的标准，不仅有助于将风险降至最低，也能够最大限度地发挥“一带一路”倡议的积极作用，确保参与各方的行为合法合规。实现这一目标的主要方法是加强环境与社会风险管理（ESRM）。本节将回顾全球主要多边金融机构在基础设施、一体化和发展金融方面所践行的与 SDG15 相关的国际标准。本节由两部分内容组成，第一部分简要概述制定“一带一路”标准的好处，第二部分对国际参与者采取的主要政策进行对比分析。

在过去几十年中，国际金融投资领域越来越广泛地采用了环境评估和监督体系。本节根据“一带一路”项目融资领域最为活跃的中国金融机构，选取了相应的国际金融机构，并对其惯常做法进行了汇总分析。“一带一路”项目主要通过丝路基金、国家开发银行、中国进出口银行等中国官方机构获得融资，但其资金渠道不仅限于此[1]。因此，在探讨跨国基础设施建设项目中的环境治理问题时，本研究选择了经常为“一

1 XI J P. Work Together to Build the Silk Road Economic Belt and The 21st Century Maritime Silk Road-Opening Ceremony Speech of the Belt and Road Forum for International Cooperation[J]. Quishi Journal, 2017, 9(3): 32.

带一路”共建国家提供资金支持的传统多边开发金融机构作为研究对象。

1. 制定绿色“一带一路”标准和保障措施的益处

研究制定绿色标准不仅能确保“一带一路”倡议与SDGs对接，还有利于保证相关各方获益。因此，高水平或最佳的环境标准要充分考虑参与“一带一路”建设的中国和其他利益相关方的诉求，从而保证“一带一路”倡议通过提供公共产品，造福全球经济（表8-1）。

表8-1 在“一带一路”倡议中实现SDGs标准化的好处

主体	好处
中国参与者	扩大市场 提升项目效果 规避违约风险 预防与缓解环境和社会风险 预防与缓解信誉风险
项目所在国	改善财政资源管理 加强自然资源管理 提高机构能力 预防与缓解环境和社会风险 预防与管理信誉风险
当地社区	降低出现社会冲突的可能性 促进当地社区发声，提高项目归属感 降低脆弱性 提高生活水平
全球	平等利用资源 提升全球公共产品供给 互联互通与全球增长 领导力与合法性

资料来源：在世界银行（2010）和国家开发银行-UNDP（2019）研究基础上总结。

标准还能提升项目业绩和收益率。2018年，国际金融公司（IFC）发现，围绕上述提到的各项共同准则制定的标准与良好的金融业绩（以资产收益率和净资产收益率计算）和金融风险评级之间存在关联性。该研究涵盖656个IFC项目，总价值达到370亿美元。基于债务可持续性分析（DSA）的风险工具，有助于确保中国参与者免于承担项目债务违约的风险。2010年，世界银行独立评估局（IEG）（一家独立监督机构）对ESRM的成本与效益进行评估，并得出结论：环境保障的效益远远超过新增成本[1]。在选取银行项目作为样本进行风险与收益评估后，世界银行发现，大多数敏感项目“对项目所在国来说，要么是低成本低效益，要么是高成本高效益”。通过上述同一个 IEG 调研与评估研究，世界银行还发现，参与调查的工作组组长中，“超过一半表示银行的保障提高了受益方对项目的接受度，保障政策也让近 30% 的联合投资者增加了对项目的接受度”[2]。

专栏 8-1　案例研究：将秘鲁的中国矿产企业纳入 ESRM

中国金融机构、企业和政府可以围绕共同准则，制定一套相应的标准，并从中受益。首先，这些工具可以帮助中国银行和企业提高和保持海外市场占有率。中国在秘鲁的经验就是一个很好的例子。由于中国投资者和秘鲁政府在环境和社会风险管理（ESRM）方面的工作缺失，中国在秘鲁的首个“一带一路”项目耗资巨大，成效甚微。中国企业与当地工人和社区在工人健康与安全、应急准备和生物多样性等问题上无法达成一致。虽然其中一些问题是受到项目所在国执行能力的限制，而非中国企业的过错，但从整体上看，中国企业的声誉受到了严重损害。事实上，当地普遍认为中国企业和金融机构缺乏有效的风险管理策略，导致中国企业很难在秘鲁矿产和资源开采项目中中标。此后，中国铜企在项目设计阶段加强了环境和社会风险管理，引入了利益相关方磋商机制。这类举措使中国企业打入了秘鲁市场，并提高了中国企业在当地的声誉。当出现问题时，环境和社会风险管理计划使企业和项目所在国可以及时采取应对措施，将损失降至最低[3,4]。

标准还可以造福项目附近的当地社区。在项目建设开始前就与当地社区进行沟通，有助于找到可能出现的问题，防止冲突发生。在玻利维亚，中国锡企提前与项目拟建地社区进行沟通，了解到其对项目持反对态度坚持在当地实施项目可能会发生冲突。此类冲突将影响企业的商业前景甚至损害中国企业的声誉[5]。随后，玻利维亚政府找到

1 World Bank. Safeguards and Sustainability Policies in a Changing World[R]. Washington, DC: World Bank, Independent Evaluation Group, 2010.

2 World Bank. Safeguards and Sustainability Policies in a Changing World[R]. Washington, DC: World Bank, Independent Evaluation Group, 2010.

3 IRWIN A, GALLAGHER K P. Chinese Mining in Latin America: a Comparative Perspective[J]. Journal of Environment and Development, 2013, 22(2): 207-234.

4 RAY R, GALLAGHER K P, LOPEZ A, SANBORN C. China in Latin America: Lessons for South South Cooperation for Sustainable Development[R]. Global Development Policy Center, Boston University, 2015.

5 RAY R, GALLAGHER K P, LOPEZ A, SANBORN C. China in Latin America: Lessons for South South Cooperation for Sustainable Development[R]. Global Development Policy Center, Boston University, 2015.

了另一处项目建设地，当地社区的情况更适合项目实施，从而避免了一场可能发生的社会冲突。

专栏 8-2 开发金融机构之外：联合国系统内的环境治理体系

通过联合国机制，各国建立了与本研究分析的开发金融机构治理系统相似的体系。在这方面，《生物多样性公约》长期以来一直是一个强化与协调各国家标准的全球性平台。《生物多样性公约》鼓励各国在信息共享和能力建设方面进行合作，以制定自己的标准和做法（1992，第14条），与绿色“一带一路”框架高度兼容。

2006年，《生物多样性公约》制定了包括生物多样性在内的环境影响评估自愿准则，包括在上游阶段关注和确认需要着重注意的潜在问题领域。该准则鼓励各方在提议项目之前将重点放在上游阶段的工作上，即调查和确认生物多样性资源，例如中国近期在划定保护优先区时开展的相关工作。随后，初评和筛选各项目建议书，以确保在评估阶段能够妥善应对所有可能的风险。在开展影响评估时，应尽可能确保所有利益相关方的充分参与。在对每个独立项目进行影响评估之后，应建立问责机制用于监测和管理项目风险、监督实施所有必要的缓解措施。《生物多样性公约》还呼吁协调各生物多样性融资机制之间的标准，列出了适用于所有情况的标准，包括但不限于：重视并优先考虑生物多样性的内在价值及其在当地生计中的作用，项目利益相关方的有效参与，建立体制框架以监督保障措施的实施。

全球环境基金（GEF）已经成为环境标准指南的另一个重要来源。全球环境基金不单独为项目提供资金，而是通过共同筹资的方式开展工作。因此，GEF标准可以“挤进”其他贷方标准并扩大覆盖范围。全球环境基金对项目有九项最低标准，包括：评估，问责机制，保护措施，对土地使用和现有社区非自愿迁居的限制等。第一项最低标准涉及环境和社会评估、管理和监测，与《生物多样性公约》的指导原则相呼应，此标准要求尽早进行项目初审与筛选，以确定哪些风险（既包括本项标准涉及的风险，也包括其余8项标准下涉及的风险）属于各项目共有的风险。第二项标准要求建立如下文所述的体制机制，以解决那些可能会以可追责、透明方式出现的问题。尽管这些保障措施的范围代表了国际开发金融环境管理中的关键要素，但其规模并不大。2018年，全球环境基金四年工作周期内只募集到41亿美元的认捐资金。在主要开发金融机构提供的发展资金中，这仅仅是一小部分。相比较而言，世界银行在过去四年中批准的项目金额超过了1 200亿美元[1]。因此，本研究关于国际经验的探讨将重点放在最大的开发金融机构（通常为发展中国家提供基础设施融资的机构）上，作为与“一带一路”项目进行比较的切入点。

专栏8-3　开发金融机构之外：私营部门的环境治理体系

除了本节介绍的多边方法外，近年来以私人投资与金融为主导的体系建设也取得了重大进展。其中最为人熟知的当属“赤道原则”，专门用于支持私营金融机构开展项目建议书评估工作。“赤道原则”着重于项目的早期审查和分类，以确保项目层面的评估能够妥善地解决所有重大环境和社会风险，同时确保尽可能广泛的公众参与。2020年，“赤道原则”强调设计完善的机构问责机制，并与国家司法补偿措施结合使用，以确保在实践中进行适当的项目管理。作为“赤道原则”的补充，国际标准化组织建立了ISO 14000环境管理系列标准，作为环境管理工具。这些体系并未指定具体的保障措施，但划定了各机构建立标准的范围，并承诺对员工进行培训和审核以确保合规。

虽然这些框架可以作为重要工具帮助私人贷方和投资者更好地选择和管理项目，但其与“一带一路”投资项目并不完全相同，因为“一带一路”项目涉及各国政府之间的合作。因此，本节将重点介绍经常为发展中国家提供基础设施融资的开发金融机构的常规做法。

2. 国际金融机构生物多样性相关政策与措施的对比分析

本节针对11家在全球范围内开展基础设施融资服务的主要国际机构进行了研究，重点关注其与生物多样性相关的实践措施。分析结果表明，这些机构的目标和指导原则高度一致，几乎所有机构都寻求将生物多样性风险降至最低，在生物多样性方面实现“净零损失”，甚至“净收益”。此外，大多数机构还要求将生物多样性评估与缓解措施绑定，并将利益相关方参与和磋商纳入生物多样性评估与管理。对具体操作与政策的详细分析显示，各机构之间存在明显的共性。

大多数国际金融机构将设定生物多样性保护目标作为其工作的核心。亚洲基础设施投资银行（AIIB）、拉丁美洲开发银行（CAF）、世界银行（WB）和国际金融公司

1 World Bank. Annual Report 2020: Ending Poverty, Investing in Opportunity[R]. Washington, DC: World Bank, 2020.

（IFC）都已经认识到，有必要“通过可持续利用生物多样性和自然资源在经济、社会和文化方面的多重价值，将保护需求和开发重点进行整合”为具体落实这些目标，上述金融机构采取生物多样性“净零损失”政策（如 AIIB）或“净零损失或净收益”政策［如欧洲投资银行（EIB）、亚洲开发银行（ADB）、德国开发银行和 CAF）］。

在生物多样性保护的总体原则和政策措施方面，大多数金融机构的实践也高度相似。几乎所有的机构都要求满足以下五个条件：对接国际承诺和国家法律要求；根据生物多样性制定禁止项目类别清单；开展生物多样性评估和影响评估；依照缓解措施层级采取措施确保生物多样性净零损失或净收益；在生物多样性评估与管理过程中确保利益相关方的有效参与和磋商。

这些政策详见表 8-2，表格纵向列出了金融机构名称，横向列出了具体的生物多样性措施。应当注意到，虽然这些机构制定了相关政策，但并不能保证其随时得到落实，从而对项目、生物多样性和社区造成负面影响[1]。

表 8-2　发展金融机构在生物多样性保护方面的操作要求

	生物多样性保护的国际最佳实践				
	对接国际承诺和国家法律要求	禁止类别项目的排除清单	生物多样性影响评估	依照缓解措施层级采取措施	利益相关方参与和磋商
ADB	X	X	X		X
AfDB	X	X	X	X	X
AIIB	X	X	X	X	X
BNDES	X		X	X	
CAF	X	X	X		X
EBRD	X	X	X	X	X
EIB	X	X	X	X	X
IADB	X	X	X	X	X
IFC	X	X	X	X	X
KFW	X	X	X		X
WB	X	X	X	X	X

注：ADB= 亚洲开发银行；AfDB= 非洲开发银行；AIIB= 亚洲基础设施投资银行；BNDES= 巴西开发银行；CAF= 拉丁美洲开发银行；EBRD= 欧洲复兴开发银行；EIB= 欧洲投资银行；IADB= 美洲开发银行；IFC= 国际金融公司；KFW= 德国开发银行；WB= 世界银行。

资料来源：作者对官方文件与采访的分析汇总。

---

1 RAY R, GALLAGHER K P, SANBORN C. Development Banks and Sustainability in the Andean Amazon[M]. London: Routledge, 2019.

表 8-2 显示，主要的国际开发金融机构开展了大量生物多样性的相关实践。经过总结分析，可以概括出五个重要共性，分别是：对接国际承诺和国家法律要求；要求开展检查与评估，明确具体的生物多样性措施（及其相关社会影响）并对其进行充分披露；依照缓解措施层级采取措施确保生物多样性净零损失或净收益；在生物多样性评估与管理过程中确保利益相关方的有效参与和磋商；制定禁止类别项目的排除清单。在该部分，我们将通过一些项目进行具体分析。

（1）对接国际承诺和国家法律要求

确保机构的实践符合具体的国际或国家承诺和法律要求，是所有国际机构的一个共同特征。以亚洲基础设施投资银行（以下简称亚投行，AIIB）为例，“亚投行不会有意地资助下述有关项目……依据项目所在国的法律法规或国际公约和协议，被判定为非法或在国际上逐步被淘汰或禁止产品的生产和交易或相关活动[1]”。研究关注的大部分机构都有类似的表述。

（2）因不符合生物多样性标准，而被判定为完全不合格项目的排除清单

亚投行和其他国际机构提供了一份说明性清单，列出了其所遵守的所有国际和国家承诺，大多是对接性表述。以亚投行为例，清单包括如下内容[2]。

1）受《濒危野生动植物种国际贸易公约》（CITES）管制的野生动植物贸易或野生动植物产品的生产或贸易。

2）项目所在国的法律，或与保护生物多样性资源或文化资源有关的国际公约——如《波恩公约》《拉姆萨尔公约》《世界遗产公约》《生物多样性公约》等——所禁止的活动。

3）商业性采伐作业，或购买用于采伐原始热带雨林或老龄林的伐木设备。

4）来源并非可持续管理林区的木材，或其他林业产品的生产或贸易。

5）会伤害大量脆弱、受保护物种且会破坏海洋生物多样性与海洋生境的各类海洋和沿海捕捞作业，例如大规模的中上层流网捕鱼和细网捕鱼。

研究关注的国际机构中，大部分都将项目排除范围进行了扩展，不仅违反各项国际和国家承诺的项目不会得到支持，环境影响评估与相关评价结果认为影响严重的项目也会被拒。大多数机构都有类似的规定。例如，非洲开发银行政策规定，“如果我行发现某一投资对环境或社会造成的不利影响无法得到妥善解决，则我行可选择终止

1 Asian Infrastructure Investment Bank (AIIB). Environmental and Social Framework[EB/OL]. (2019). https://www.aiib.org/en/policies-strategies/framework-agreements/environmental-social-framework.html.

2 Asian Infrastructure Investment Bank (AIIB). Environmental and Social Framework[EB/OL]. (2019). https://www.aiib.org/en/policies-strategies/framework-agreements/environmental-social-framework.html.

投资……如果某一项目对动植物生境/生物多样性的影响非常严重，我行可选择停止资助该项目[1]”。

（3）生物多样性评估和环境影响评估的标准

研究关注的主要国际机构中，大多数都将“生物多样性影响”评价纳入了广义的“环境影响评估”开展分析。根据相关政策要求，各机构须充分考虑项目对动植物生境和生物多样性产生的直接、间接和累积影响。世界银行（WB）会检查对生物多样性的威胁因素，例如，动植物生境减少、退化和破碎化、外来物种入侵、过度开发、水文变化、养分负荷、污染及其附带的风险、预计的气候变化等。世界银行（WB）在为生物多样性和动植物生境的重要性划分等级时，主要考虑其在全球、地区或国家层面的脆弱性和不可替代性，同时，也会把受到项目影响的各方对生物多样性和动植物生境的重视程度考虑在内[2]。本章研究的大多数机构制定的政策中都有相同或类似的表述（表8-2）。

拉丁美洲开发银行（CAF）的表述和范围略有不同。其政策指出，该机构将评估“所研究区域内的相关自然、生态和社会经济条件，尤其是可能受到拟议的发展规划明显影响的环境条件，特别是人口、动植物、土壤、水、空气、气候要素，建筑和考古遗产及景观等有形资产，以及以上多者之间的关系；研究在受项目影响的范围内正在进行或拟议的开发活动，包括与项目非直接相关的活动[3]”。

美洲开发银行（IADB）支持的项目多位于生物多样性丰富地区，例如横跨多个国家的亚马孙盆地。因此，美洲开发银行的政策也涉及与项目相关的跨境生物多样性问题。美洲开发银行的环境评估力求在项目初期发现可能涉及的跨境问题，评估过程主要针对可能产生重大跨境环境和社会影响的活动，如项目活动会影响其他国家使用水路、集水区、海洋/沿海资源、生态廊道、区域性空气流域和蓄水层等。该评估过程解决的问题包括：①向受影响的国家通报重大的跨境影响；②采取适宜措施征询受影响各方的意见；③采取令IADB满意的环境缓解和（或）监测措施。

除评估生物多样性影响外，国际机构还建议对经济影响进行性别区分，以便评估项目对妇女进行农业生物多样性管理工作的间接影响。《2015—2020年性别平等行动计划》呼吁，在计算项目成本与收益时，应像绿色气候基金和气候投资基金一样，对

1 African Development Bank (AfDB) Integrated Safeguard System. Policy Statement and Operational Safeguards[R]. Tunis: African Development Bank Group, 2013.

2 World Bank. ESS6: Biodiversity Conservation and Sustainable Management of Living Natural Resources[R]. Washington DC: World Bank, 2018.

3 Development Bank of Latin America (CAF). Environmental and Social Safeguards for CAF/GEF Projects Manual[EB/OL]. (2015).

男女采取不同的计算方法，而不是进行总体估算[1,2,3]。

（4）遵循“缓解措施层级”（mitigation hierarchy）来解决发现的问题

就强制性生物多样性影响评估而言，表 8-2 显示，大多数主要国际金融机构（研究涵盖的 11 个机构中的 8 个）要求遵循“缓解措施层级”以实现生物多样性“净零损失”或“净收益”的整体目标。缓解措施层级包含以下四个“支柱”。

1）避免：采取措施从源头避免产生影响，如合理安置基础设施要素，以绝对避免对生物多样性的某些组成部分产生影响。

2）最小化：对于无法绝对避免的影响，在切实可行的范围内采取措施降低影响的持续时间、强度和 / 或范围（包括直接、间接和累积影响）。

3）恢复 / 修复：在项目产生无法绝对避免的影响和 / 或影响已无法减至最低后，采取措施恢复退化的生态系统或修复清理后的生态系统。

4）补偿：对于无法绝对避免、缓解和 / 或恢复或修复的明显残留的负面影响，采取抵消补偿等措施来应对，以实现生物多样性保护的“净零损失”或“净收益”目标。抵消补偿措施可以是采取主动的管理干预措施，如修复退化的生境、抑制退化状态或规避风险、保护生物多样性即将或可能受到威胁的地区等。

（5）利益相关方的参与、磋商和披露

在生物多样性评估和管理过程中，本次研究关注的所有机构均要求利益相关方的参与和磋商。各机构都做出了一定的承诺，将征询受影响人群和社区的意见，以确保他们知情并参与到项目进程中来。

如前所述，在聚集大量脆弱群体的地区，人们对于生物多样性问题忧心忡忡，在这些地区进行的大型基础设施项目中，CAF 的参与度大概是最高的。CAF 要求在环境评估过程中尽早与受项目影响的群体进行沟通，并要求将这种沟通延续到整个项目周期。在整个项目周期中，重要信息应及时向受影响的群体、民间社会组织和其他主要利益攸关者披露。CAF 还要求：“应将项目对森林和自然生境的潜在影响，以及其为社区福利而获取和使用资源的权利作为‘环境和社会评估’的一部分来进行评价。”

国际金融公司（IFC）要求借款人必须执行“利益相关方参与计划”。在适用的

1 Convention on Biological Diversity. 2015-2020 Gender Action Plan[EB/OL]. [2017-10-02]. https://www.cbd.int/gender/action-plan/.

2 Climate Investment Funds. CIF Gender Action Plan – Phase 2[EB/OL]. [2016-11-22]. https://www.climateinvestmentfunds.org/sites/default/files/ctf_scf_decision_by_mail_cif_gender_action_plan_phase_2_final_revised.pdf.

3 Green Climate Fund. Mainstreaming Gender in Green Climate Fund Projects[R]. Yeonsu-gu, South Korea: GCF, 2017.

情况下，"利益相关方参与计划"将包含差异化举措，以确保弱势群体或脆弱群体能够有效地参与进来。如果利益相关方的参与主要依靠社区代表，那么客户须尽一切努力核实这些人是否能够切实代表受影响的社区，以及他们是否能把沟通的结果如实地反馈给社区成员。如果受到影响的社区将承受项目带来的风险和不利影响，则磋商过程应当确保受影响的社区有机会就项目风险、影响和缓解措施等发表意见，客户也可考虑这些意见并做出回应[1]。

开发金融机构非常清楚，在其利益相关方参与计划中保证妇女参与非常重要，尤其是存在社区搬迁可能性的情况下。如第一节"生物多样性与'一带一路'倡议"部分所述，在许多农村贫困地区，妇女通常不参加公开讨论，却不可避免地遭受了生物多样性损失的影响，这会削弱妇女管理农业生物多样性的能力，可能进一步加大生物多样性损失，并限制了保护项目的惠益。例如，由亚洲基础设施投资银行、亚洲开发银行、非洲开发银行、欧洲复兴开发银行、欧洲投资银行、美洲开发银行、新开发银行和世界银行的代表组成的银行间工作组最近就有效的利益相关方参与发布了联合建议，鼓励项目规划者在进行具体流程设计时，优先考虑妇女和其他弱势群体的参与，并在必要时按性别分别制定利益相关方参与的过程[2]。

三、对 SDG15 相关投资工具的分析

要实现 SDG15 并非易事。生物多样性对于人们的生活和生计来说必不可少，但与此同时它又十分脆弱，一旦被破坏就很难（或者说几乎不可能）再生。因此，为了提高它在不断发展的国际金融投资界中的优先级，生物多样性融资应运而生。

人们的有关需求日益急迫。在 2015 年北京举办的一个研讨会上，生物多样性和生态系统服务政府间科学政策平台（IPBES）得出结论，为了保护当前受土地退化影响的 32 亿人的利益，我们必须"协调一致，立即行动"，以遏制全球范围内生态系统的退化[3]。从经济角度来看，预计因生物多样性退化而导致的损失将占全球 GDP 的 10%。

根据定义，保护生物多样性是一种将长期福祉置于短期繁荣之上的行为，它要求

1 International Finance Corporation. IFC Performance Standards[R]. Washington, DC: IFC, 2012.

2 KVAM R. Meaningful Stakeholder Engagemen: A Joint Publication of the MFI Working Group on Environmental and Social Standards[R]. Washington, DC: Inter-American Development Bank, 2019.

3 MONTANARELLA L, SCHOLES R, BRAINICH A. The IPBES assessment report on land degradation and restoration[R]. Bonn, Germany: Intergovernmental Science-Policy Platform on Biodiversity and Ecosystem Services, 2018.

人们对支持未来经济生产和人类健康所必需的自然资本进行投资。同时，它也要求对那些能够在社区内产生广泛的正外向性活动进行投资——投资者自身是无法完全消化这些正外向性的。因此，保护生物多样性需要靠外部激励来实现繁荣，如有利的政策环境、优惠的财政条款、有动力推动积极变革的影响力投资者等，这些影响力投资者不仅是为了提高自身的资产价值，也是为他们所在的社区谋福祉。

（一）中国经验的调查与评估

SDG15 旨在保护、恢复和促进可持续利用陆地生态系统。近年来中国围绕健全生态补偿机制、生态功能区转移支付、草原奖补、退耕还林补贴、湿地保护修复补贴等不断加大财政资金投入，同时不断健全自然资源产权制度，创新政府与企业、环保组织间的合作方式，推动可持续管理森林建设，防治荒漠化，制止和扭转土地退化，遏制生物多样性的丧失。2018 年中国 SDG15 得分为 62.7，较 2017 年提高 7%，陆地生态系统保护取得了一定的成效。

（1）生态补偿机制不断完善[1]。中国政府高度重视生态补偿机制建设，《关于健全生态保护补偿机制的意见》《关于加快建立流域上下游横向生态保护补偿机制的指导意见》《建立市场化、多元化生态保护补偿机制行动计划》《关于建立健全长江经济带生态补偿与保护长效机制的指导意见》《生态综合补偿试点方案》等重要政策文件密集出台，具有中国特色的生态补偿制度格局日益清晰。据统计，2019 年，中国生态补偿财政资金已投入近 2 000 亿元。同时，国家和地方都在积极探索市场化、多元化生态补偿机制，弥补政府财政补偿资金的不足。如南水北调中线水源区积极开展具有生态补偿性质的对口协作，浙江金华与磐安率先实践异地开发的补偿模式，新安江流域引入社会资本参与生态补偿项目，茅台集团自 2014 年起计划连续十年累计出资 5 亿元参与赤水河流域水环境补偿，三峡集团正在长江大保护中发挥主体平台作用并探索市场化补偿路径。

（2）生态功能区转移支付力度不断加大。为了引导地方政府加大生态环境保护力度，提高国家重点生态功能区所在地政府的基本公共服务保障能力，自 2008 年开始，中央财政设立国家重点生态功能区转移支付，不断加大对重点生态功能区的保护力度，截至 2019 年累计下达转移支付资金 5 242 亿元。其中，2019 年下达 811 亿元，较 2018 年增加 90 亿元，增幅达 12.5%（图 8-1）。同时，中国不断扩大国家重点生态

1 刘桂环 . 探索中国特色生态补偿制度体系 [N]. 中国环境报 , 2019-12-17. https://www.gmw.cn/xueshu/2019-12/17/content_33406914.htm.

功能区范围，2019 年享受国家重点生态功能区转移支付县域数量已达 819 个。在纳入国家重点生态功能区后，地方政府将获得相关财政、投资等政策支持，其必须严格执行产业准入负面清单制度，强化生态保护和修复，合理调控工业化、城镇化开发内容和边界，提高生态产品供给能力。

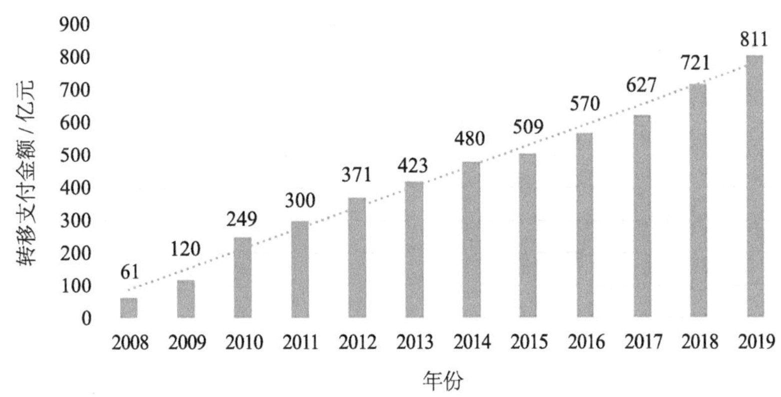

图 8-1　2008—2019 年国家重点生态功能区转移支付增长情况

资料来源：董战峰，李红祥，葛察忠，等. 环境经济政策年度报告 2017[J]. 环境经济，2018, 4: 12-35.

（3）森林生态效益补偿标准不断提高。近年来，中央财政不断加大森林生态效益补偿的投入规模，逐步提高补偿标准。从 2010 年起，中央财政依据国家级公益林权属实行不同的补偿标准：国有的国家级公益林补偿标准为 5 元 /（年 • 亩）（1 亩 = 1/15 hm^2），集体和个人所有的国家级公益林补偿标准由原来的 5 元 /（年 • 亩）提高到 10 元 /（年 • 亩）。2013 年，将集体和个人所有的国家级公益林补偿标准进一步提高到 15 元 /（年 • 亩）。2015 年、2016 年、2017 年将国有的国家级公益林补偿标准逐步提高到 6 元 /（年 • 亩）、8 元 /（年 • 亩）、10 元 /（年 • 亩）。在中央财政不断加大投入、提高标准的同时，地方财政也应积极完善地方森林生态效益补偿制度。

（4）湿地生态保护修复财政扶持政策不断完善。中国高度重视湿地保护工作，不断加大投入力度，加快建立健全湿地保护修复财政扶持政策。2013—2016 年，中央财政共安排 50 亿元支持中国湿地保护，后继续通过林业改革发展资金支持湿地保护恢复。2014 年财政部和国家林业局启动湿地生态效益补偿试点，对候鸟迁飞路线上的重要湿地因鸟类等野生动物保护造成的损失给予补偿。目前，相关中央财政资金采取"切块"方式下达，由地方自主确定湿地生态效益补偿范围和湿地保护对象。

专栏 8-4　林业改革发展资金支持湿地保护修复的举措

一是支持湿地保护与恢复。在林业系统管理的国际重要湿地、国家重要湿地以及生态区位重要的国家湿地公园、省级以上（含省级）湿地自然保护区，支持实施湿地保护与恢复，促进改善湿地生态状况，维护湿地生态系统的稳定。

二是支持退耕还湿。支持林业系统管理的国际重要湿地、国家级湿地自然保护区、国家重要湿地范围内的省级自然保护区实施退耕还湿，扩大湿地面积，改善耕地周边生态状况。

三是支持湿地生态效益补偿。对候鸟迁飞路线上的林业系统管理的重要湿地因鸟类等野生动物保护造成的损失给予补偿，调动各方面保护湿地的积极性，维护湿地生态服务功能。

（5）草原生态保护补助奖励政策持续推进。为保护草原生态，保障牛羊肉等特色畜产品供给，促进牧民增收，中国政府自 2011 年开始实施草原生态保护补助奖励机制。目前已覆盖内蒙古、新疆、西藏、青海、四川、甘肃、宁夏和云南 8 个主要草原牧区省，以及黑龙江等 5 个非主要牧区省，共计 268 个牧区半牧区县，累计下达补贴资金 1 520.3 亿元。其中，2019 年，中央财政安排新一轮草原生态保护补助奖励 187.6 亿元，支持实施禁牧面积 12.06 亿亩，草畜平衡面积 26.05 亿亩（图 8-2）。

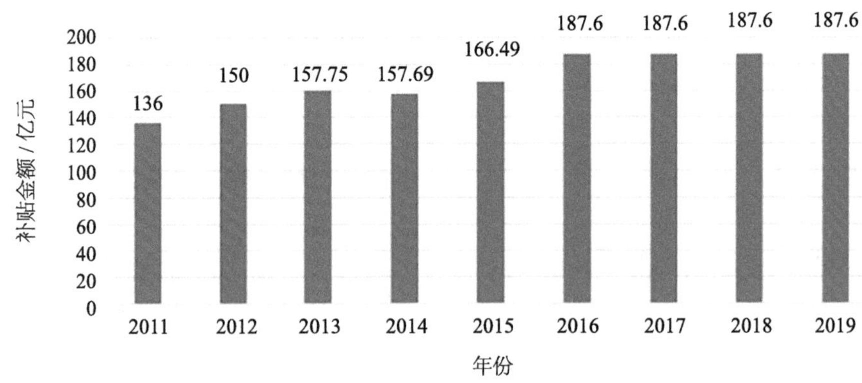

图 8-2　2011—2019 年草原生态保护补助奖励情况

资料来源：生态环境部环境规划院．中国环境经济政策进展年度报告 2017[R]. 2018；财政部网站。

（6）自然资源统一确权登记全面推进。自然资源确权登记工作是推动自然资源资产产权制度改革的基础环节，而健全自然资源资产产权制度是中国生态文明制度建设的重要内容。截至2018年10月底，12个省份、32个试点区域共划定自然资源登记单元1 191个，确权登记总面积186 727 km^2，并重点探索了国家公园、湿地、水流、探明储量矿产资源等确权登记试点。从2018年年底开始，在全国全面铺开、分阶段推进重点区域自然资源确权登记，计划利用5年时间完成对国家和各省重点建设的国家公园、自然保护区、各类自然公园（风景名胜区、湿地公园、自然遗产、地质公园等）等自然保护地的自然资源统一确权登记，同时对大江大河大湖、重要湿地、国有重点林区、重要草原草甸等具有完整生态功能的全民所有单项自然资源开展统一确权登记。

（7）创新环保组织和政府间同大型企业和政府间合作方式。“债务换自然”最早源于20世纪80年代，是非政府组织与各国政府共同开展的，是将国家的债务款项用作该国自然保护活动资金的一种活动，其目的是实现发展和保护的共赢。目前国内尚未查到“债务换自然”的交易活动，但国际组织和政府间、大型企业和政府间以生态系统服务付费（PES）的形式开展了很多以实现环保公益目的与投资者获取合理收益共赢为名的项目。以大自然保护协会（TNC）与浙江龙坞合作开展的水源地保护项目为例，该项目以TNC为公益顾问，通过信托机构出资进行水源地保护，并对林地进行统一经营管理，从中获取资金支付农户补偿金和水源地保护管理费用的方式，实现了水源地保护与信托公司合理收益的协同发展。

专栏8-5　TNC与浙江龙坞合作开展基于信托模式的水源地保护项目[1,2]

2015年1月15日，大自然保护协会（TNC）和浙江省黄湖镇政府签署了在龙坞水库开展村镇饮用水水源地保护的合作协议，该项目提出在未来5年内，降低龙坞水库水质可能受到的威胁，将水库水质从二级提升到一级，并思考实现生态保护与社区发展的双赢模式。该项目由阿里巴巴基金会资助，是中国TNC第一个基于信托模式的水源地保护项目。2015年9月中旬万向信托—中国自然保护公益信托决定投入33万元支持该项目。

善水基金信托创新性的一个重要体现在于对社会资源的高效整合，其将

1 大自然保护协会．中国TNC与浙江龙坞合作开展水源地保护项目[EB/OL]. [2015-01-15]. http://www.tnc.org.cn/#News#schedule#iframe99dc279553caa331d70c9f0840779587b1f0c4fddb7a32175cd9319c7a817b5db938ef981a6ed605397fb1.

2 万向信托．创新业务新模式万向信托推出全国首个水基金信托[EB/OL]. [2015]. http://biz.zjol.com.cn/system/2015/11/18/020917870.shtml.

农户、金融机构、公益组织、当地社会团体、农业相关产业链的下游企业以及消费者等多种角色共同纳入日常运营中，形成了互动、协作、共享的良好局面。该项目一方面解决了水库人为污染问题，使周边社区居民受益；另一方面创造了可持续的资金机制，同时实现环保公益目的与投资者获取合理收益的协同发展。

参与模式：信托模式；

补偿主体：阿里巴巴基金会；

补偿方式：农户将林地以信用托付方式进入信托，获得稳定的补偿金；

资金机制：信托机构则对林地进行统一经营管理，同时推进生态竹笋种植和消费者生态体验，从中获取资金支付农户补偿金和水源地保护管理费用。

（二）国际经验的汇总与评估

全球生物多样性融资有多种形式。其中最常见的是生态系统服务付费（PES）和确保农业可持续性而进行的土壤和水健康投资。PES 在发达国家和发展中国家都有应用，名称有所差异，例如中国的“生态补偿”和欧盟的“农业环境项目”[1]。《自然—可持续发展》2018 年刊登的一项全球调查估计全球每年在 PES 上的投资超过 360 亿美元，其中大约 1/3 发生在中国[2]。360 亿美元的投资大部分集中在流域补贴上，每年约 237 亿美元。发展中国家中，厄瓜多尔的流域 PES 项目案例为人熟知。2000 年，在大自然保护协会的帮助下，厄瓜多尔首都基多推出了全球首个市政水基金。基多的 PES 项目（以西班牙语“水保护基金”的首字母缩写命名为 FONDAG）建立了一个瓶装水工厂，对用户收取一定的附加费用，用于保护为基多提供水资源的水域。

第二种常用方法“生物多样性抵偿”对绿色“一带一路”尤其重要。这些金融项目旨在通过为独立的生物多样性保护项目进行融资，减少新项目建设对生物多样性的净影响（或在可能的情况下对生物多样性产生净正影响）。亚洲、欧洲和美洲各国都出台了相关政策，支持此类生物多样性融资，但这些政策对相关项目的界定存在

1 SCHOMERS S, Matzdorf B. Payments for Ecosystem Services: A Review and Comparison of Developing and Industrialized Countries[J]. Ecosystem Services, 2013, 6: 16-30.

2 SALZMAN JAMES, BENNETT G, CARROLL N, GOLDSTEIN A, JENKINS M. The Global Status and Trends of Payments for Ecosystem Services[J]. Nature Sustainability, 2018, 1: 136-144.

很大差异[1,2,3]。《自然—可持续发展》2018年的一项研究只纳入了在“净零损失”政策下实施的项目，研究发现，在全球范围内共有13 000个此类项目，覆盖面积约为153 679 km^2。其中规模最大的几个项目位于不同的国家，包括蒙古国、巴西和乌兹别克斯坦[4]。但是，正如Gardner等（2013）[5]在其《保护生物学》发表的文章中所述，“净零损失”标准在实践过程中难以实现，它要求与丧失的生物多样性等量的新增生物多样性作为抵偿（不仅仅是保护），并且要求这些增量能够长期保持。要实现这些目标需要强大的机制支持和多地共同参与，以对冲掉部分项目失败带来的风险。

从更广的范围上讲，“生物多样性抵偿”归属在第二节“与SDG15相关的国际标准”中提到的“缓解措施层级”（mitigation hierarchy）框架下。作为“补偿”阶段的一部分，抵偿是最后的选择。只有当项目无法避免或最小化对生态系统和依赖这些生态系统的社区的影响，或无法修复（恢复）生态系统时，才会选择抵偿。例如，Villarroyo、Barros和Kiesecker（2014）对拉丁美洲关于生物多样性抵偿的国家政策进行了分析，并发现三个国家（智利、哥伦比亚和墨西哥）的政策规定在环境影响评估流程中同时提到了“缓解措施层级”和抵偿。但是，很多学者提到，那些寻求支持抵偿计划的政府还需大力加强机制和能力建设，尤其是在科学的基础上实现不同地理区域之间的“生态平衡”，以确保抵偿计划实现净零生物多样性影响[6,7,8,9]。

然而，Luck、Chan和Fay（2009）[10]发现，全球范围内的生物多样性融资面临着严重的地域调配失衡问题：大部分资金都流向了低优先级的生态系统，而那些最重要

1 BULL J W, SUTTLE K B, GORDON A, SINGH N J, MILNER-GULLAND E J. Biodiversity Offsets in Theory and Practice[J]. Oryx, 2013, 47(3): 369-380.

2 GELCICH S, VARGAS C, CARRERAS M J, CASTILLA J C, DONLAN C J. Achieving Biodiversity Benefits with Offsets: Research Gaps, Challenges, and Needs[J]. Ambio, 2017, 46: 184-189.

3 MCKENNEY B A, KIESECKER J M. Policy Development for Biodiversity Offsets: A Review of Offset Frameworks[J]. Environmental Management, 2010, 45: 165-176.

4 BULL J W, STRANGE N. The Global Extent of Biodiversity Offset Implementation under no Net Loss Policies[J]. Nature Sustainability, 2018, 1: 790-798.

5 GARDNER T A, VON HASE A, BROWNLIE S, et al. Biodiversity Offsets and the Challenge of Achieving No Net Loss[J]. Conservaton Biology, 2013, 27(6): 1254-1264.

6 BULL J W, STRANGE N. The Global Extent of Biodiversity Offset Implementation under no Net Loss Policies[J]. Nature Sustainability, 2018, 1: 790-798.

7 GARDNER T A, VON HASE A, BROWNLIE S, et al. Biodiversity Offsets and the Challenge of Achieving No Net Loss[J]. Conservaton Biology, 2013, 27(6): 1254-1264.

8 BEZOMBES L, GAUCHERAND S, KERBIRIOU C, REINART M E, SPIEGELBERGER T. Ecological Equivalence Assessment Methods: What Trade-Offs between Operationality, Scientific Basis and Comprehensiveness?[J]. Environmental Management, 2017, 60: 216-230.

9 QUÉTIER F, LAVOREL S. Assessing Ecological Equivalence in Biodiversity Offset Schemes:Key Issues and Solutions[J]. Biological Conservation, 2011, 144(12):2991-2999.

10 LUCK G W, CHAN K M A, FAY J P. Protecting ecosystem services and biodiversity in the world’s watersheds[J]. Conservation Letters, 2009, 2(4):178-188.

的生态系统却被忽略了。超过一半的资金流向了美国、加拿大和欧洲，但实际上对于保护生态系统服务和生物多样性这两个目标而言，这些生态系统的优先级“相对较低”。同时，对于实现上述两个目标来说优先级较高的地区大都集中在东南亚和南美洲，而它们获得的生物多样性融资总共不超过全球的 15%。出现这种失调与一个事实不无相关：在生物多样性融资中，有超过一半资金来自国内政府拨款，因此大部分资金都留存在富裕国家。所以，如果全世界想在实现 SDG15 方面取得进展，通过投资与援助（尤其是援助）开展国际生物多样性合作至关重要。

1. 与商业投资人的合作

生物多样性融资通常仅限于援助，包括官方发展援助和慈善援助。然而，近年来，商业投资方也逐渐获得机会参与生物多样性融资。在中长期内，许多旨在维持或增强生物多样性的活动都能实现自给自足，但前期需要融资才能启动。从长期来看，通过保护或增强现有的自然资本，可以降低经济生产的成本。例如，Burian 等（2018）[1]主张针对改善土壤健康、提高土地适应性进行农业投资，这可以提高农作物产量，减少农用化学品投入的成本，进而增加经济效益。根据 IPBES 预测，保护土壤所带来的经济效益比保护投入的成本平均高 10 倍[2]。最终，随着水污染的程度越来越轻微，城镇和农村人口的生活改善，积极影响将逐渐辐射到下游生态系统，保护活动产生的惠益也将成倍增加。

生物多样性融资若想获得成功，须采取符合当地需求的措施，根据当地投入进行设计，并由当地政府进行妥善管理。Clark、Reed 和 Sunderland（2018）[3]发现，当前生物多样性融资领域受到潜在的“漂绿”影响，即商业投资者的活动并非为了加强或保护生物多样性，而是为了推销自己，以获得有利的融资并提升口碑。虽然少数此类行为可能不会造成太大危害，但若允许他们借“生物多样性融资”之名肆意发展，可能会给整个领域带来风险，不仅会威胁到其债权的合法性，可能还会使其失去获得有利融资的机会，无法持续发展。

综合考虑潜在的惠益和风险，联合国开发计划署（UNDP）“生物多样性融资倡议”（BIOFIN）确定了五个重点领域，用以构建适用于商业性生物多样性融资的体系框架。

1 BURIAN G, SEALE J, WARNKEN M, et al. Business Case for Investing in Soil Health[R]. Geneva: World Business Council for Sustainable Development, 2018.

2 MONTANARELLA L, SCHOLES R, BRAINICH A. The IPBES assessment report on land degradation and restoration[R]. Bonn, Germany: Intergovernmental Science-Policy Platform on Biodiversity and Ecosystem Services, 2018.

3 CLARK R, REED J, SUNDERLAND T. Bridging funding gaps for climate and sustainable development: Pitfalls, progress and potential of private finance[J]. Land Use Policy, 2018, 71: 335-346.

（1）政策和机构审查，检验国家机构是否有足够的能力和健全的体制来促进生物多样性融资，以及哪些领域能从改革中受益（增加了一个可选项，即找出导致生物多样性丧失的经济动因）；

（2）支出审查，统计当前用于支持生物多样性的支出；

（3）需求评估，估算用于支持生物多样性的总需求额，及其与实际支出的差额；

（4）融资计划，设定目标并寻找资金的可能来源；

（5）融资解决方案，制订并实施计划以解决先前步骤中发现的体制及财务缺口。

2. 与“一带一路”共建国家开展双边“融资多样性倡议”（BIOFIN）合作

随着生物多样性融资领域的不断发展，尤其是在对商业活动开放之后，中国有机会成为该领域的全球领导者。鉴于“一带一路”倡议的本质是全球性合作网络，保护沿线“热点地区”的生物多样性，确保“一带一路”为所有社区及相关生态系统带来净收益，至关重要。

在中国保护性融资的潜在合作伙伴中，有两个“热点国家”尤为引人注目，即分别位于太平洋两岸的厄瓜多尔和印度尼西亚。这两个国家都与中国签署了“一带一路”倡议谅解备忘录，两者都是全球生物多样性特别丰富的国家，共拥有全世界 17% 的物种，分别是全球陆地生物多样性和海洋生物多样性最丰富的国家。素有“地球之肺”之称的亚马孙雨林中生物多样性最丰富的地区就位于厄瓜多尔[1]。厄瓜多尔境内的亚马孙雨林位于亚马孙河的源头，因此，保护这里的生态系统会使下游的生态群落受益。印度尼西亚的海洋生物多样性位列全球之首，这里的珊瑚种类繁多且密度很高，因此也经常被称为“海中亚马孙”或“珊瑚金三角”。就联合国开发计划署提出的 BIOFIN 而言，厄瓜多尔和印度尼西亚均已取得重大进展，并已准备好接受和管理生物多样性融资。

此外，印度尼西亚和厄瓜多尔都与中国有着紧密的经济联系。尽管厄瓜多尔比中国小得多，但在过去的十年间，根据 FDIMarkets 的数据，中国一直是厄瓜多尔最重要的债权国，中国在印度尼西亚的新增投资逾 520 亿美元，超过了在其他任何国家的投资。两国政府也结下了深厚的情谊。2019 年，厄瓜多尔正式加入亚投行，成为亚投行第一个拉丁美洲或加勒比海国家的正式成员，表明了厄瓜多尔加强与亚洲，特别是与中国的金融联系的意愿和机构就绪度。

保护生物多样性所面临的一个主要障碍，可以概括为简单的地理问题：生物多样

---

1 BASS M S, FINER M, JENKINS C N, et al. Global Conservation Significance of Ecuador’s Yasuní National Park[J]. PLOS One, 2010, 5(1): e8767.

性丰富的热点地区大都位于发展中国家，而这些国家的财政空间往往非常有限，无法设计和实施需要多年才能产生经济效益的长期项目。解决这一问题，方法之一就是让这些国家与其最重要的战略伙伴（债权国或投资国）开展双边或多边合作，确保其经济开发活动不会造成环境退化。在双边生物多样性融资领域，主要有三种模式：债务换自然，国家环境基金（NEF），双边可持续发展银行。

在债务换自然模式中，债权国取消一部分债务，作为交换，债务国用于偿还债务的款项将被用在保护生物多样性上。另外，影响力投资者或国际非营利组织也可通过谈判交易发挥关键性作用：它们可以以折扣价购买一国的债务，再与债务国合作建立制度性基础设施以监督生物多样性计划，并帮助其设立用于支持上述活动的基金。这些交易能够有效抑制"财政受限—环境管理不到位—经济效益受损—财政进一步受限"的恶性循环。

如果实施得当，以债务换自然能够让长期负债的国家通过减少破坏环境的活动来偿还债务。他们还可以建立有关的体制结构，界定什么样的活动可被定义为适合新保护区的"可持续经济活动"；监督财政空间以确保新保护措施得以妥善管理；同时，当地社区也应充分参与进来，确保整个过程执行到位。但是，债务换自然并不是解决严重债务问题的特效药，也不能让正在发生的生态灾难立即停止。正如塞舌尔的案例所示，建立保护区需要多年的努力，因此，最好把它当作一个长期的、主动的保护方案，而不要将其视作灾难发生时的"救命稻草"。

国家环境基金（NEF）模式与"债务换自然"模式有许多相同特征，但其外部合作伙伴的干预较少。国家环境基金是与外部合作伙伴协作建立的由本土管理的基金，用于支持国内的保护工作。国家环境基金具有"信托基金"性质，使其特别适宜作为中长期投资项目的融资工具，如可用于支持国家公园的划定、建立与维护。例如，巴西的亚马逊基金会（Amazon Fund）支持了居住在森林里的社区实施不会造成毁林的生计项目[1]。其他亚马孙流域国家（包括玻利维亚、哥伦比亚和秘鲁）也建立了国家环境基金，用于支持其国内的保护地体系。在亚洲，不丹和菲律宾也建立了相似的基金[2]。

国家环境基金由中央政府管理，可以与海外的战略合作伙伴共同建立。例如，菲

1 KLINGER J M. In Their Own Time, on Their Own Terms: Improving development bank project outcomes through community-centered sustainable development partnerships in the Brazilian Amazon[R]. Boston: University Global Development Policy Center, 2019.

2 DILLENBECK M. National Environmental Funds: A New Mechanism for Conservation Finance[J]. Parks, 1994, 4(2): 39-46.

律宾环境基金会获得了美国和日本通过债务互换给予的支持。在这些案例中，国家环境基金与上文的“债务换自然”模式相类似，只是在具体条件方面程度不同。债务国不需要承诺预留特定的土地进行保护，只需要对国内制定的保护战略提供广泛支持。地方政府负责监管资金，因此，国家环境基金更适宜支持债务国与那些希望地方政府尽可能发挥作用的合作伙伴开展双边合作。

最后，可以通过建立特殊用途的开发银行实行双边保护融资。例如，北美开发银行是美国政府与墨西哥政府共同实施的项目，是北美自由贸易协定谈判成果之一，目的是确保自由贸易协定通过后，美墨边境不会因为相关活动增加而发生环境退化。北美开发银行为边界两侧开展的可持续发展项目提供资金[1]。截至 2018 年年底，已为项目融资 12 亿美元[2]。在建设跨境交通走廊（如“一带一路”倡议中的交通走廊）时，或国家之间希望大幅度提高投资与贸易量时，这种模式具有独特的吸引力。

专栏 8-6　塞舌尔群岛的债务换自然

大自然保护协会（TNC）的生物多样性融资平台 NatureVest 成立于 2014 年，旨在鼓励私营领域资本参与生物多样性保护。2016 年，NatureVest 联合其他私人投资者一起，与塞舌尔的巴黎俱乐部债权人签署了一项协议，以一定折扣购买了塞舌尔的部分债务——花费约 2 200 万美元买入了约 2 500 万美元的债务。

通过与塞舌尔政府合作，这项债务减免将对约 40 万 km^2 的海洋进行经营和维护，形成了两个新的保护区，而剩下的部分预计将于此后一年内加入规划。

有两个因素共同促成了此次“债务换自然”的成功，一是塞舌尔政府的领导，二是整个规划过程的不疾不徐。由于这两点原因，塞舌尔项目获得了当地的支持，有利于之后几年内管理和实施工作的展开。

这一项目标志着塞舌尔政府于 2012 年发布的一系列国家目标达到最高成就。2012 年，政府计划进一步扩大保护区范围，将其海洋专属经济区的 30% 包括在内（“计划”，2019）。塞舌尔采用了符合国际最佳实践的绘图法，并根据教科文组织（UNESCO）的建议进行了调整[3]。为明确要保护哪些海洋

1 KNOX J H. The Neglected Lessons of the NAFTA Environmental Regime[J]. Wake Forest Law Review, 2010, 45: 391-424.

2 North American Development Bank. North American Development Bank Annual Report[R]. San Antonio, TX: NADBank, 2019.

3 EHLER C, DOUVERE F. Marine spatial planning: a step-by-step approach toward ecosystem-based management[R]. Paris: UNESCO, 2009.

区域、允许哪些可持续活动，MSP 举办了 9 次公共研讨会和 60 次磋商会，共听取了 10 个部委和 100 位公共利益相关者的意见。

为确保项目的可行性，塞舌尔政府主导了一项绘图计划，即开始于 2014 年的塞舌尔海洋空间规划（MSP）计划（“塞舌尔海洋”）。MSP 的目的在于拉长时间线，确保最终的结果有充足的事实依据和公众参与。实际上，第一阶段已于 2018 年完成，15% 的专属经济区（EEZ）被划入了保护区，第二阶段预计要到 2020 年年底才能完成（“计划”，2019）。

四、对 SDG15 相关治理结构的分析

（一）中国经验的调查与评估

1. 中国生物多样性保护治理架构

中国将生物多样性保护作为生态文明建设目标体系的重要内容，不断完善生物多样性保护体制机制。中国生物多样性保护实行国家统一监管和部门分工负责相结合的机制，特别是从 1993 年中国批准《生物多样性公约》以来，成立了由原国家环保局牵头，由国务院 20 个部门参加的中国履行《生物多样性公约》工作协调组，在原国家环保局成立履约办公室，并建立国家履约联络点、国家履约信息交换所联络点和国家生物安全联络点，建立生物物种资源保护部际联席会议制度。履约工作协调组每年召开会议，制订年度履约工作计划，初步形成了生物多样性保护和履约国家工作机制。中国于 1992 年开始编制《中国生物多样性保护行动计划》，并于 1994 年正式发布该计划，确定了中国生物多样性优先保护的生态系统地点和优先保护的物种名录，并明确了七个领域的目标。

2010 年，中国国务院成立了“2010 国际生物多样性年中国国家委员会”，召开会议审议通过了《2010 国际生物多样性年中国行动方案》和《中国生物多样性保护战略与行动计划（2011—2030 年）》。2011 年 6 月，国务院决定把“2010 国际生物多样性年中国国家委员会”更名为“中国生物多样性保护国家委员会”，国务院分管副总理任主任，成员单位共 23 个，统筹协调全国生物多样性保护工作，指导“联合国生物多样性十年中国行动”。中国生物多样性保护国家委员会的成立表明中国加强环境保护、推进可持续发展的决心，这也是对国际社会的庄严承诺。2015 年以来，中国出台或修订与生物多样性保护相关的政策法规 56 部，生物多样性保护政策与法律法规体系日臻完善。

除中央政府的治理架构之外，中国省级地方政府环境保护机构改革也呈有利于进一步保护生物多样性的趋势。2008年，国家环境保护总局升级为环境保护部，成为国务院组成部门，各省、自治区和直辖市将环境保护机构提升为环境保护厅，体现了环境保护系统管理体制的统一性。一些省级政府也相继建立了生物多样性保护的协调机制。仿照国家层面对生物多样性管理的职责定位，规定环境保护厅行使本辖区“牵头”管理生物多样性的职责，并将管理职责落实到环境保护厅内设机构。为适应本地生物多样性统一管理的需要，有些地方设立了符合本地生物多样性实际的本土管理机构，如云南省设立了湖泊保护与治理处，体现了本地机构改革和生物多样性管理特色。2018年，根据《中共中央关于深化党和国家机构改革的决定》，中国国务院新组建了生态环境部，体现了统筹山水林田湖草沙系统治理的整体观。各省、自治区和直辖市新组建生态环境厅，全面指导、协调和监督生态环保工作。

其他重要机构主要包括中国生物多样性保护与绿色发展基金会、中国生物多样性保护国家委员会、中国科学院生物多样性委员会等。

2. 绿色“一带一路”与生物多样性保护

基于中国生物多样性保护经验与绿色“一带一路”建设的需求，已有相关措施推动两者在治理机制、治理体系、信息、技术科研合作、绿色投资与金融等方面的进一步关联与协同，促进共建国家的生物多样性保护和SDG15的落实。

第一，建立合作治理机制和平台，推动完善共建国家生物多样性治理体系。以绿色“一带一路”建设为统领，统筹并充分发挥现有双边、多边国际合作机制，构建生物多样性保护网络，创新合作模式，建设以各国政府、智库、企业、社会组织和公众共同参与的多元合作平台，强化中国—东盟、上海合作组织、澜沧江—湄公河、中非合作论坛、中国—阿拉伯等合作机制作用，推动六大经济走廊的环保合作平台建设，扩大与相关国际组织和机构合作，促进SDG15的有效落实。

第二，促进绿色技术、科研合作。加强绿色、先进、适用技术在“一带一路”沿线发展中国家转移转化，促进先进生物多样性保护技术的联合研发、推广和应用。打造科研机构、智库之间的科学研究和技术研发平台。与相关国家和地区展开生物多样性联合研究将为全球生物多样性保护提供契机。通过对沿线国家和地区进行生物多样性科学考察，分析区域内生物多样性进化机制和地理分布特征与模式，将进一步促进对全球生物多样性的科学认识，为“一带一路”沿线国家的青年官员、科学家提供培训，加强能力建设。

第三，推动信息交流。为生物多样性保护信息共享和公开，提供综合信息支撑与保障。加强绿色“一带一路”生态环保大数据服务平台中有关生物多样性信息库的建设，发挥国家空间和信息基础设施作用，推动环保法律法规、政策标准与实践经验交流与分享，加强各国部门间统筹合作与项目生态环保信息共享与公开，提升对境外项目生态环境风险评估与防范的咨询服务能力，推动生态环保信息产品、技术和服务合作，为绿色“一带一路”建设提供综合环保信息支持与保障。

第四，促进绿色投资、绿色贸易和绿色金融体系发展。绿色金融体系的建设有助于为“一带一路”项目的长期运行打下良好基础。以中国—东盟投资合作基金发布的《关于在东盟地区投资的社会责任与环境保护参考指引》为例，规定东盟投资基金根据自身环境和社会管理系统（ESMS），建议企业对外投资时，参照《绩效标准》来识别、管理环境和社会风险的影响，明确投资过程中的评估指标，及投资后期的持续监督，推动被投资公司以可持续的经营方式避免、缓解、管理风险。这一《绩效标准》包括生物多样性保护和生物自然资源的可持续管理等8个方面，共同确定了客户在整个对外投资的项目周期内需达到相关生物多样性可持续管理等标准，具体包括：①确认公司是否就项目涉及的生物多样性的影响进行了解和处理；②确认公司是否在受法律保护的地区进行活动；③确认在项目执行过程中是否会引入外来物种。如果有引入外来物种的计划，应确认是否已经收到适当政府监管部门的批准；④确认项目所需要利用的自然资源、森林及植被、淡水和海洋资源是否为可再生资源，并致力于以可持续的方式管理它们。

第五，《“一带一路”绿色投资原则》等强化了对企业行为的绿色指引，鼓励企业采取自愿性措施保护环境，推动可持续发展。鼓励环保企业开拓沿线国家市场，引导优势环保产业集群式“走出去”，可借鉴中国国家生态工业示范园区的建设经验与标准，加强生物多样性保护，优先采取就地、就近保护措施，做好生态恢复；引导企业加大应对气候变化领域重大技术的研发和应用。

第六，推动“一带一路”合作中的性别平等，强化生物多样性保护中的女性领导力。生物多样性与性别在国际上属于前沿问题。在生物多样性保护工作中推动性别主流化近年来得到了国际社会的广泛关注，“生物多样性与性别”已经作为热点议题写入《生物多样性公约》。但目前中国生物多样性研究领域存在机制不完善、意识较弱等问题。建议全面提升相关机构的能力建设，在各相关部门设置性别联络人，建立跨部门性别主流化交流合作机制；在生物多样性管理部门和机构开展性别主流化培训，提升工作人员的基本意识；在生态环境保护、绿色“一带一路”建设相关政策中考虑性别因素，在具体项目中设置对性别因素的考核指标。这些做法将帮助“一带一路”合作项目满足投资中与性别相关的国际标准和东道国的相关要求，促进民心相通，助力“一带一路”建设行稳致远。

（二）关于生物多样性保护治理的国际经验汇总与评估

如前所述，国际环境管理体系在过去几十年中迅速发展起来。前面部分列举了国际开发金融机构的分析与评估体系，本节将重点分析所涉国际开发金融结构的问责机制。

全球各地的开发金融机构已经行动起来，共同为实现 SDG15 而努力，同时确保机构活动能够保护受到项目影响的生物多样性。前面部分阐述了与 SDG15 相关的标准和指导方针，而本节将阐释开发金融机构为充分考虑生物多样性保护需求而采用的治理结构。本节对中国政策性银行的同业机构所采用的治理结构进行了比较，即大型多边和国家开发金融机构。具体包括非洲开发银行（AFDB）、亚洲开发银行（ADB）、亚洲基础设施投资银行（AIIB）、欧洲复兴开发银行（EBRD）、欧洲投资银行（EIB）、美洲开发银行（IADB）、国际金融公司（IFC）、德国开发银行（KFW）和世界银行（WB）。

1. 生物多样性治理：将 SDG15 纳入发展金融机构的决策机制

如第二节第（二）部分所述，大多数主要的开发金融机构都是通过使用既定标准、遵循缓解措施层级、与受影响的利益相关方磋商等方式，将生物多样性的有关因素纳入其运营过程。这些利益相关方很可能依赖当地的生态系统谋生，因此对生物多样性的任何威胁都十分敏感。除此之外，一些开发金融机构还在 SDG15 的基础之上增加了其他步骤。不同的机构之间做法也存在很大差异。但是，各机构在这方面为自己设定的要求出现了越来越多的共性。

1）将评估与专业性结合：非洲发展银行和亚投行要求资深专家提供意见，找出那些可能受到影响的生态系统和生态系统服务功能。

2）提升项目实施者能力以应对不断变化的情况：非洲开发银行、亚投行、欧洲投资银行和世界银行都要求在其项目中使用“适应性管理”。在这种情形下，借款人和客户必须考虑，在项目开展过程中，外部条件可能与最初的预期不一致。可能会发现新的物种或产生其他与生物多样性相关的项目影响。在项目规划中，应具体说明可能出现哪些类型的挑战，以及项目实施者将如何适应变化的情况。规划完成后，实施人员有权在项目过程中对计划进行调整。以亚投行为例，重大变更需要进行额外的环境评估，以确保计划调整得当。

2. 政策实施：监测和报告

借款人和客户可能承诺将以负责的态度进行环境管理，开发金融机构则努力把对生物多样性的影响考虑在内，但决定最终结果的是实际表现。为此，开发金融机构通常会为其借款人和客户制定有关的监测和报告要求。同时，开发金融机构也会强调对借款国国家主权的尊重，设计出能让贷方和借款方的合作达到最佳结果的可行方案。开发金融机构有几种不同的做法，包括让借款人承担主要的监测责任，借助外部审计等。

3. 政策实施：申诉机制

许多开发金融机构（包括多边机构和国家性机构）都有相关政策规定，如果利益相关方（包括独立的非政府组织和项目受益方）质疑开发金融机构支持的项目在实施过程中破坏了当地的生物多样性，他们可以提出申诉，并要求进行调查。通过建立相关体制机制进行听证、调查和裁决，开发金融机构可以确保其借款人和受赠人遵守协议规定，防止小范围破坏演变为大范围破坏，维护自身的全球声誉，并从中吸取经验教训以供未来项目借鉴。

这些申诉机制可能是机构级别或项目级别，也可能二者兼有。项目级的申诉机制灵活度更高，对于使用集中式系统解决来自世界各地项目申诉的做法而言，其速度更快，且对利益相关方来说更易操作。但对于开发金融机构而言，项目级的申诉机制管理起来可能更为烦琐，因为需要同时监督许多不同国家的进程。项目级申诉机制设计中的常见元素包括：设计架构、机构定位、流程和对申诉者的保障等。

在机构级的申诉机制中，利益相关方可以将申诉提交至发展金融机构的主体或其指定的投诉机构。对于发展金融机构来说，这类申诉机制更易管理，因为仅涉及一个机构的创建和管理。但是对于受到影响的利益相关方而言，这类服务不仅较难获得，而且耗费的时间往往比项目级的申诉机制更长。

4. 纳入性别视角

无论用于哪种场合，在设计问责机制时必须要考虑妇女因素，国际开发金融机构非常了解这一点的重要性。在许多农村贫困地区，妇女的财产权有限，她们的财产所有权通常是经由其父亲、丈夫或儿子进行登记。在这种情况下，她们可能无法证明其财产价值的损失，以致国家司法系统难以承认妇女有资格通过地方法院提起诉讼。但如果不听取她们的诉求，基于性别的生物多样性风险可能会被忽视和恶化。亚洲开发银行与世界银行均建议其项目要确保妇女均可使用问责机制，而不考虑财产所有权问题[1]。这就完成了将性别因素纳入生物多样性筹资的全过程，以确保相关

1 Asian Development Bank (ADB). Building Gender into Climate Finance: ADB Experience with Climate Investment Funds[R]. Manila: ADB, 2016.

项目不会对妇女造成差异化影响，以及削减妇女在地方开展生物多样性管理的能力。表 8-3 收集了国际开发金融机构在整个项目周期中纳入性别因素的最佳实践。表中所列内容不一定完整，仅展示了全球国际开发金融机构的研究与评估人员记录在案的常用最佳实践。

表 8-3 将性别视角纳入生物多样性融资的最佳实践

项目阶段	最佳实践
上游阶段：规划	在评估当地生物多样性的预期损失以及社区利用当地生态系统的方式变化时，分性别评估对当地生计的预期影响。确保妇女在开展传统采集工作时不会遭遇更大的困难。在男女承担不同工作任务的情况下，这种做法格外有效。 在设计利益相关方参与程序时，确保妇女可以充分参与。这种做法可以帮助规划人员理解项目可能对男女产生差异化影响的不同方式。在女性通常不参加公开讨论的环境中，需考虑规划仅供女性参与的空间
中游阶段：实施	如项目需对社区因无法再利用当地生态系统而进行金钱补偿时，应确保合理分配经济补偿，不损害妇女福祉。在妇女通常支配其从当地生态系统中采集的资源而男子控制钱财的环境中，这种做法尤其重要
下游阶段：监测与问责	考虑男女在利用时间与钱财方面的变化。妇女通过在家庭菜园或乡村菜园中种植传统农作物品种来维持农业生物多样性，在这种情况下，这种做法可以确保生物多样性不受影响。在发生极端天气事件或经济动荡时，菜园的农作物生物多样性是当地粮食系统恢复力的关键 确保妇女可以完全使用问责机制和申诉机制。在妇女缺乏平等财产权、使用地方司法系统的机会有限或通常不参加公共讨论的情况下，这种做法尤其重要。妇女参与问责机制可以使项目监管人员和出资方监测项目对妇女维持农业生物多样性这一传统工作的影响 在项目结束后，进行评估时，制定一个"提示表"，以便在未来的项目规划中，可以在此类特定情况下纳入性别因素。以此方式不断积累经验，有助于确保未来在同样的文化背景下实施发展项目时，充分吸收这个项目提供的经验

五、政策建议

在先前的内容中，研究团队梳理了中国和其他国家在平衡投资项目惠益与项目带给社区及生态系统的风险方面取得的进展。考虑到"一带一路"倡议的发展速度和覆盖范围，至关重要的是利用所有可能的经验来实现额外的增长，以确保"一带一路"倡议发挥其潜力，助力全球可持续发展。在第一期绿色"一带一路"专题研究成果的基础上，本节进一步完善了绿色"一带一路"建设的路线图，并提出了对接"一带一路"与 SDG15 的政策建议。

（一）绿色“一带一路”路线图

1. 加强政策沟通，将绿色“一带一路”建设作为落实 2030 年可持续发展目标和推进全球环境治理变革的重要实践

始终坚持把绿色作为“一带一路”建设的底色。坚持将绿色发展理念和生态文明思想贯穿到“一带一路”建设“五通”的方方面面，推动绿色基础设施建设、绿色投资、绿色金融，将“一带一路”建设成为绿色与可持续发展之路，构建以绿色发展为基础的人类命运共同体。

推进“一带一路”国际多边合作平台绿色化。在“一带一路”国际合作高峰论坛中常态化设置“绿色之路”分论坛，发挥“一带一路”绿色发展国际联盟和“一带一路”可持续城市联盟作用，搭建共建“绿色丝绸之路”的国际合作平台，助力全球层面落实 2030 年可持续发展目标和完善全球环境治理体系变革。在“一带一路”共建国家推广绿色发展理念与实践，开展国家、城市和项目绿色发展试点示范。此外，发挥“一带一路”五通功能，共同推动生态环境保护与应对气候变化等相关政策的落实，支持《生物多样性公约》《濒危野生动植物物种国际贸易公约》《联合国气候变化框架公约》等环境国际公约进程。

2. 加强战略对接，建立绿色“一带一路”与联合国可持续发展议程战略对接机制

鉴于绿色“一带一路”倡议是推动落实联合可持续发展议程，特别是开展国际生物多样性保护的重要工具，建议通过以下步骤实现相关规划与生物多样性目标的战略对接。

（1）加强顶层设计。将推进落实联合国 2030 年可持续发展目标（SDGs）作为绿色“一带一路”建设的重要任务，在与有关国家和国际组织签署合作共建“一带一路”谅解备忘录时，把共建绿色“一带一路”、促进“一带一路”建设与联合国 2030 年可持续发展目标对接作为重要内容。

（2）建立推进机制。根据国家实际，与合作方设立工作组 / 专家组，共同拟定共建“绿色丝绸之路”的发展战略，结合相关国家落实 SDGs 的实际需求，确定近中远期合作重点领域并做好相关规划的衔接。

（3）建立参与和反馈机制。构建政府引导、企业支持和社会参与的支持网络，重点完善相关国际组织参与机制，建立包括协商、决策参与和动态反馈在内的全过程参与机制，确保绿色“一带一路”与 2030 年可持续发展议程在开放透明的环境下顺利对接。

（4）建立沿线城市和地方的专业化合作机制。鼓励沿线城市根据各自产业结构特色和发展目标定位，就共性问题制定支持政策框架，发掘合作机会，引导企业参与共建合作。

3. 加强项目管理，建立完善绿色“一带一路”项目管理机制

为将上述战略纳入“一带一路”项目管理，建议采取以下步骤。

（1）建立“一带一路”项目风险评估和管理机制。加强中国与共建国家之间、中国政府主管部门之间的沟通协调，建立以科学为基础的应对各类风险的项目风险评估和管理机制，在项目设计、建设、运营、采购、招投标等环节严格遵守东道国标准，并鼓励项目采用国际组织、多边金融机构实施的有关生态环境保护的原则、标准和惯例，努力实现高标准、惠民生、可持续的目标。支持金融机构将生态环境影响因素重点纳入项目评级体系和风险评级体系，建立“一带一路”项目环境与社会风险评估方法和工具，作为政府管理部门、开发性金融和政策性金融支持的重要标准，鼓励商业金融参照执行。

（2）倡导“一带一路”框架下广泛采用绿色金融工具。一是探索建立“一带一路”绿色发展基金，重点支持沿线国家生态环保基础设施、能力建设和绿色产业发展项目。二是成立多国参与的“一带一路”绿色投融资担保机构，分担风险、撬动社会资本进入绿色领域。三是建立环境信息披露制度，基于“一带一路”生态环保大数据服务平台建设，开展环境信息披露。

（3）促进环境产品与服务贸易便利化。提高环境产品与服务市场开放水平，鼓励扩大污染防治及处置技术和服务等环境产品和服务进出口，推动“一带一路”共建国家绿色产业的发展。

4. 加强能力建设，共同实施“一带一路”绿色能力建设活动

在公众参与方面，建议“一带一路”项目规划者采取以下措施。

（1）大力促进“一带一路”共建国家民心相通。将绿色丝路使者计划打造成“一带一路”能力建设旗舰项目，通过开展环境管理人员和专业技术人员培训、政策内容指导等形式加强生态环境合作交流，分享中国生态文明和绿色发展的理念与实践经验。

（2）支持和推动中国与共建国家环保社会组织交流合作。明确政府部门推动主体，引导和支持环保社会组织建立自身的合作网络。加大政府购买环保社会组织服务力度，设立支持环保社会组织“走出去”的专项合作资金。完善环保社会组织参与机制，建立环保社会组织参与的国际交流事项清单。

（3）推动社会性别主流化，提升女性领导力。提升政策制定者和妇女群体的社会

性别意识，推动将社会性别意识纳入绿色“一带一路”政策制定与项目实施。推动中国国内生态保护相关机构在性别主流化方面的能力建设，探索建立跨部门促进性别主流化的沟通机制。借助绿色丝路使者计划，组织“一带一路”共建国家生态环境领域女性官员、专家学者、青年学者等开展“提升女性绿色领导力”专题项目培训，并与“一带一路”合作伙伴分享实现性别主流化的方法与经验。

（二）对接“一带一路”倡议与 SDG15 的政策建议

在上述绿色“一带一路”建设路线图的框架下，本节提出了“一带一路”倡议与 SDG15 及《生物多样性公约》进行对接的政策方向。研究所提的政策建议充分参考了国际上开展生物多样性保护时设立的主要目标及具体方法。主要目标包括建立和统一全球标准、制定可操作的风险管理策略、维护声誉及与利益相关方的合作关系。具体方法包括：①在实践过程中与国际或国家承诺对标；②使用不合格项目排除清单；③开展包括生物多样性保护在内的环境影响评估；④遵循“缓解措施层级”避免对当地生态系统造成损害；⑤纳入当地利益相关方。具体建议如下。

（1）对接国际规则标准，鼓励采用较高环境标准。“一带一路”项目应符合所在国环境法律法规和标准，鼓励项目采用国际组织、多边金融机构实施的有关生态环境保护的原则、标准和惯例。建议主动对接国际及国家承诺，推动绿色“一带一路”建设与《生物多样性保护》《联合国气候变化框架公约》等国际公约进行对接。此外，还应推动“一带一路”与中国签署的其他生物多样性保护相关国际公约进行对接，包括《国际植物新品种保护公约》《保护世界文化和自然遗产公约》《濒危野生动植物种国际贸易公约》《关于特别是作为水禽栖息地的国际重要湿地公约》，并发挥与《联合国气候变化框架公约》等气候相关公约的协同作用。

（2）聚焦环境影响，实施“一带一路”项目分级分类管理。依托“一带一路”绿色发展国际联盟正在开展的《“一带一路”项目绿色发展指南》研究，推动制定“一带一路”项目分级分类指南，重点关注项目在环境污染、生物多样性保护和气候变化等方面的影响，明确正面和负面清单，为共建国家及项目提供绿色解决方案，为金融机构提供绿色信贷指引。开展国家、城市和项目绿色发展试点示范，开展一批“一带一路”国家绿色发展案例研究和经验推广。《“一带一路”项目绿色发展指南》研究指出，分级分类管理应涵盖各项国际和国家承诺，满足所在国经济发展及环境保护需求，指导并协助项目在规划设计过程中将环境影响评估、生物多样性保护及影响减缓措施纳入其中。

此外，针对生物多样性保护目标，建议针对在战略环境评价中被确定为存在重大生物多样性风险的项目实施缓解措施层级（mitigation hierarchy）。借鉴国际经验，基于中国在生态保护红线、生态抵消、生态修复和生态补偿方面的经验，中国应制定一个标准化的生物多样性保护四级缓解措施层级，包括“避免”“缓解”“修复”和“补偿”四个支柱。

（3）完善政策工具，防范“一带一路”建设生态环境风险。政策工具包括以下三个方面。

1）建议对“一带一路”重点行业、重点项目进行环境风险评估，建立常态化的环境风险监管机制。充分考虑项目所在国的相关生态和社会经济条件，项目对动植物栖息地和生物多样性产生的直接、间接和累积影响，并将受到项目影响的利益相关方对生物多样性及动植物栖息地的重视程度考虑在内。

2）充分运用绿色金融工具和环境风险分析方法，建立“生物多样性保护”治理与融资框架，发挥金融机构作用，积极引导绿色投资。生物多样性保护需要有利的政策环境，生态环境部应与国家发展改革委及其他行政机构共同努力，制定生物多样性保护的缓解策略，同时在与包括中国政府、项目所在国政府和其他相关各方进行磋商后，为缓解、补偿和修复计划建立融资机制。

3）将生态保护红线作为对接“一带一路”与SDG15的关键性工具，与共建国家交流共享在生态保护红线方面的良好实践经验，支持共建国家以生态红线为抓手，研究制定适合本国国情的类似生态红线的土地利用战略规划。

（4）加强协同机制，以基于自然的解决方案促进可持续发展目标的有效衔接。充分发挥与SDG13气候行动等可持续发展目标的协同作用，建议逐步考虑减少在煤电等高碳行业的投入，防止高碳锁定，加强绿色环保低碳及可再生能源项目建设，更多建设一些可持续的绿色低碳项目。将绿色发展融入基础设施项目的选择和实施管理中，研究制定可持续基础设施建设运营指南。

第九章　全球绿色价值链 *

一、引言

作为世界现代史上的重大转型事件，中国过去 40 年的经济发展令世人瞩目。自 1978 年以来，中国已使超过 8.5 亿人摆脱了贫困[1]。相比 1980 年，在人口仅增长 40%（至 14 亿人）的同时，中国国内生产总值（GDP）已从 2 000 亿美元增至 2019 年的 14 万亿美元，增长 69 倍。同期，中国商品进口总值从 200 亿美元增至 2 万亿美元，增长 100 倍；商品出口总值从 180 亿美元增至 2.5 万亿美元，增长 135 倍[2]。

伴随中国转型的同时，商品价值链全球化进程快速推进。1980 年至 2018 年，全球 GDP 从 11 万亿美元增至 85 万亿美元，增长约 8 倍，而同期全球商品出口价值从 2 万亿美元增至 19 万亿美元，增长近 10 倍。

随着经济发展的全球化和不断成熟，中国对未来发展提出了更加宏伟和全面的愿景。中国提出了“创新、协调、绿色、开放和共享”五大发展理念，并于 2018 年将“生态文明”和“人类命运共同体”理念写入宪法，这些举措与联合国可持续发展议程中设定的全球绿色增长和可持续发展目标相辅相成。

在全球价值链（Global Value Chains，GVCs）中，生产过程被划分到不同的国家，由不同企业承担特定工作。自 1980 年以来，全球价值链已经成为全球经济的一个日益重要的特征，其生产总值目前约占全球生产总量的一半[3]。全球价值链在许多方面具有显著优势，但其对环境的影响不容忽视。研究表明，大豆、牛肉、棕榈油和林产品四种软性商品的全球价值链所造成的森林砍伐量至少约占全球森林砍伐总量的 40%，由

---

* 本章根据“全球绿色价值链”专题政策研究项目 2020 年 9 月提交的报告整理摘编。

1 World Bank. World Development Report 2020: Trading for Development in the Age of Global Value Chains[EB/OL]. Washington, DC. 2020. https://www.worldbank.org/en/publication/wdr2020.

2 NBS (National Bureau of Statistics), National Bureau of Statistics of China >> Annual Data[EB/OL]. [2020-02-22]. http://www.stats.gov.cn/english/Statisticaldata/AnnualData/.

3 World Bank. World Development Report 2020: Trading for Development in the Age of Global Value Chains[EB/OL]. Washington, DC. 2020. https://www.worldbank.org/en/publication/wdr2020.

此导致生物多样性丧失、气候变化及其他环境问题[1]。现如今，越来越多的全球价值链参与者已逐步认识到对生产、贸易和消费进行绿色化的必要性。

作为世界上第一大出口国和第二大进口国，中国处于全球价值链（尤其是上述四种软性商品价值链）的核心。目前中国大豆进口量约占全球大豆进口总量的 60%，并在 2019 年成为仅次于印度的世界第二大棕榈油进口国。中国牛肉进口量增长迅速，自 2018 年以来已成为在数量上超过美国、价值量仅次于美国的第二大进口国。中国也是世界上最大的林产品进口国，2018 年中国木材（包括原木和锯木）进口价值约占全球总量的 1/3。[2]

全球价值链绿色化（尤其针对那些关键软性商品）符合中国的自身利益。全球价值链复杂程度日益加大，它们面临的各种风险也越来越多。

1）新冠肺炎疫情在短短几个月内已从根本上扰乱了全球经济，暴露了全球价值链在自然环境突发意外时的脆弱性；

2）国际贸易政策的转变和争端（如中美“贸易战”）可能会造成短期混乱，也会增加全球价值链的长期不确定性和不稳定性，尽管从长远来看，经济互惠互利和政治关系稳定的必要性可能会缓解这种紧张关系；

3）发生在生产国的政治和经济事件也会对其商品出口和价格产生影响；

4）过度开发可导致商品（如一些渔业物种和木材品种等）供应减少和 / 或价格上涨；

5）疾病、害虫和入侵物种（尤其是新冠肺炎，也包括非洲猪瘟、禽流感、火蚁、非洲蜗牛、蝗虫等）可能从根本上破坏全球价值链；

6）生产国或最终消费国对食品安全、劳动标准、植物检疫和环境保护等要求日益严格，在新型冠状病毒肺炎疫情背景下，这一趋势可能会加快。

全球价值链绿色化也给中国带来众多机遇。

1）中国由于全球市场份额巨大，其政策改革很可能带动其他国家的类似变化。如果中国成为全球软性商品价值链绿色化的“先行者”，其政策上的创新可转化为经济上的先机。

2）软性商品价值链的绿色化将是中国履行其根据环境公约义务，落实联合国可持续发展目标，展示其应对气候变化、保护生物多样性和推进可持续发展承诺的重要机会。

1 TFA (Tropical Forest Alliance). TFA 2020 Annual Report[EB/OL]. 2018. https://www.tfa2020.org/en/annual/report-2018/.

2 UN Comtrade. UN Comtrade Database[EB/OL]. 2020. https://comtrade.un.org/.

经济发展仍然是中国的首要任务，但过去十年间中国更加注重发展的质量，强调发展的稳定性和可持续性，这种政策导向在中国提出的“生态文明”理念中得到充分体现。

“生态文明”理念并非仅局限于国内。在经济崛起的同时，中国也显著加强了国际事务参与。中国在提出共建“一带一路”倡议以及推动2015年巴黎气候峰会取得成功等方面都发挥了主导作用。

本报告力图通过翔实的说明和清晰的建议，帮助中国领导层充分认识推动软性商品全球价值链绿色化的重要意义。报告以大豆、牛肉、棕榈油和林产品（如木材、纸和纸浆）等与热带雨林乱砍滥伐相关的软性商品为主要研究对象，研究过程中参考借鉴了国合会2016年发布的《中国在全球绿色价值链中的作用》的研究成果和建议（专栏9-1）。

专栏9-1 2016年国合会研究结论和建议摘要

结论

• 全球价值链需要绿色重启，中国可以引领。

• 全球商品价值链的绿色化对可持续发展尤为重要。

• 引领全球大宗商品价值链绿色化符合中国的利益。

建议

• 在国际治理和政策制定中引领促进全球价值链的可持续性。

• 发出明确的政策信号，鼓励中国企业和在华开展贸易的跨国企业绿色化全球价值链。

• 制订行动计划，将全球价值链绿色化作为“一带一路”倡议的重点任务。

• 利用发展援助及其他融资渠道推动全球价值链绿色化。

第一步

• 国有企业：国有资产监督管理委员会应要求国有企业在采购可能对全球环境造成重大影响的商品时，确保其具有可持续性。

• 试点项目：中国政府应开展试点项目，确定绿色化大豆、棕榈油和林产品全球价值链的最佳方法。

• 发展援助：环境保护部、国家发展改革委和商务部应共同建设新成立的“气候变化南南合作基金”下属的“绿色全球价值链南南合作平台”，支持中国的主要商品供应国提高商品生产和贸易的可持续性。

在本课题研究的同时，一些国内外相关重大活动也在筹备中，其中包括将于2021年在中国召开的联合国《生物多样性公约》（CBD）第十五次缔约方会议、中国国际进口博览会以及将在英国召开的《联合国气候变化框架公约》（UNFCCC）第二十六届缔约方大会等。同时，当前也正是中国制定国民经济与社会发展“十四五”规划的关键窗口期。

对这些商品价值链的关注，也与中国在“一带一路”倡议下不断增强的全球基础设施投资地位有关。“一带一路”倡议是许多国家基础设施建设的重要“加速器”，道路、港口、电网和工厂等建设项目的选址和建设方式都有可能成为商业性森林砍伐和农业扩张的重要推动因素。因此，本课题研究也与“一带一路”绿色发展国际联盟以及国合会共建绿色“一带一路”相关工作紧密相关。

本研究主要回答如下问题，以识别绿色商品价值链给中国带来的机会和挑战。

1）软性商品价值链对中国有何意义？

2）中国为什么要推动软性商品价值链绿色化？

3）中国如何实现软性商品价值链绿色化？

实施方案和政策建议的提出将遵循以下三个原则。

1）所提建议不干涉主权国家的内政，尊重各国法律法规；

2）所提解决方案应切实可行且成本较低；

3）所提建议应体现解决全球问题的中国理念，与生态文明和人类命运共同体的愿景相契合。

专栏9-2　关键术语定义

软性商品：指农林业中种植和养殖的产品及其衍生物，例如农作物、家畜等。

全球价值链：指从生产开始到消费各个阶段不断增值的过程，各阶段的执行者是世界各地的参与者。

供应链：指价值链的组成部分，主要是企业层面的物流联系。

生产国：指生产大量相关软性商品且经常用于出口的国家。

消费国：指消费大量相关软性商品且经常进口这些商品的国家。

尽职调查：由企业实施，以识别、预防、减轻和说明其如何应对其运营、供应链和投资中的环境和社会风险及影响的风险管理过程。

可追溯性：在供应链的各个阶段（如生产、加工、制造和分销）跟踪产品或其组件的能力。

绿色化：减少经济投资、活动和生产过程对环境和社会有害的政策和做法的简称。

二、软性商品价值链对中国具有举足轻重的作用

自1980年以来，全球价值链已日益成为全球经济的一个重要特征。在全球价值链中，生产过程被分配到不同国家，由不同的企业执行不同的专项任务。目前，全球价值链产值约占全球总量的一半。[1] 全球价值链将全世界联为一体，使发展中国家和发达国家的经济与人民相互连接。然而，新型冠状病毒肺炎疫情和经济危机对众多全球价值链构成了严重冲击。疫情封锁解除后，这些全球价值链能否得到快速恢复尚不明朗。

（一）软性商品及用途

“软性商品”是指农业和林业种植或生产的原材料及其衍生物，包括用作食物、纤维、饲料、医药、化妆品、清洁用品、燃料等的植物和动物衍生材料。相应地，“硬性商品”主要指提取或开采的原材料及其衍生物，如金属、石油和天然气等。

软性商品对人类发展和贸易至关重要。它们为世界提供营养、牲畜饲料以及造纸、服装、家具和建筑等原材料。虽然有些软性商品可以在本国生产，但许多软性商品是在生产条件（如土壤、降雨和气候等）相对更具优势的国外其他地区种植的。因此，各国通常依赖全球价值链来获取所需的软性商品。

（二）传统模式及挑战

一些软性商品如大豆、棕榈油、牛肉、木材产品（木材、纸浆和纸张）、咖啡和可可等，其传统生产方式对可持续发展构成重大挑战，涉及森林砍伐、气候变化和生物多样性丧失等问题。在许多软性商品生产国家，生物多样性相对丰富，但森林砍伐率高（图9-1）。事实上，大豆、棕榈油、牛肉和木材产品的生产，加起来造成的热带雨林砍伐

1World Bank. World Development Report 2020: Trading for Development in the Age of Global Value Chains[EB/OL]. Washington, DC. 2020. https://www.worldbank.org/en/publication/wdr2020.

量占全球砍伐总量的 40%[1] ～ 50%[2, 3]。在巴西和印度尼西亚等主要生产国，过去 20 年的森林覆盖率下降与这些软性商品的生产（如印度尼西亚的油棕、纸和纸浆，巴西的牛肉和大豆）关系最为密切（图 9-2）。这些软性商品是与土地使用变化相关的生物多样性丧失和温室气体排放的主要原因之一。

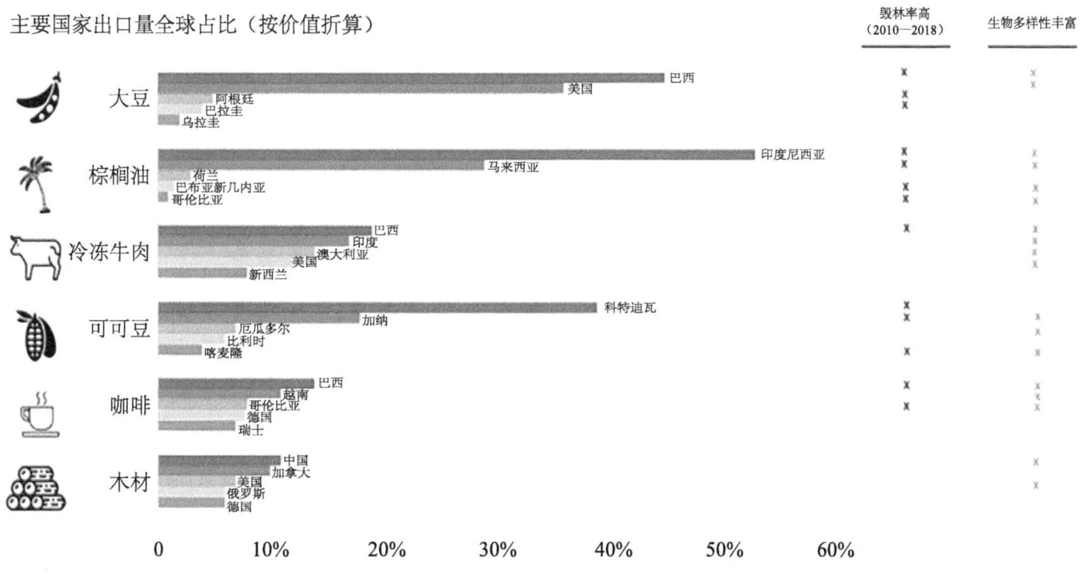

图 9-1　全球软性商品出口量及主要生产国（2017）

资料来源：哈佛经济图集、联合国贸易数据率、国际货币基金组织贸易统计、全球森林观察、联合国粮农组织、世界地图集、联合国世界保护监测中心。

注：图中百分比以美元折算。全球商品出口总值：大豆＝ 576 亿美元；冷冻牛肉＝ 215 亿美元；木材＝ 1 350 亿美元；可可豆＝ 95 亿美元；咖啡＝ 318.8 亿美元。

1 IDH. The Urgency of Action to Tackle Tropical Deforestation." https://www.idhsustainabletrade.com/tacklingdeforestation/; TFA (Tropical Forest Alliance). Emerging Market Consumers and Deforestation: Risks and Opportunities of Growing Demand[EB/OL]. 2018. https://www.tfa2020.org/en/publication/emerging-market-consumers-deforestation-risks-opportunities-growing-demand-soft-commodities-china-beyond/; TFA (Tropical Forest Alliance). TFA 2020 Annual Report 2018.[EB/OL]. 2018. https://www.tfa2020.org/en/annual/report-2018/.

2 BOUCHER, D. et al. The Root of the Problem[EB/OL]. 2011. Union of Concerned Scientists. https://ucsusa.org/resources/root-problem.

3 HAUPT F, et al. Zero-Deforestation Commodity Supply Chains by 2020: Are We on Track[EB/OL]. The Prince of Wales' International Sustainability Unit, 2018. https://climatefocus.com/sites/default/files/20180123%20Supply%20Chain%20Efforts%20-%20Are%20We%20On%20Track.pdf.pdf.

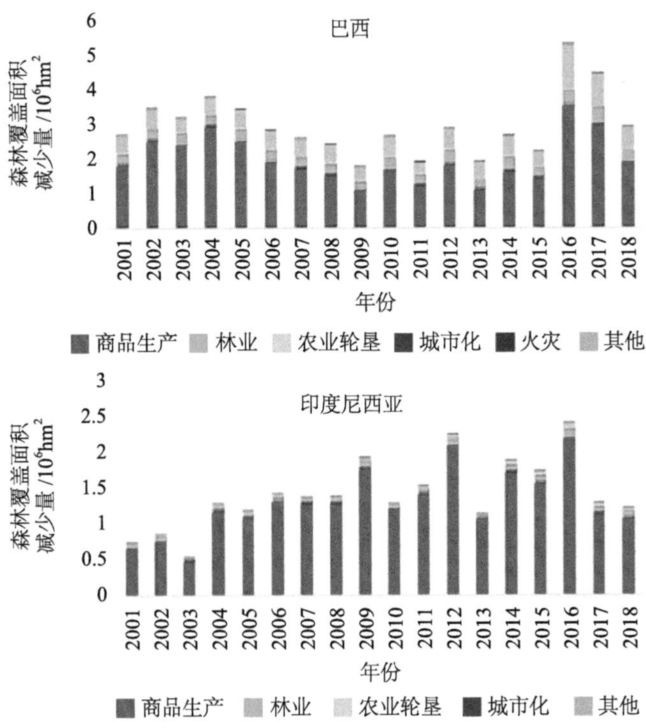

图 9-2 巴西和印度尼西亚森林覆盖率下降因素分析

资料来源：全球森林观察，2019。

软性商品带来的第二个挑战与合法性有关。例如，全球每年林产品非法贸易额为 500 亿～ 1 520 亿美元。[1] 巴西亚马孙地区 90% 以上的森林砍伐都是非法的，经常与贩毒和逃税等其他犯罪行为有关。[2] 印度尼西亚政府 2019 年的一项审计发现，大约 81% 的印度尼西亚油棕种植园不符合相关法规。[3] 在全球软性商品供应中，有很大一部分与非法伐木或开荒、违反劳动法、避税或许可证和执照分配不当有关。

第三个挑战涉及平等和包容等社会问题。例如，妇女在这些价值链中的参与率往往较低，获得资本和财产的机会不平等，她们的工作价值被低估，获得的补偿相对较低。[4]

1 UNEP. Environmental Crime – Tackling the Greatest Threats to Our Planet[EB/OL]. Our Planet, March. 2017. https://wedocs.unep.org/bitstream/handle/20.500.11822/20259/Our%20Planet%20March%202017.pdf?sequence=1&isAllowed=y.

2 BCCFA. Taxa de desmatamento na Amazônia Legal[EB/OL], 2019. https://www.mma.gov.br/informma/item/15259-governo-federal-divulga-taxa-de-desmatamento-na-amaz%C3%B4nia.html.

3 Mongabay. 81% of Indonesia's oil palm plantations flouting regulations, audit finds[EB/OL]. [2019-08-25]. https://news.mongabay.com/2019/08/81-of-indonesias-oil-palm-plantations-flouting-regulations-audit-finds/.

4 CONLON C, RECA V, Purchasing Power: The Opportunity for Women's Advancement in Procurement and Global Supply Chains[EB/OL]. BSR. 2020. https://www.bsr.org/en/our-insights/blog-view/purchasing-power-opportunity-women-procurement-global-supply-chains.

当不可持续的商品生产使森林和土地退化，或限制农民获得高产作物品种、水或能源时，农民的生计可能受到损害。[1]缺乏对土地和资源权利的承认（可能是习惯性的，也可能是非官方的）是另一个重要的社会挑战。此外，还有可能出现与劳工有关的问题，如童工、奴役、缺乏集体谈判权、工资和福利低下以及工作场所的安全和健康水平低等。

因此，这些软性商品的传统生产和贸易方式对主要国际协定的履行构成威胁。例如，违反国家法律和国际法规则，阻碍多项联合国可持续发展目标的实现，包括目标5（性别平等）、目标8（体面工作和经济增长）、目标10（减少不平等）、目标12（负责任的消费和生产）、目标13（气候行动）、目标15（陆地生命）、目标16（和平、正义和强有力的机构）等。此外，这些商品生产和贸易如果继续对森林构成威胁，将导致《巴黎协定》和《生物多样性公约》的全球一致目标无法实现。

同样，软性商品的传统发展模式也对经济构成威胁。近期很多案例表明，传统的发展模式使一些企业和经济指标受到了严重影响。

1）全球木地板生产和零售商Lumber Liquidators 2015年上半年市值缩水11亿美元，此前该公司因从俄罗斯进口非法木材而在美国被追究刑事责任，然后又被曝光使用可致癌的甲醛复合地板。[2]

2）可可和棕榈油公司United Cacao于2016年因在秘鲁亚马孙森林保护区开发种植园而被曝光。[3] 2017年年初，伦敦证券交易所暂停了该公司的股票交易，公司首席执行官辞职，股票市值下跌55%。[4]

3）2018年，五家粮食贸易公司（Cargill，Bunge，ABC Indústria e Comércio SA，JJ Samar Agronegócios Eireli，Uniggel Proteção de Plantas Ltda）及多家农户因涉及在巴西Cerrado非法砍伐森林，被巴西政府罚款总计2 900万美元。[5]

4）世界著名吉他公司吉布森吉他被发现从马达加斯加和印度进口非法砍伐的乌木

1 HAVERHALS M, et al. Exploring gender and forest, tree and agroforestry value chains - Evidence and lessons from a systematic review[EB/OL]. Infor Brief No. 161. CIFOR. http://www.cifor.org/publications/pdf_files/infobrief/6279-infobrief.pdf [1]COLES C, MITCHELL J. Gender and agricultural value chains: A review of current knowledge and practice and their policy implications[EB/OL]. ESA Working Paper, 2011. No. 11-05. FAO. http://www.fao.org/3/a-am310e.pdf.

2 LINNANE C, KILGORE T. Lumber Liquidators Steps up Campaign to Restore Trust — but Is It Too Late?[EB/OL]. [2015-05-07]. https://www.marketwatch.com/story/lumber-liquidators-steps-up-campaign-to-restore-trustbut-is-it-too-late-2015-05-07.

3 MONGABAY. Huge Cacao Plantation in Peru Illegally Developed on Forest-Zoned Land[EB/OL]. Mongabay Environmental News. [2016-07-16]. https://news.mongabay.com/2016/07/huge-cacao-plantation-in-peru-illegally-developed-on-forest-zoned-land/.

4 Chain Reaction Research. The Chain: London Stock Exchange Suspends Trading of United Cacao[EB/OL]. [2017-01-17]. https://chainreactionresearch.com/the-chain-london-stock-exchange-suspends-trading-of-united-cacao/.

5 SPRING, J. Brazil Fines Five Grain Trading Firms, Farmers Connected to Deforestation[EB/OL]. Reuters, [2018-05-23]. https://www.reuters.com/article/us-brazil-deforestation-bunge-carg-idUSKCN1IO1NV.

和红木，在与美国政府签署犯罪执行协议后，被罚款30万美元，并被没收了价值超过25万美元的木材。[1]

此外，2016年国合会报告也指出，不可持续的自然资源管理可能导致对全球经济至关重要的商品和生态系统服务在短期内退化乃至消失。随着新兴经济体和发达经济体的消费者和政府对更可持续产品的需求日益增加，传统发展模式将给私营部门带来市场、声誉和合规风险。[2]

（三）中国的重要作用

中国已经成为全球软性商品价值链的贸易中心。受中产阶级需求不断壮大及扩大内需的驱动，中国现在是世界上最大的大豆、木材和牛肉进口国，也是仅次于印度的第二大棕榈油进口国（表9-1）。中国对进口大豆、纸和纸浆的需求超过了欧盟和北美，对棕榈油的需求与整个欧盟大致相当（图9-3），并且预计还会增长。作为世界上最大或第二大软性商品进口国，中国的影响举足轻重。如果中国采取积极措施与其他主要市场（欧盟、美国和印度）合作，全球软性商品价值链将能够从传统发展模式向更可持续的方式转变。

表9-1 中国大豆、纸浆纸张、木材、牛肉和棕榈油进口量（2018）

商品	中国在全球进口量中的比例/%	排名	单位
大豆	60	1	美元
纸浆和纸张	38	1	美元
木材*	33	1	美元
牛肉	17	1	吨位
棕榈油	12	2	美元

资料来源：美国农业部和联合国商品贸易统计数据库。
注：* 包括原木和锯木。

1 GHIANNI T. Gibson Guitar Settles Probe into Illegal Wood Imports[EB/OL]. Reuters, [2012-08-06]. https://www.reuters.com/article/us-usa-gibsonguitar-madagascar-idUSBRE8751FQ20120806.

2 IDH. The Urgency of Action to Tackle Tropical Deforestation[EB/OL]. 2020. https://www.idhsustainabletrade.com/tacklingdeforestation/; TFA (Tropical Forest Alliance). Emerging Market Consumers and Deforestation: Risks and Opportunities of Growing Demand[EB/OL]. 2018. https://www.tfa2020.org/en/publication/emerging-market-consumers-deforestation-risks-opportunities-growing-demand-soft-commodities-china-beyond/; TFA (Tropical Forest Alliance). TFA 2020 Annual Report 2018[EB/OL]. 2018. https://www.tfa2020.org/en/annual/report-2018/.

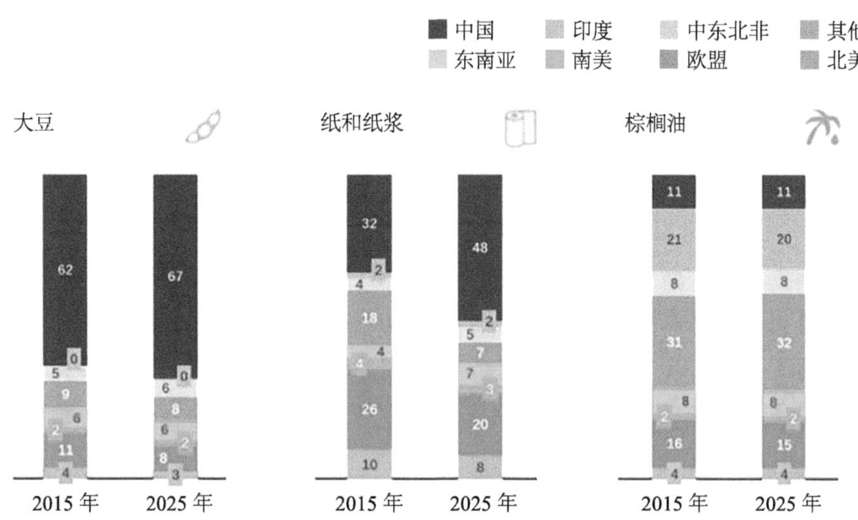

图 9-3　**全球进口份额（2015 年、2025 年）**

资料来源：世界经济论坛，2018。

中国也可以通过“一带一路”倡议在软性商品价值链绿色化中发挥重要作用。2019 年，中国与“一带一路”国家的贸易额超过 1.3 万亿美元，约占同期中国贸易总额的 30%。[1] 截至 2019 年 4 月，中国已与 125 个国家签署“一带一路”合作协议，其中包括亚洲、非洲、拉丁美洲等许多软性商品生产国。重要的是，中国政府已表示有意确保“一带一路”倡议在这些国家推进可持续的“绿色”价值链。2017 年，环境保护部、外交部、商务部和国家发展改革委联合发布了《关于推进绿色“一带一路”建设的指导意见》，强调要加强绿色供应链管理，促进绿色生产、采购和消费，加强绿色供应链的国际合作与协调。

（四）价值链的绿色化

“绿色”软性商品价值链一般具有以下环境和社会特征。

环境特征包括自然资源利用率高、废物排放量少、污染水平低等。从根本上讲，“绿色”软性商品价值链的采购和生产过程，不应直接或间接导致天然林和其他重要自然生态系统（如草地）的退化、破碎或转化。也就是说，绿色化的大豆、棕榈油和牛肉生产应不涉及天然热带森林和其他生态系统的砍伐和转化。就木材产品而言，意味着

1 China News. MOFCOM: The Trade with BRI Countries Grew 6% Last Year[EB/OL]. [2020-01-21]. http://www.chinanews.com/cj/2020/01-21/9066119.shtml.

木材不应从具有高保护价值的森林（原生林）中规模化砍伐而来。此外，软性商品的绿色化是通过提高和改进现有土地生产率（单产）实现的。在现有土地上提高生产率是避免竭泽而渔、破坏自然生态的关键方法。

社会特征包括尊重原住民、当地社区、妇女、儿童和工人的国际公认的权利和利益，包括不受歧视和剥削，保障安全和健康的工作条件等。

合法性也是“绿色”软性商品价值链的要求，国家和国际法律义务必须得到遵守，其中涉及许可、授权和收获、环境和社会影响评估、税收和其他费用支付、参与性决策过程、劳工权利和保护等。“绿色”软性商品价值链也应具有透明性，从田间到最终市场，所有利益相关方都应能够获得商品生产和贸易过程合法性和可持续性的相关信息。

虽然软性商品价值链的“绿色化”行动应体现在价值链的所有阶段，但本研究将侧重于软性商品的生产阶段，特别是针对土地获取中的社会与环境影响、自然生态系统保护、耕作和林业操作等进行重点考虑，其原因主要有四点。

第一，软性商品价值链的生产阶段对气候变化、生物多样性以及土地相关权利的影响最大。这是因为商品的种植和收获可以直接导致自然生态系统退化，并对原住民和当地社区的权益和生计造成影响。森林、泥炭地和红树林的丧失和退化，是导致全球温室气体排放量增加，进而加剧气候变化和生物多样性损失的重要原因之一。[1, 2] 事实上，对于与中国关系密切的主要软性商品价值链来说，土地性质的转换是温室气体排放量增加的主要贡献者（图 9-4）。

第二，应对气候变化和保护生物多样性是 2020 年和 2021 年政府间议程中的一项重要议题。《联合国气候变化框架公约》下一次缔约方会议将着重讨论“基于自然的解决办法”，其中包括森林保护和可持续农业等议题。此外，由中国主办的下一届联合国《生物多样性公约》缔约方大会也将为下一个十年的生物多样性保护设定全球议程。

第三，全球性金融和私营部门高度重视无毁林的软性商品生产。例如，BlackRock 等全球性投资公司已开始采纳可持续标准，消费品论坛（Consumer Goods Forum）、世界经济论坛（World Economic Forum）等组织在这方面已经开展了许多重大合作。

第四，以循序渐进的方式逐步实施软性商品价值链绿色化是最为现实的选择。如

1 Millennium Ecosystem Assessment. Millennium Ecosystem Assessment[EB/OL]. 2004. https://www.millenniumassessment.org/en/Condition.html.

2 ALKAMA R, CESCATTI A. Biophysical Climate Impacts of Recent Changes in Global Forest Cover[J/OL]. Science, 2016, 351 (6273): 600–604. https://doi.org/10.1126/science.aac8083.

果试图同时解决价值链的所有可持续性问题，可能会因负担过重而难以奏效。相反，首先解决当前最重要、最受关注的问题，可以让政府和企业能够快速采取针对性行动。例如，推动可追溯体系建设与应用，可有效实现可持续性目标，提高价值链绿色化转型的费用有效性。同时，做好绿色化基础性工作，将为价值链整体带来连锁反应，进而扩大绿色化转型效果。

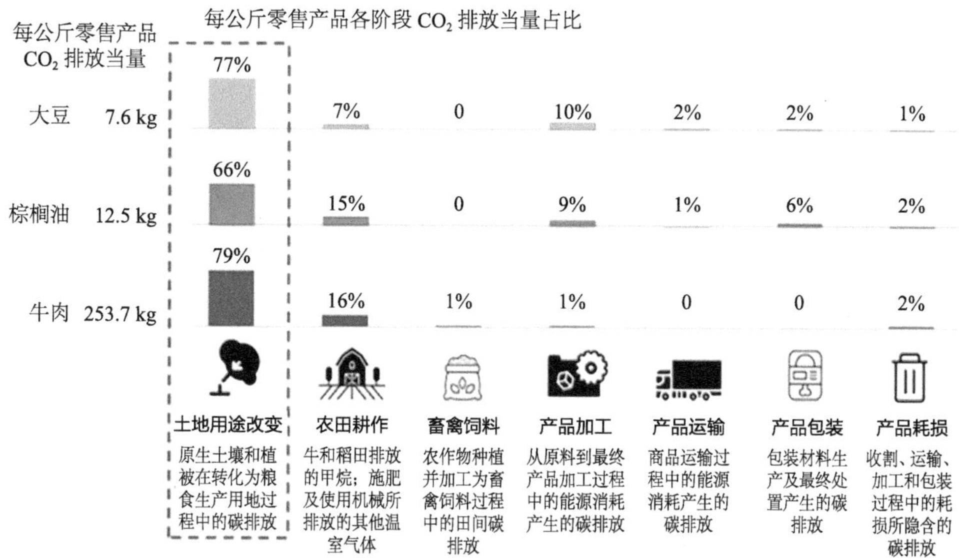

图 9-4 **部分软性商品价值链中各阶段温室气体排放量所占份额**

资料来源：Pocre 和 Nemecek, 2018: Science 360: 987-992; Searchinger 等 . 2018: Nature 564: 249-253.
注：图中数据为四舍五入，合计数不一定刚好为 100%。

三、中国推动软性商品绿色价值链具有重要意义

作为全球最大的软性商品进口国和消费国，中国有能力推动全球经济发生积极变化。同时，这也与中国的自身利益相符，主要体现在如下几个方面。

（一）与生态文明理念保持一致

软性商品价值链的绿色化与中国最高领导层提出的“生态文明”理念完全一致。2017 年，习近平主席在中国共产党第十九次全国代表大会上指出：“在过去五年中，中国引导应对气候变化国际合作，成为全球生态文明建设的重要参与者、贡献者和引

领者。”

他指出，“中国人民的梦想同各国人民的梦想息息相通……必须统筹国内国际两个大局，始终不渝走和平发展道路、奉行互利共赢的开放战略……构筑尊崇自然、绿色发展的生态体系……必须坚持节约优先、保护优先、自然恢复为主的方针，形成节约资源和保护环境的空间格局、产业结构、生产方式、生活方式，还自然以宁静、和谐、美丽”。

开启中国软性商品价值链绿色之旅，是这一愿景的具体体现，将有助于确保即将于2021年在中国昆明召开的联合国《生物多样性公约》第十五次缔约方大会取得圆满成功。

（二）加强商品供应链安全保障

新型冠状病毒肺炎疫情危机对全球贸易以及全球价值链的长期稳定和安全带来巨大考验。软性商品供应链的绿色化是有效应对这一挑战的总体战略中的重要组成部分。

首先，软性商品价值链绿色化有助于实现更安全的全球贸易。环境健康与人类健康息息相关。近期科学研究指出，自然生态系统的转变、人类与野生动物接触的增加、新的人畜共患疾病的出现（以及旧的人畜共患病的传播）、危害人类健康的流行病（甚至是大流行病）之间存在关联，部分实例包括埃博拉病毒、冠状病毒、马尔堡病毒、寨卡病毒和疟疾等（专栏9-3）[1]。新型冠状病毒肺炎疫情的暴发，促使国际社会、企业和民众更加注重确保国家的主要经济活动（如产品获取和商品交易）不会引发人畜共患疾病的出现和传播。避免经济活动对森林的破坏，可以减少引发人类疾病的风险。

其次，软性商品价值链绿色化有助于保证商品供应和价格的长期稳定。软性商品的市场供应和价格的长期稳定，部分取决于我们当前对资源的管理方式。近期研究发现，大豆种植和牛的养殖造成亚马孙森林过度开垦，使巴西“大豆带”降雨减少，该国大豆产量受到长期影响[2]。一份待发表的分析报告表明，所导致的产量降低可能在10%数量级，相当于每年损失7亿美元[3]。一些地区不可持续的生产也加剧了社会冲突和腐败，进而对商品的供应和价格的稳定带来了难以预测的波动，某些商品（如有些树种）

1 VIDAL J. “Tip of the Iceberg”: Is Our Destruction of Nature Responsible for Covid-19?[N/OL]. The Guardian, [2020-03-18], sec. Environment. https://www.theguardian.com/environment/2020/mar/18/tip-of-the-iceberg-is-our-destruction-of-nature-responsible-for-covid-19-aoe; SEYMOUR F, BUSCH J. Why Forests? Why Now? The Science, Economics, and Politics of Tropical Forests and Climate Change[M]. Brookings Institution Press, 2016.

2 SEYMOUR F, BUSCH J. Why Forests? Why Now? The Science, Economics, and Politics of Tropical Forests and Climate Change[M]. Brookings Institution Press, 2016; LOVEJOY T E, NOBRE C. Amazon Tipping Point: Last Chance for Action[J/OL].” Science Advances, 2019, 5 (12): eaba2949. https://doi.org/10.1126/sciadv.aba2949.

3 OBERSTEINER M. Forthcoming. Title TBD.

的过度开发，也可能导致供应链的崩溃。提前对供应链的可持续性进行管理将确保未来供给的稳定性。相反，不可持续的管理方式可能引发供应短缺、可靠性降低和价格的波动。

专栏 9-3　绿色价值链如何促进人类健康？

绿色软性商品供应链可通过减少动物和人之间传播人畜共患疾病的风险，保障人类健康。超过 60% 的新发传染病源于人畜共患，这些人畜共患病原体大多数（70%）是由于人和牲畜侵入自然生态系统导致人类与野生动物接触增多而出现的。

过去几十年里，人畜共患疾病的暴发与森林砍伐和退化以及对野生动物的开发密切相关，如埃博拉、"非典"、禽流感和新型冠状病毒肺炎。一项研究发现，中非和西非暴发的埃博拉疫情与前两年的森林损失有显著关联。当森林被砍伐用于软性商品生产时，人类与动物（或动物所携带的病原体）之间的缓冲带就会减少或消失。

因此，打造绿色价值链是确保经济活动不会导致生态退化进而增加人类接触人畜共患病毒可能性的关键。

（三）维护商品价值链的合法性

软性商品价值链绿色化将确保中国和中国企业进一步维护价值链的合法性，主要原因包括如下方面。

1）这本身就是正确的做法。遵守国际法、尊重各国主权和法律是中国外交政策的一贯原则（专栏 9-4）。世界范围内有关软性商品生产和贸易的法律正在迅速加强，在这种快速变化的背景下，中国要继续坚持其一贯原则，中国企业要遵守贸易国法律，这些都要求中国对软性商品价值链进行绿色化。

2）其他主要进口国正在加强有关软性商品的法律。全球对软性商品合法性的审查和监管正在迅速推进。以林产品为例，全球许多主要林产品进口国近期都颁布了禁止非法采伐或禁止进口非法木材产品的法规，其中包括欧盟、美国、澳大利亚、日本和韩国等，这些国家的林产品进口额占全球林产品进口总额的 52%[1]。此外，自 2017 年以来，联合国《濒危野生动植物种国际贸易公约》（CITES）已将数百种树木纳入非

1 FAO. FAOSTAT. 2020. HYPERLINK "http://www.fao.org/faostat/en/" \hhttp://www.fao.org/faostat/en/#home.

法贸易保护清单，其中很多是中国家具行业所需的原料。

林产品贸易日益严格的审查机制正在向其他软性商品延伸。例如，欧盟委员会于2019年启动了相关政策研究，意欲确保其大豆、棕榈油和牛肉等大宗商品的进出口与非法毁林无关。美国国会在2020年开始讨论采取类似措施。除政府外，许多跨国公司、行业协会和商业银行也在努力消除价值链中的非法性[1]。包括政府、公司和民间社会组织在内的200多家机构已宣布支持《纽约森林宣言》，以遏制农业商品供应链中的森林砍伐[2]。

3）出口国正在制定实施有关软性商品的法规。中国几个主要的软性商品生产和贸易伙伴已制定了旨在遏制软性商品的非法生产和贸易（进而提高可持续性）的相关法规（专栏9-4），并加强了执法。例如，2016年，西班牙Santander银行因向非法破坏巴西森林的农户提供贷款而被罚款1 500万美元。[3]

专栏9-4 中国推动软性商品价值链绿色化会干涉其贸易伙伴的国家主权吗？

中国推动软性商品价值链“绿色化”的努力不会干涉其贸易伙伴的国家主权。相反，通过软性商品价值链绿色化，中国实际上将支持其贸易伙伴的国家主权。这是因为中国的许多贸易伙伴已经制定了相关法律，鼓励合法和可持续的软性商品生产和贸易。

印度尼西亚：印度尼西亚近期发布了一系列政策，旨在消除和遏制木材和棕榈油供应链中的非法毁林行为。例如，印度尼西亚国家发展规划部（BAPPENAS）2019年推出《低碳发展计划（LCDI）》，制定了该国的经济发展议程。LCDI呼吁通过提高生产效率和利用退化土地来增加可持续棕榈油和木材的供应，同时避免天然林和泥炭地的转化。同样在2019年，印度尼西亚总统宣布在660万hm^2原始森林和泥炭地内永久停止森林砍伐。此外，印度尼西亚还建立了国家木材产品合法性保障体系，以禁止木材的非法采伐和

1 TFA (Tropical Forest Alliance). Emerging Market Consumers and Deforestation: Risks and Opportunities of Growing Demand[EB/OL]. 2018.https://www.tfa2020.org/en/publication/emerging-market-consumers-deforestation-risks-opportunities-growing-demand-soft-commodities-china-beyond/; TFA (Tropical Forest Alliance). TFA 2020 Annual Report 2018[EB/OL]. 2018. https://www.tfa2020.org/en/annual/report-2018/.

2 New York Declaration on Forests. New York Declaration on Forests[EB/OL]. 2018. 2020. https://forestdeclaration.org/about.

3 BLOOMBERG. Brazil Fines Spanish Bank Santander in Amazon Deforestation.[EB/OL]. 2016. https://news.bloomberglaw.com/environment-and-energy/brazil-fines-spanish-bank-santander-in-amazon-deforestation; Chain Reaction Research. Financing Deforestation Increasingly Risky Due to Tightening Regulatory Frameworks[EB/OL]. 2020. https://chainreactionresearch.com/wp-content/uploads/2020/02/Financing-Deforestation-Increasingly-Risky-Due-to-Regulatory-Frameworks.pdf.

贸易。基于该体系的建立，印度尼西亚与欧盟达成了自愿伙伴协议，确保只有合法木材才能进入欧盟市场，用以换取欧盟口岸的快捷清关通道[1]。中国寻求棕榈油和木材供应链“绿色化”的做法将支持印度尼西亚实施这些经济发展计划、政策和贸易计划。

巴西：巴西亚马孙地区超过90%的森林砍伐是非法的，并经常和其他犯罪如贩毒和逃税有关[2]，因此巴西现行许多公共政策都对森林的非法砍伐给予了关注。例如，《森林法》规定了每个农场为农业生产而砍伐森林的最大许可面积（如亚马孙地区为20%，塞拉多地区为65%～80%）[3]。超出这个范围的任何砍伐都是违法的，并且在此类农场生产的产品也是违法的。此外，巴西对《巴黎协定》的国家自主贡献（NDC）也要求加强政策和措施，以实现2030年巴西亚马孙地区零非法砍伐的目标[4]。因此，中国寻求确保从巴西进口的大豆和牛肉合法且“绿色”，有助于巴西执行这些法律和承诺。

非洲：中国自非洲进口的热带木材数量日益增长。一些非洲国家已经制定了相关法律，以消除非法采伐，避免其天然林的损失。例如，在过去十年中，至少八个非洲国家（喀麦隆、中非共和国、科特迪瓦、刚果民主共和国、加蓬、加纳、利比里亚、刚果共和国）已经或正在与欧盟签署自愿伙伴关系协议，以确保只有合法采伐的木材才能进入欧洲和其国内市场[5]。刚果共和国于2018年发布了第9450号联合部长令，规定大于5 hm^2 的新开发农业项目禁止在森林中而只能在草原上实施[6]（Arrete N 9450/MAEP/MAFDPRP）。刚果民主共和国的《国家减少森林砍伐和森林退化导致的温室气体排放（REDD＋）战略和投资计划》也将大规模的农业发展引向草原。因此，中国寻求确保未来从刚果盆地进口的木材合法，并确保从该地区未来进口的任何棕榈油为无毁林产品，符合这些非洲国家的政府政策和计划。

---

1 EU FLEGT Facility. Indonesia: Scoping Baseline Information for Forest Law Enforcement, Governance and Trade[EB/OL]. 2012. http://www.euflegt.efi.int/documents/10180/23308/Baseline+Study+7,%20Indonesia+-+Overview+of+Forest+Law+Enforcement,%20Governance+and+Trade/fbbef7de-ead6-4238-b28b-7a3c57fb7979.

2 BCCFA. Taxa de desmatamento na Amazônia Legal[EB/OL]. 2019. https://www.mma.gov.br/informma/item/15259-governo-federal-divulga-taxa-de-desmatamento-na-amaz%C3%B4nia.html.

3 SOARES-FILHO B, et al. Cracking Brazil’s Forest Code[J/OL]. Science, 2014, 344 (6182): 363–364.

4 Government of Brasil. Federative Republic of Brazil Intended Nationally Determined Contribution (INDC)[EB/OL]. 2016. https://www4.unfccc.int/sites/ndcstaging/PublishedDocuments/Brazil%20First/BRAZIL%20iNDC%20english%20FINAL.pdf.

5 EU FLEGT Facility. In Africa | FLEGT[EB/OL]. 2020. http://www.euflegt.efi.int/vpa-africa.

6 Arrete N 9450/MAEP/MAFDPRP. Arrete N 9450/MAEP/MAFDPRP Portant Orientation Des Plantations Agro-Industrielles En Zones de Savanes[EB/OL]. 2018. https://www.documents.clientearth.org/library/download-info/arrete-n945-maep-mafdprp-du-12-octobre-2018-portant-orientation-des-plantations-agro-industrielles-en-zones-de-savanes/.

（四）对未来市场提前做好准备

当前，中国在全球市场有着不可忽视的影响力，但未来在经济上能否取得进一步成功，取决于中国是否能够满足未来市场对绿色生产和消费的需求。从软性商品看，市场主要呈三种绿色转型趋势。

1）中国消费者消费偏好的转变。随着各国人均收入的增加，消费者对产品的社会和环境可持续性的关注度不断上升[1]。中产阶级崛起与对可持续性关注度的提升步伐相对一致，中国也存在类似情况。2017年的一项调查发现，超过70%的中国消费者愿意为可持续商品支付10%的溢价[2]。

2）零售商和制造商规范的全球化。跨国零售商和基于软性商品的产品制造商的业务准则正在向更高的可持续性水平转变，并在所有地区进行了无差别应用。例如，沃尔玛的可持续发展策略包括供应链策略，适用于全球所有门店[3]。沃尔玛目前正在与全球供应商合作，对主要环境和社会保障工作进行评估和披露，共涉及100多个产品类别，包括纸和纸浆、木材产品等[4]。销售巨头H&M在2019年宣布，鉴于养牛场是造成亚马孙森林大火和毁林的原因之一，公司将停止从巴西采购皮革[5]。Mars作为以软性商品为原料的巧克力和其他产品的供应商，已经采取了一套全面的政策来消除其价值链中的毁林行为。

3）资本市场政策的收紧。越来越多的机构投资者正在制定投资指导原则，以限制借款人将获得的资金用于可能导致热带森林砍伐的软性商品生产和贸易。例如，2019年9月，资产管理合计达16.2万亿美元的230家机构投资者呼吁，针对亚马孙毁灭性的森林火灾采取紧急行动。“作为投资者，我们有责任为受益人的最佳长期利益采取行动，我们认识到热带森林在应对气候变化、保护生物多样性和确保生态系统服务方面发挥着关键作用。”

鉴于这些原因，软性商品绿色价值链可以帮助中国及中国企业面对快速发展和转型中的市场，提前做好应对准备，从现在开始行动，及时发出信号，以有竞争力的价格为未来市场提供充足的绿色商品（专栏9-5）。

---

1 PAMPEL F C. The Varied Influence of SES on Environmental Concern[J/OL]. Social Science Quarterly, 2014, 95 (1): 57-75.

2 China Daily. Over 70 Percent of Chinese Consumers Aware of Sustainable Consumption[N/OL]. [2017-08-23]. https://www.chinadaily.com.cn/business/2017-08/23/content_31009090.htm.

3 Walmart Inc. Case Study: Encouraging Green Consumption in Retail[J/OL]. Walmart Sustainability, 2020.

4 Walmart Inc. Case Study: Encouraging Green Consumption in Retail[J/OL]. Walmart Sustainability, 2020.

5 CHAMBERS A. H&M Group Becomes Latest Retailer to Ban Brazilian Leather[N/OL]. ABC News. [2019-09-06]. https://abcnews.go.com/International/hm-group-latest-retailer-ban-brazilian-leather/story?id=65429422.

专栏 9-5　可持续棕榈油能以合理的价格满足中国不断增长的需求吗？

中国和世界可以继续使用棕榈油而不破坏热带森林，也不需要支付大量的“绿色溢价”。在供应方面，目前全球对可持续棕榈油的需求量约占全球棕榈油供应量的 10%，而经可持续棕榈油圆桌倡议组织（RSPO）认证的可持续棕榈油供应量已达到全球棕榈油供应量的 20%。[1] 因此，当前的棕榈油市场可以满足更多对可持续棕榈油的需求。

在价格方面，绿色棕榈油与传统生产方式种植和生产的棕榈油非常接近。例如，最近一家主要棕榈油供应商的定价显示，分离的可持续原始棕榈油仅溢价 3% ～ 4%，而非分离的可持续原始棕榈油仅溢价 1%。这一数值小于现货市场价格的每周变化幅度。随着可持续棕榈油供给的增加，可持续生产的成本将有所下降，从而有助于进一步确保其价格竞争力。

作为棕榈油主要进口国，中国可以在加速可持续棕榈油供应增长方面发挥重要作用。如果中国发出明确的优先采购信号，其可持续棕榈油采购份额将稳步增加，那么市场将随之做出回应。这种对可持续棕榈油需求逐步上升的“需求信号”，将给予生产国提前增加可持续棕榈油产量所需的动力和时间，从而避免未来出现可能的供应短缺，保持价格稳定。

（五）有效提高中国的国际声誉

中国承诺履行《联合国气候变化框架公约》、《巴黎协定》、联合国《生物多样性公约》、《濒危野生动植物种国际贸易公约》及联合国可持续发展目标等国际发展与环境协定，通过发出软性商品价值链绿色化的强有力政治信号，中国可以在这些里程碑式的协议中树立一个积极负责任的全球参与者地位。

传统方式下的软性商品价值链是对生态系统、生物多样性和气候造成不利影响的重要原因。这种不利影响阻碍了上述国际协定目标的实现。中国作为最大的软性商品进口国，在最大限度减小这些不利影响进而推动全球实现上述协议目标方面，可以与欧盟、美国和印度等共同发挥至关重要的作用。

中国将于 2021 年主办《生物多样性公约》第十五次缔约方大会，国际社会对中国寄予厚望。这次大会将制定下一个十年的全球生物多样性保护议程。作为缔约方大会主席国，中国将提出什么样的愿景？中国又能拿出什么样的行动来激励其他国家？

---

1 RAGHU A. The World Has Loads of Sustainable Palm Oil... But No One Wants It[EB/OL]. Bloomberg.Com, [2019-01-04]. https://www.bloomberg.com/news/articles/2019-01-13/world-has-loads-of-sustainable-palm-oil-just-no-one-wants-it.

如果中国能够与其他主要经济体一道发出一个明确信号，表明其正在努力实现软性商品价值链的绿色化，这将是一个鼓舞人心、广受欢迎的回应。这将有助于为2020年后生物多样性保护行动框架铺平道路，迈向更成功的十年，有助于确立作为《巴黎协定》基石的“基于自然的解决方案”，使中国成为全球保护生物多样性、应对气候变化和可持续发展舞台上重要的参与者、贡献者和引领者。此外，它还将有助于软性商品生产国小农户（包括妇女）摆脱贫困（专栏9-6）和履行国际协定下的义务（专栏9-7）。

专栏9-6 软性商品价值链绿色化会损害生产国小农户的利益吗？

只要建立积极的政策措施来保障他们的经济利益，绿色软性商品价值链就不会伤害生产国的小农户。如果做得好，还可以帮助小农户提高产量，增加市场进入机会。

小规模农户或“小农户”是一些软性商品的重要提供者。例如，全球40%的棕榈油由小农户生产[1]，但小农户生产的大豆不到全球总量的12%。与大型农场相比，小农户由于获取生产资料、资金和技术的机会少，每亩作物产量往往较低，实施新的可持续发展措施的能力也相对较弱。例如，印度尼西亚小农户的棕榈油每亩产量比企业化管理的种植园低20%～25%。在生产力和收入方面，女性农民尤其处于劣势，与男性相比，她们获得种子、化肥、资金和土地的机会更少。

软性商品生产的绿色化转型（如更合理地使用化肥）可以提高生产效率，增加每亩产量，更多地获得资金，取得更好的收益。效率和产量的提高是软性商品绿色化的核心，可以通过企业和政府实施相关项目予以支持。例如，在过去十年中，诸如奥兰国际、森那美集团、春金集团等跨国综合企业已向小农户提供了大量培训、融资、生产资料和管理支持，以采取可持续的耕作方式，避免砍伐森林。例如，春金集团为印度尼西亚的小农户提供棕榈油培训，旨在采用健康和安全的做法，以可持续的方式提高产量。来自中国的海外发展援助，通过技术援助、资金投入和补贴融资等手段，推动农业实践的可持续转型。

1 DODSON A. et al. Smallholders: Key to Building Sustainable Palm Oil Supply Chains[EB/OL]. Zoological Society of London: SPOTT. 2019. https://www.spott.org/news/smallholders-key-to-building-sustainable-supply-chains/.

专栏 9-7　绿色价值链能帮助中国的贸易伙伴履行国际协定义务吗？

是的，中国绿化其软性商品价值链可以帮助贸易伙伴国履行多项联合国协定下的义务。例如，可以支持发展中国家合作伙伴履行其在《联合国气候变化框架公约》《巴黎协定》下国家自主贡献中，通过减少森林砍伐和森林退化降低温室气体排放量的承诺，支持伙伴国执行《生物多样性公约》第3条关于各国“有责任确保其本国管辖或控制范围内的活动不会对其他国家的环境造成损害……”的规定，还将支持对列入《濒危野生动植物种国际贸易公约》的红木树种的贸易限制，而中国是世界上最大的红木进口国[1]。

四、中国推动软性商品绿色价值链行动路径策划

中国应把握历史机遇，在全球软性商品价值链绿色化中发挥促进作用。这不仅有利于中国的自身发展并在外交上赢得主动，也将为实现全球生物多样性保护、应对气候变化和各项可持续发展目标做出重要贡献。中国可以采取如下三方面策略来推进软性商品价值链绿色化进程。一是实施国家绿色价值链战略，建立政策与机构支持框架；二是加强监管与市场手段相结合，逐步推进绿色价值链进程；三是推动绿色价值链理念融合，充分发挥协同增效作用。

（一）实施国家绿色价值链战略，建立政策与机构支持框架

中国可以通过以下三个步骤实施软性商品价值链绿色化国家战略，并通过机制和机构建设为这一战略的实施提供全面支持。

1. 宣布实施中国绿色价值链发展战略

2021 年，中国将举办《生物多样性公约》第十五次缔约方大会（COP15）和中国国际进口博览会（CIIE），重点关注环境和贸易的国际活动。中国可以利用此机会宣布启动绿色价值链国家战略，彰显中国向软性商品（特别是那些主要由中国进口且对自然生态系统有重大影响的关键软性商品）价值链绿色化方向迈进的意愿和决心。这一举措可以纳入 COP15 中国生物多样性保护一揽子成果，并利用中国国际进口博览会平台，进一步扩大影响，推动相关政策和举措落地。

1 TREANOR N B. China's Hongmu Consumption Boom[R/OL]. Forest Trends. 2015. https://www.forest-trends.org/publications/chinas-hongmu-consumption-boom/.

中国可以在此基础上，鼓励其他国家共同承诺，携手打造全球软性商品绿色价值链。该承诺可以纳入 COP15《昆明宣言》，也可作为 COP15 高级别会议的成果之一。中国与其他主要经济体在这一议题上开展合作十分必要，与主要进口国共同合作将产生更大的影响力。作为大会的主办国和全球软性商品市场最大的参与者，中国有能力促成该多边承诺与合作。

2. 筹划设立绿色价值链高层协调机制

为了推动上述政策承诺的有效落实，中国可以设立一个由多部委参与的高级别委员会（暂定名称“国家价值链安全与可持续发展委员会”），持续专注价值链的安全性、可持续性和绿色化发展。该委员会在初始阶段可以围绕本研究提出的政策建议开展工作，后续逐步扩展到其他商品及价值链的其他领域。

设立价值链部际协调机制可以有效解决价值链跨越部委职能和专业界限的问题。贸易、金融、农业、林业、海关和环境等部门都在一定程度上与商品贸易管理有关，因此在该部际委员会中应有各相关部门的代表。新型冠状病毒肺炎疫情的暴发对全球价值链造成了严重破坏，进一步凸显了全面统一应对价值链问题的必要性。将绿色价值链的政治承诺转化为实际行动，需要政府整体协调，通过部际协调机制实现跨部门合作，有利于指导中国价值链安全与可持续发展相关政策的制定与实施。

国家价值链安全与可持续发展委员会可由生态环境主管部门牵头，联合商务、国际发展合作、海关、农业农村、林业草原、金融监管等相关主管部门共同组成。根据工作需要，可适时联合其他部门加入。委员会的主要职责包括以下内容。①研究审定价值链安全与可持续发展规划与计划；②研究制定价值链安全与可持续发展相关政策；③协调建立价值链安全与可持续发展合作机制；④协调解决价值链安全与可持续发展中存在的问题；⑤审查推进价值链安全与可持续发展工作进展。委员会日常工作可由“全球绿色价值链研究院”（拟组建，见下文）具体承担。

3. 推动组建绿色价值链技术支持机构

中国可在《生物多样性公约》第十五次缔约方大会或其他重要活动场合宣布组建绿色价值链技术支持机构（暂定名称“全球绿色价值链研究院”），以此建立长效技术支持机制，为部际委员会提供强有力的政策与技术支持。该机构将与利益相关者（包括政府、企业、金融机构、研究机构、社会团体等）及专家开展密切合作，就“做什么”“如何做”“谁来做”等问题开展深入研究并制订相应计划。鉴于软性商品与生物多样性及《生物多样性公约》最为相关，研究院可首先关注软性商品，之后逐步向其他商品扩展。

全球绿色价值链研究院对部际委员会负责。鉴于绿色价值链同时涉及环境与贸易问题，研究院可由生态环境及商务主管部门联合筹建，同时应考虑与正在筹建的“一带一路”绿色发展研究院协同推进。促进合法、安全和可持续的全球价值链构建越来越受到各国的重视，中国率先组建全球绿色价值链研究院将为中国实现这一目标奠定坚实基础。

全球绿色价值链研究院的主要职能是为相关政策的制定与实施提供专业技术支持。具体职责和任务包括：①研究拟定各类商品、各行业绿色价值链实施计划；②研究分析相关政策途径和制度，明确相关部门与行业的各自职能，推动相关政策落地；③研究制定原料与产品进出口合法性标准，建立尽职调查和可追溯系统技术规范，推动建立绿色软性商品认证体系；④通过贸易、金融和发展援助支持生产国可持续生产转型；⑤建立利益相关方合作网络及信息与宣传服务平台，鼓励政府机构、行业企业、研究院校、非政府组织（包括从事社会和与性别问题相关工作的机构）、消费者参与，共同推动全球价值链绿色化进程；⑥与“一带一路”绿色发展国际联盟、亚太经合组织等国际合作平台对接，形成协同增效效应，交流良好实践经验。

在起步阶段，该研究院可重点关注本报告第四章第二节（见下文）所提出的以软性商品为重点的政策与技术手段，包括加强进口软性商品的合法性管理、推动尽职调查和可追溯性体系应用、发展新兴产业以推动可持续饮食等。此外，研究院应推动将软性商品价值链绿色化相关考量纳入更广泛的中国现行政策领域，包括多（双）边贸易协定、南南合作、绿色金融、绿色“一带一路”建设等（见下文第四部分第三节）。

上述职能任务是本专题研究团队综合分析其实施有效性、可行性和相关性的基础上提出的，可作为全球绿色价值链研究院的优先领域。

（二）加强监管与市场手段结合，逐步推进绿色价值链进程

中国可以分阶段、分步骤采取监管与市场相结合的政策与技术手段，逐步推动软性商品价值链绿色化进程。这些手段主要包括如下三个关键领域。

在推行这些政策，特别是前两项政策的过程中，中国应该寻求与其他主要国家的“绿化”标准相协调。

1. 加强进口软性商品的合法性管理

（1）主要内容

中国可以在最新修订的《森林法》和其他主要市场的相应合法性标准的基础上，

加强对软性商品合法性的进口管理。加强对非法来源软性商品的进口管理，也是对原产国依法打击软性商品非法生产和贸易行为的有力支持。

一些软性商品非法来源的典型例子包括：在印度尼西亚，在未经许可通过砍伐森林获得的耕地上种植生产的棕榈油；在巴西，在森林砍伐量超过巴西《森林法》允许范围的农场上种植的大豆。

为有效加强软性商品进口的合法性管理，中国必须与原产国紧密合作，并针对具体商品进行具体分析。通常，原产国需首先对其软性商品的生产制定合法性标准并建立认证体系，这种合法性标准和认证体系也需得到中国法规的认可。在此基础上，中国应鼓励并逐步要求软性商品进口企业开展尽职调查，确保所进口的商品在原产国是合法生产的（见下节有关尽职调查和可追溯体系部分）。可以采取一系列激励措施，促使不做出反应的公司采取行动，从最初的警告到最终形成有约束力的监管框架时的民事和刑事处罚，以此向外国出口商发出强烈信号，他们应确保运往中国的软性商品遵守原产国的相关法律。考虑到中国进口大宗软性商品的规模和复杂性，进口合法性管理可以按商品、按国家分阶段实施，并进行明示。一方面要确保中国进口商和外国出口商能够及时审查和调整其采购方式，避免供应中断；另一方面要保证与原产国的相关政策相协调。

（2）参与各方

中国相关机构应与各有关生产国的对应机构合作，以便明确哪些产品是合法生产的，并与各生产国的合法性验证标准和体系相协调。中国国内也需要多个主管部门合作，共同提出进口商开展进口软性商品的合法性尽职调查的具体要求，确定如何对未履行尽职调查的进口商进行惩罚。这些部门包括生态环境、商务、农业农村、林业和草原、市场监管、海关等主管部门。此外，这些部委还应与技术专家合作，为企业提供工具和培训，帮助他们履行新的合法义务。由于需要整体性的政策协调，这些工作可由部际委员会在全球绿色价值链研究院的支持下发挥协调作用。

（3）现有基础

中国在建立进口软性商品合法性标准体系方面已有相关工作基础。例如，近年来，中国制定了国家木材合法性核查框架草案，并在一些木材企业中试行了自愿核查标准。2019 年 12 月，全国人大常委会通过了《森林法》修订案，明确了木材产品价值链合法性要求。修订后的《森林法》第 65 条规定：“木材经营加工企业应当建立原料和产品出入库台账。任何单位和个人不得收购、加工、运输明知是盗伐、滥伐等非法来源的林木。”在此基础上，中国可以考虑将合法性尽职调查和核查要求扩大到其他主要软性商品（如大豆、棕榈油和牛肉）的进口中。

（4）重要意义

确保进口软性商品的合法性是软性商品绿色价值链的一个基本特征，主要体现在以下三个方面。第一，体现了对生产国法律的尊重，进而有助于加强和稳定多（双）边贸易和政治关系；第二，为遵守法律但又受到廉价非法进口商品损害的中国进口商提供了公平的竞争环境；第三，表明了中国对全球可持续发展与国际合作规则的支持。

（5）国际实践

当前，贸易合法性越来越受到各国重视。如果中国能够建立并实施软性商品进口合法性尽职调查要求，那么中国将与各国携手迈入合法贸易的新时代。例如，欧盟、美国、日本、澳大利亚和韩国近年来都已经实施了木材合法性法规，其他国家也在制定类似措施。其中，欧盟要求进口商开展尽职调查，以评估和降低非法木材产品进入欧盟市场的风险。2017 年，韩国修订了《木材可持续利用法》，用于规范进口和国产木材及木材产品的合法性。2019 年，欧盟委员会发布了关于“加强欧盟保护和恢复世界森林的行动”的重要信息。该政策承诺欧盟“促进包括保护和可持续森林管理条款的贸易协议，并进一步鼓励不造成森林砍伐或森林退化的农业和森林产品的贸易”（欧盟委员会，2019）。截至 2020 年年中，美国国会也正在考虑类似的立法措施。

2. 推动尽职调查和可追溯体系应用

（1） 主要内容

中国政府可以鼓励企业（包括国有和私营企业）加强尽职调查和可追溯体系的建设与应用，为打造绿色软性商品价值链奠定基础。尽职调查是企业实施的一种风险管理流程，用于识别、预防、缓解和说明其应对运营、供应链和投资中的环境和社会风险。可追溯性是指在供应链的各个阶段（如生产、加工、制造和销售）跟踪产品或其组件的能力。

目前有很多种工具和方法（如风险评估、认证、遥感、供应商保证和报告、计算机化产品跟踪、区块链技术等）可用来支持尽职调查和可追溯体系的建设与应用。问责框架倡议（Accountability Framework Initiative）提出了一套供应链评估和可追溯性指南，可以帮助企业选择针对来自特定地区特定商品进行风险评估的方法。更为重要的是，设计合理的尽职调查和可追溯体系可以降低成本，促进绿色软性商品的充足供应。中粮国际尝试一种开拓性实践（专栏 9-8），提供了一个很好的基于风险管理的渐进做法的例子。尽职调查和可追溯体系可以自行开发和应用，也可以纳入政府的监管控制体系。

专栏 9-8 基于风险管理的低成本尽职调查和可追溯性系统

中粮国际等企业在对来自巴西的绿色大豆价值链进行尽职调查和可追溯性跟踪时，采取了以下方式。

（1）分阶段采取行动。不要试图同时考虑价值链可持续性的所有方面。相反，应从最重要、最具时效性的方面入手，确保软性商品与毁林无关是目前最需要考虑的问题之一。随着时间的推移，可以分阶段逐步考虑其他环节的可持续性。

（2）为“无毁林”设定一个“截止日期”。承诺在“截止日期”后停止采购与森林砍伐相关的商品。截止日期后在砍伐森林清理出来的土地上种植和生产的农产品将不被认为是绿色的或可持续的。截止日期可通过利益相关方针对具体的生态群落或区域协商确定。例如，亚马孙生态群落中大豆的截止日期是 2008 年。

（3）要求供应商提供生产边界。要求供应商提供其农场（牧场）的边界，或其来源的辖区（如市、区）边界。

（4）利用卫星图像。查阅商品生产地点在截止日期当年的历史卫星图像，并与最近的卫星图像进行对比。如果在截止日期那一年该土地上没有森林，那么所种植商品就不涉及森林砍伐行为。如果有森林，那么这种商品种植就涉及森林砍伐。可以继续使用最近的图像来监测供应商对“无毁林”目标的遵守情况。如今，许多用于此类分析的卫星图像都可以免费获得。

（5）与供应商合作。除将尽职调查和可追溯系统告知供应商外，还应与他们合作，以确保他们实施无毁林措施。与供应商合作的一个重要方面是为其提供技术和经济援助，提高其现有耕地和牧场的产量。供应链其他参与者、金融机构和非政府组织的共同参与，可进一步推动这种合作。

这种方法成本很低，因为必要的数据可以免费获得，分析工作可以在办公室进行，不需要有人去农场或牧场做现场审计或验证。

中国政府可以规定尽职调查和可追溯性标准（包括在上文提及商品进口合法性监管体系中），鼓励企业实现软性商品价值链的绿色化。政府这样规定有助于营造公平的竞争环境，使遵守规定的公司在与那些生产廉价非法产品的企业竞争中，不再处于不利地位。

（2）参与各方

尽职调查和可追溯性体系的建立和应用，要求商品价值链中各环节企业采取一致行动。应在实施前，调动全行业共同制定统一的标准和方法，避免企业各自为政而导致的低效。中国在建立软性商品尽职调查和可追溯性系统相关规定时，需要生态环境主管部门与商务、市场监管、海关、农业农村、林业和草原、工信等主管部门相协调。可以利用或基于一些现有的方法、技术和体系构建尽职调查和可追溯性系统（专栏9-9）。在完善和应用尽职调查和可追溯性体系时，应与商业企业密切合作，以确保所使用的方法适合商业流程并具有成本有效性，这一点非常重要。

专栏 9-9　支持尽职调查的方法和工具举例

现今已有很多工具和方法可以支持企业开展尽职调查并遵守相关法规。

（1）免费的在线森林监测系统，可为企业和监管机构提供公开的卫星和相关数据，并评估哪些地区正在进行森林砍伐。企业可以将这些地理空间数据与供应商的采购区域相叠加，以对森林砍伐和其他风险进行监控。

（2）以可持续标准为基础的自愿性认证系统，通常由多个利益相关者团体管理，可为企业提供第三方认证，证明商品生产是否符合可持续标准，且其产销链是否能够得到充分控制。

（3）强制性生产者国家认证体系，可用于监控软性商品的生产和贸易是否符合可持续标准。

（4）“辖区管理法”，即在一个地理区域或行政区域（如州、省、区、市）内采取整体行动，确保软性商品生产的合法性，减少森林砍伐或避免将森林改变为其他生态系统。一些辖区制定了“生产和保护契约”，农民同意不向森林扩张，以换取相应援助，用于提高现有耕地的产量。

（5）“风险筛查法”，指零售商、制造商和贸易商将风险较低的地区或企业（如对合法性高度信任以及没有砍伐森林或侵犯人权行为）与风险较高的地区或企业区分开来。进口商可以优先对来源于高风险地区或企业的商品采取更严格的控制措施。这些措施包括合法性验证、认证以及更强的可追溯性等。对于在全面执行可持续标准上取得进步的供应商，可以采取供应商合作方式继续开展采购合作。这里再次说明，对土地用途变化情况的监测可以通过免费、公开的卫星和相关数据来实现。

（3）现有基础

中国已经在木材、食品和药品等产品监管中对尽职调查和可追溯系统进行了规定。中国还处于大数据和区块链等数字技术的最前沿，这些技术可以促进商品价值链的可追溯性。中国林业科学研究院已草拟了一份国家木材合法性体系建设方案，拟将合法性验证制度从森林管理延伸到价值链（“产销链”）全过程。近年来，这一制度已在一些大型木材企业进行了试点。中国可以基于试点经验，将合法性认证和追溯体系扩展到中小企业、进口木材及其他软性商品。此外，商务部还建立了国家重要产品追溯体系，对食品、药品、稀土和危险产品等重点商品的生产和流通进行跟踪。作为开始，商务部可以将软性商品纳入该体系。此外，绿色“一带一路”大数据平台也可为可追溯体系建设提供存储和数据服务。

（4）重要意义

尽职调查和可追溯性是打造绿色供应链的基础，能够允许进口商、金融机构、政府和消费者将符合绿色标准的软性商品与不符合绿色标准的软性商品区分开来。将尽职调查和可追溯体系结合起来使用，可以验证商品的来源、监管情况、合法性、可持续性和/或安全性。实施尽职调查和可追溯性通常还能带来良好的商业利益，使企业能够更好地管理物流，保证整个价值链财务管理的规范性。企业如果有能力证明所采购商品的来路并确保其符合可持续标准，将有助于其在市场上取得更大的竞争优势。

（5）国际实践

越来越多的跨国公司正在使用可追溯体系来实现软性商品价值链的绿色化。例如嘉吉（Cargill）、金农资源（Golden Agri Resources）、路易达孚（Louis Dreyfuss）、亿滋（Mondelez）、沃尔玛（Walmart）等公司正在使用“全球森林观察专业版软件”，从农田开始即对其软性商品供应链进行监控，可有效区分绿色和非绿色供应。玛氏（Mars）、联合利华（Unilever）和丰益国际（Wilmar）等食品巨头正在使用“棕榈风险工具”（Palm Risk Tool）来识别不可持续种植的“高风险”棕榈油来源。中粮国际目前正在对其供应链上部分来自巴西的大豆进行跟踪。依据《中国食品安全法（2015）》要求，科尔沁牛业利用区块链和其他可追溯技术来跟踪冷冻牛肉的生产和运输，防范受污染的牛肉进入其供应链的风险。

各国政府也在引入可追溯体系。例如，印度尼西亚使用条形码技术跟踪木材从采伐到港口的情况，随后通过在线系统发放出口许可证。新西兰和乌拉圭建立了国家牛追溯系统，以确保肉类质量、卫生标准、原产地和监管链的透明度。

3. 发展新兴产业以推动可持续饮食

（1）主要内容

发展植物性食品产业是应对国内、国际蛋白质消费需求不断增长的有效途径之一，中国应加大对高营养价值的植物性食品的生产技术和生产能力的投资，实现植物蛋白生产“强国”目标，提高粮食自给自足水平，改善国民健康（如降低饮食中的饱和脂肪和胆固醇水平），增强食品安全保障（如减少污染），降低人畜共患疾病风险。基于新兴产业的价值链将减少对进口的依赖，有利于价值链的稳定和贸易平衡，并且“更为绿色”（如不需砍伐森林进而减少温室气体排放）。这将形成一个全新的 21 世纪产业，而中国有望成为这一产业的全球领先者。

（2）参与各方

中国应鼓励行业主管部门和私营企业积极采取共同行动。例如，农业主管部门可与市场监督、工信等部门协调，采取政策和市场手段，确保国内原料的充分供应，并为植物性食品生产制定必要的国家标准。此外，为加快植物蛋白产品研发，也需要国家科技等政府部门及社会各界加大对食品科学创新研究领域的投资力度。

（3）现有基础

中国在农业技术和土地基础设施方面的大量投资，已使其具备了发展植物性食品产业的良好基础。目前中国是世界上最大的豆制品生产国和植物性食品原材料的出口国，其加工设施能力足以支撑这一新兴产业的进一步发展。例如，2016 年，中国大豆分离蛋白生产能力已达全球 3/4 以上，大豆组织蛋白生产能力约占全球的一半。大豆是目前中国生产植物基肉制品使用最多的原料。此外，中国还种植了其他替代原料，包括魔芋和真菌。

中国投资者已经在向初创企业投入资金，以推动技术发展，扩大生产规模。例如，中国首家致力于食品科技的风险投资公司 Bits x bites 已经在世界各地投资了几家开发植物性原料的初创企业。此外，一些开发植物性原料的中国公司，如 Whole Perfect Food 和 Godly，也开始得到广泛认可。

投资于这些不断增长的机遇符合中国为确保粮食安全所做的广泛努力。新型冠状病毒肺炎疫情之下，中国将粮食安全和农产品稳定供应放在保证供应链稳定和竞争力的首位。2020 年，中国将制订新的国家中长期粮食安全计划，并施行应对疫情的粮食安全计划[1]。2020 年 5 月，国家发展改革委在提交给人民代表大会的年度报告草案中着

1 NDRC (National Development and Reform Commission), Report on the Implementation of the 2019 Plan for National Economic and Social Development and on the 2020 Draft Plan for National Economic and Social Development[EB/OL]. Xinhua. (2020-05-30). http://www.xinhuanet.com/politics/2020lh/2020-05/30/c_1126053830.htm.

重强调了实现主要农产品进口多样化和确保粮食、食用油、肉、蛋、水果和蔬菜等关键产品的稳定安全供应[1]。

（4） 重要意义

发展植物性蛋白产业将提高中国的粮食自给能力，减少对进口肉类和动物饲料的依赖，改善贸易平衡，缩短供应链，提高食品安全，降低人畜共患疾病的风险，减少粮食生产对环境的影响，从而使中国处于创新和新市场发展的前沿。

这在当前的食品供应链形势下尤为重要。尽管中国对蛋白质的需求持续增长，但蛋白质的供应仍然面临着一些限制。值得注意的是，仅 2019 年的非洲猪瘟就几乎使中国的生猪养殖减少了一半。这种猪瘟虽然对人体无害，但对猪却是致命的，导致了大面积的肉类短缺和价格飙升。禽肉和牛肉并未能弥补猪肉生产的损失。荷兰合作银行（Rabobank）预测，2020 年猪肉产量将比 2019 年下降 10% ～ 15%。此外，新型冠状病毒肺炎疫情对肉类（如进口牛肉）和动物饲料供应的贸易影响仍不明晰，可能会持续很长时间[2]。

国产植物蛋白可以弥补供应短缺，并使供应更加安全（由于其产地在国内），也可以避免传统食品供应链中经常出现的细菌等污染问题。如果植物性蛋白产品能做到“看起来和吃起来”更像肉，那么它就能满足消费者对肉类味道的兴趣。

（5） 国际实践

植物性肉类产业在过去几年里发展迅速。根据好食品研究所（Good Food Institute）和植物性食品协会（Plant-Based Foods Association）的数据统计，2017 年至 2019 年，仅美国植物性肉类销售额就增长了 37%。对比两三年前植物性食品全球市场微不足道的情形，2019 年全球植物性食品市场达到 185 亿美元，2025 年预计将达到 406 亿美元，复合年增长率为 14%。市值较高的新公司，如“不可能的食品”（Impossible Foods）和“超越肉类”（Beyond Meat），已经出现在几个大洲的市场上。主要的餐厅和快餐零售商已开始向顾客出售植物性肉类食品。这说明中国国内制造商在满足供应国内市场的前提下，向海外市场扩张的时机已经成熟。

（三）推动绿色价值链理念融合，充分发挥协同增效的作用

中国可以将绿色价值链理念与其他绿色发展相关机制相结合，充分发挥各机制的

1 NDRC (National Development and Reform Commission), Report on the Implementation of the 2019 Plan for National Economic and Social Development and on the 2020 Draft Plan for National Economic and Social Development[EB/OL]. Xinhua. [2020-05-30]. http://www.xinhuanet.com/politics/2020lh/2020-05/30/c_1126053830.htm.

2 ALISTAIR D. Asian ASF Crisis to Boost EU Pig Prices in 2020-Rabobank Report[EB/OL]. 2019. http://www.pig-world.co.uk/news/asian-asf-crisis-to-boost-eu-pig-prices-in-2020-rabobank-report.html.

协同增效作用，推动价值链绿色化取得快速进展。

加快推进现有政策和经济杠杆的协同作用将有效提升实施措施效率，同时还可确保与私营部门以及相关政府部门的紧密合作。

1. 在多（双）边贸易协定中纳入绿色价值链理念

（1）主要内容

中国政府可以将绿色软性商品进出口贸易管理要求及措施纳入双边和多边贸易协定。例如，在双边协议方面，中国可以与印度尼西亚协商达成协议，印度尼西亚政府应确保所有合法出口到中国的棕榈油都是“无毁林”和可持续的；作为回报，中国可以提供贸易激励措施，例如提供入境口岸的“快速通道”或“无毁林”棕榈油的关税优惠。此外，也可与巴西就大豆和牛肉达成类似协议。

中国还可以按照世界贸易组织（WTO）的规定，促进在多边贸易协定中建立软性商品绿色价值链的相关规则。例如，可以在世界贸易组织下引领绿色软性商品贸易关税优惠，还可在亚太经合组织（APEC）框架下建立软商品生产和贸易协调一致的可持续性标准。中国可以在现有标准和机制下，对一种或两种商品开展试点。比如，作为区域全面经济伙伴关系（RCEP）的主要成员，中国可以针对《濒危野生动植物种国际贸易公约》（CITES）下的相关木材产品开展试点。试点项目可通报世贸组织贸易与环境委员会（CTE），以确保符合世贸组织规则。鉴于国际贸易规则的复杂性及其对中国的重要性，可以考虑在拟议中的全球绿色价值链研究所的工作中，优先研究如何将中国在绿色全球价值链方面的措施与 WTO 和其他国际贸易规则和条例协调起来。

上述贸易协定可以分阶段推出，可先在一个国家 / 商品组合中试行，然后扩展至新的国家 / 商品组合。此外，这些贸易协定也可以与中国的南南合作战略相协调，并纳入生产国的能力建设活动中。

（2）参与各方

绿色价值链相关贸易措施应首先得到多边或双边贸易协定各方的同意。一旦达成协议，中国多个相关部门，包括商务、生态环境、农业农村、林业和草原以及海关等主管部门等，需协作设计实施机制，与生产国的相关部门进行协调，并通过南南合作开展能力建设活动。相关部门可与生产国的相关政府部门建立沟通协调机制，定期沟通，确定核查标准，识别并通过技术援助消除技术障碍。中国商务和生态环境主管部门可以牵头制定激励政策，为“无毁林”软商品提供贸易便利，协调拟定多边贸易协定中软性商品生产和贸易的合法性标准。

（3）重要意义

将软性商品绿色价值链措施纳入双边和多边贸易协定，可实现中国及其贸易伙伴的双赢，有利于推动商品的可持续性生产和贸易，有助于中国实现本章第三部分所阐述的多重效益。对于贸易伙伴而言，有助于实现其国家法律和法规的相关要求（专栏 9-4）。就可持续性而言，它将使贸易协定与自然资源的健康管理协调一致。

（4）国际实践

一般来说，生产国并不希望他国单方面对其强加绿色要求，中国也不会寻求这样做。软性商品价值链的绿色化发展，只有在生产国和消费国之间达成一致，并确保各自经济利益的前提下才能实现。这正是中国可以做的，而且国际上已有先例可以借鉴。例如，欧盟与加纳、圭亚那、印度尼西亚和越南等木材出口国共同签署了自愿合作协议。

签署独立的或专门的绿色商品贸易协议并不是唯一的选择。国际上惯常的做法是在双边和多边贸易协定中订立环境目标和保障措施。例如，2009 年签署的《美国—秘鲁贸易促进协定》是一项涵盖多个经济行业的一般性自由贸易协定，其中就包括了一个专门针对森林治理的附件，提出了旨在防止秘鲁非法木材进入美国的严格而具体的条款。

多边贸易协定一般也会加入环境条款。目前，包括中国在内的 46 个 WTO 成员正在积极开展 WTO《环境商品协定（EGA）》谈判，旨在取消如风力涡轮机和太阳能热水器等环境产品的关税，帮助实现可持续发展和气候目标[1]。《濒危野生动植物种国际贸易公约》（CITES）、世界贸易组织（WTO）和国际热带木材组织（ITTO）也在合作，以期通过国际贸易规则进一步实现保护目标。

2014 年，中国在亚太经合组织（APEC）框架下建立了 APEC 绿色供应链合作网络（GSCNET），率先开展了绿色价值链国际合作，并在天津建立了第一个合作网络示范中心。

2. 利用南南合作支持生产国可持续生产转型

（1）主要内容

中国可采用赠款、无息贷款、优惠贷款和技术援助等方式，研究制定具体的发展援助方案，用以支持有关国家可持续生产转型，提高其现有农业用地的生产效率（避免毁林），改善其可追溯性及政策手段。援助方案中还可纳入促进性别平等和增强妇女权益的政策（专栏 9-10）。通过中国主导的这种南南合作，将新增的发展援助计划与前面提及的各类措施相结合，使这些措施在政治上更容易被接受并便于实施。

1 WTO(World Trade Organization). Environmental Goods Agreement[EB/OL]. WTO. 2020. https://www.wto.org/english/tratop_e/envir_e/ega_e.htm.

专栏 9-10　在全球绿色价值链和国际贸易中促进性别平等和增强妇女权益

性别平等在软性商品生产和贸易绿色化转型中有重要作用。中国在为可持续软性商品生产提供发展援助时，应考虑与性别有关的问题。

主要捐助方（特别是发展援助捐助方）大都制定了性别平等政策、行动计划和执行机制。《爱尔兰援助性别平等政策（2004 版）》规定了两种实施途径。（1）开展性别主流化；（2）对妇女权益计划提供直接支持。英国国际发展部在其性别战略中强调，性别平等议题不应局限于联合国可持续发展目标 5，而应将其贯穿全部目标中。

捐助方的这些性别政策适用于各行各业，对于在绿色软性商品价值链中保障性别平等将发挥关键作用。例如，美国国际开发署（USAID）编制了一本手册，用以促进农业价值链中的性别公平。该手册给出了一个“五步法”，并针对各农业产业提供了一些案例分析。类似地，为促进巴拉圭大豆和牛肉行业的性别平等，联合国开发计划署（UNDP）的绿色商品计划推动建立了由各主要参与方加入的全国性对话机制，其长期目标是让妇女参与所有经济活动，并展现自我能力。

所有这些政策都要求将重点放在赋予妇女经济权能以及妇女的健康、教育和社会福祉上。性别平等促进者联合会（由代表发展援助组织的性别专家组成）提出了一套性别平等主流化最低标准。这些标准为发展援助机构制定了性别主流化基准和基本实施步骤框架，其中包括为促进性别主流化，建立一种组织文化、加强员工能力建设、设立预算用以对合作伙伴提供支持等。

这些政策还包括报告和跟踪机制，以确保其得到遵守。加拿大全球事务部和瑞典国际开发署（SIDA）的性别平等政策规定，所有政策、方案和项目都需要进行性别分析。欧盟的性别行动计划要求所有欧盟组织（欧洲对外行动局、代表团、委员会服务处和成员国）每年提交报告，汇报其在各项计划活动中开展性别主流化的进展情况，包括其机构组织文化上的改进情况[1]。

中国国家国际发展合作署可以参考这些既定政策，结合自身实际，在南南合作援助方案中制定和加强其性别政策和性别行动计划。

1 CONNELL R. Meeting at the Edge of Fear: Theory on a World Scale[J]. Feminist Theory, 2015, 16 (1): 49-66.

（2）参与各方

中国主管国际发展合作的部门可以与生态环境、商务等主管部门以及中国智库等单位协调，与南南合作伙伴国家共同开发建立相关发展援助项目，并由具有相应资质的实施机构承担援助项目的具体组织和实施。

（3）现有基础

在帮助其他国家提高农业生产率方面，中国曾采取过多种形式的援助。对于有些国家来说，提高现有农场、牧场、人工林的生产率，可以有效减少毁林、提高小农户收入、改善性别平等、推进可持续发展。中国可以考虑对这些相关国家提供更多的援助。

中国目前已经在向一些国家提供土地利用规划方面的援助，可以此为基础，支持主要软性商品生产国划定适合绿色商品生产的土地和不适合商品生产的土地（如天然林、泥炭地、湿地）。对于后者，中国可以基于国内实施生态红线政策的经验提供相关的专业知识。

中国还可以依托2019年启动的“一带一路”绿色发展国际联盟（BRIGC），会集所有合作伙伴的环境专业知识，推动共建“一带一路”，为各国带来长期的绿色和可持续发展，支持2030年可持续发展议程。

中国还提供了与贸易相关的援助，后续可根据WTO规则扩大援助范围，以涵盖符合“绿色”标准的相关国家软性商品。例如，可向发展中国家提供商检和其他与贸易有关的设备，帮助发展中国家加强制度建设，确保其商品生产的合法性，提高其产品来源追溯的可靠性。中国还可以通过实施绿色商品贸易优惠政策，如差别化关税和配额、取消非关税措施以及相互承认检验检疫制度等，来加强此类援助。

（4）重要意义

软性商品生产和贸易的绿色转型需要对传统方式进行改革，这意味着农户需要提高现有农田单产率，避免对森林的破坏，意味着要提高资金使用效率，实现更公平的劳动，也意味着要提高产品取得合法性和可持续性认证的能力，并确保女性能够获得平等的机会和公平的收入。这种改革需要技术与资金上的支持，而中国可以通过南南合作推动改革取得成功，通过与前述其他措施（第四部分第二节）形成多效互补，助力软性商品的可持续供给。

3. 发挥绿色金融及绿色“一带一路”机制作用

（1）主要内容

中国金融行业监管机构可以鼓励金融机构开发支持企业实现价值链绿色化的融资形式。

1）创新贸易融资方式，对满足绿色绩效标准的生产商、制造商和贸易商，提供低利率和（或）快速支付方式，以激励借款人实现可持续性和可追溯性目标。例如，2019 年，中粮国际由于其良好的环境、社会和治理绩效，如在巴西的大豆可持续采购行为，从包括中国银行在内的 20 家银行组成的财团中获得了 21 亿美元的低利率贷款。据世贸组织估计，80% ～ 90% 的全球贸易依赖贸易融资[1]。

2）采取保障措施，确保对基础设施项目和商品生产设施的投资不会以直接或间接的方式鼓励不可持续的软商品生产。例如，已有 100 多家金融机构采纳了赤道原则，用以确定、评估和管理项目中的环境和社会风险。

3）向生产国提供赠款和贷款（参见上文有关南南合作的部分），支持绿色生产体系转型以及相关进展监控、报告和核查工作。

金融机构可以在内部制定软性商品可持续性政策，并将其纳入信贷或资产投资的尽职调查程序。对属于此项政策范围内的资金，可为其设立使用条件，或提供激励机制，确保其遵守与农林业土地获取和劳动条件相关的环境和社会标准。还可以制定激励措施，鼓励贷款方针对软性商品价值链中商品的合法性和可持续性，采用更为严格的风险监测、报告、核查、披露以及风险控制机制。

（2） 参与各方

主要参与方因融资形式而异，但应包括参与下列活动的所有金融机构及其监管部门。

1）向参与软性商品生产或采购的实体提供金融服务；

2）对新建或扩建软性商品生产区域和加工设施的项目进行投资或融资；

3）为基础设施建设项目进行投资或融资，目的是改善边远地区通达能力，促进林业或农业发展，但有可能会对生态系统产生直接或间接影响；

4）作为南南合作的一部分，向生产国提供贷款或赠款。

中国银行业金融监管机构可在推动中国银行业金融机构采用最佳实践助力软性商品价值链绿色化方面发挥关键作用。可以与主要银行（如国家开发银行、中国进出口银行、中国银行、中国工商银行、中国农业银行等）合作，对创新金融工具进行试点，或就如何在中国背景下实施最佳实践制定具体指导方针。生态环境主管部门和银行业金融监管机构可以与主要政策性银行共同开展绿色金融试点，以支持软性商品贸易。银行业金融监管机构可与生态环境、商务等主管部门合作进一步深化金融机构绿色转型，修订《绿色信贷指引》，加快《关于构建绿色金融体系的指导意见》的实施和绩

1 WTO(World Trade Organization). The WTO and Word Customs Organization-The Challenges of Trade Financing[EB/OL]. 2020. https://www.wto.org/english/thewto_e/coher_e/challenges_e.htm.

效评估，进一步强化金融机构投融资项目环境风险管理及其可持续性，并将软性商品绿色价值链理念纳入其绿色化转型的相关政策和制度设计与建设之中。

多边开发银行（包括亚洲基础设施投资银行）可与其他金融机构合作启动供应链金融计划，提升中小企业获得融资的机会。例如，国际金融公司和亚洲开发银行共同出资为潜在项目提供支持，同时降低投资风险。

（3）现有基础

推进绿色融资机制总体上与中国金融监管机构目前的改革和创新重点相一致。中国银保监会出台了《关于促进银行和保险业高质量发展的指导意见》，并计划修订《绿色信贷指引》《绿色信贷统计制度》，以提高信息披露要求，供央行开展宏观审慎评估。此次修订可能会扩大绿色信贷的范围，涵盖符合相关可持续性和可追溯性要求的软性商品供应商和采购商。

绿色价值链融资机制还可以与“一带一路”绿色发展国际联盟相关工作结合。正在研究建立的用以评估“一带一路”投资项目环境绩效的“交通灯”机制也是一个可以利用的手段。如果将这一制度应用于软性商品生产建设项目，或应用于支持软性商品生产发展的相关基础设施建设项目，也可为价值链的绿色化提供更好的支持。在该制度中的环境与社会保障标准中，应体现鼓励采用可持续林业和农业做法，同时限制软性商品生产对环境和社会产生的不利影响。

（4）重要意义

金融机构可以为软性商品的可持续生产和贸易建立激励机制，鼓励软性商品价值链上的客户企业和商品生产国共同实现绿色价值链目标，在这方面，金融机构的作用至关重要。通过绿色融资，银行可以对不可持续的行为所带来的投资风险（如客户合规性及社会和市场风险、银行违约和声誉风险）进行有效管控，更好地创造或把握商业机会，为社会提供更加积极的贡献，同时，有助于确保来自政府、融资人和投资方信息的一致性，使企业充分认识绿色价值链的重要性。

银行业金融监管机构应发挥好行业层面的整体协调作用；否则，由于追求短期利润或面对竞争压力，个别银行单独实施绿色改革的速度可能会比较慢。

事实上，金融机构已越来越关注毁林风险。例如，中国资产管理公司联合 230 家机构投资者（管理资产共计 16.2 万亿美元），呼吁企业公开披露和实施一项针对特定商品的无毁林政策，包括做出可量化、有时限并覆盖整个价值链和所有采购区域的承诺，建立透明的无毁林监测和验证体系，确保其供应商遵守无毁林政策，并每年报告毁林风险的暴露和管理情况，包括公司无毁林政策的实施进展情况。

五、主要政策建议

根据前述研究，本项目研究团队建议中国启动绿色价值链国家战略，并采取如下具体行动，有序推进软性商品价值链绿色化进程。

（一）实施国家绿色价值链战略，建立政策与机构支持框架

1. 宣布实施中国绿色价值链发展战略

中国可以在2021年《生物多样性公约》第十五次缔约方大会及中国国际进口博览会上启动关于推动全球价值链绿色化进程的一项新的国家战略。这一战略在实施初期将主要涵盖部分以中国为主要进口国并对自然生态系统有显著影响的软性商品。

2. 筹划设立绿色价值链高层协调机制

为落实上述政策承诺，中国可设立一个由多个相关政府部门组成的部际协调机制（暂定名称为“国家价值链安全与可持续发展委员会”）。以价值链的安全性、可持续性和绿色化发展为关注点，负责协调推动国家绿色价值链发展战略的实施。价值链范围涵盖软性商品及硬性商品，初期重点推进落实本研究中针对软性商品价值链提出的相关建议。

3. 推动组建绿色价值链技术支持机构

为确保对部际协调机制提供有效的政策与技术支撑，中国应组建绿色价值链技术支持机构（暂定名称为“全球绿色价值链研究院”）。该机构将与利益相关者（包括政府、企业、金融机构、研究机构、社会团体等）及专家开展密切合作，负责拟定相关规划和计划，研究建立相关技术体系，指导推动相关具体工作，为相关利益方提供技术服务。

（二）加强监管与市场手段结合，逐步推进价值链绿色化进程

1. 加强进口软性商品的合法性管理

中国应加强对来自原产国非法收获或生产的软性商品的进口管理。实际上，这也是对商品出口国落实其软性商品生产和贸易法规的支持。可以最近修订的《森林法》中关于林产品合法性的规定为基础，逐步扩大到其他软性商品。

2. 推动尽职调查和可追溯体系应用

中国应鼓励企业（国有和私营企业）加强尽职调查和可追溯体系的应用，推动软性商品价值链绿色化。现有许多工具和方法可支持尽职调查和可追溯体系的应用。政

府可以通过鼓励企业参与，创造公平的竞争环境，使守法企业在市场竞争中不再处于劣势。

3. 发展新兴产业以推动可持续饮食

中国应加大对具有高营养价值的植物性食品的生产技术和生产能力的投资，这有助于改善国民健康现状，增强食品安全保障，降低人畜共患疾病风险。同时，减少对进口的依赖，有利于价值链的稳定和贸易平衡，并且更为绿色。这将是一个全新的21世纪产业，而中国有望成为这一产业的全球领先者。

（三）推动绿色价值链理念融合，充分发挥协同增效作用

1. 在多（双）边贸易协定中纳入绿色价值链理念

中国可将绿色软性商品进口管理措施纳入双边和多边贸易协定，包括签署双边“无毁林”商品贸易协议，或按照WTO规则，将相关措施纳入多边贸易协定。中国可在世贸组织内牵头开展绿色软性商品贸易关税优惠工作；可以在亚太经合组织下，支持建立统一的软性商品生产和贸易可持续标准；可以从试点开始，在南南合作战略下与主要软性商品生产国协同推进。

2. 利用南南合作支持生产国可持续生产转型

中国可以制定具体的双边发展援助路线，支持相关国家实现软性商品可持续生产转型。通过赠款、无息贷款、优惠贷款和技术援助等方式，帮助生产国提高现有农业用地的生产效率，避免森林滥伐，改善产品可追溯性及相关政策设计。在南南合作框架下，将发展援助与上述其他举措相结合，可以使这些举措在政治上更容易被接受，并便于实施。

3. 发挥绿色金融及绿色“一带一路”机制作用

中国应将绿色价值链战略与其他相关政策（如绿色金融、绿色“一带一路”等）相互融合，发挥各有关政策和机制的协同增效作用。鼓励金融机构创新绿色价值链投融资模式，将软性商品绿色价值链要求纳入信贷或资产投资的尽职调查程序，确保实现价值链的绿色化。生态环境主管部门和银行业金融监管机构可以与主要政策性银行共同开展绿色金融试点项目，以支持软性商品贸易。鼓励有关国家在绿色“一带一路”建设及其他国际合作机制框架下，共同推动全球绿色价值链的发展。

第十章 绿色金融 *

一、引言

为扭转全球生态破坏与生物多样性损失局面，各国已于 1992 年签署通过了《生物多样性公约》，计划共同采取措施保护全球生态环境与生物多样性。2010 年在日本爱知县举办的《生物多样性公约》第十次缔约方大会（CBD COP10）在全球范围内通过了《2011—2020 年生物多样性战略计划》，并为这十年间的生态保护工作制定了 20 个纲要目标，即“爱知目标”。即将在中国昆明召开 CBD COP15，评估爱知目标的实施情况，总结过去十年间全球的生物多样性保护进程，并制定未来 10 年全球的生物多样性保护框架与目标。然而，多数的爱知目标将会落空。从资金投入的角度来看，以追求利润为主的经济开发与资源利用模式是全球生态损害趋势难以扭转的重要原因。以公共财政为主的生态保护资金规模有限，难以保障各领域生物多样性保护措施的切实开展。在此背景下，如何最大限度地调集金融资源，通过生态保护金融的发展更有力地支持生态保护与生物多样性保护，已成为全球各国日益关注的重要议题。

生态保护金融与生物多样性金融、气候金融、绿色金融、可持续金融等概念既有区别又有联系（专栏 10-1）。生态保护金融是旨在为生态治理、环境修复、自然资源高效利用、生物多样性等生态安全领域筹集和管理资金，保障生态系统及其生态服务长期稳定发展的金融系统，包含财政资金、税费、自然负债、信贷、证券、信托基金、生态服务付费机制等多种融资形式 [1]，以及支持各类融资工具有效发挥作用的金融生态环境。生态保护金融通过开发新的、可持续的、多样化的金融工具，激励政府部门、社会企业、影响力基金以及大型多边金融机构与慈善组织，为全球的陆地、淡水、海岸以及海洋生态系统保护提供资金支持，并通过正向的生态保护产出创造经济收益 [2]。

* 本章根据“绿色金融”专题政策研究项目 2020 年 9 月提交的报告整理摘编。

1 https://www.conservationfinancealliance.org/what-we-do[2020-02-20].

2 https://wwf.panda.org/?175961/wwfguidetoconservationfinance [2020-02-20].

专栏 10-1　生态保护金融与生物多样性金融、气候金融、绿色金融与可持续金融

生物多样性金融是一种为可持续的生物多样性管理提供金融激励，筹集并管理资本的行为。它既包括用于生物多样性保护的私人和公共财政资源，也包括有利于生物多样性保护的商业投资，以及与生物多样性相关的资本市场的交易行为。联合国生物多样性框架公约中对生物多样性的定义涵盖了生态系统、物种与基因资源的多样性[1]。由此可见，生态保护与生物多样性保护紧密相关。因此，可以认为生态保护金融与生物多样性金融之间具有极高的一致性。

气候金融指的是用于支持减缓与适应气候变化的金融活动。虽然减缓气候变化与生态保护相关，但气候金融与生态保护金融的侧重点仍有较大不同。

绿色金融是指为支持环境改善、应对气候变化和资源节约高效利用的经济活动，即对环保、节能、清洁能源、绿色交通、绿色建筑等领域的项目投融资、项目运营、风险管理等所提供的金融服务[2]。根据中国金融学会绿色金融专业委员会2015年发布的《绿色债券支持项目目录》，水土流失综合治理、生态修复及灾害防控、自然保护区建设等生态保护行为也在绿色债券支持范围之内。可以认为，生态保护也是绿色金融的支持活动之一，即生态保护金融是绿色金融范畴中的一部分。

可持续发展金融指的是以长期的、可持续的经济活动为导向，在投资过程中考虑环境与社会因素的金融体系。

总体而言，气候金融与生态保护金融虽然相关，但分别侧重于支持应对减缓气候变化和生态保护领域。两者同属于绿色金融范畴，同时也是国际上所指的可持续发展金融的一部分，如右图所示。

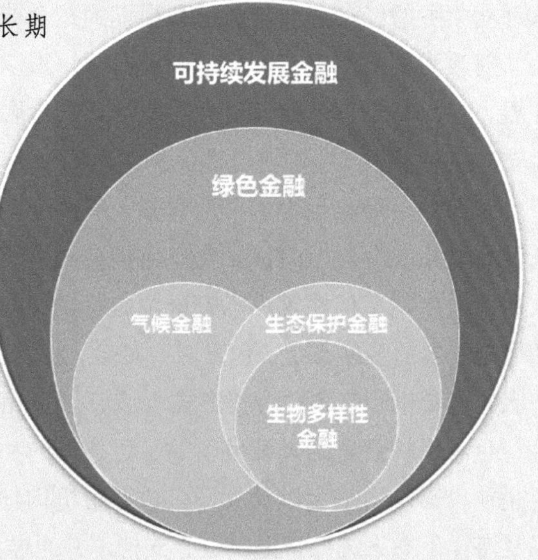

1 https://www.un.org/en/events/biodiversityday/convention.shtml [2020-03-31].

2 中国人民银行，等．关于构建绿色金融体系的指导意见 [R]. 2016.

近年来，生态保护金融领域的国际实践发展迅速，以调动公共、私营部门资源为目的的创新模式层出不穷。同时也面临诸多挑战。一方面，全球生态保护的资金缺口仍然很大。尽管近年来生态保护领域的社会资本投入增长迅速（2016 年比 2014 年增长 62%），2020 年全球的生态保护投资总额预计将达到 1 200 亿美元左右，但这距离全球 3 000 亿～ 4 000 亿美元的资金需求仍相去甚远。另一方面，以生态保护为主的资金流向尚未形成。以森林保护为例，从目前的资金流向来看，每向森林保护投资 1 元钱，同时就有 150 元被用于森林破坏的投资。保护活动在森林相关活动中的投资占比仅为 1%。即使按照目标将森林保护的投资金额扩大 8 倍，破坏与保护的资金比例也仅从现有的 150 ∶ 1 变为 19 ∶ 1。因此，若不尽快减少破坏生态环境与生物多样性的金融活动，生态保护金融难以从根本上扭转目前的生态恶化趋势。

中国拥有森林、湿地、草地、海洋等多种生态系统类型以及丰富的生物多样性。生态保护与生物多样性保护是中国生态文明建设的重要内容。以 2015 年为例，中国各类生态系统的生态供给与调节服务价值达到 72.81 万亿元，约为当年经济生产总值的 1.06 倍[1]。加强生态保护与生物多样性保护，既是维护中国生态安全、提高人民福祉的重要举措，也是创造社会福利、实现“绿水青山就是金山银山”的重要实践。过去一段时期，中国和国际社会在可持续金融（包括气候金融）方面已经做了大量工作。尽管如此，目前的生态安全局势仍不容乐观。近期新型冠状病毒肺炎疫情的大范围暴发，证明在生态保护和生物多样性方面我们还有大量工作要做。其中，如何构建一个与恢复和保护自然环境、自然资源和生态系统相吻合的生态保护金融体系，是中国和国际社会共同面临的挑战。

2020 年既是中国新旧五年计划交替的时间节点，也是全球生态保护领域的“超级年份”[2]。本报告在中国环境与发展国际合作委员会的支持下，力求通过借鉴国际和国内成功实践，解决目前生态保护领域的两大突出困境。一是生态保护领域的资金投入长期以公共财政为主要资金来源，这一模式难以满足生态保护的融资需求，而大量的社会资本和金融资源未能得到有效利用。二是生态保护的重点地区往往也是欠发达和亟待脱贫的地区。生态保护和本地经济发展的迫切需求构成冲突，影响了生态保护的成效和投资的安全性。为改善中国生态保护与生物多样性保护的融资难局面，本报告

1 马国霞，等．中国 2015 年陆地生态系统生产总值核算研究 [J]. 中国环境科学，2017.

2 即将在昆明召开的《生物多样性公约》第十五次缔约方会议将通过评估爱知目标，总结过去十年全球的生物多样性保护进程，并审议通过新的“2020 后全球生物多样性保护框架”。作为后 2020 生物多样性议程规划的重要一步，2020 年 6 月将在法国马赛举行的 IUCN 世界自然保护大会（WCC）将聚集世界各地的生态保护专家、社会组织和政府代表，共同商议自然保护在实现 2030 年可持续发展目标中发挥的作用。

将在总结国内外实践经验的基础上，提炼关键政策建议，促进中国生态保护融资方式从以财政资金为主向更多、更有效地利用社会资本，更好地促进现有金融体系作用转变。

二、中国的生态保护与生物多样性保护成效、问题与挑战

（一）保护进展显著

近年来，中国的生态保护与生物多样性保护进展显著。为长期保护国内重要的自然生态系统及其所承载的自然资源与生态功能，中国已先后出台了《野生动物保护法》《野生植物保护条例》和《自然保护区条例》等多项法律法规，建立了 2 750 个自然保护区（其中国家级自然保护区 474 个）与 11 处国家公园试点，并在《森林法》《草原法》《湿地法》等相关法律法规的支持下实施了天然林保护、退耕还林还草、山水林田湖草沙生态保护修复等一系列生态修复工程（图 10-1）。

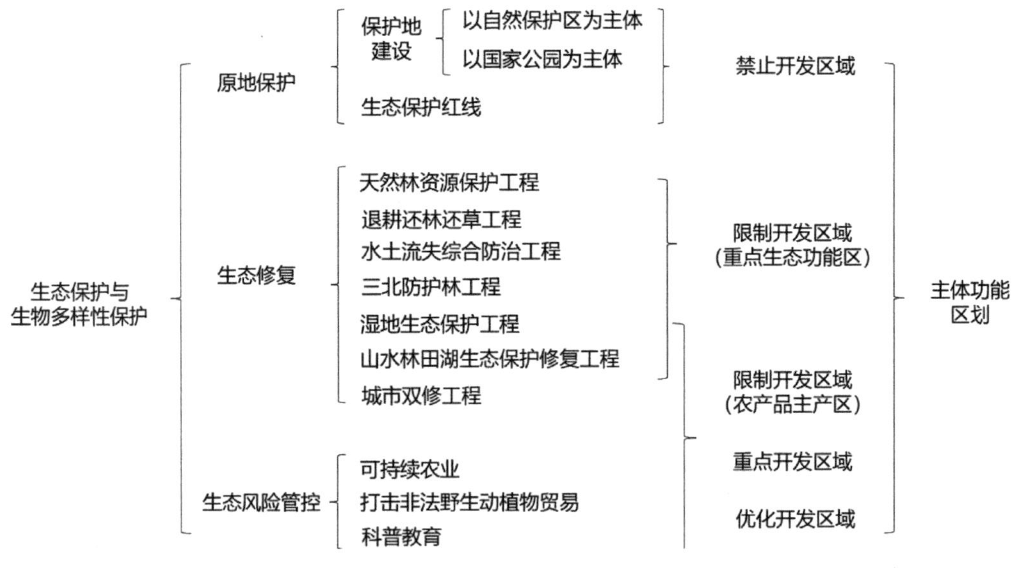

图 10-1 **中国的生态保护与生物多样性保护措施**

中国在生态保护与生物多样性保护方面的资金投入不断增多（表 10-1）。其中，退耕还林还草和天然林保护是中国投入最大的两项生态保护工程，已累计投入 8 300 亿元。在财政支出方面，生态保护相关资金的使用范围既包括自然保护区的建设费用、

生态修复工程的实施费用以及相关人力的工资与公务费用保障，又包括为禁止或限制开发区域以及生态修复区域提供的生态补偿等经济激励支出。据统计，2008—2015 年中国已累计为重点生态区转移支付项目投入 2 513 亿元。除此之外，随着自然保护公益事业的发展，社会资本和公众在中国生态保护领域的参与度不断提高。蚂蚁金服、阿拉善 SEE 公益机构、桃花源基金会、中国绿化基金会等一批关注生态保护的公益性机构开始涌现。

表 10-1 中国主要生态保护修复工程的资金投入

生态保护工程	资金投入
退耕还林还草	截至 2019 年，全国退耕还林还草总投入超过 5 000 亿元[1]
天然林保护	截至 2017 年，中国已在天然林保护工程中投入 3 313.55 亿元[2]
水土流失综合防治	“十一五”至“十二五”期间，国家水土保持重点工程共投入 188 亿元[3]。2017—2020 年，全国水土保持重点工程的总投资估算将高达 229 亿元
三北防护林	截至 2018 年，三北防护林工程累计投入中央与地方财政 443 亿元[4]
山水林田湖草沙生态保护修复	截至 2019 年，中央财政已累计下达重点生态保护修复治理资金 360 亿元[5]
退牧还草	截至 2018 年，中国已在退牧还草工程中累计投入 295.7 亿元[6]

通过封育保护、林草种植、修复工程等方式，中国的生态保护与生物多样性保护工作取得明显成效，水源涵养、水土保持等生态功能得到明确改善，森林面积和林业用地面积持续扩大，森林覆盖率由新中国成立之初的 8% 提高到 22.96%（图 10-2）。据统计，中国近 20 年来的新增植被覆盖面积约占全球新增总量的 25%。植被覆盖率的提高使水土流失面积由 2000 年的 356 万 km^2 下降到了 2018 年的 252.46 万 km^2。荒漠化和沙化面积连续 15 年实现“双缩减”。

1 http://www.forestry.gov.cn/main/435/20190715/102809090429670.html[2020-01-10].
2 http://env.people.com.cn/n1/2018/0518/c1010-29999970.html[2020-01-10].
3http://www.npc.gov.cn/npc/c541/201010/bbcc0908d02a401db646e9509399c058.shtml [2020-01-10].
4 http://www.gov.cn/xinwen/2018-12/24/content_5351500.htm [2020-01-10].
5 http://www.gov.cn/xinwen/2019-09/20/content_5431649.htm [2020-01-10].
6 http://www.gov.cn/xinwen/2018-07/17/content_5307177.htm [2020-01-10].

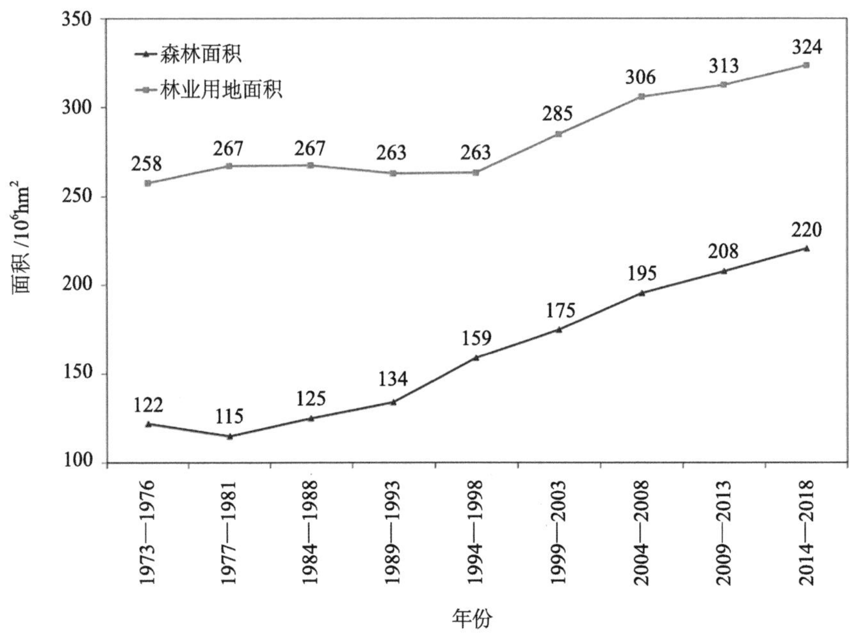

图 10-2　1973—2018 年中国的森林与林业面积变化

资料来源：林业统计年鉴。

（二）陆域生态系统的保护挑战

在取得积极进展的同时，中国的生态保护工作仍存在诸多问题与挑战。中国是世界上生态系统与生物多样性最丰富的国家之一，同时也是脆弱型生态系统和受威胁物种分布较多的地区。2017 年的调查结果显示，全国需要重点关注和保护的高等植物和脊椎动物（除海洋鱼类）分别为 10 102 种和 2 471 种，占评估物种总数的 29.3% 和 56.7%。除此之外，中国作为世界第二大经济体，其对海外生态系统的影响也在持续增大。在此背景下，中国的生态保护挑战与资金需求具体表现在国内的陆域生态系统与海域生态系统，以及中国行动对全球生态系统的影响三个方面。

1. 保护地建设质量欠佳，资金投入总体不足

据测算，要使中国 18% 的陆域和 10% 的海域得到有效保护，中国每年需投入国家 GDP 的 0.065% ～ 0.2% 用于保护地建设（以 2011 年物价水平计，为 306 亿～ 950 亿元）[1]。但 2014 年中国各级自然保护区的财政经费仅为 82 亿元，平均每平方千米的财政投入约为 6 119 元，与估算所需的 4.2 万元 /km^2 的水平相去甚远 [2]。资金投入不足

1 http://www.baohudi.org/?p=5130 [2020-01-10].
2 王晓霞，吴健 . 中国自然保护区财政资金投入水平分析 [J]. 环境保护 , 2017.

导致中国的保护地建设成效大打折扣。一方面，多数保护地仍以人工巡护为主，高新技术在保护地评估、监测等活动中的应用较少；另一方面，依据“财政同级保障”的原则，各级自然保护地的人员工资和公务费用主要由同级的地方政府保障。但由于中国的自然保护地多分布在经济较为落后的区域，财力严重不足。在此情况下，保护地巡护人员多面临工资水平较低[1]且缺乏基本社会保障的问题，导致地方巡护团队的建设困难重重。

2. 湿地系统面临严峻的生态退化风险

1995—2003 年和 2009—2013 年开展的两次全国湿地资源调查显示，中国湿地系统的生态退化整体趋势仍未得到根本改善。全国湿地面积在近十年内骤减 5 094.45 万亩，相当于两个北京市的面积。受环境污染、过度捕捞和采集、围垦、外来物种入侵和基建等多因素影响，超过 50% 的省份重点调查湿地被划入生态状况较“差”行列。湿地生态系统的恶化直接破坏了湿地生物的栖息环境和生物多样性。两次调查记录到的鸟类种类大幅减少，超过一半的鸟类种群数量明显下降。为改善中国湿地系统的退化趋势，中国自 2009 年起设立湿地保护专项资金，但与实际保护需求相比，现有的资金投入仍远远不足。第二次湿地资源调查结果表明，中国 69% 的重点调查湿地受到了不同程度的威胁，其中 20% 以上的湿地需要人工辅助恢复。若按照 1 万～2 万美元 /hm^2 的修复成本核算，未来中国的湿地修复成本将高达上千亿元人民币[2]。

3. 全国土壤污染治理压力巨大

安全的土壤环境是保障地域自然生态系统健康、稳定发展的重要基础。中国的土壤污染问题严重且土壤污染防治仍处于起步阶段，全面改善土壤环境质量预计需投入高达 7 万亿元的污染防治成本[3]。为推进《土壤污染防治行动计划》，中国自 2016 年起已累计投入 280 亿元中央财政用于全国的土壤污染源头防控与风险管控，但与总的投资需求相比仍差距较大。污染耕地与工矿业废弃地的土壤环境问题尤为突出，土壤治理资金压力最大（图 10-3）。据统计，中国的耕地和工矿业废弃地的点位超标率分别高达 19.4% 与 34.9%。与城镇地区的建设用地相比，此类地块难以识别责任主体，且缺乏商业投资模式，是中国未来土壤污染治理中资金需求最大的领域。

---

1 3 000 ～ 4 000 元 / 月。

2 Estimating Wetland Restoration Costs at an Urban and Regional Scale: The San Francisco Bay Estuary Example,2013; Cost Sheet for Reconstructed Wetlands, 2016.

3 Hong Yang. China’s soil plan needs strong support[J]. Nature, 2016.

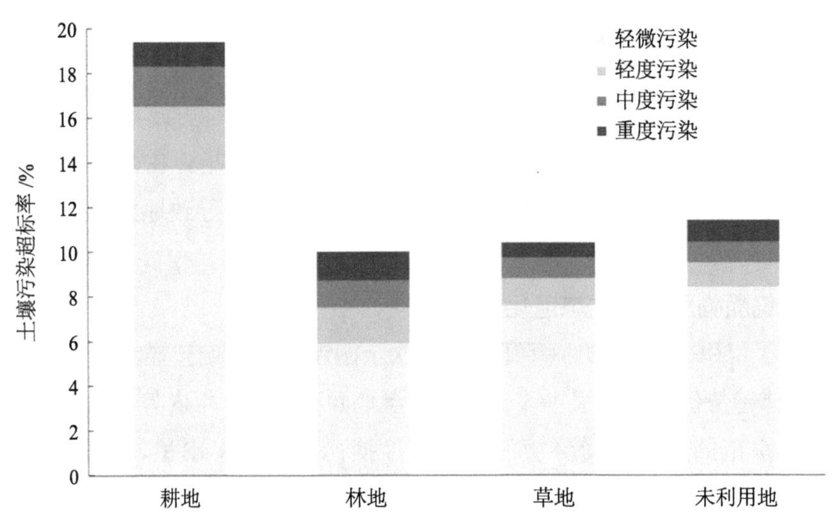

图 10-3 **全国土壤污染状况调查结果**

资料来源：首次全国土壤污染状况调查（2005—2013）。
注：首次全国土壤污染状况调查将土壤污染程度分为 5 级：污染物含量未超过评价标准的，为无污染；在 1 倍（含）与 2 倍的，为轻微污染；2 倍至 3 倍（含）的，为轻度污染；3 倍至 5 倍（含）的，为中度污染；5 倍以上的，为重度污染。

4. 大江大河生态环境保护形势严峻

长江与黄河是中国经济与社会永续发展的重要支撑，也是珍稀濒危动植物的家园和生物多样性的宝库[1]。但随着沿线经济带城市化进程的加速，长江与黄河流域的生态环境正在面临严峻考验。岸线区域的粗放开发导致沿线的森林和草地等生态系统面积减少，中下游湖泊与湿地萎缩，水生生物多样性指数持续下降，长江白鲟等多种珍稀物种灭绝。为守住长江与黄河的生态保护底线，中国于 2017 年、2019 年印发《长江经济带生态环境保护规划》《长江保护修复攻坚战行动计划》，并于 2019 年将黄河流域的生态保护和高质量发展提上议程。作为中国重要的生态屏障和经济地带，长江与黄河的自然岸线保护、河湖生态缓冲带建设、富营养化湖泊治理以及珍稀特有鱼类物种保护成为中国生态保护投入的重要方面。

5. 城市生物多样性保护仍处于起步阶段

伴随全球城市化进程的加速，人类与自然之间的联系正在急剧减弱。保护与提升城市区域的生物多样性将成为连接人与自然的重要纽带[2]。近年来，城市生物多样性正

1 郜志云，等 . 长江经济带生态环境保护修复的总体思考与谋划 [J]. 环境保护，2018.
2 崔多英 . 城市生物多样性：连接人与自然的重要纽带 [N]. 光明日报，2020-01-04. http://epaper.gmw.cn/gmrb/html/2020-01/04/nw.D110000gmrb_20200104_2-05.htm.

逐渐成为国际社会关注的热点。中国对城市生态环境的关注程度也在逐步提升。例如，中国于 2017 年开展的“生态修复与城市修补”工程就是治理城市生态环境问题，改善人居环境的重要行动。在此基础上，如何进一步将生物多样性保护纳入中国的城市规划建设管理工作，并充分调动企业与公众的社会治理资源与力量，是中国在完善生态保护治理体系过程中亟须回答的重要问题之一。

（三）海域生态系统的保护挑战

随着海洋经济的快速发展，中国海洋生态系统的恶化趋势也越发明显[1]。在中国监测的河口、海湾、滩涂湿地、珊瑚礁、红树林和海草床等海洋生态系统中，2018 年达到健康状态的生态系统仅占 23.8%，有 71.4% 和 4.8% 的生态系统分别处于亚健康状态与不健康状态[2]。多数海湾与河口生态系统的浮游植物密度偏高，鱼卵仔鱼密度总体偏低，珊瑚礁生态系统的盖度近年来呈总体下降趋势。陆源和近岸污染物的大量排放和人为活动的频繁干扰是影响中国海洋生态安全的主要因素。2018 年监测的 194 个入海河流断面中属于 V 类与劣 V 类的水质断面分别占比 12.4% 和 14.9%。除可溶性污染物外，固体废物在海面、海滩与海底的分布密度较高，且均以塑料类垃圾为主。除此之外，中国还是世界上遭受海洋灾害影响最严重的国家之一。据统计，2018 年中国海岸侵蚀、赤潮、绿潮、海水入侵与土壤盐碱化等海洋生态灾害频发，各类海洋灾害共造成直接经济损失 47.77 亿元，死亡（含失踪）73 人[3]。

为解决海洋生态系统存在的突出生态环境问题，中国于 2018 年 11 月印发了《渤海综合治理攻坚战行动计划》，通过开展陆源污染治理、海域污染治理、生态保护修复与环境风险防范等行动确保渤海生态环境不再恶化。据报道，2019 年国家在渤海综合治理领域投入 70 亿元经费支持治理行动。在此基础上，中国正在探索建设海洋类国家公园，加强对重要海洋生态系统及其生物多样性资源的原真性和完整性保存。在海洋生态保护的制度体系与机制越发健全的背景下，海洋生态保护高新技术的研发与应用，以及海洋产业的转型升级均将成为未来中国海洋生态保护的重点资金需求领域。

---

1 易爱军，中国海洋生态安全问题探讨 [J] 环境保护 , 2018.

2 海洋生态系统的健康状态分为健康、亚健康和不健康三个级别。健康状态下，生态系统保持其自然属性。生物多样性及生态系统结构基本稳定，生态系统主要服务功能正常发挥。环境污染、人为破坏、资源的不合理开发等生态压力在生态系统的承载能力范围内；亚健康状态下，生态系统基本维持其自然属性。生物多样性及生态系统结构发生一定程度恶化，但生态系统主要服务功能尚能发挥。环境污染、人为破坏、资源的不合理开发等生态压力超出生态系统的承载能力；不健康状态下，生态系统自然属性明显改变。生物多样性及生态系统结构发生较大程度变化，生态系统主要服务功能严重退化或丧失。环境污染、人为破坏、资源的不合理开发等生态压力超出生态系统的承载能力。

3 中国海洋灾害公报 [R], 2018.

（四）中国行动对海外生态系统的影响

“一带一路”是中国借助既有的双（多）边机制提出的区域合作倡议，旨在打造政治互信、经济融合、文化包容的利用共同体、命运共同体和责任共同体。自 2013 年起，“一带一路”沿线国家已投资数十亿美元用于加强交通、能源以及矿山与农业等领域的基础设施建设[1]。其中，前两个领域已分别投入 1 900 亿美元和 2 800 亿美元。“一带一路”中的基础设施投资可以对社会发展和绿色发展产生积极影响，风能、太阳能等清洁能源微电网技术，水管理与废水处理以及可持续农业等方面技术的投资都可以为沿线国家的生态环境带来积极影响。

除了“一带一路”投资伴随的经济收益，投资者与全社会也应最小化中国海外投资可能给“一带一路”沿线带来的环境风险。例如，基础设施建设往往需要侵入自然生态系统，进而直接导致景观与栖息地连通性的破坏，以及外来物种入侵、风暴、火灾、动物死亡（如在道路上导致的）、污染、小气候等一系列次生影响。

由于“一带一路”涉及诸多国家与生态系统（已有研究表明“一带一路”倡议下的基础设施建设将使沿线的 4 138 种动物和 7 371 种植物受到威胁。“一带一路”经济走廊还与 265 种受威胁物种的分布重叠，以及 46 个生物多样性热点区域[2]），沿线的生物多样性保护和生态系统保护应着重注意以下三方面事项。

投资者、项目开发者与地方政府应该基于国内外的最佳实践（如 IFC 的第六项实施标准），严格执行投资项目的环境影响评价，最小化投资项目的负面环境与生态影响。

投资者和项目开发者应该实施跨边境的影响评估（TIA）（如参照 UNECE 跨边境的环境影响评价条约），避免或减缓投资项目造成的跨边境影响，或对受影响的国家进行补偿。

投资者和项目开发者应该保证项目环境影响信息的透明公开，以帮助当地社区在投资项目的全生命周期选择最佳的生态保护措施。

投资者和项目开发者应该通过购买环境责任险来补偿不可预见的环境与生态损害，包括项目结束后的生态修复活动。

为了支持“一带一路”的生物多样性保护，“一带一路”国际绿色发展联盟（BRI GC）在中国生态环境部（MEE）的监督下，正在筹备一个“交通灯系统”。该系统提

---

1 中国商务部 . 2020. http://english.mofcom.gov.cn/article/statistic/foreigntradecooperation/; Scissors Derek, “China Global Investment Tracker 2019,” China Global Investment Tracker (Washington: American Enterprise Institute, January 2020), http://www.aei.org/china-global-investment-tracker/[2020-04-13].

2 ALICE C. Hughes. Understanding and Minimizing Environmental Impacts of the Belt and Road Initiative[J]. Conservation Biology, 2019(33), 4: 883–94, https://doi.org/10.1111/cobi.13317.

供了一个在“一带一路”倡议下减少对环境影响较大的投资，加速“绿色”投资的评估工具与政策指南[1]；为了减少“一带一路”伴随的生物多样性和环境风险，中国的政府部门、非政府组织与金融机构及其国际伙伴还推出了很多其他倡议。《“一带一路”绿色投资原则》（GIP）提出了7项原则来鼓励金融机构投资符合《巴黎协定》及联合国SDG目标的项目[2]；中国银行业监督管理委员会（现在的中国银行保险监督管理委员会）于2012年发布的《中国绿色信贷指引》也适用于中国机构在“一带一路”国家的国际投资[3]。该指引强调国家法律的重要性，要求金融机构不可违反部分“一带一路”国家较为薄弱的环境立法框架。总体来看，中国政府与国际机构仍需加速采取更多具有协调作用、可操作性强的措施来减轻“一带一路”投资对环境造成的不利影响，特别是对生物多样性的影响。

综上所述，资金供给不足是中国开展生态保护和生物多样性保护工作的重要“瓶颈”之一。在中国经济当前下行压力较大、财政收入增长放缓的背景之下，以财政资金为主的融资模式已经难以为继，亟须打通社会资本和金融资源渠道，形成多元化、可持续、高质量的生态保护金融支持体系。

三、国际生态治理和生物多样性融资模式：经验与最佳实践

近年来，生物多样性的损失与生态系统服务的破坏已逐渐成为备受关注的全球挑战。生物多样性和生态系统服务政府间科学与政策平台（IPBES）在2019年发布的报告指出，全球的自然环境与资源正在面临极高的退化风险，这将严重威胁人类社会未来的幸福、繁荣与稳定发展。除此之外，达沃斯国际风险报告2020已将生物多样性的丧失列为全球未来十年间影响力第二大、可能性第三大的全球风险。

长期以来，人们一直在呼吁增加对保护地建设、物种保护以及生境修复的资金投入，但目前的资金规模还远远不足以阻止，更无法扭转当前的损害趋势[4]。在社会资本十分注重投资风险以及短期经济回报的情况下，公共部门在调动社会资本的过程中

---

1 Secretariat of BRI International Green Development Coalition. Joint Research on Green Development Guidance for Belt and Road Initiative (BRI) Projects Was Launched[R]. BRI Green Review. Beijing: BRI International Green Development Coalition, 2020.

2 “一带一路”绿色投资原则 [EB/OL]. [2020-05-03]. http://www.gflp.org.cn/public/ueditor/php/upload/file/20181201/1543598660333 978. pdf.

3 中国银监会 . 绿色信贷指引 . [2020-05-03]. http://www.cbrc.gov.cn/chinese/home/docDOC_ReadView/127DE230BC31468B9329EFB01AF78BD4.html.

4 据全球环境基金估计，全球的陆地与海洋生态保护每年需要3 000亿美元到4 000亿美元。然而，目前只有520亿美元流向支持自然保护的项目，而私营部门拥有大约300万亿美元的资产。

面临重重阻碍。这不仅是增加生态保护投资的问题，也需要减少对生态破坏性活动的资金投入。

各国在过去几十年间形成的金融模式仍与全球的公共政策目标相悖，大量的金融活动正在破坏自然生境和稀有自然资源。全球亟须反思现有的金融模式，助力2030年可持续发展议程、可持续发展目标、《巴黎协定》以及生物多样性公约中各项目标的实现。生物多样性金融倡议（Finance for Biodiversity, F4B）综合生态保护金融的机遇与挑战而提出的框架性讨论，就是诸多探寻自然保护与金融体系互动关系的实践之一。

接下来，本部分将从以下三个方面介绍生态保护领域的国际最佳实践。

（一）增加生态保护与生物多样性保护的资金投入

国际社会正在努力解决生态保护与生物多样性保护领域的资金短缺问题。随着负责任投资与影响力投资概念的发展，以及全球生态保护需求的增加，越来越侧重于生态保护领域的专业投资机构开始涌入这个新的市场。

（1）生态保护基金，例如Althelia基金、Mirova基金、生态保护资本（Conservation Capital）以及鼓励资本（Encourage Capital）等。生态保护国际（Conservation International, CI）和RARE联合运作的Meloy基金建立了东南亚第一个可持续的小型渔业基金，通过向菲律宾和印度尼西亚的渔业社区提供财政奖励来改善珊瑚礁生态系统的保护，帮助他们采用可持续的捕鱼方法和基于捕鱼权利的管理制度。在CI以及美国环保协会（Environmental Defense Fund）的技术和科学支持下，Althelia基金发起的可持续海洋基金正作为一种重要的影响投资工具促进全球的海洋保护及其所伴随的经济回报。

（2）国际社会正在通过公共部门的行动或公私合作的方式扫除生态保护金融发展中的障碍，保障该领域的机构与专业人士可以得到相应的援助与咨询服务。具体实践包括以下内容。

1）基金整合，如联合国发展署的自然金融团队（UNDP Finance for Nature）正在尝试筹建的交易所交易基金（ETF）。英国政府也在通过商务部能源与工业战略部门下的国际气候金融团队开展该领域的干预工作。

2）为负责任的投资主体与潜在的生态保护项目提供中介服务。其中最为突出的案例是大自然保护协会的Nature Vest项目。

（3）这些努力正在识别出满足投资者风险管理与投资回报要求的，可以达到预期

“投资级别”的生态保护项目，尝试利用公共捐款降低此类项目的预期风险，并在此基础上，分析和传播最佳实践经验。

（4）在筛选可行的生态保护投资项目的基础上，国际社会还深入探讨了自然保护与金融系统之间的相互关系，包括完善了自然资本对社会经济的影响评估工具，促进了生态保护投资领域内的经验交流。

1）加强机构建设，组建了自然资本金融联盟（Natural Capital Finance Alliance）、森林趋势（Forest Trends）、全球林冠（Global Canopy）等多个国际机构，为生态保护金融的发展提供了重要的智库支撑。世界银行的全球可持续发展计划（GPS）也在这一领域开发了大量数据。生态保护金融联盟发起的“生态保护金融框架”是该领域的优秀实践。

2）开展综述性工作。最具代表性的有森林趋势（Forest Trends）发布的《生态保护社会投资情况报告 2016》（*State of Private Investment in Conservation 2016*），全球林冠项目（Global Canopy）发布的《生物多样性手册》（*Little Biodiversity Handbook*），以及围绕生态保护社会投资联盟和瑞士信贷各项工作编写的系列出版物。

3）建立合作网络。其中，生态保护社会投资联盟（CPIC ）与瑞士信贷（Crédit Suisse ）在促进生态保护领域的投资网络建设和信息交流时发挥着十分重要的作用。OECD 正计划在 2020 年的上半年发布一份关于生物多样性金融的报告。

（5）通过完善相关理论与实践体系，将自然资源与生态系统作为可持续基础设施发展的重要内容与驱动因素。例如，在水资源基础设施建设方面，世界资源研究所（World Resources Institute）提出自然生态系统保护是提高人类福祉最有效的方式。

（6）完善知识储备与数据库建设，提高金融从业人员对投资项目生物多样性影响的评估能力，加强对投资决策中必需的本地化信息与数据基础的建设能力。

此类实践既包括直接的数据开发工作，如联合国生物多样性实验室（UN Biodiversity Lab）、全球森林监察（Global Forest Watch）、自然资本金融联盟中的“探索自然资本的机会、风险及其暴露”项目（ENCORE ）以及碳信息披露项目（CDP）所做的数据库建设工作，也包括将生态保护相关信息纳入主流社会经济数据库的数据推广工作，如 Sustainalytics 已将其关于环境、社会与管理的研究与评估结构并入彭博（Bloomberg）数据库。除此之外，还包括国际上正在开发的新的数据工具，如可持续数字金融联盟近期发布的“生物多样性金融技术挑战”。

（7）虽然生态保护金融领域尚未形成强有力且具有广泛接受度的投资规范与标准，甚至对生态保护金融，或生物多样性金融都没有统一的定义，但在部分生态保护投资的重点领域已经出现系列投资导则与标准，并且这些规范的应用度正在不断提高。欧盟在近期出来可持续金融目录时正在不断加强对生物多样性金融的关注。该领域的具体工作包括以下方面。

1）生态保护投资导则和标准。例如，《纽约森林宣言》（*New York Declaration on Forests*）和《投资指南》（*ZUG Faith Consistent Investing Guidelines*）。其他倡议包括：气候变化投资者集团（Investors Group on Climate Change）、信息披露行动（Disclosure Insight Action）、负责任投资原则（Principles for Responsible Investment）、气候变化机构投资者集团（Institutional Investors Group on Climate Change）。

2）该领域其他相关的倡议包括由中国与英国伦敦金融城绿色金融倡议共同发布的《“一带一路”绿色投资原则》。

最后，借鉴应对气候变化的相关经验，在宏观和微观两个层面上提高投资项目生物多样性影响的信息透明度。

在宏观层面，一批国际政府部门与社会领域的专业人士正在考虑组建自然相关的金融披露（TNFD）工作组。借鉴金融稳定委员会（Financial Stability Board）在组建气候相关的金融披露工作组中的经验，TNFD 将为企业和投资者提供一套披露生物多样性影响的具体标准与要求。这将为投资者的生物多样性投资风险评估提供依据，并为政府与投资者推动生态保护信息披露制度的成型奠定基础。这项提议将成为 2021 年年初举办的《生物多样性公约》第十五缔约方会议的议题之一。

在金融工具方面，债务与自然环境转换工具正成为近期的热点之一。该工具起源于 20 世纪 80 年代，帮助巴黎俱乐部利用本国对自然保护的投资来减少或消除其所存在的双边债务。这种有条件的债务削减取消了硬通货的偿还义务，以换取更易于管理，且具有生态保护效益的国家货币使用方式。特别是在 COVID-19 疫情可能导致诸多发达国家和新兴经济体再次陷入债务危机，债务与自然环境转换工具及其金融工具（如绿色债券、蓝色海洋保护债券）可能迎来新的发展机遇。

在微观层面，国际社会正在努力开发针对企业活动与投资项目所造成的生物多样性影响的具体评估指标。可靠的、可对比的影响数据是进行生态保护信息披露的前提，但目前该领域的评估指标体系建设仍处于起步阶段。法国的 Caisse des Dépots 团队正在开发和完善一套“全球生物多样性评分”工具[1]。WWFIUCN 也正在开发类似的工具。要促进生态影响信息披露的政策落地，现有的评估指标体系还有待完善，并需在全球

1https://ec.europa.eu/environment/biodiversity/business/assets/pdf/Assessing_the_footprint_of_economic_activities-Global_Biodiversity_Score.pdf.

范围内形成通用的标准指标。

上述内容总结了国际层面正在开展的各项促进生态保护投入的行动与措施，其中部分行动遵循完全的自然保护原则，部分行动允许在可接受限度内的进行自然开采活动。但无论如何，这些行动均侧重于为具备生态保护投资意向的投资者匹配可行的、高质量的投资项目选择。

扩大生态保护金融最主要的障碍包括管理能力的不足、项目规模较小、项目之间的异质性和有利环境的缺乏。

生态保护金融需要积极拓展投资模式，使其具有竞争性的、风险可控的投资回报，并可通过混合融资工具来切实应用日益稀缺的公共和慈善信贷（如 DFI 贷款、担保与赠款，主权贷款，担保与补贴，以及慈善捐款），进而与机构投资者的资产配置偏好达成一致。 混合融资工具的使用需要各国不断创新，以帮助公共和私营部门针对包括自然资源管控在内的特定项目，匹配最为适当的金融工具。除此之外，要吸引大规模的投资者投资生态保护项目，还需增加该类项目的准备、整合与捆绑能力。

然而，全球的生态保护投资领域仍然存在两个现实问题。第一，尽管自然保护领域的资金投入正在快速增长，但与实际需求相比现有的资金投入比重仍然较低，且资金投入的增长有可能将进入一段平台期。第二，全球仍未形成以鼓励生态保护友好型投资为主的政策与投资规制框架，这在很多情况下会成为抑制生态保护金融发展的重要因素。

（二）审视并改革不利于生态保护的财税金融体系

国际生态保护金融相关的第二大重点领域是审视并改革阻碍或抑制生态保护金融发展的政策。其中既有行政命令型政策，如对大型机构投资者提出严格的风险限制要求的法律，也有经济激励型政策，如对农业化学品的使用或破坏性捕鱼设备的使用进行补贴的政策。除此之外，还包含一些企业文化实践，如为创造短期经济收益的首席执行官予以嘉奖，即使这种增长可能隐藏长期的财务隐患。

尽管本部分内容已强调了诸多关注生态保护的倡议，但需要明确的是，要利用金融手段助力解决全球的生态保护挑战，不能受限于传统生态保护组织的工作范围，仅关注保护地的建设与受损害生境的恢复，还要意识到自然环境正在被各式各样的经济活动所威胁。解决全球当前所面临的生态环境危机，需要确保常规经济活动不会继续损害生物多样性和生态健康，从而形成与自然环境协调共生的经济发展模式。

无论在全球、国家还是地方层面，政策制定都是政府部门的主要任务。当新的政策与规定出台后，旧的政策也会随之进行改革，以保障公共政策目标的实现。随着生物多样性保护这样新的优先事项逐渐成为主流，现行的各项政策与规定也应以此为导向进行审查与更新。为应对气候变化挑战，很多国家的政策体系已经做出了相应的调整与改革。这种趋势也将在生态保护与生物多样性保护领域出现。

由于生态保护金融是一个新的话题，以此为基础的政策改革才刚刚起步，但所有迹象都表明，改革的步伐将在未来几年内急剧加速。在此过程中，各国应首先对现行的各项政策法规，尤其是与金融体系相关的政策进行全面审查，以确保不会对全球的生态保护和生物多样性保护造成负面激励。

在此过程中，集合了各类主体的国际网络在该领域的表现十分活跃。央行与监管机构绿色金融网络自 2017 年 12 月成立以来发展迅速，正在联合多家中央银行与监管机构共同推进绿色金融工具的发展。在关注气候风险的基础上，他们正在将关注的焦点转向生物多样性保护。其向各央行提供的负责任投资导则已经取得明显的积极效果。欧盟已经采取了一项可持续金融实施方案，包括为金融产品进行绿色贴标和欧盟生物多样性战略的发展，并将生物多样性议题作为一个重要章节纳入欧洲绿色协议中。

除此之外，欧盟还将生物多样性议题纳入“欧洲绿色协议”（European Green Deal）。近期形成的气候行动金融联盟虽然不以生物多样性保护为核心，但可以为生态保护金融的发展提供样板。

进展虽然令人振奋，但国际社会普遍认为无论在速度还是规模上，当前的生态保护与生物多样性保护行动都没有达到预期目标。政策改革虽然已在多地启动，但受限于政策进程的复杂性、政治妥协的必要性以及既得利益者的阻碍。例如，即使在多国协力推进的情况下，《生物多样性公约》的推进速度不足以满足全球生态保护的改善速度。鉴于生物多样性丧失与生态系统破坏的趋势正在加剧，全球亟须加快生态保护政策的改革步伐。

对新规范和标准的支持正在公共政策领域广泛蔓延，并且逐渐成为企业价值链中的一个重要要求。其中，最有发展前途的是“净收益”原则。在该原则下，社会企业（可能也包括公共工程）通过在项目本地，或其他区域进行补偿性保护的方式，保证一定区域内的生物多样性和生态系统服务水平，比实施该项目之前更好。这些新标准可能很快成为投资者或政府的要求，并具体体现在它们的公共采购方案之中。“净收益”原则是在减缓层级（Mitigation Hierarchy）的概念上逐步发展起来的。该概念最初是一个分析与量化框架，后来逐步发展成一种指向性规范。在通过生态补偿购买的方式实现“净收益”方面，IUCN 的相关政策可以提供有价值的指引。

（三）自下而上推动改革进程

近年来，民间对生物多样性金融的关注度也在不断提高。相较于公共部门与资本市场，民间往往倾向于采取更为激进的改革措施，而在民间力量推动和鼓励下采取的自愿性行动往往效果最佳。有些是合作性的行动，如努力促进企业“无净损失”标准和价值链的形成。有些则表达了普通民众对缓慢的生态保护进程的沮丧，如包含各类破坏性行为的反抗运动。

还有一些非政府组织正在发起专门针对金融机构的“点名羞辱”运动。例如，资助巴西开发牛肉和大豆的土地清理活动，或是反对在欧洲国家使用致癌杀虫剂的活动。除普通民众外，还有越来越多的医生和律师参与进来，运用自己所掌握的专业知识来推动变革的进程。

在推进生态保护金融发展的过程中，这些民间行动构成了基于公众的改革力量。他们通过非正式的方式为生态保护金融的发展营造了良好的社会舆论氛围。在化石能源、大型基础设施建设等生态资源依赖性企业可以通过政治游说的方式影响部分国家政策走向的背景下，有序的民间行动可以形成积极的改革力量，为生态保护金融的发展提供了相对公平的竞争环境。

（四）中国生态保护的海外实践

分析生态保护金融的国际经验与实践离不开中国的国际行动。作为全球的主要投资者，中国的金融部门在生物多样性保护金融的发展过程中扮演着重要角色。中国的境外投资形式多样，涉及范围广泛，包括中国政府、政策性银行、国有企业、私营部门和金融机构等多方主体。特别是在采取强有力的绿色金融措施之后，中国越来越多地在国际上寻找最佳实践，将金融与生物多样性保护联系起来，并在中国资本“走出去”的过程中保障投资的绿色化。

四、中国的生态保护金融

2015 年以后，中国绿色金融体系迅速发展。绿色金融理念不仅渗入了国家发展规划和方针，在地方政府层面也得到了广泛响应。绿色金融政策体系日臻丰富，有关市场基础设施建设也在不断推进之中。对于金融机构和投资者来说，越来越关注绿色发展、绿色行业，绿色投资行动开始成为一个新的热点，积极开发绿色金融工具和绿色金融产品成为业界的新选项。生态保护金融作为绿色金融体系的一部分，其重要性逐渐为人们所认识。尽管如此，生态保护金融仍然面临许多挑战。

（一）中国生态保护资金的主要来源

虽然进入生态保护领域的社会资本在逐渐增加，但目前中国生态保护投资项目的资金来源仍主要是政府财政资金和依托政府信用的银行信贷。

1. 政府财政资金

政府财政资金包括中央政府专项资金、基金、投资拨款及各级地方政府（主要是省、地级政府）拨款。以污染土壤修复为例，中央财政列有专项资金（2019 年土壤污染防治专项资金规模为 50 亿元）。对进入生态环境部“项目库”的土壤修复项目，中央财政给予一定的资金支持，再由省财政厅会同生态环境厅对资金进行分配（表 10-2）。部分地区的地方政府则会配套部分资金 [1]。

表 10-2 财政部 2019 年度土壤污染防治专项资金安排表

序号	省份	合计 / 万元	序号	省份	合计 / 万元
1	北京	184	17	湖北	26 919
2	天津	1 409	18	湖南	57 462
3	河北	29 382	19	广东	31 375
4	山西	4 442	20	广西	34 147
5	内蒙古	14 255	21	海南	3 828
6	辽宁	6 555	22	重庆	4 907
7	吉林	2 787	23	四川	10 281
8	黑龙江	4 264	24	贵州	42 582
9	上海	1 365	25	云南	70 804
10	江苏	15 736	26	西藏	886
11	浙江	29 240	27	陕西	15 930
12	安徽	8 692	28	甘肃	12 525
13	福建	12 810	29	青海	12 857
14	江西	12 917	30	宁夏	1 271
15	山东	18 434	31	新疆	1 127
16	河南	10 627	总计		500 000

1 《财政部关于印发〈土壤污染防治专项资金管理办法〉的通知》（财资环〔2019〕11 号）。

2. 以地方政府信用为支撑从金融市场融资

以地方政府信用为基础的融资方式主要有两种。

一是地方政府债券。地方政府债券分为一般债券和专项债券。一般债券纳入公共财政预算，用于弥补赤字；专项债券则纳入政府性基金预算，主要是为公益性项目建设筹集资金。与 2018 年计划发行的 1.35 万亿元相比，2019 年专项债发行规模增长近 60%。专项债券除重点支持国家重大战略，建设深度贫困地区基础设施，推进重大铁路项目、高速公路、重大水利工程建设等，生态环保、污染防治也是其支持领域。

二是银行贷款。这种贷款大多以政府支持的 PPP 项目的中标企业为贷款主体[1]，由政策性银行或商业银行根据风险管理标准进行评估后发放。

3. 以企业为主体从金融市场融资

企业融资模式分为两种：一是以企业自身信用，从银行贷款或者在金融市场发行股票或债券，这是目前的主流方式；二是以项目为基础从金融市场筹资，主要用于有稳定现金流的项目[2]。例如兴业银行帮助某国有水务公司的水环境综合治理项目在中国银行间债券市场发行 8 亿元绿色永续中期票据，以较低的融资成本帮助该企业获得项目资金（表 10-3）。

表 10-3 中国生态保护投资项目资金的主要来源

融资方式	应用情况（* 极少；** 较少；*** 较多 **** 很多）
PE/VC	*
银行贷款	****
发行股票	*
发行债券	**
投资基金	*
慈善基金和非营利机构	*
民间借贷	**
应收账款	***
融资租赁	*
信托	*
企业的非环境业务补贴和公益项目	***

1 国家发展改革委网站发布数据显示，2015 年 5 月，国家发展改革委建立了首个国家部委层面 PPP 项目库，第一批向社会公开推介了 1 043 个项目、总投资 1.97 万亿元，第二批公开推介了 1 488 个项目、总投资 2.26 万亿元。截至 2016 年 7 月底，两批公开推介的 PPP 项目中，已有 619 个项目签约，总投资 10 019.1 亿元。其中，污水、垃圾处理项目 136 个，占 29.8%。

2 一般情况下，出资方会要求对资金进行封闭运作：项目公司须在银行开立项目资金监管唯一专户，归集项目各项收入和政府付费资金归集，优先用于归还项目借款本息或存作还款保证金。

在资本市场，近年来绿色债券（以下简称“绿债”）市场发行规模迅速扩大，境内绿债市场发行量由2016年的51只、2 052亿元增长到2018年的129只、2 222亿元。2019年，中国绿债发行量达到3 600亿元。随着绿债市场的快速发展，一些大型企业发行债券融资的便利性得到提升。

总体上看，生态保护融资难的问题普遍存在。具体表现为以下几个方面。

（1）生态修复和生物多样性项目往往投资额巨大。以土壤污染修复为例，修复一个地块动辄投资十几亿元到几十亿元，小额社会资本很难满足其需求。由于缺乏商业模式、认识不足、政策导向不突出等问题，进入生态保护投资领域的私募股权投资基金和风险投资基金不多。此外，由于缺乏项目风险分析的具体可操作性工具、方法，保险产品设计与服务面临困境，阻碍了融资模式的发展与创新。

（2）绿色基金在生态保护领域的投入不大。近年来，一些省市政府相继设立了政府背景的绿色引导基金，还出现了一些市场化运作的绿色基金。但这两类投资基金支持生态保护投资的力度并不大。还有一些公益性基金由于关注面广和资金来源有限，也很少投入该领域。以中华环境保护基金会为例，2018年该基金会总资产只有不到2亿元，当年接受捐款金额仅有1.2亿元。同时该基金会关注的领域相当广泛，包括绿色回收、绿色出行、绿色创新、生态扶贫等，能够支持生态保护的资金有限。

（3）绿色信贷和绿色债券投入不够。2015年以后，从中央到地方都将绿色发展提上重要日程。中央银行、金融监管部门和地方政府对银行开展绿色信贷业务相继出台鼓励支持措施，一些大中型银行加大了绿色信贷力度。截至2019年6月，全国21家主要银行绿色信贷余额已经超过10万亿元。尽管绿色信贷的数量在快速上涨，但从投向结构看主要集中在交通、能源等基建领域。生态修复虽然已经进入大银行的视野，但银行信贷人员不了解其风险特征和技术特点，实际操作困难。从2018年绿债的用途看，投向污染防治、生态保护和应对气候变化的资金占比只有5.3%，金额仅为106亿元左右[1]。

（4）生态修复项目的实施主体很多为民营中小企业，很难在债券市场获得绿债发行资格。投向生态保护领域的银行贷款主要依托企业信用，且多数贷款为1年期以内的流动资金贷款，与投资项目的实施周期不匹配。

（5）由于金融市场供给不足，在生态保护的产业链中，上游大企业拖欠下游中小企业的情况相当普遍，应收账款融资成为大企业的一种融资方式。还有一些从事生态保护领域的企业，只能依靠从其他业务中获取的利润补贴生态保护投资。

---

1 数据来源：Wind 金融数据库，中央财经大学绿色金融国际研究院。

（二）中国在生态保护融资领域遇到的挑战

1. 如何建立可持续的商业模式以吸引社会资本

就现实情况看，生态保护领域尚缺少有效的商业模式。生态保护融资具有一定的公益性，吸引社会资本的难点在于如何建立稳定的可持续商业模式。从国际经验看，目前在生态治理领域，部分项目尚有一定的投资激励，但这种激励的普遍意义不够。以土壤污染治理为例，由于近年来执法力度加大[1]，在法律和环境监管压力之下，部分企业（特别是外资企业）会在能力范围之内主动对污染土壤开展治理。

在一线城市和部分二线城市，由于土地价格高，污染土地修复以后可以通过土地出让收回投资并获取收益。因此无论是地方政府还是企业，都有投资的积极性。尽管如此，因污染土壤修复的成本高昂[2]，地方政府或企业只能分期逐步治理。问题集中在三、四线城市，特别是农村地区。由于土地升值空间很小，地方财政又普遍紧张，加上历史形成的土壤污染责任人或者无法认定，或者没有履责能力（如有些矿山企业已经解散或破产），资金不足成为修复污染土壤的巨大障碍。

2. 如何建立金融机构和大型机构投资者的激励约束机制

从中国为数不多的成功案例来看，一个共同的特点是通过资源的综合利用来筹集生态保护项目所需要的资金，金融机构并未起到应有的支持作用。如在山东泗水，某公司先后投入超过 2 亿元进行废弃矿山修复，主要是靠尾矿、废矿资源的综合利用和发展生态农业、观光产业所带来的经济效益来补贴矿山修复投资。再如某公司在 30 多年中累计投入 60 亿元治理库布齐沙漠，是通过生态产业化，用农牧业、大健康、生态工业、生态光能、生态旅游等多个产业的盈利来弥补治理沙漠和恢复生态的支出。金融机构未能发挥作用的原因，一是在现有金融机构的风险管理架构中，生态保护投资过程中形成的绿色资产无法估值，无法用于抵押担保；二是金融机构对这种综合开发的商业模式缺乏认识和管理能力；三是金融机构对未来环境变化对自身带来的挑战认识不足，缺乏主动参与环境风险管理的动力。

---

1 2019 年 1 月 1 日中国开始实施《土壤污染防治法》。该法对政府、土地使用者规定了未污染土地保护和污染土壤治理的责任。“设区的市级以上地方人民政府生态环境主管部门应根据有毒有害物质排放等情况，制定本行政区域土壤污染重点监管单位名录，向社会公开并适时更新。”该法要求土壤污染重点监管单位严格控制有毒有害物质排放，并按年度向生态环境主管部门报告排放情况；制定、实施自行监测方案，并将监测数据报生态环境主管部门。“列入建设用地土壤污染风险管控和修复名录的地块，不得作为住宅、公共管理与公共服务用地。”“土地使用权人应当采取有效措施，防止、减少土壤污染，对所造成的土壤污染依法承担责任。”该法特别规定，土壤污染责任人负有土壤污染修复的义务。土壤污染责任人无法认定的，由土地使用权人负责修复。这意味着除了在生产经营过程中，企业必须监测土壤污染情况并负有修复责任；污染土地时必须在修复之后成为“净土”才能转让。

2 据课题组调研了解，一般有机物污染的修复成本为 300 ～ 500 元 /m^3，如果是油罐泄漏，修复成本为 1 000 ～ 2 000 元 /m^3。

对于涉及生物多样性保护的项目而言，融资问题更加复杂。由于生物多样性保护涉及的领域和政策工具更加宽泛，外部性更难以测度，融资也就更加困难。对于金融机构和大型机构投资者来说，如何识别环境风险和管理风险是一个全新的课题。

3. 如何动员全社会力量支持生态保护和生物多样性保护活动

生态保护和生物多样性保护是一个系统工程，与生态保护、科学知识普及、投资机构履行社会责任、提高科研能力和民众教育水平、发挥公益组织作用等密切相关，不仅需要各项政策的协调，更需要系统化的组织管理和制度创新。

（1）如何解决生态保护和生物多样性保护与地方经济发展和民众经济诉求的矛盾。由于关系当地居民的切身利益，生态保护活动往往产生“人与动物争地”“人与动物争食”的矛盾。特别是对于欠发达地区来说，这类矛盾更加突出。对于当地政府来说，同样缺乏解决气候变化、环境保护和治理、生物多样性保护面临问题的意愿，而具体负责保护生态和生物多样性的相关机构和志愿者又缺乏调动资源的权力或能力。

（2）如何约束企业减少非绿色投资和破坏生态环境的行为。企业作为市场的主体，在生态保护中发挥着重要的作用。目前，大量企业在进行投资决策时，依然以盈利和投资回收期作为决策的依据，而很少考虑对生态环境的影响。只有及时调整目前的财税和金融政策，将环境外部性成本内部化，降低产出、提高成本，从而降低污染性和破坏生态环境项目的投资回报率，减少不利于生态保护的投融资活动，才能在全社会范围内形成绿色的资金流动方向。

（3）如何吸引慈善基金等非营利性组织参与生态保护活动。截至2019年4月8日，中国共有慈善组织5 599家，其中具有公募资格的慈善组织为1 521家。民众对慈善活动的关注度很高，仅民政部指定的20家互联网募捐信息平台在2018年的点击、关注和参与人数就超过84.6亿人次。对于非营利机构而言，投资收益和资金的可回收性都不是关注的重点。吸引其进入生态保护领域，关键是要使出资人能够及时了解资金的用途和带来的社会价值，为此应确保信息的透明度和真实性。同时，这些机构可以依托生态保护领域的专业知识和资金实力，作为政府打通民间资本、金融机构的桥梁，为项目规划和实施方案提供专业建议，并为投融资参与方提供创新的模式和方法。在这方面，国外已有一些成功经验可供中国借鉴。

（4）如何提升全社会对生态保护的认识水平。生态保护和生物多样性保护仅靠政府显然是不够的，需要全社会的参与。目前，中国在环境保护方面已达成社会共识，但对生物多样性保护的重视程度还不够。在生态保护的投资实践中，资金主要投向生态修复活动（事后治理），投入事前预防的资金不多。政府有关部门对土壤、水、大气等专门领域污染的治理比较重视，对全生态系统包括生物多样性保护重视程度有所欠缺。另外，地方政府的专业知识和能力不足，导致生态保护资金的使用效率难以提升，同时在社区对民众的宣传教育比较薄弱，使志愿者保护生态的活动缺乏广泛的社会基础。

4. 如何将性别平等视角嵌入生态保护金融的发展并发挥女性作用

鉴于对气候金融的广泛认知和已有的大量实践，衍生出了丰富的基于性别视角审视气候金融的观点与建议，值得我们借鉴，但同时也反映出明显的差距和问题。

（1）国际社会对气候金融长期关注与重视，发展出一系列成熟的金融机制、工具和方法以应对气候变化的减缓和适应需求，尤其对于资金的来源和渠道，以及与之对应的项目和参与方，多有翔实数据分析和实践案例，因而对性别平等视角的嵌入更为顺畅、系统化。然而生态保护金融还处于研究和实践的初级阶段，从基本定义、标准到具体机制、工具和方法，还未达成广泛共识，我们目前只能从原则上肯定性别视角的重要性，将之纳入长期研究范围选项，有待进一步论证和实施。

（2）目前气候金融聚焦性别平等的出发点是确保女性在获得气候资金的支持方面拥有话语权和优先权，并确保已有的气候资金在使用和分配时充分考虑女性群体的需求（这也与多数出资方的要求相一致）。而目前生态保护金融亟须解决资金供给匮乏，提升全社会对该议题的重视程度，尤其是金融部门如何参与并建立与社会各部门的密切合作机制。因此，我们认为生态保护金融中的性别视角，应着眼于如何促进金融部门在投融资决策中利用性别平等理念和原则，发挥女性对ESG议题的关注与认知优势，从而实现两个目标。①促使整个金融体系将生态保护置于优先议题；②参照气候金融已有的经验和实践，在金融资源使用和分配中充分考虑不同弱势群体（包括女性）的需求，将性别平等原则贯穿具体项目规划、实施、监测和评估的全过程。

（三）中国促进生态保护和生物多样性融资的总体方案

生态保护（修复）具有投资规模大、回收期长、收益不易直接体现的特点。其中生物多样性保护项目的外部性更为宽泛，涉及的个体更多，情况更加复杂，环境效益更难测度。目前，金融机构和大型机构投资者普遍对保护生态和生物多样性重视不够，投融资过程中必须具备的识别项目收益与风险的专业能力欠缺。为让生态保护投资更具吸引力，减少传统金融活动对生态环境的损害，需要建设一个适应生态金融发展需要的金融架构，从金融机构、管理部门和相关政策、金融市场等多个维度，构建一个有利于生态保护融资的生态圈，从内部动力和外部约束两个方面，激发资金市场主体和利益相关者的积极性。

1. 更好地发挥政府作用，提高财政资金的使用效率

（1）识别出生态保护金融投资的重点领域

金融工具介入生态项目投融资活动的前提，是资金的安全性和收益性能够得到保障。为此需要做到：①生态环境的经济效益清晰可度量；②生态资产具有流动性；③如果前两条都不能满足，则需要社会效益是清晰的、对提升机构品牌和战略有帮助，如蚂蚁金服的“蚂蚁森林”，以及一些企业捐助的生态相关基金。

并非所有生态保护和生物多样性活动都适合金融介入，有些保护工作只能由政府来承担。因此政府需要识别出金融可以提供支持的重点领域，并为之构建一套可以引导和支持金融机构、社会资本持续投入的政策体系和机制。一个可行的做法是，政府环保部门依据不同保护事项的短期与长期经济与社会价值，划分各类生态保护与生物多样性保护措施的社会影响优先级，及其对资本需求紧迫程度的优先级。使金融机构和社会资本能够明晰生态保护和生物多样性保护领域的重要部分，并据此选择适合自己的支持方向。主管投资的政府部门（发展改革委）可以和生态环境部门合作，制定生态保护与生物多样性保护投资指导目录。

（2）构建促使金融机构和社会资本加大生态投入的财税政策体系

目前，中国已经制定了相当完整的生态补偿制度，并就土壤、江河湖泊、天然林等重点保护修复工作出台了专项资金管理办法。下一步需要做到：①检验这些补偿资金和专项资金的使用效果；②将部分财政资金与金融支持结合起来。包括明确获得专项资金支持的项目可优先获得政策性金融支持，将专项资金支持项目的相关信息通报给金融机构；对一些重要的生态修复和保护项目，在贷款或发行绿债时可以适当贴息；对在生态领域做出突出贡献的金融机构和投资机构，可以考虑给予一定的税收优惠；对在生态保护领域购买绿色保险的企业给予一定比例的保费补贴；拨付更多的资金支持志愿者行动和生态知识普及教育活动等。

（3）其他政策配套

中国地方政府普遍设立了政府产业投资基金，但基金的注意力主要集中在科技创新和大型基础设施建设领域，生态保护方面的投资很少。应引导基金将一定比例的资金配置到生态领域，并根据生态投资的特点，调整对产业投资基金的考核要求。应鼓励地方政府设置绿色产业基金，带动社会资本投资生态保护企业和项目。对政策性银行应明确提出支持生态治理和生物多样性保护的要求。

在中国建设用地资源十分紧张的情况下，可以通过土地政策鼓励社会资本投入生态治理。可选择几个生态治理成功的区域，试行国土整治奖补政策，修复的土地可作

为耕地指标跨省交易。

另外，可利用政府购买服务的方式，建立公益性的环境成本信息系统，打通目前缺乏项目环境成本信息和分析能力的“瓶颈”，为决策者和全社会投资者提供依据。

2. 加强宏观金融政策和金融监管政策的协同

（1）货币政策和信贷政策

目前，在绿色金融领域，人民银行为商业银行发展绿色信贷和绿色金融改革创新试验区建设提供了一些政策支持，如再贷款，绿色票据贴现，支持区内企业发行绿色债务融资工具并开辟绿色通道，在宏观审慎评估考核中对地方法人增加绿色信贷指标，发布《绿色金融发展报告》，建立绿色信贷统计制度等。今后人民银行应在绿色金融支持政策中突出生态保护和生物多样性保护，也可作为一个单列指标给予政策支持。

（2）金融监管政策

通过金融监管政策的调整，引导金融机构和大型机构投资者。进一步扩大绿色信贷产品的范畴，允许银行试点开发生态资产抵押的信贷产品；在投资理念方面，倡导和推动 ESG 投资，建立上市公司 ESG 评价体系，推动主权财富基金、保险公司和大型基金公司等大型机构投资者率先开展 ESG 投资；建立绿色信贷的评价指标体系，对商业银行开展绿色评级试点；允许通过治理形成的土地、地上附着物等生态资产为抵押发行绿色债券等。

3. 发挥资本市场作用，支持生态金融

目前，中国资本市场在支持生态保护投融资方面还存在不足，一方面，是客观因素所致，包括生态保护项目运作周期长、回报率低甚至无回报，生态保护企业普遍规模偏小、现金流不稳定等；另一方面，资本市场在证券发行流程、投资激励、机构专业能力等方面存在问题。为此，一是应在生态环境相关企业上市方面加强支持和服务力度，开设此类企业的 IPO、再融资、并购重组绿色通道；二是考虑生态环境企业大多属于重资产行业的特性，对其股权和债券融资，可适度放宽募集资金用途的限制；三是加大对生态环境类企业到新三板市场挂牌的支持力度；四是提升金融机构的专业技术能力，证券公司、基金公司等证券业机构可参照银行设置生态保护金融部和绿色专员，在对生态保护项目的评估、筛选、投资方面增强专业能力，完善激励机制，把生态保护项目投资与个人绩效挂钩；五是提高第三方评估机构的专业能力和信用水平，健全对第三方评估机构的监管制度，统一备案流程，明确退出规则，增强第三方机构的公信力。

4. 改进生态金融的相关基础性条件

正如生态保护和生物多样性是一项系统工程，生态保护金融也需要相关环境和条件的配合。生态金融是为生态保护和生物多样性保护服务的，如果地方政府在生态环境保护方面的动力不强，生态投资项目不多，生态金融也就无从谈起。换言之，生态金融发展不仅取决于金融家的理念和行为，更取决于生态保护工作的力度。

（1）加强法治建设，为生态金融发展提供稳定预期

目前中国已形成了比较完整的生态与环境保护政策体系。但是，一方面，现有法律体系还不够健全，部门法规之间存在一定程度的职权交叉和滞后；另一方面，中央政府和地方政府之间、政府与市场之间的利益关系存在的背离和偏差的问题也比较突出。在中央政府的考核压力下，地方政府的行为激励具有矛盾性。一方面，有绿色发展和改善环境的迫切需要；另一方面，为维持一定的经济增长和财政收入，又存在容忍破坏环境但税收贡献大的产业的动机。表现在行动上，就是既积极发展新兴绿色产业，又对现有企业的环境污染监督力度往往不够。为此需要进一步完善环境保护的法律法规和实施细则，明确并加大环境污染者的法律责任，加强监督，加大执法力度。

（2）解决生态投资外部性的计量问题

企业和金融机构动力不足的重要原因是价格信号扭曲。因此，要将绿水青山的隐性收益和污染的隐性成本显性化，重构资金的价格形成机制，解决碳排放权、排污权的产权界定问题，以及生态保护项目投资所产生的外部效益如何收费等问题，通过政策和市场信号降低自然资源和碳密集型投资的经济价值，改变金融主体的行为偏好，为社会投资提供足够的激励。可参考英国 Trucost 公司提出的自然资本负债概念，将大气污染排放、水污染、固废垃圾等造成的环境成本尽可能量化，评估未被当前市场价格所反映的“负外部性”规模。同时建立“生态资本”概念，量化生态价值，评估没有被市场价格反映的“正外部性”[1]。在此基础上，建立生态资产的估值体系和交易机制，促进其流转。

（3）建立跨部门协调机制和信息沟通机制

首先，建立生态环境、自然资源、财政、金融宏观调控和金融监管部门间的跨部门协调机制，使生态保护金融理念在政府层面被广泛认识和推行，确保生态保护金融政策的统一性和稳定性。针对生态保护与生物多样性保护建立联席会议制度，为重点生态保护和生物多样性融资领域建立社会融资绿色通道。

其次，综合考虑重点生态保护区域在生态环境、经济发展与社会公平等方面的综合诉求，出台一揽子政策为生态保护融资提质增效。抓住关键节点，开展政策协调，

1 该信息系统的数据既可以为政策制定者在确定价格补贴、资源税、排污费时提供决策参考，也可以为市场各类投资者在投资和授信决策时采用。

拓宽生态融资思路，增加地区建设等领域资本投入的生态保护协同效益。

最后，构建工业管理部门、生态环境部门与金融监管部门的双向信息沟通与共享平台，及时沟通有关生态环境保护的技术信息、行业标准以及违法违规处置情况。充分借用社会监督、社会评估的力量，及时反馈执法和政策落实情况，提高政府工作效率。

5. 充分发挥社会力量的作用

在促进社会资本投入的同时，应注重发挥社会治理力量在生态保护与生物多样性保护中的作用。在引入社会资本的同时创新生态治理模式，通过引入社会治理力量缓解政府的生态治理压力，在拓宽生态保护融资渠道的同时，提高生态保护和生物多样性保护工作的效果和质量。在国外，不乏金融机构和投资者与大型生态保护组织合作的成功案例。后者不仅向前者提供契合生态保护目标的商业计划，还利用自身获得的赠款开发投资工具和市场推广，从而降低了投资成本。这种“催化剂”式的合作模式帮助金融机构和投资者有效地管理投资风险，并通过分享经验培育了更广泛的参与度。这些成功经验值得借鉴。

此外，应加强宣传教育，促使金融机构、大型机构投资者高管和从业人员，以及生态保护区周边地区民众充分了解保护生态环境和生物多样性的重要性。

五、关于促进生态保护与生物多样性融资的政策建议

以下三项建议涉及生态保护金融的不同层面。第一个建议重点解决认识和宏观层面的问题；第二个建议重点利用最佳的政策和市场手段来解决生态保护金融的激励与约束问题；第三个建议旨在为前两个建议的成功实施提供必要的治理基础和体制框架。

（一）扩大绿色金融内涵，为社会资本进入生态保护和生物多样性领域提供战略性指引

目的：提升对生态保护金融重要性和实现路径的认识，将有关理念融入国家重大规划。

1. 短期建议

（1）现有绿色金融框架中涵盖了生态保护、污染治理、自然资源高效利用（节能减排等）等内容，但对生物多样性保护的关注不够。为此，无论政府、企业、金融机构还是投资者都需要提升对生物多样性保护的认识。在中国绿色金融框架中加入生物

多样性内容，明确对绿色金融项目的无重大危害要求，从加强保护和防止损害两方面，确保绿色金融是一个综合性的目标。在投资项目指引、“十四五”规划中加入生态保护金融的相关内容。在绿色债券目录中包括明确的生物多样性项目。

（2）分析包含生物多样性保护在内的生态融资需求和供给潜力，评估现有环境战略、生态保护金融实践和财政支持资金的效果。利用目前正在开发的和国际上正在使用的最佳模式，制定和实施强有力的措施，评估私人和公共资金对生物多样性和生态系统的影响。

（3）在规划中执行“无净损失”原则，明确在损失不可避免的情况下，要从数量和质量两个方面对造成的损失进行补偿。

（4）在自然资源特别丰富的地区或生态系统脆弱的地区，采用战略环境影响评估方法，对于大型基础设施开发项目，应加大环境评估中的生物多样性因素。

（5）推广成功经验。国际上正在探索各种可用的“基于自然的解决方案”[1]，中国在红树林保护、沙漠治理等领域有不少综合治理、充分体现生物多样性保护的成功案例，建议深入研究这些案例，推广其成功经验，改变过去搞大工程的思维，更多地借助自然力量保护生态环境。

（6）在即将召开的生物多样性国际会议中，争取将生态金融的关键信息和建议列入有关宣言和会议成果，并在生态保护金融的发展中发挥引领作用，推进创新政策的建立与推广。例如，为企业提供“无净损失”的行动标准，具体可包括以下内容。

1）生物多样性损失等级在土地开发利用中的应用。

2）基于生物多样性的土地利用规划，如确定具有重要的生物多样性价值的地区。

3）实施战略环境评估，以确保大型的基础设施建设项目可以实现“无净损失”目标。

此外，多方力量正在尝试建立的“自然相关的金融披露工作组”有望在《生物多样性公约》的第十五次缔约方大会上正式启动。基于与之类似的“气候相关的金融披露工作组”的建设经验，中国作为主办方，可以牵头将生态保护金融的重要性和紧迫性提高到与气候金融一样的层面上来。

2. 中长期建议

在修订、评估国土空间规划、生态文明体制改革总体方案时，也要加入生物多样性元素，确定对特别重要区域的保护。

---

1 这一理念最早出现于世界银行 2008 年报告《生物多样性、气候变化和适应：世界银行投资中基于自然的解决方案》。2009 年，世界自然保护联盟（IUCN）定义：“通过保护、可持续管理和修复自然或人工生态系统，从而有效和适应性地应对社会挑战，并为人类福祉和生物多样性带来益处的行动。”

（二）完善扶持生态保护金融的政策框架，建立更有效的激励约束机制

目的：将影响生态活动的外部性（包括正外部性和负外部性）内部化，促使财税政策、投资政策、金融政策为金融机构和投资机构提供稳定预期和良好的市场环境。

1. 短期建议

（1）进一步明晰生态保护与生物多样性保护项目的界定标准，为金融机构和社会投资者提供行为基准。

（2）金融监管当局通过货币政策、信贷政策、监管政策，引导金融机构、信托基金、保险资产管理公司和其他大型机构投资者更加重视对生态和自然资源的影响。

支持商业银行将贷款对象的生态保护效果作为定价的考量因素。同时由于“基于自然的解决方案”与基于工程项目的融资不同，在实践中最难获得融资，应允许和支持金融机构在该领域的创新活动。

对金融机构的“绿色”活动和ESG表现进行评估，鼓励银行等金融机构和投资者培养对“基于自然的解决方案”的投资能力（包括对生态风险的评价和管理能力，专业知识和专业队伍培养等）。

明确环境信息披露标准并督促上市公司和金融机构强化自身或项目相关的自然生态环境信息披露，在资本市场倡导和推动ESG投资。

（3）通过财政性措施激励生态保护投资，对生态治理取得明显成效的地区试行一定期限的土地整治奖补政策或减税政策[1]，更好地发挥财税政策撬动社会资本的杠杆作用。

（4）用政府购买服务的方式，建立公益性的环境成本信息系统，打通目前缺乏项目环境成本信息和分析能力的“瓶颈”，为决策者和全社会投资者提供依据。

（5）引导政策性金融机构和政府系基金（包括社保基金和各级政府的产业投资基金）增加对生态投资的支持。

（6）完善公共资金和社会资本协调机制，加大混合融资工具的使用。通过低回报要求的公共资金，降低社会资本进入生态保护项目的风险，并提高其收益。

（7）在产业链采购和对外投资（特别是“一带一路”投资）时设定绿色门槛，建立绿色供应链。

（8）大力增强预防原则或“注意义务”等原则，以及“（生物多样性）无净损失”等标准在企业价值链中的发展与应用。

1 南非经验：土地所有者按照约定管理和维护其土地或周边的生物多样性时，可以减免相关活动的个人所得税。

2. 中长期建议

（1）建立自然资本核算和会计制度，为统计和计算绿色 GDP 提供标准和方法。待相关核算体系成熟后，修订地方官员的职业晋升制度，将绿色 GDP 作为评价基准。

（2）在会计制度中纳入生物多样性损失带来的搁浅资产风险的衡量和计算。

（3）对生态损失不易恢复的情况，改变简单用钱补偿生态的思维，基于“无净损失”原则，探索建立用“生态保护的行为”补偿生态损失的新机制，作为优化生态补偿制度的下一步探讨。

（4）建立市场化的生态资产定价、评估与流动机制，促使生态资产在流动中增值，并吸引更多的社会资本投入生态保护领域。基于北京、广东、深圳等碳排放权交易试点地区的有益经验，在建设全国碳排放权交易市场的过程中支持和鼓励将林业碳汇自愿交易项目作为抵消项目，促进森林自然资源资产的市场流动。待市场成熟后，进一步探索将湿地、草甸等生态系统的自然服务价值纳入其中，实现自然资源生态服务正外部性的内部化。

（5）从加大生态保护力度的角度出发，调整税收政策。为确保财政激励措施的有效性，税收与监管体系应具有连贯性，并解决体系内存在的不合理激励现象。同时，生物多样性税收应以鼓励行为改变为主，树立生物多样性的结果比增加财税收入更为重要的理念。

（6）重新审视公共补贴政策。从全球角度看，对化石能源等影响气候变化、生态保护领域的不合理补贴规模巨大，一些国家正在努力调整公共补贴政策。建议结合在农业补贴的绿色生态化改革中的实践经验[1]，在采矿、制造、电力生产、建筑等工业行业开展财政补贴政策的系统梳理与评估，将与中国的经济结构转型要求不符，且不利于中国生态环境保护的补贴政策识别出来，促进中国的产业绿色化转型。研究出台既可促进经济健康发展，又有利于生态环境保护的补贴改革方案，进一步优化中国财政补贴的经济杠杆作用。

（三）加强对自然资源和生态环境的系统管理，改进生态保护融资的基础条件

目的：优化生态保护金融的政策与市场环境。

1. 短期建议

（1）强化环境执法力度，特别对敏感地区和生态系统脆弱地区，更要加强执法和

1 http://www.gov.cn/xinwen/2016-12/19/content_5149900.htm.

环境司法专门化建设。截至 2017 年 4 月，中国各级人民法院共设立环境资源审判庭、合议庭和巡回法庭 956 个。目前存在的问题主要是，法律依据不完善、跨区域司法管辖设计不足、区域间环境司法证据难以获取、跨区域环境案件执行困难等。建议细化与生态环境损害相关的司法解释，规范跨区域环境司法管辖制度，完善环境司法证据收集与案件执行制度。

（2）建立企业生态环境信用制度，促使企业自愿规范行为。在原环境保护部与发展改革委联合建设的企业环境信用体系基础上[1]，将土地开发、资源开采、森林砍伐、野生动植物猎采与加工等方面的行政许可信息纳入其中，建立企业生态环境信用体系，并将其与企业的金融支持（如参照绿色信贷指引）联系起来，守信激励、失信惩戒。在此基础上，可考虑进一步建立生态环境增信机制。即在守法的基础上，对主动降低生产活动的生态环境影响，或开展生态环境修复等补偿措施的企业，在经专业第三方机构认证的情况下可予以信用加分奖励，进而鼓励企业自发采取生态保护措施。

（3）建立基于社区的生态保护模式，综合解决居民生计问题和社区治理问题，支持在较贫穷地区，试点和推广与社区解决方案合并的成功融资模式和商业模式。

（4）支持生态保护金融相关的咨询评估行业发展，以帮助金融机构、投资机构识别风险和正确决策，解决其专业能力不足的问题。支持和引导现有中介机构（信用评级、资产评估、会计师事务所、律师事务所，数据服务公司、咨询公司等）开展与生态保护金融相关的第三方服务。

2. 中长期建议

（1）促进符合生态保护金融发展的立法活动，探讨在相关法律中（如《商业银行法》《证券法》《证券投资基金法》《信托法》等）增加公司、银行、投资者或信托人的生态保护法律责任，以及他们在保障被投资者遵守生态保护相关法规中的义务与责任。

（2）改进现有项目的环境影响评价制度和战略环境影响评价机制。完善对生态影响类建设项目的评估方法，科学评价建设项目对物种生存，尤其是繁殖遗传所造成的系统影响，强化间接影响与长期影响的评估力度。

1 http://www.gov.cn/gongbao/content/2016/content_5059107.htm [2020-02-03].

附　录

附录 1　中国环境与发展国际合作委员会 2020 年给中国政府的政策建议

从复苏走向绿色繁荣：
“十四五”期间加速推进绿色高质量发展

“十四五”时期是中国“两个一百年”奋斗目标的历史交汇期，其间的道路选择、政策部署和关键目标将决定中长期发展方向和发展目标的实现，关乎实现中国梦的战略全局。当前，如何尽快走出新型冠状病毒肺炎疫情泥沼、推动经济复苏是各国政府首要任务。国际社会高度关注中国“十四五”经济、社会和生态环境保护战略，在资源全球配置的背景下，这不仅事关中国经济持续、稳定增长，也与全球绿色繁荣和人民福祉息息相关。

中国环境与发展国际合作委员会（以下简称国合会）委员高度赞赏中国国家主席习近平在赴浙江、陕西、山西等省考察时重申“绿水青山就是金山银山”的新发展理念。习近平主席对绿色发展一以贯之的高度重视和深切关注，不仅坚定了中国政府和人民的信心和决心，也让世界对以绿色复苏为契机，推动实现绿色转型充满期待。

委员们认为，“十四五”时期中国应进一步推进包括发展理念、政策目标、重点领域、体制机制等在内的绿色发展综合框架，为实现高质量发展、绿色繁荣奠定坚实基础，并在世界范围内树立可持续发展典范。

在发展理念方面，要坚定不移推进生态文明建设，贯彻落实“绿水青山就是金山银山”理念，推动经济社会全面绿色转型，实现以人为本的绿色高质量发展。通过经济、社会、生态协调发展和物质资本、人力资本、生态资本的共同建设，将绿色发展与经济增长的对立关系转变为相互包容、相互促进的和谐关系。通过绿色发展模式转型，激发创新、可持续生产和消费的新动能，实现更具活力和竞争力、更加可持续和有韧性的经济增长。鉴于公共健康与污染和废弃物管理密切相关，需采取有效措施应对新型冠状病毒肺炎疫情和环境问题。推动多元共治，推进减贫和性别主流化，实现社会公平正义。

在政策目标方面，保持生态文明建设的战略定力，将“十四五”规划绿色发展目标与联合国 2030 年可持续发展议程，尤其是气候变化减缓和适应行动相互衔接。通过经济绿色复苏，为中长期迈向高质量发展奠定基础。围绕增强人类健康和福祉，建立综合性绿色指标，具体指标力度保持不变或适当提升，为实现全方位、整体性绿色转型提供明确的政策指引；继续参与多边环境与发展进程，促进绿色“一带一路”建设和全球绿色供应链发展，加强绿色国际合作，推动实现全球绿色繁荣，共建地球生命共同体。

在重点领域方面，坚持以人为本，以绿色技术创新为驱动轮，以可持续生产和消费为两翼，以城市绿色发展为载体，推动形成绿色生产和生活方式。把握疫后经济复苏的战略机遇，推广一批较为成熟的重大绿色技术，加强绿色基础设施建设，积极构建韧性经济社会；落实主体功能区战略，以城市群和县域城镇化为抓手，推动绿色城镇化，释放结构潜能；推动国内消费扩容升级，引导绿色消费和软性商品供应链绿色化，加快制造业绿色发展和转型升级，驱动绿色转型；推动陆海联动，采取基于自然的综合手段应对生态环境挑战。

在实现机制方面，采取综合措施，有效衔接短期和中长期目标，推动体制机制协调一致。推进立法、司法和行政机关形成践行生态文明的合力，建立健全现代化环境治理体系，提高绿色治理的协调性和效率。探索更具科学性、合理性、实用性的自然资本价值核算方法和实现机制。拓展视野、深化认识，将环境因素纳入更广泛的经济社会规划与政策。推动碳排放权交易等绿色市场体系建设。完善绿色标准体系、绿色财税体系和绿色金融体系，形成与绿色发展相协调的政策激励措施，并通过政策合规和监管执法促进政策落地。

具体建议如下。

一、抓住疫后经济复苏的战略机遇，推动绿色发展，积极构建韧性经济社会

2020 年，新型冠状病毒肺炎疫情为经济社会发展按下重启键，世界再次徘徊在十字路口，疫后经济复苏为推进绿色发展提供战略机遇，考验各国治理者的远见和定力。绿色复苏要重点关注以下几个领域。

（一）强化新型基础设施建设的绿色内涵。疫后经济复苏为可再生能源的发展和

避免高碳锁定带来机遇。加强“新基建”对绿色发展的支撑作用，涵盖可再生能源、低碳和韧性基础设施、建筑能效提升、绿色城区、绿色技术等领域，以“不对环境、生态和气候造成重大损害”为原则，增强刺激计划的绿色和韧性。对绿色复苏计划和项目开展环境影响评价。

（二）支持绿色就业。实施劳动密集型生态公共工程，如植树造林、湿地和海岸带恢复、土壤和水体修复、绿色建筑和房屋改造等。开展可持续农业的大规模培训，支持在绿色转型中困难较多的地方省份开展劳动力技能提升培训。

（三）采取综合性保护措施，降低社区脆弱性。强化疾病预防，建立公共卫生早期预警机制，加强应急响应资源保障。打击野生动物非法贸易，防范集中养殖、生物多样性丧失、生态系统破坏及其他因素加剧人畜共患疾病的风险，防止流行病再次暴发。

（四）推动绿色生产和消费。加大污染治理、资源和能源效率提升和循环经济升级等领域的投入。推动行为方式变革，避免过度消费，形成新的工作方式、绿色平衡的生活方式。

（五）支持多边倡议，强化国际合作。支持现有多边倡议，如世界卫生组织、联合国粮食计划署提出的“整体健康”理念、联合国生态系统恢复十年决议等。通过二十国集团等机制支持绿色复苏举措，考虑启动布雷顿森林式磋商。拓展和深化绿色金融双（多）边合作，通过可持续金融国际平台等机制推进绿色金融体系建设，统一绿色金融分类，推动国际金融体系的绿色革命。

二、以城市群和县域城镇化为两大战略抓手，推动绿色城镇化和乡村振兴，释放结构潜能

要以绿色繁荣、低碳集约、循环利用、公平包容、安全健康为目标，推进城市绿色转型。2017 年，中国 20 个城市群 GDP 和人口占全国的比重分别近 91% 和 74%。城市群绿色转型是整个国家绿色转型的主体。与此同时，发展县域经济是中国乡村振兴、城乡融合发展的重要内容。就地实现城镇化，有利于乡村绿色发展和巩固全面小康成果。

（一）要充分考虑乡村因素，推动城乡一体规划。在编制相关规划和政策时，要摒弃城乡规划中传统的“城市、农村”二分法，做好城乡统筹，特别是要充分考虑对乡村经济、生态、健康、社会和文化的影响。

（二）大力促进城乡要素自由流动。鼓励城市人才向乡村流动。最大限度激发城市和乡村的比较优势和潜在市场需求，有序推动农村宅基地向城市居民流转，形成农民进城、城市居民下乡的双向流动格局。

（三）实现功能型城市与亲自然城市模式统一。将生物多样性和生态系统服务纳

入规划，保护好城区生物多样性和自然栖息地。制定政策激励措施，实现生态系统服务的经济价值。增加生态系统服务供给，拓展未来经济发展创新途径。

（四）加快绿色技术推广。在规划、建设、运行维护等各个环节，识别和选择具有前瞻性、综合性、创新性和实际效果的绿色技术。着重解决新兴绿色技术推广面临的体制机制障碍，建立全生命周期、全成本视角的绿色技术评估框架，帮助具有经济性和技术可行性的绿色技术实现落地和大范围推广。定期筛选并发布城市绿色建筑、绿色交通、清洁能源、水资源高效利用、可持续饮食、废物管理、土地利用和规划、污染场地修复等重点领域的重大创新性绿色技术清单。

三、推动国内消费扩容升级，引导绿色消费，驱动绿色转型

以绿色消费革命为抓手，提升全社会绿色消费意识，大幅增加绿色消费产品和服务供给。2019 年，内需对中国经济增长的贡献率达 89%，最终消费支出对国内生产总值增长的贡献率为 58%。中等收入人群和年轻网民人数的快速增长，开启了中国消费全面升级转型的窗口期。但总体来看，消费领域绿色转型自 2008 年以来下滑趋势明显，超过了生产领域绿色转型提升，消费成为制约整体绿色转型的短板。具体建议如下。

（一）制定全面的国家绿色消费战略。通过大幅提升绿色消费水平，为改善生态环境质量、实现高质量发展提供新的切入点和内生动能。战略目标可包括：全社会绿色消费意识大幅提升、绿色消费产品市场供给大幅增加、绿色低碳健康节约的消费模式和生活方式初步形成、激励约束并举的绿色消费政策体系基本建立等。

（二）完善促进绿色消费的体制机制。完善绿色消费的市场培育和经济激励政策，重点从价格、财税、信贷、监管与市场信用等方面建立经济激励和市场驱动制度，引导绿色生态产品和服务供给与居民消费的绿色选择。构建绿色消费统计指标体系，加快绿色产品及服务的标准建设。提高相关认可认证工作力度，加大对绿色标准和标识第三方认证的事中事后监管。严格落实政府对节能环保产品的优先采购和强制采购制度，明确政府绿色采购约束性规定。

（三）推进循环经济解决方案，实施生产者责任延伸制。落实《关于进一步加强塑料污染治理的意见》，制定相关指南文件，减少电商、物流等领域的塑料和包装废弃物；实施垃圾分类，完善塑料废弃物回收体系，减少并逐步取缔一次性塑料制品的使用。强化与绿色消费相关的企业社会责任，减少浪费，提高废弃物回收率。

（四）确立绿色消费优先领域。优先提高衣、食、住、行、用、游等重点领域绿色产品和服务的有效供给。推动绿色穿衣，强化纺织品和衣物环境标志认证。推动绿色饮食，促进可持续饮食，统一和强化绿色有机食品认证体系和标准，开展仓储—加工—

运输—零售—餐桌全链条的反食物浪费行动，全面实施餐饮绿色外卖计划。推动绿色建筑，全面推进绿色健康建筑设计、施工、运行，强化绿色家居用品环境标志特别是低碳、能效标识认证，扩大高能效绿色家居产品有效供给。推动绿色出行，鼓励步行、自行车和公共交通等低碳出行方式，加大新能源汽车推广和使用力度。制定汽车行业全产业链绿色政策体系；加大电动车充电基础设施建设力度，建立电动车电池回收体系；加强税收优惠政策，鼓励汽车行业节能减排，扩大购买和使用绿色机动车经济激励。针对汽车和航空业制定的支持举措必须考虑生态环保要求。加强铁路货运和可持续城市物流，如货运铁路的数字化和自动化。推动绿色旅游，制定发布绿色旅游消费公约和消费指南，鼓励饭店、景区等推出绿色旅游消费奖励措施，制定修订绿色市场、绿色宾馆、绿色饭店、绿色旅游等绿色服务评价办法，推动将生物多样性保护纳入旅游相关标准和认证计划。

四、保障生态系统整体性，推动陆海联动，综合应对环境挑战

新型冠状病毒肺炎疫情全球暴发凸显综合措施的重要性，必须统筹协调公共健康、经济活动、生态系统变化（包括气候、海洋、河流）等各个领域，贯彻“整体健康”理念，推动陆海联动，实现气候和生物多样性协同治理，综合应对环境挑战。

（一）以能源转型升级为核心，积极应对气候变化，构建低碳社会。建设清洁、低碳、安全和高效的能源体系。制定更有力度的温室气体减排约束性目标，如设定2025年和2030年碳排放总量目标，并涵盖甲烷、氢氟碳化物等非二氧化碳类温室气体。结合实际调整国家自主贡献目标，鼓励重点地区、重点行业尽快提出碳排放率先达峰规划。将气候韧性融入各级政府规划和预算。加快构建全国碳定价体系。将气候指标纳入中央生态环保督察。通过气候行动部长级会议和其他倡议，强化与欧洲及其他发展中国家的多边气候合作，形成新的全球气候领导力。取消化石能源补贴，逐步减少化石能源投资，避免资产搁浅。在金融风险评估中纳入环境和气候因素，扩大中国碳排放权交易市场覆盖行业，进一步促进外部成本内部化。强化对煤电的经济性评估，制定逐步减少并最终淘汰煤电的路线图。加大可再生能源发电基础设施投资，包括发展大规模离岸风电、智能电网和储能技术等，推进绿色电力市场改革。制定国家层面的氢能经济政策，在交通和热电联产领域推广燃料电池，提高可持续生物质制气在能源结构中的占比。在发电、建材、石化和冶炼等行业推广碳捕获、封存和利用技术。促进钢铁、化工和水泥等高耗能行业的脱碳化和现代化。

（二）以成功举办2021年《生物多样性公约》第十五次缔约方大会为契机，激发有雄心的多边合作，加强国家行动，保护自然和人类福祉。积极与国际社会携手，为全球陆地和海洋生态系统保护和修复设定明确、可量化的目标。设立基于生态保护红线和保护区的生态廊道建设目标，构建高效、稳定的生态安全网络，保护生态系统完整性。采用变革性、基于生态系统的方法支持高质量绿色增长。强化对不同类型生境的保护，关注生态退化严重地区的自然植被再生及生态环境恢复。推动基于自然的气候适应，并将其作为流域综合管理、建筑标准、基础设施建设和农业发展中的优先事项，在可持续利用的同时实现自然保护的主流化。促进农业、林业及渔业等社会生态生产性景观的保护和管理，将防止外来物种入侵作为国家优先事项，并纳入2020后全球生物多样性保护框架。扩大森林、湿地和草原面积，夯实气候韧性基础。禁止野生动物非法贸易，禁止非法生产和使用农药、非法捕捞、非法改变土地用途等。革除食用野生动物陋习，加强药用野生动物监管。鼓励私营部门更多参与生物多样性保护。

（三）强化海洋综合管理，提升海洋生态系统韧性，支持蓝色经济可持续增长。严格管控围填海，加大滨海湿地保护修复力度，重建关键栖息地。划定海洋生态保护红线区域和海洋保护区，助力海洋生物多样性保护和渔业发展。加强科学研究和监测，强化执法，推进海洋生态系统保护恢复和海洋经济高质量发展，更好地发挥部际协调机制和国家级海洋咨询机构作用，制定基于生态系统的海洋综合管理政策。建立绿色渔船和绿色渔港，发展绿色海水养殖，建立海洋水产品溯源制度，推动绿色航运。

（四）健全生态资本服务价值核算方法和实现机制，推动长江、黄河流域高质量发展。坚持在资源环境承载能力范围内发展，强化自然资本价值核算在空间规划中的应用，保障流域生态系统的完整性和健康可持续发展。构建标准化、规范化的自然资本价值核算体系，推动自然生态资源监控网络建设。从市场定价、政府定价和政府规制型市场定价三方面，构建生态产品定价机制。创新生态补偿机制，从水资源、水环境和水生态三个维度，加快流域横向生态补偿进程。

（五）将生物多样性保护指标融入绿色金融框架，推动保护性金融主流化。建立以市场为基础的自然资本定价机制，开发生态系统服务付费、惠益分享补偿、银行系统自然生态风险披露等金融工具，利用更多的社会资本支持生态环保融资。加强与生态相关的投融资风险信息披露，提高透明度。在重大项目中贯彻“无净损失”原则，加大生态保护相关因素在战略环境影响评价、大型基础设施项目评价中的权重。推动以“生态保护行为”补偿生态损失，作为货币补偿的有益补充。

五、推动绿色“一带一路”和全球绿色供应链建设，强化绿色国际合作，实现全球绿色繁荣

（一）在“一带一路”共建国家开展试点示范，推广绿色发展理念与实践。充分发挥“一带一路”绿色发展国际联盟和“一带一路”可持续城市联盟等平台的作用，开展国家、城市和项目绿色发展试点示范。加强与共建国家在制定低碳和可再生能源战略方面的合作，推动建设绿色、环保及可再生能源示范项目，推广生态保护红线实践经验和基于自然的解决方案。支持清洁、高效能源基础设施项目，减少对煤电项目的投资。发挥国际组织、专业机构、跨国企业和民间机构作用，吸引社会资本参与“一带一路”绿色发展。加强“一带一路”国家绿色转型案例研究和经验推广。

（二）完善“一带一路”项目绿色发展分级分类管理。通过运用环境影响评估工具、明确标准和融资保障等方式，对“一带一路”项目进行评估和分类，提出正面清单和负面清单，为项目绿色发展提供解决方案并为金融机构提供绿色信贷指引。加强绿色标准对接，引导企业切实承担生态环境保护主体责任，建设更多高标准绿色示范项目。鼓励发展绿色采矿业、绿色林业、绿色海运及港口、绿色渔业和水产养殖，在自然资源利用项目中应用更加环境友好的技术。

（三）系统化推动全球软性商品绿色价值链实践，避免毁林行为和生态破坏。推动建立促进全球价值链绿色化发展的长效包容机制，设立由政府、企业、研究机构和相关组织多方参与的协调和支持机构。健全相关政策支持体系和技术支撑体系，避免毁林相关的政策激励；推动制定国际标准，支持全球贸易商和生活消费品企业减少毁林行为。实施相关示范项目，复制推广示范项目经验。通过双（多）边机制的协同增效，交流和分享绿色价值链理念和实践经验。研究建立商品贸易可追溯体系和相关尽职调查标准，并通过南南合作支持相关国家可持续生产方式转型。

（四）开展绿色对外援助试点。在中国国家国际发展合作署对外援助工作中，推动绿色融资项目主流化，贯彻“无害原则”，增加绿色和生态环境保护类援助的比例，支持“一带一路”共建国家的绿色发展。

附录 2　中国环境与发展重要政策进展与国合会政策建议影响（2019—2020 年）

一、引言

2020 年对中国发展与环境事业来说是承上启下之年。这一年，中国将打赢三大攻坚战，实现全面建成小康社会的第一个百年奋斗目标。在此基础上，中国将开启第二个百年奋斗目标新征程，全面进入绿色发展新阶段，坚定迈向 2035 年美丽中国新目标。

过去一年来，中国继续保持生态文明建设的战略定力，以促进国民经济不断迈向高质量发展为根本，持续推进以“环境质量改善，生态环境向好”为目标导向的各项生态文明体系制度建设，坚决打赢污染防治攻坚战，不断推出各种创新型举措，并取得明显成效。

过去一年来，习近平生态文明思想不断丰富，新发展理念在实践中显出强大生命力，绿色低碳循环发展有力推进，生态环境现代化治理制度探索创新，生态环境治理体系不断完善，生态文明建设改革举措落地见效，为全面加强生态环境保护、坚决打赢污染防治攻坚战持续注入强大动力。

过去一年来，污染防治攻坚战行动力度不减，生态环境保护工作在坚持中取得新进展，中国生态环境总体出现好转，“十三五”生态环境目标有望全面实现。

过去一年来，污染防治工作开始迈向新阶段。生态环境保护工作更注重“精准治污、科学治污、依法治污”，不断降低生态环境治理工作推进中面临的阻力，让生态环境治理成为经济转型的助力。“精准治污、科学治污、依法治污”成为探索现代化生态环境治理体系的重要内容。

作为中国政府政策直通车和中国与国际社会开展环境与发展合作的纽带、桥梁和窗口，国合会结合国内外形势不断调整自身发展定位，充分调动国内外顶尖专家学者的智力资源，针对新时代中国环境与发展的典型和突出问题，探索新途径、新方法、新手段；同时，坚持“走出去”，到国际上开展智库交流与咨询活动，积极参与国际环境治理，为推动中国生态文明建设和世界可持续发展贡献智慧和力量。

二、环境与发展规划

2020 年是“十三五”规划的收官之年。根据 2020 年 4 月生态环境部及有关部委联合发布的《〈“十三五”生态环境保护规划〉实施情况中期评估报告》，9项约束性指标中的7项已完成，生态环境质量获得实质性改善，生态文明水平大幅提高，有力地保障了全面建成小康社会目标的实现。

2035年基本建成美丽中国目标引领新的发展规划。立足于“十三五”规划目标基本实现的良好基础，对标2035年美丽中国，早在2018年和2019年初期，国家和地方有关部门就开展了“十四五”规划编制方案的前瞻性研究，目前已取得了阶段性成果。2020年3月6日，国家发展改革委发布《美丽中国建设评估指标体系及实施方案》。美丽中国建设评估指标体系包括空气清新、水体洁净、土壤安全、生态良好、人居整洁五类指标。

对于“十四五”规划，国合会早在2017年年会就提出前瞻性建议。建议指出，中国应制定一个面向未来十年到十五年，涵盖水、气、土及海洋污染治理的综合性长期战略规划。这份总体战略要在2020年前完成部署，以契合2035年中国基本实现社会主义现代化目标的时间节点。同时，战略规划还应关注创新，如通过规制塑料生产和源头处理，减少河流和海洋中的塑料垃圾污染。2019年，国合会建议提出，“十四五”规划应该体现并支持美丽中国2035愿景、应对气候变化和生物多样性保护2050全球愿景。这些建议对国家“十四五”规划和“十四五”生态环保规划的编制具有积极影响。

（一）“十四五”环境与发展规划前瞻

国务院总理李克强于2019年11月26日召开“十四五”规划编制专题会议，指出“十四五”规划编制应“立足我国基本国情和发展阶段，坚持发展第一要务，突出保持经济运行在合理区间、推动高质量发展，突出以人民为中心的发展思想，突出以改革创新破解发展难题，实事求是、遵循规律，着眼长远、统筹兼顾”。

在国家“十四五”总体规划编制框架下，“十四五”生态环保规划于2019年12月形成了基本思路和初步文稿。“十四五”生态环保规划将协同推动经济高质量发展，满足生态环境高水平保护的要求，不仅要着眼未来五年，还要着眼长远，与2035年以及本世纪中叶的目标对接。此外，要充分发挥科技的作用，增强科技攻关，为决策、管理、治理提供有力支撑，调动企业在创新方面的活力，带动生态环境产业革新。

围绕“十四五”生态环保规划，相关的专项规划也在抓紧编制，如《全国海洋生态环境保护规划》《重点流域水生态环境保护规划》《“十四五”空气质量改善规划》等。这些专项规划将为“十四五”时期相关领域的生态环境保护工作提供顶层设计。

（二）黄河流域生态环境保护规划编制

黄河流域在中国经济社会发展和生态安全方面具有十分重要的地位。黄河发源于青藏高原，流经 9 个省区，全长 5 464 km，是中国仅次于长江的第二大河。黄河流域生态保护和高质量发展，同京津冀协同发展、长江经济带发展、粤港澳大湾区建设、长三角一体化发展一样，是重大国家战略。

2020 年 1 月 4 日，习近平总书记主持召开中央财经委员会第六次会议并发表重要讲话。会议强调，黄河流域必须下大气力进行大保护、大治理，走生态保护和高质量发展的路子。要推进黄河流域生态保护修复，加大黄河流域污染治理，推进水资源节约集约利用，推动沿黄地区中心城市及城市群高质量发展，建设现代产业体系和大力弘扬黄河文化等。

围绕推动黄河流域生态保护和高质量发展，生态环境部已开展黄河流域生态保护和高质量发展战略研究和规划编制工作，拟定全流域重大规划政策，协调解决跨区域重大问题、完善跨区域管理协调机制、加强水生态环境修复联合防治、联合执法等。生态环境部还将推进沿黄九省区“三线一单”编制，完善生态环境分区管控体系，开展生态保护红线勘界定标，以规划环评优化产业布局，促进黄河流域产业结构调整优化，大力推进高质量发展。

（三）长三角生态绿色一体化发展

国务院 2019 年 10 月 25 日正式批复《长三角生态绿色一体化发展示范区总体方案》（以下简称《方案》），对于长江流域共抓大保护、不搞大开发，推进长江流域高质量发展具有重大意义。

《方案》提出，到 2025 年，一批生态环保、基础设施、科技创新、公共服务等重大项目建成运行，先行启动区在生态环境保护和建设、生态友好型产业创新发展、人与自然和谐宜居等方面的作用明显提升，一体化示范区主要功能框架基本形成，生态质量明显提升，一体化制度创新形成一批可复制、可推广经验，重大改革系统集成释放红利，示范引领长三角更高质量一体化发展的作用初步发挥。到 2035 年，形成更加成熟、更加有效的绿色一体化发展制度体系，全面建设成为示范引领长三角更高质量一体化发展的标杆。

2019 年 12 月，中共中央、国务院印发《长江三角洲区域一体化发展规划纲要》（以下简称《纲要》）。《纲要》指出，到 2025 年，长三角一体化发展将取得实质性进展，在科创产业、基础设施、生态环境、公共服务等领域基本实现一体化发展。

目前，长三角生态绿色一体化发展示范区已经揭牌，并将采用“理事会＋执委会＋发展公司”的三层次架构。

三、环境保护与新型冠状病毒肺炎疫情应对

2020 年年初，新型冠状病毒肺炎意外触发了全球经济和社会系统性风险，让世界付出了沉重的经济和生命代价，同时也再次引发了全球对可持续发展的高度重视，推动后疫情时代的绿色复苏成为国际社会新常态下的主要议题。

（一）新型冠状病毒肺炎疫情防控和经济社会发展

新型冠状病毒肺炎疫情对中国经济和社会发展短期影响十分显著。2020 年第一季度经济遭受冲击的力度大于 2008 年国际金融危机同期量级，出现经济的负增长；第二季度经济有望实现正增长，但仍有待观察。清华大学国家金融研究院院长、前国际货币基金组织（IMF）副总裁朱民估算，即使政府出台充分的宏观政策对冲，全年的增长估计也只能达到 5% 的水平。

世界经济一体化背景下，中国与全球经济“同此凉热”。新型冠状病毒肺炎疫情的全球暴发大致比中国滞后一个月时间，影响进一步扩散的趋势已形成，世界经济受到巨大冲击，对中国下一阶段的整体经济发展会带来诸多不利影响，减缓国内复工复产后经济的恢复进程，并给全年经济生产目标的完成带来更大困难。

不过，全球疫情时间节奏与中国不同步也有积极的一面。中国率先控制了疫情的发展，成为全球抗疫的“大后方”，能为其他国家抗疫提供源源不断的医疗及抗疫物资支持，为世界防疫做出贡献。在多国复工复产困难，但一些刚性需求仍然存在的情况下，中国在世界的不可替代性作用将进一步凸显。此外，随着一些国家疫情防控形势好转，在社会隔离逐步放开、经济开始恢复之际，人们对于新型冠状病毒肺炎疫情后独立交通方式——电动自行车的需求激增，为中国相关产业快速复苏注入强劲动力。

（二）支持复工复产，推进绿色消费

生态环境部于 2020 年 3 月 3 日发布《关于统筹做好疫情防控和经济社会发展生态环保工作的指导意见》（以下简称《意见》）。《意见》指出，以全国所有医疗机构及设施环境监管和服务 100% 全覆盖，医疗废物、废水及时有效收集转运和处理处置 100% 全落实为主要目标，全力以赴做好疫情防控相关环保工作。

为了帮助企业复工复产，《意见》提出建立和实施环评审批正面清单和监督执法正面清单，着力提高工作效能，积极支持相关行业企业复工复产。根据疫情防控形势和分区分级精准复工复产的有关要求，采取差异化生态环境监管措施并实行动态调整，为统筹推进疫情防控和经济社会发展提供支撑保障。

复工复产关键在于刺激消费需求。国合会 2018 年政策建议指出，政府应该充分发

挥目前已有的各种政策措施对可持续生产和消费的促进作用。在“十四五”时期，应该分门别类，按行业制定实施有针对性的战略。要考虑如何提高幸福和健康的生活水平，不断减少生态足迹；让家庭、学校和工作场所更加舒适宜人；创造新的绿色就业机会；更加重视家庭对于实现可持续消费的重要作用。

2020 年 3 月，国家发展改革委等 23 个部委联合印发《关于促进消费扩容提质，加强形成强大国内市场的实施意见》，其中提出“鼓励使用绿色智能产品，以绿色产品供给、绿色公交设施建设、节能环保建筑以及相关技术创新等为重点推进绿色消费，创建绿色商场”。

自 2020 年 3 月以来，浙江、江苏、广东、北京以及湖北等地陆续开始依托包括支付宝、微信等在内的各种数字化平台发放“消费券”刺激居民消费，这对推动经济复苏有明显的“乘数效应”。国合会绿色消费专题组建议，可以通过把“绿色”有关的要素融入各类“电子消费券”，在推动经济回暖及发展的同时，促进绿色低碳和可持续发展。政府可制定用于识别绿色商家和消费行为的通用标准，进一步拓展数字化生活平台的功能，以支持“绿色消费券”及相关配套措施的推出，从而打造线上绿色消费的新热点，促进疫后经济的全面可持续发展。

（三）加强野生动物保护

在全球抗击新型冠状病毒肺炎疫情的关键时刻，保护野生动物格外引人关注。国合会 2019 年政策建议预警性地提出，加强对野生生物资源育种和培育及可持续利用的研究，促进技术升级，减少对自然和生物资源的消耗，并对涉及非法野生动物销售和走私的行为提起诉讼。

新型冠状病毒肺炎疫情期间，国家主席习近平强调，“要从保护人民健康、保障国家安全、维护国家长治久安的高度，把生物安全纳入国家安全体系，系统规划国家生物安全风险防控和治理体系建设，全面提高国家生物安全治理能力”。

全国人大部署启动《野生动物保护法》修改工作，拟将《野生动物保护法》修改工作列入人大常委会 2020 年立法工作计划，并加快《动物防疫法》等法律的修改进程。《野生动物保护法》在 2016 年的系统修订中，确立了保护优先、规范利用、严格管理的原则，从猎捕、交易、利用、运输、食用野生动物的各个环节做了严格规范，特别是针对滥食野生动物等突出问题，建立了一系列科学、合理的制度。但此次疫情的暴发，暴露了对养殖野生动物、野生动物走私的管理漏洞。

另外，全国人大于 2020 年 2 月 24 日表决通过《关于全面禁止非法野生动物交易、革除滥食野生动物陋习、切实保障人民群众生命健康安全的决定》，对全面禁止和惩治非法野生动物交易行为做出具体规定。生态环境部根据“组织协调生物多样性保护”和“监督野生动植物保护”的工作职责，研究将野生动物保护法律法规执行情况纳入中央生态环境保护督察范畴。青海、北京、广东、上海均以地方立法的形式加强了对野生动物保护的管理。

四、生态系统和生物多样性保护

（一）关于《生物多样性公约》第十五次缔约方大会

国合会 2019 年政策建议提出，借鉴巴黎气候谈判的成功经验，利用绿色外交积聚高层政治意愿。号召工商界、学术界、社会组织和公众共同参与制定并实施 2020 后生物多样性保护框架，宣传人与自然行动议程，提高公众意识，积极采取协作行动。

《生物多样性公约》第十五次缔约方大会（COP15）将在中国举行，审议“2020 后全球生物多样性框架”，确定 2030 年全球生物多样性新目标。COP15 将为未来十年全球生物多样性保护制定新的愿景、战略规划和目标，并为全球生物多样性保护指明方向。

中国是世界上生物多样性最为丰富的国家之一，也是最早加入《生物多样性公约》的国家之一，在生物多样性保护方面做出了许多努力，也取得了卓越成效，特别是在生物多样性保护主流化方面走在了世界前列，提出尊重自然、顺应自然和保护自然，“绿水青山就是金山银山”的理念。中国生态系统保护和修复取得了明显进展，生态系统服务功能整体提升，野生动植物保护取得明显成效，如大熊猫、藏羚羊、朱鹮和雪豹等濒危物种种群数量明显增加，栖息地质量得到改善，濒危等级在 IUCN 的评估中不断降低。

（二）“绿盾 2019”专项行动继续推进

2020 年是“绿盾”自然保护区监督专项行动的第三年。“绿盾 2019”专项行动在 474 个国家级自然保护区的基础上，扩展到长江经济带的 11 省干流、主要支流及五大湖区 5 km 范围内的部分自然保护地。

2019 年 7 月，生态环境部、水利部、农业农村部、中科院、国家林草局、中国海警局联合开展“绿盾 2019”自然保护地强化监督工作，对各省区国家级、省级自然保护区人类活动遥感监测新发现的问题线索进行实地核查。

（三）生态红线划定和生态保护工作取得新进展

国合会 2019 年政策建议提出，加强以国家公园为主体的自然保护地管理体系建设，划定生态保护红线。制定并执行全面的法律法规和市场激励政策措施，确保实施的有效性。加强跨部门协作，取消可能对生态环境造成不利影响的补贴。

根据2017年国务院发布的《关于划定并严守生态保护红线的若干意见》，2020年年底前，全面完成全国生态保护红线划定和勘界定标，基本建立生态保护红线制度，国土生态空间得到优化和有效保护，生态功能保持稳定，国家生态安全格局更加完善。

2019年8月30日，生态环境部办公厅、自然资源部办公厅印发《生态保护红线勘界定标技术规程》，指导全国生态保护红线勘界定标工作，促进生态保护红线落地，并实施严格管护。

2019年6月，中共中央办公厅、国务院办公厅印发《关于建立以国家公园为主体的自然保护地体系的指导意见》（以下简称《意见》）。《意见》提出，到2020年，提出国家公园及各类自然保护地总体布局和发展规划，完成国家公园体制试点，设立一批国家公园，完成自然保护地勘界立标并与生态保护红线衔接，制定自然保护地内建设项目准入负面清单，构建统一的自然保护地分类分级管理体制。到2025年，健全国家公园体制，完成自然保护地整合归并优化，完善自然保护地体系的法律法规、管理和监督制度，提升自然生态空间承载力，初步建成以国家公园为主体的自然保护地体系。到2035年，显著提高自然保护地管理效能和生态产品供给能力，自然保护地规模和管理达到世界先进水平，全面建成中国特色自然保护地体系。

2019年5月，国家林业和草原局启动了国家公园体制试点的评估工作。目前中国已建立各级各类自然保护地1.18万处，占国土陆域面积的18%，领海面积的4.6%。其中国家公园体制试点10处、国家级自然保护区474处、国家级风景名胜区244处。拥有世界自然遗产14项、世界自然与文化双遗产4项、世界地质公园39处，数量均位居世界第一。

2019年11月15日，国家发展改革委印发《生态综合补偿试点方案》，将在国家生态文明试验区、西藏及四川省藏区、安徽省，选择50个县（市、区）开展生态综合补偿试点。试点包括4个方面，分别是创新森林生态效益补偿制度、推进建立流域上下游生态补偿制度、发展生态优势特色产业以及推动生态保护补偿工作制度化。目标是到2022年，生态综合补偿试点工作取得阶段性进展，资金使用效益有效提升，生态保护地区“造血能力”得到增强，生态保护者的主动参与度明显提升，与地方经济发展水平相适应的生态保护补偿机制基本建立。

五、能源与气候

（一）能源清洁低碳转型助力环境改善

国合会2019年政策建议指出，要进一步控制煤炭使用，坚决打赢蓝天保卫战。制定国家零排放长期战略，逐步淘汰煤炭。加大对可再生能源的补贴和资金支持，逐步取缔化石能源补贴。

到2019年年底，中国可再生能源发电装机达到7.94亿kW，同比增长9%；风电、光伏发电首次“双双”突破2亿kW；可再生能源发电装机约占全部电力装机的39.5%，同比上升1.1个百分点；可再生能源发电量达2.04万亿kW·h，同比增加约1 761亿kW·h；可再生能源发电量占全部发电量比重为27.9%，同比上升1.2个百分点。

2020年4月10日，国家能源局发布《中华人民共和国能源法（征求意见稿）》（以下简称征求意见稿）。征求意见稿明确指出，能源开发利用应当与生态文明相适应，贯彻新发展理念，实施节约优先、立足国内、绿色低碳和创新驱动的能源发展战略，构建清洁低碳、安全高效的能源体系。针对非化石能源，征求意见稿明确指出，国家将可再生能源列为能源发展的优先领域，制定全国可再生能源开发利用中长期总量目标以及一次能源消费中可再生能源比重目标，列入国民经济和社会发展规划以及年度计划的约束性指标。

在推广可再生能源方面，2019年12月4日，国家发展改革委、国家能源局等十部门联合印发《关于促进生物天然气产业化发展的指导意见》，要求到2025年，生物天然气具备一定规模，形成绿色低碳清洁可再生燃气新兴产业，生物天然气年产量超过100亿m^3；到2030年，生物天然气实现稳步发展。规模位居世界前列，生物天然气年产量超过200亿m^3，占国内天然气产量的一定比重。

大力推进能源清洁低碳转型。2019年8月19日，国家发展改革委、财政部、自然资源部、生态环境部、国家能源局、国家煤矿安监局联合印发了《30万t/a以下煤矿分类处置工作方案》，目标是通过三年时间，力争到2021年年底全国30万t/a以下煤矿数量减少至800处以内，华北、西北地区（不含南疆）30万t/a以下煤矿基本退出，其他地区30万t/a以下煤矿数量原则上比2018年年底减少50%以上。2019年9月6日，《国家能源局关于下达2019年煤电行业淘汰落后产能目标任务的通知》发布，明确2019年煤电行业淘汰落后产能目标任务为866.4万kW。

（二）加强节能减排

“十三五”前四年中国能耗强度累计下降约13.7%。2019年，各地围绕大气污染防治攻坚任务，推进“煤改气”和“煤改电”，加强节能技术攻关，节能降耗取得新成效。

2019年6月13日，国家发展改革委、工业和信息化部等七部门联合印发《绿色高效制冷行动方案》，主要目标是，到2022年，家用空调、多联机等制冷产品的市场能效水平提升30%以上，绿色高效制冷产品市场占有率提高20%，实现年节电约1 000亿kW·h。到2030年，大型公共建筑制冷能效提升30%，制冷总体能效水平提升25%以上，绿色高效制冷产品市场占有率提高40%以上，实现年节电4 000亿kW·h左右。

2019年7月26日，交通运输部发布《交通运输行业重点节能低碳技术推广目录（2019年度）》，包括道路运输、公路、船舶运输、航道、港口五大领域共计38项技术。

2019年8月28日，国家发展改革委发布煤炭采选业、硫酸锌行业、锌冶炼业、污水处理及其再生利用行业、肥料制造业（磷肥）5个行业的清洁生产评价指标体系。

2019年10月29日，国家发展改革委印发《绿色生活创建行动总体方案》，要求通过开展节约型机关、绿色家庭、绿色学校、绿色社区、绿色出行、绿色商场、绿色建筑等创建行动，广泛宣传推广简约适度、绿色低碳、文明健康的生活理念和生活方式，建立完善绿色生活的相关政策和管理制度，推动绿色消费，促进绿色发展。

2020年3月11日，国家发展改革委、司法部印发《关于加快建立绿色生产和消费法规政策体系的意见》，要求到2025年，绿色生产和消费相关的法规、标准、政策进一步健全，激励约束到位的制度框架基本建立，绿色生产和消费方式在重点领域、重点行业、重点环节全面推行，中国绿色发展水平实现总体提升。

（三）温室气体减排与大气污染物协同治理

国合会2019年政策建议提出，协同推进空气质量改善和温室气体减排是中国实现高质量发展的必然选择。

无论是“大气十条”还是“蓝天保卫战三年行动计划”，采取的都是控制高能耗高污染行业新增产能、推动清洁生产、加快调整能源结构、强化节能环保约束等措施。通过大气污染防治行动计划的实施，中国空气质量显著提升，温室气体减排效果同样明显。

2019年6月26日，生态环境部印发《重点行业挥发性有机物综合治理方案》，提出到2020年，建立健全VOCs污染防治管理体系，协同控制温室气体排放，推动环境空气质量持续改善。7月1日，生态环境部、国家发展改革委、工业和信息化部、财政部联合印发《工业炉窑大气污染综合治理方案》，指导各地加强工业炉窑大气污染综合治理，协同控制温室气体排放，促进产业高质量发展。

（四）碳市场建设稳步推进

过去一年来，按照《全国碳排放权交易市场建设方案》提出的任务要求，积极稳妥地推进全国碳排放权交易市场建设，取得了积极进展。

一是在制度体系建设方面，起草完善为碳交易奠定法律基础的重要文件——《碳排放权交易管理暂行条例》。积极推动制定重点排放单位温室气体排放报告管理办法、核查管理办法、交易市场监督管理办法等一系列制度性文件，保障全国碳排放交易市场的运行。

二是在技术规范体系建设方面，完善发电行业配额分配的技术方案，组织各省市报送发电行业的重点排放单位名单，从技术层面推进全国碳市场建设。

三是在基础设施建设方面，优化评估并进一步修订完善全国排放权注册登记系统和交易系统的建设方案，开展注册登记系统和交易系统建设。

四是在能力建设方面，开展地方生态环境部门碳交易培训，为全国碳市场建设提供支撑。

2019 年 12 月，财政部印发《碳排放权交易有关会计处理暂行规定》，对碳排放权交易业务的有关会计处理——重点排放企业购入、出售以及自愿注销碳排放配额的账务处理，碳排放权配额和国家核证自愿减排量的资产属性，以及相关资产持有和变动信息的披露做出了明确规定。

2020 年 1 月，国家外汇局湖北省分局印发《境外投资者参与湖北碳排放权交易外汇管理暂行办法》，允许境外投资者（包括机构和个人）在境内银行开设境外外汇账户（NRA 账户），通过境内存管银行使用资本项目专用账户参加碳排放权交易，境外投资者为参与碳排放权交易开立的 NRA 账户内资金不占用开户银行短期外债余额指标，但应按规定办理外债登记。

六、污染防治与海洋治理

（一）大气污染防治

国合会 2019 年政策建议提出，进一步控制煤炭使用，坚决打赢蓝天保卫战。制定国家零排放长期战略，逐步淘汰煤炭。加大对可再生能源的补贴和资金支持，逐步取缔化石能源补贴。争取在 2020 年前后实现京津冀和汾渭平原地区散煤禁用。优先保证非化石能源发电上网。

2019 年 9 月，生态环境部、国家发展改革委等十部门联合北京市、天津市等人民政府共同印发《京津冀及周边地区 2019—2020 年秋冬季大气污染综合治理攻坚行动方案》。方案提出：坚持宜电则电、宜气则气、宜煤则煤、宜热则热，积极推广太阳能光热利用和集中式生物质利用。加大价格政策支持力度；大力推进煤改电；强调广泛应用数字化技术成果，提升执法能力和效率，充分运用执法 App、自动监控、卫星遥感、无人机、电力数据等高效监侦手段等。

通过各地共同努力，秋冬季大气污染综合治理取得显著成效，重污染程度明显降低。2019—2020 年秋冬季（截至 2020 年 2 月 15 日，下同），74 座城市 $PM_{2.5}$ 平均浓度为 50 μg/m^3，与 2013—2014 年秋冬季相比下降 44%；平均每个城市发生 4 d 重污染，比 2013 年秋冬季减少 15 d。“2 ＋ 26”城市 2019—2020 年秋冬季 $PM_{2.5}$ 平均浓度为 77 μg/m^3，与 2013 年相比下降 40%；每个城市平均发生 14 d 重污染，比 2013 年秋冬季同期减少 28 d。北京市秋冬季 $PM_{2.5}$ 浓度呈波动下降趋势，2019—2020 年秋冬季 $PM_{2.5}$ 浓度比 2013 年下降 44%；发生 8 d 重污染，比 2013 年秋冬季同期减少 12 d，空气质量改善明显。

当前，蓝天保卫战进入决胜期，但也出现了一些新的问题：一是重点区域的颗粒物污染仍然处于高位，部分城市甚至不降反升。二是臭氧污染增长的趋势非常明显，有的城市臭氧甚至取代 $PM_{2.5}$ 成为首要污染物。

（二）水污染防治

2019 年水污染防治取得关键进展。2019 年，全国地表水优良（Ⅰ～Ⅲ类）水质断面比例同比上升 3.9 个百分点，劣Ⅴ类断面比例同比下降 3.3 个百分点。其中，长江流域好于Ⅲ类断面比例同比上升 4.2 个百分点，劣Ⅴ类断面比例同比下降 1.2 个百分点。长江流域、渤海入海河流劣Ⅴ类国控断面分别由 12 个、10 个降至 3 个、2 个。近岸海域水质总体稳中向好，其中，渤海近岸海域优良（Ⅰ、Ⅱ类）水质面积比例同比上升 12.5 个百分点，劣Ⅳ类水质面积比例同比下降 3.7 个百分点。

2019 年 3 月 28 日，生态环境部、自然资源部、住房和城乡建设部、水利部、农业农村部五部门联合印发《地下水污染防治实施方案》，明确提出“以保护和改善地下水环境质量为核心，坚持源头治理、系统治理、综合治理，实现地下水资源可持续利用”。

2019 年 7 月 8 日，中央农办、农业农村部、生态环境部等九部门联合印发《关于推进农村生活污水治理的指导意见》，生态环境部会同水利部、农业农村部印发《关于推进农村黑臭水体治理工作的指导意见》，为深化农村生活污水治理提供顶层设计。

2020 年 1 月 19 日，生态环境部和水利部联合印发《关于建立跨省流域上下游突发水污染事件联防联控机制的指导意见》，提出建立协作制度、加强研判预警、科学拦污控污、强化信息通报、实施联合监测、协同污染处置、做好纠纷调处、落实基础保障八项举措。

（三）土壤污染防治

2019 年 6 月，财政部修订印发《土壤污染防治专项资金管理办法》。全国 30 个省（区、市）初步建立污染地块准入管理机制。如上海规定对于存在污染或治理修复未达环保要求地块不得出让、转让；河南规定对土壤环境质量不符合相关规划用地条件的建设用地，不予发放选址涉及该地块的建设工程规划许可证。

2019 年 7 月，生态环境部、农业农村部和自然资源部联合印发《关于贯彻落实土壤污染防治法 推动解决突出土壤污染问题的实施意见》，将重点行业企业土壤污染防治相关责任纳入排污许可证实施“一证式”管理，并加紧制定重点监管企业自行监测、隐患排查相关技术规范。

2020 年 1 月 17 日，财政部、生态环境部等六部门联合印发《土壤污染防治基金管理办法》。基金采用市场化运作的办法，由省、自治区、直辖市、计划单列市级财政通过预算安排，单独出资或者与社会资本共同出资设立，采用股权投资等市场化方式，发挥引导带动和杠杆作用，引导社会各类资本投资土壤污染防治，支持土壤修复治理产业发展的政府投资基金。基金用途主要包括农用地土壤污染防治、土壤污染责任人或者土地使用权人无法认定的土壤污染风险管控和修复，以及政府规定的其他事项。

（四）固体废物污染防治

国合会 2019 年政策建议提出，“减少塑料制品的使用。全面淘汰一次性塑料用品，减少塑料在上游包装行业中的使用。实施垃圾分类，实现塑料垃圾的循环利用”“修改政府采购法。政府采购应优先鼓励绿色交通、绿色建筑，鼓励减少废弃物、减少砍伐森林等基于自然的产品和服务”。

2019 年 5 月 8 日，生态环境部发布《“无废城市”建设试点实施方案编制指南》《“无废城市”建设指标体系（试行）》。

2019 年 9 月 9 日，中央全面深化改革委员会审议通过《关于进一步加强塑料污染治理的意见》。2020 年 1 月 19 日，国家发展改革委、生态环境部公布《关于进一步加强塑料污染治理的意见》（以下简称《意见》）。《意见》明确，到 2020 年年底，中国将率先在部分地区、部分领域禁止、限制部分塑料制品的生产、销售和使用；一次性塑料制品的消费量明显减少，替代产品得到推广。

2019 年，生态环境部会同相关部门全面落实《禁止洋垃圾入境推进固体废物进口管理制度改革实施方案》，在 2017 年、2018 年连续两年取得明显成效的基础上，继续取得重大进展，顺利完成 2019 年度改革任务目标。2019 年全国固体废物进口总量为 1 347.8 万 t，同比减少 40.4%。

（五）海洋环境治理

国合会 2018 年政策建议提出，要加强对海洋和沿海生态系统的法律保护；制订海洋垃圾污染防治国家行动计划；加强对海洋酸化、海洋塑料和微塑料等全球性新兴海洋环境问题研究。国合会 2019 年政策建议提出，中国应加强海洋综合治理，积极参与全球海洋治理，提升海洋生态保护治理能力。

在陆源污染治理方面，2019 年 2 月，生态环境部印发《渤海入海排污口排查整治工作方案》，提出有效管控陆源污染源、提升渤海生态环境质量奠定基础。2019 年 6 月，生态环境部印发《渤海入海河流劣Ⅴ类国控断面整治专项行动工作方案》，将消除入海河流劣Ⅴ类国控断面打造为渤海攻坚战的标志性成果。

在海域治理方面，农业农村部、交通运输部、住房和城乡建设部分别在海水养殖污染治理、船舶和港口污染治理、海洋垃圾污染防治等方面开展工作。

在生态保护修复方面，自然资源部、林草局、农业农村部、生态环境部等部门“保护”和“修复”两手同时发力。

在环境风险防范方面，生态环境部强化海洋石油勘探开发活动溢油风险管控，与中海油等涉油企业研究建立协作支持和溢油应急响应联动机制；交通运输部加强船舶污染事故应急能力建设；应急管理部完善京津冀协同应对事故灾难机制，渤海生态环境安全得到进一步加强。

七、治理与法治

（一）法律制修订

国合会 2018 年政策建议提出，加快长江保护立法，立法要体现对长江流域保护的系统综合性、流域差异性和特殊针对性。

2019 年 12 月 23 日，《中华人民共和国长江保护法（草案）》首次提请十三届全国人大常委会第十五次会议审议，全国人大环资委做关于草案的说明。草案依据长江流域自然地理状况，以流经的相关 19 个行政区域范围为基础，将法律适用的地理范围确定为长江全流域相关县级行政区域。针对特定区域、特定问题，草案从国土空间用途管控、生态环境修复、水资源保护与利用、推进绿色发展、法律实施与监督等方面做出具体制度和措施规定。

2019 年 12 月 28 日，十三届全国人大常委会第十五次会议表决通过了新修订的《森林法》，于 2020 年 7 月 1 日起施行。新修订的《森林法》明确森林权属，加强森林权属保护，调动全社会造林绿化的积极性；实施森林分类经营，突出公益林和商品林主导功能，培育稳定、健康、优质、高效的森林生态系统；强调规划统领，发展规划与专项规划相结合，科学确定森林资源保护利用结构和布局；加强森林资源保护，合理界定政府、部门、林业经营者的职责，用最严格的法律制度保护森林、林木和林地；改革林木采伐管理制度，坚持“放管服”相结合，增强林业发展活力；加大扶持力度，完善森林生态效益补偿制度，保障森林生态保护修复投入；明确目标责任，强化监督检查，实行森林资源保护发展目标责任制和考核评价制度等。

2020 年 4 月 29 日，十三届全国人大常委会第十七次会议审议通过了修订后的《固体废物污染环境防治法》，自 2020 年 9 月 1 日起施行。新修订的《固体废物污染环境防治法》提出建立健全生活垃圾分类制度，强化工业固体废物产生者的责任，对环境污染的处罚手段进一步加严，并重申“洋垃圾”禁止令。针对废弃电器电子产品，鼓励生产者开展生态设计、建立回收体系，促进资源回收利用。此外，多项违法行为的罚款提升至 100 万元，一些以往没有具体罚则的行为，也加上了相应的罚则。

（二）推进“放管服”

为了做好做实“放管服”，生态环境部先后发布了三份文件，精准有效地实施生态环境领域的“放管服”。2018 年印发的《关于生态环境领域进一步深化“放管服”改革 推动经济高质量发展的指导意见》，从加快审批制度改革、强化环境监管执法、增强服务高质量发展能力、推进环保产业发展、健全生态环境经济政策五个方面提出了 15 项举措。2019 年 1 月，生态环境联合全国工商联印发《关于支持服务民营企业绿色发展的意见》，提出 18 项举措支持服务民营企业绿色发展。2019 年 9 月出台的《关于进一步深化生态环境监管服务推动经济高质量发展的意见》，把服务“六稳”（稳就业、稳金融、稳外贸、稳外资、稳投资、稳预期）工作放在更加突出位置，以放出活力、管出公平、服出便利为导向，进一步优化营商环境，主动服务企业绿色发展，协同推进经济高质量发展和生态环境高水平保护，推动实现环境效益、经济效益、社会效益共赢。

（三）生态环保督察纵深发展

以中共中央办公厅、国务院办公厅印发《中央生态环境保护督察工作规定》为标志，生态环保督察作为一项生态治理现代化体系重要内容的制度性建设和常态化机制安排正式确定下来。中央生态环保督察包括例行督察、专项督察和“回头看”等，成为中央直接督导地方推动建设生态文明，补齐生态环保短板，解决历史欠账，实现经济高质量发展的有效手段。

2019 年 6 月，中共中央办公厅、国务院办公厅印发《中央生态环境保护督察工作规定》（以下简称《规定》），从顶层设计到具体操作层面均对督察工作做出明确规定。《规定》明确督察领导小组的升格，此前环保督察工作由国务院成立生态环境保护督察工作领导小组，具体的组织协调工作由环境保护部（现生态环境部）牵头负责，办公室设在环境保护部，名为国家环境保护督察办公室。此次《规定》明确今后督察工作由中央生态环境保护督察工作领导小组负责组织协调和推动，领导小组组长、副组长由党中央、国务院研究确定，组成部门包括中央办公厅、中央组织部、中央宣传部、国务院办公厅、司法部、生态环境部、审计署和最高人民检察院等。

中央环保督察制度，实质上是生态文明纳入五位一体的具体举措，是将生态环境问题提高到政治高度的体现。该项制度的建立和纵深发展历程，展示了中国政府推进生态文明建设、加强生态环境保护工作的坚强意志和坚定决心，为依法推动生态环保督察纵深发展发挥重要作用。

（四）推进环境治理现代化体系

2020 年 3 月，中共中央办公厅、国务院办公厅正式印发《关于构建现代环境治理体系的指导意见》（以下称《指导意见》）。作为国家推进构建现代化治理体系的重要组成部分，这份文件既是生态环境领域几十年探索经验的高度总结，也是指导未来建设美丽中国的里程碑式的文件。

《指导意见》明确，要以坚持党的集中统一领导为统领，以强化政府主导作用为关键，以深化企业主体作用为根本，以更好动员社会组织和公众共同参与为支撑，实现政府治理和社会调节、企业自治良性互动，完善体制机制，强化源头治理，形成工作合力，为推动生态环境根本好转、建设生态文明和美丽中国提供有力制度保障。

《指导意见》提出，到 2025 年，建立健全环境治理的领导责任体系、企业责任体系、全民行动体系、监管体系、市场体系、信用体系、法律法规政策体系，落实各类主体责任，提高市场主体和公众参与的积极性，形成导向清晰、决策科学、执行有力、激励有效、多元参与、良性互动的环境治理体系。

八、区域和国际参与

（一）绿色“一带一路”新进展

国合会 2018 年政策建议指出，“一带一路”倡议重点关注基础设施建设，因此，必须认真考虑项目的长期生态环境影响及其气候影响。国合会 2019 年政策建议提出，促进生物多样性保护工作与“一带一路”倡议的有效对接。加强绿色“一带一路”建设，促进生物多样性保护。建立相关平台，分享在环保、生物多样性保护和可持续性影响评估领域的最佳实践，重点关注基于自然的解决方案，开展自然资本评估并设立相关指标。这些政策建议被中国有关部门和相关企业在实践中所采纳，并取得良好成果。

“一带一路”倡议提出 6 年来，中国与“一带一路”相关国家和地区积极开展生态环保合作，在多个领域都取得了积极进展。一是合作机制不断健全。目前，生态环境部已经与 33 个共建“一带一路”国家签署了双边生态环境合作文件。二是合作平台日渐丰富。“一带一路”绿色发展国际联盟已有 130 多个合作伙伴。三是政府沟通不断深入。第二届“一带一路”国际合作高峰论坛绿色之路分论坛、中国—东盟环境合作论坛等一系列主题交流活动，促进了相关国家和地区的合作与交流。四是合作成果不断落地。通过与相关国家和地区在环境政策、标准、法规、技术产业等方面的交流沟通，实现共建绿色“一带一路”的信息共享、知识共享、会议共享，为“一带一路”的绿色发展提供决策支持和数据支持。

（二）应对气候变化国际合作

中国政府继续以高度负责的态度，积极建设性参与全球气候治理。在气候变化国际谈判中发挥建设性作用，坚定维护多边主义，加强与各国在气候变化领域的对话与交流；坚持《联合国气候变化框架公约》确定的公平、“共同但有区别的责任”和各自能力原则，与各方携手推动全球气候治理进程；推动《巴黎协定》实施细则的谈判取得积极成果，在联合国气候行动峰会上贡献中方倡议和中国主张。

2019 年 11 月 6 日，中法发表《中法生物多样性保护和气候变化北京倡议》。11 月 23 日，中日环境部长就应对气候变化和《生物多样性公约》第十五次缔约方大会等议题进行了交流。

2020 年 4 月 27—28 日，生态环境部部长黄润秋在第十一届彼得斯堡气候对话会视频发言中指出，中国将坚定不移支持多边主义，与各国一道，推动《巴黎协定》全面、平衡、有效实施；也将落实积极应对气候变化国家战略，为应对全球气候变化做出中国贡献。

积极推动应对气候变化南南合作，为其他发展中国家提供力所能及的帮助。截至 2019 年 9 月，中国已与其他发展中国家签署 30 多份气候变化南南合作谅解备忘录，合作建设低碳示范区，开展减缓和适应气候变化项目，举办应对气候变化南南合作培训班。

（三）主动参与全球海洋治理

国合会 2018 年政策建议提出，要充分利用伙伴关系，联合有关国家和地区应对塑料污染。国合会 2019 年政策建议提出，中国应加强海洋综合治理，积极参与全球海洋治理，提升海洋生态保护治理能力。中国政府围绕海洋综合治理采取了一系列行动。

2019 年第四届联合国环境大会提出了在一些国家或地区开展“无废”等创新性废物管理的倡议，还通过了关于全球塑料污染的《治理一次性塑料制品污染》《海洋塑料垃圾和微塑料》决议，以及推动可持续生产与消费的《实现可持续消费和生产的创新途径》《促进可持续做法和创新解决办法以遏制粮食损失和浪费》决议，强调通过转变消费与生产习惯的方式应对当前严峻的塑料污染和粮食浪费等问题，健全废物管理体系。

中国高度重视海洋垃圾和塑料污染治理，积极参与应对海洋垃圾和塑料污染的国际进程，参与联合国环境规划署区域海行动计划，认真遵守《控制危险废物越境转移及其处置巴塞尔公约》，积极推动出台《东亚峰会领导人关于应对海洋塑料垃圾的声明》《G20海洋垃圾行动计划的实施框架》等文件，共同推进全球海洋垃圾和塑料污染防治。同时，积极开展双边合作，中日、中加、中美都建立了海洋垃圾防治的合作机制。

九、结语

当前，国际经济和社会发展环境正在发生深刻复杂变化，中国面临的外部环境更趋复杂严峻，不稳定不确定因素增多。特别是，全球公共卫生安全事件——新型冠状病毒肺炎疫情的重大冲击，导致世界经济发展遭受重创，中国经济社会发展深受影响。

作为世界上生态环境问题仍然十分突出的大国，中国面临着彻底解决历史欠账问题、有效应对新生生态环境问题等难题。同时，新型冠状病毒肺炎疫情导致的经济下行、贸易不畅、物流受阻、复工困难，使生态环境治理面临的形势日趋复杂。如何处理好治理力度、深度和效果之间的关系，迈向高质量发展道路，是中国未来面临的极大挑战。

国际社会呼吁通过清洁、绿色和公正的转型来提供新的就业机会，加快疫后经济绿色复苏，推动世界走上一条更可持续、更加包容的道路。绿色复苏将为中国后疫情时代的生态环境治理和应对气候变化工作提供新的机遇。疫情之下，中国“新基建”的提出可为高质量发展注入强有力的科技支撑，并与建设绿色“一带一路”“进博会”等举措一道，共同形成新时代高质量发展的新格局。

过去一年多来，国合会在野生动物资源保护、生态红线划定、煤炭使用、塑料污染治理、绿色消费等领域提出的前瞻性建议得到中国政府的高度重视，对未来生态文明建设工作有着重要的启示。中国实现高质量发展，建设生态文明离不开国际合作。除了与传统发达国家的合作，中国还加强与“一带一路”共建国家生态环境合作，积极推动南南合作，并在全球关注的问题上，如海洋生态环境保护、应对气候变化、生物多样性保护等方面均有新进展。

2020年，对于中国极不平凡，全面建成小康社会仍然面临生态环境的短板。“十三五”规划收官、“十四五”规划起航奠基，生态环境质量根本性改善的拐点尚未到来，未来一段时期面临的任务依然十分繁重。走过28个春秋的国合会，未来政策研究成果的创新性和启发性为各方期待。国合会需要在三个方面做足功课：一是更好把握新时代自身新定位；二是更加精准把握国内外环境与发展重大问题和发展趋势并提出解决方案；三是更好发挥双向交流平台作用。

附录 3 第六届中国环境与发展国际合作委员会组成人员名单（截至 2021 年 7 月）

主席团

中 方

韩 正	国务院副总理	国合会主席
黄润秋	生态环境部部长	国合会执行副主席
解振华	中国气候变化事务特使	国合会副主席
周生贤	原环境保护部部长	国合会副主席
赵英民	生态环境部副部长	国合会秘书长

外 方

威尔金森	加拿大环境与气候变化部长	国合会执行副主席
施泰纳	联合国副秘书长，联合国开发计划署署长	国合会副主席
安德森（女）	联合国副秘书长，联合国环境规划署执行主任	国合会副主席
哈尔沃森（女）	挪威奥斯陆国际气候与环境研究中心主任 挪威前副首相、财政大臣	国合会副主席
索尔海姆	世界资源研究所高级顾问	国合会副主席

委 员

中 方

刘世锦	全国政协经济委员会副主任， 中国发展研究基金会副理事长	国合会中方首席顾问
韩文秀	中央财经委员会办公室副主任	
杨伟民	全国政协经济委员会副主任	
马朝旭	外交部副部长	
辛国斌	工业和信息化部党组成员、副部长	
余蔚平	财政部党组成员、副部长	
王 宏	自然资源部副部长、党组成员，国家海洋局局长	

王受文	商务部党组成员、副部长兼国际贸易谈判副代表
周　伟	交通运输部专家委员会主任，交通运输部原总工程师
陈雨露	中国人民银行副行长，全国政协经济委员会副主任
陈　立	第十三届全国人民代表大会华侨委员会委员
王　峰	第十三届全国人民代表大会监察和司法委员会委员
徐宪平	国务院参事，北京大学光华管理学院特聘教授
仇保兴	国务院参事
李小林（女）	中国人民对外友好协会原会长
唐华俊	农业农村部党组成员，中国农业科学院院长、中国工程院院士
张亚平	中国科学院副院长、党组成员，院士
蔡　昉	第十三届全国人民代表大会农业与农村委员会副主任委员，丝绸之路研究院理事长
郝吉明	清华大学环境学院教授，中国工程院院士
薛　澜	清华大学苏世民书院院长，清华大学全球可持续发展研究院联席院长，清华大学公共管理学院教授
舒印彪	中国华能集团有限公司董事长、党组书记，国际电工委员会第 36 届主席 , 中国工程院院士
傅育宁	华润（集团）有限公司原董事长
钱智民	国家电力投资集团公司董事长、党组书记
王小康	中国工业节能和清洁生产协会会长
王天义	中国光大国际有限公司执行董事兼行政总裁
杨敏德（女）	溢达集团董事长

外　方

魏仲加	国际可持续发展研究院原院长	国合会外方首席顾问
蒂默曼斯	欧盟委员会常务副主席	
李　勇	联合国工业发展组织总干事	
罗姆松（女）	瑞典环境科学研究院环境法律与政策专家，瑞典前副首相兼气候与环境大臣	
庄鹤扬	荷兰基础设施与水管理部秘书长	
麦卡夫	澳大利亚农业、水利和环境部常务副部长	
达礼斯	柬埔寨环境部国务秘书	
沙巴拉拉（女）	南非环境、林业和渔业部秘书长	
蒙塔纳罗	意大利环境、领土与海洋部国际司司长	

伊纳莫夫	俄罗斯自然资源与环境部国际合作司司长
梅森纳	德国联邦环保署署长
伏格乐	世界银行副行长
南川秀树	日本环境卫生中心理事长，环境省原事务次官
阿姆斯贝格	亚洲基础设施投资银行副行长
赛义德	亚洲开发银行副行长
莱 西	经济合作与发展组织环境总司司长
石井菜穗子（女）	东京大学理事、未来愿景研究中心教授，全球公共中心主任，全球环境基金原首席执行官兼主席
卡梅拉	国际可再生能源署总干事
兰博蒂尼	世界自然基金会总干事
斯蒂尔	贝索斯地球基金总裁兼首席执行官
韩佩东（女）	儿童投资基金会首席执行官
莫瑞丝（女）	大自然保护协会首席执行官
汉 兹	洛克菲勒兄弟基金会总裁兼首席执行官
奥伯尔	世界自然保护联盟总干事
茹冠洁（女）	美国环保协会执行副总裁
弗洛伦宗	国际可持续发展研究院总裁兼首席执行官
瑞斯伯尔曼	全球绿色发展研究院总干事
格罗夫	沙特阿拉伯国家发展基金会总裁
贝德凯	世界可持续发展工商理事会会长兼首席执行官
戴芮格（女）	公共土地信托基金会总裁兼首席执行官
马瑟尔	国际太阳能联盟总干事，印度总理气候变化委员会委员，印度能源与资源研究所原所长
汉 森	国际可持续发展研究院高级顾问
温 特	挪威极地研究所科研主任
德吉奥亚	乔治城大学校长
麦克尔罗伊	哈佛大学环境科学教授
尹孞準	首尔国立大学教授
费翰思	世界竹组织大使，国际竹藤组织前总干事
海 茨	能源基金会前首席执行官
特瑟克	大自然保护协会前首席执行官
麦克劳夫林（女）	沃尔玛基金会主席，沃尔玛公司高级副总裁兼首席可持续发展官
佩 纳	盈迪德集团首席可持续发展官

特邀顾问

中 方

张　勇	中央财经委员会办公室秘书局局长
范　必	中国国际经济交流中心特邀研究员
李俊峰	国家应对气候变化战略研究和国际合作中心学术委员会主任
李朋德	自然资源部中国地质调查局副局长
吉拥军	中国人民对外友好协会美大工作部副主任
胡保林	天津大学中国绿色发展研究院名誉院长，国务院三峡办原副主任
董小君（女）	中央党校（国家行政学院）经济学教研部副主任
张永生	中国社会科学院生态文明研究所所长、研究员
张远航	北京大学环境科学与工程学院院长，工程院院士
贺克斌	清华大学环境学院院长，工程院院士
赵忠秀	山东财经大学校长、党委副书记
叶燕斐	中国银行保险监督管理委员会政策研究局一级巡视员
陈信健	兴业银行党委委员、董事、副行长、董事会秘书
马　骏	清华大学金融与发展研究中心主任
刘天文	软通动力董事长兼首席执行官
刘　昆（女）	中国通用技术（集团）控股有限责任公司协同健康联合党支部书记、协同发展部总经理、医药医疗健康事业部总经理
翟　齐	中国可持续发展工商理事会副秘书长

外 方

阿布杜拉维	亚洲开发银行中亚区域经济合作学院副院长
艾弗森	挪威国际气候与环境研究所原所长
拜姆森	全球水伙伴主席，澳大利亚国立大学监管与全球治理学院荣誉教授
巴布纳	自然资源保护协会总裁兼首席执行官
哈德尔斯顿（女）	加拿大环境与气候变化部双边事务和贸易司司长
龙　迪	克莱恩斯欧洲环保协会（英国）北京代表处首席代表
卡斯缔尔加	戈登与贝蒂 - 摩尔基金会前高级研究员
科　恩（女）	以色列环境部可持续发展高级副司长
康提思	德国环境部联合国和发展中国家合作部主任，2030 年可持续发展目标专员

格伦玛瑞克	绿色气候基金执行主任
希尔顿（女）	《中外对话》高级顾问
杰斯佩森（女）	IDH 可持续贸易倡议机构原国际合作伙伴和融资部主任，丹麦全球绿色增长论坛原主任
库伊雷斯梯纳	斯德哥尔摩环境研究院研究主任
李永怡（女）	英国皇家国际事务研究所研究主任
马克穆多夫	中亚区域环境中心执行主任
麦克格洛（女）	加拿大皮尔逊学院前院长
麦克唐娜德（女）	国际可持续研究院执行副总裁
莫马斯	荷兰环境评估委员会主席
蒂艾宁	芬兰环境部行政及国际事务司司长
谢孝旌	非洲开发银行执行董事
沃格雷	世界经济论坛前执行董事，全球可持续发展中心负责人
张红军	霍兰德奈特律师事务所合伙人 美国能源基金会董事兼董事会中国委员会主席
张建宇	美国环保协会副总裁、北京代表处首席代表
邹　骥	能源基金会首席执行官兼中国区总裁

致　谢

中国环境与发展国际合作委员会（简称国合会）在 2020 年开展了“全球气候治理与中国贡献”“2020 后全球生物多样性保护”“全球海洋治理与生态文明”“区域协同发展与绿色城镇化战略路径”“长江经济带生态补偿与绿色发展体制改革”“绿色转型与可持续社会治理”“重大绿色创新技术及实现机制”“绿色‘一带一路’与 2030 年可持续发展议程”“全球绿色价值链”“绿色金融”等研究，得到了中外相关专家（包括国合会中外委员、特邀顾问）和各合作伙伴的大力支持。本书以 2020 年政策研究成果为基础编辑而成。在此，特别感谢参与这些研究工作的中外专家以及为研究做出贡献的有关人员，他们是：

综　述 /Scott Vaughan、刘世锦、李永红、张建宇、Knut Alfsen、 Dimitri de Boer、Robyn Kruk、张慧勇、刘侃。

第一章 / 解振华、刘世锦、Scott Vaughan、Arthur Hanson、Knut Halvor Alfsen、郭敬、李高、李永红、Kate Hampton、邹骥、王毅、雷红鹏、刘强、钟丽锦、赵笑、顾佰和、董钺、辛嘉楠、张笑寒、赵文博、安岩、翟寒冰、张慧勇、刘侃、李樱、姚颖、Hugh Outhred、Maria Retnanestri、Yudiandra Yuwono、Septia Buntara、Monika Merdekawati、Philip Andrews-Speed。

第二章 /Arthur Hanson、李琳、马克平、高吉喜、申小莉、魏伟、邹长新、Alice Huges、Marcel Theodorus Johannes Kok、刘冬、徐梦佳、张琨、朱莹莹、吴琼、刘忆南、罗茂芳、Harvey Locke、Eliane Ubalijoro、Beate Jessel、Dominic Waughray、Hideki Minamikawa、Guido Schmidt-Traub、Lennart Kuemper-Schlake、王冉。

第三章 / Winther Jan-Gunnar、苏纪兰、戴民汉、王菊英、孙松、刘慧、韩保新、Njåstad Birgit、Mimikakis John、Svensson Lisa、Degnarain Nishan、费成博。

第四章 / 张永生、郑思齐、Bob Moseley、Sander van der Leeuw、Jiang LIN、Yue (Nina) Chen、 李晓江、张建宇、许伟、危平、杨继东、李栋、刘璐、李婷、裘熹、禹湘、张莹、丛晓男、赵勇、张敏、赵海珊。

第五章 / 王金南、Ahmed M. Saeed、李华友、张庆丰、Arthur Hanson、Robert Costanza、Brendan Gillespie、Annette T. Huber-Lee、欧阳志云、马骏、李俊生、葛察忠、於方、马国霞、Au Shion Yee、国冬梅、杨威杉、程翠云、李原园、邱琼、石英华、蓝虹、江腊海、杨文杰、宋晓谕、樊明远、梁康恒、Bob Tansey、Isao Endo、Eva Abal、姚颖。

第六章 / 任勇、Asa Romson、张勇、范必、张建宇、周宏春、俞海、王仲颖、郭焦锋、张小丹、李继峰、黄永和、赵芳、Eva Ahlner、Ulf Dietmar Jaeckel、Lewis Akenji、 Hideki Minamikawa、陈卫东、Charles Arden-Clarke、Miranda Schreurs、Mushtaq Ahmed Memon、Vanessa Timmer、陈刚、韩国义、赵勇强、刘斌、李楠、吕婧、房莹、刘汉武、董瑶、霍潞露、王佳、刘海东、甘晖、钱立华、王颖、蔡紫佩、刘清芝、周才华、王勇、孟令勃、颜飞、曹丹丹、李宫韬。

第七章 / 李晓江、沃格雷、翟齐、叶青、朱荣远、詹鲲、张纯、张永波、吕晓蓓、任希岩、魏保军、伍速锋、周俊、郭永聪、Claudia Sadoff、林江、Susan Bazilli、Christian Hochfeld、Arjan Harbers、Charles Godfray、樊胜根、KheePoh Lam、林伯强、Charlo Ratti 、李艺、郭继孚、宋晔皓、付林、方莉、郑德高、张菁、孙立明、丁士能、胡京京、James Pennington、费成博。

第八章 / 周国梅、史育龙、Kevin P Gallagher、葛察忠、蓝艳、Rebecca Ray、董亮、王丽霞、倪碧野、彭宁、李盼文、张敏、费成博。

第九章 / Manish Bapna、杨敏德、陈明、Craig Hanson、Rod Taylor、Charles Victor Barber、李博、付晓天、刘婷、袁钰、董鑫、Erik Solheim、John Hancock、牛红卫、James Leape、Joaquim Levy、Guillermo Castilleja、任勇、叶燕斐、张建宇、周国梅、张建平、唐丁丁、艾路明、刘世锦、Scott Vaughan、Arthur Hanson、Dimitri De Boer、Knut Halvor Alfsen、 Chris Elliott、Cristianne Close、David Cleary、Elizabeth Economy、方莉、Guido Schmidt-Traub、李效良、Jocelyn Blériot、John Ehrmann、Justin Adams、Leonardo Fleck、Margot Wood、Melissa Pinfield、Michael Obersteiner、陈洁、陈文明、陈颖、林梦、毛涛、曲凤杰、谭林、王颖、于洁、朱春全、张慧勇、Joe Zhang、Brice Li、彭宁、李宫韬、金钟浩、于鑫、许进、董珂、张瑜、祁悦、李蜚、方立峰、万坚、马利超、Natalie Elwell、Jun Geng、Brian Lipinski、Ayushi Trivedi、Sarah Stettner、Courtney McComber、Corey Park、曾辉、陈海英、杨莉。

第十章 / 张承惠、Stephen P Groff、张俊杰、Sagarika Chatterjee、Mark Halle、王洋、余晓文、陈健鹏、Margaret Kuhlow、Stephan Contius、Robin Smale、Vanselow Anne-Mareike、Nathalie Lhayani、刘冬惠、刘仕劼、汤澜、邱婧怡、丁涵、侯丁瑞、马骏然、

罗施毅、陈亚芹、王冉。

与此同时，我们还要特别感谢国合会的捐助方及合作伙伴，包括加拿大、挪威、瑞典、德国、荷兰、意大利等国家政府；欧盟、联合国环境规划署、联合国开发计划署、联合国工业发展组织、世界银行、亚洲开发银行、世界经济论坛、世界自然基金会、美国环保协会、美国能源基金会、洛克菲勒兄弟基金会、大自然保护协会、世界资源研究所、国际可持续发展研究院、克莱恩斯欧洲环保协会等国家、国际组织和机构、国际非政府组织等，他们提供的资金及其他方式的支持是政策研究工作顺利开展的坚实基础。特别感谢为本书出版提供支持的“中德环境伙伴关系”二期项目，该项目由德国国际合作机构（GIZ）代表德国联邦环境、自然保护、建设与核安全部（BMU）实施。

另外，我们还要感谢以下及其他未列出名字但做出贡献的人员，包括高凌云、朱建磊、郝小然、刘琦、陈新颖、穆泉、李玉冰、唐华清、黄颖等，他们都为本报告的编辑和最终出版付出了大量辛劳。